Qualitätssicherung in der Technischen Dokumentation

Fachrichtung Angewandte Sprachwissenschaft
sowie Übersetzen und Dolmetschen
der Universität des Saarlandes
Alberto Gil – Johann Haller – Erich Steiner – Elke Teich
(Hrsg.)

Sabest
Saarbrücker Beiträge
zur Sprach- und Translationswissenschaft

Band 24

Frankfurt am Main · Berlin · Bern · Bruxelles · New York · Oxford · Wien

Ana Hoffmeister

Qualitätssicherung in der Technischen Dokumentation

Am Beispiel der Volkswagen AG
„After Sales Technik"

PETER LANG
Internationaler Verlag der Wissenschaften

Bibliografische Information der Deutschen Nationalbibliothek
Die Deutsche Nationalbibliothek verzeichnet diese Publikation in
der Deutschen Nationalbibliografie; detaillierte bibliografische
Daten sind im Internet über http://dnb.d-nb.de abrufbar.

Zugl.: Saarbrücken, Univ., Diss., 2012

Umschlagabbildung:
Abdruck mit freundlicher Genehmigung
von Peggy Daut.

D 291
ISSN 1436-0268
ISBN 978-3-631-62447-0
© Peter Lang GmbH
Internationaler Verlag der Wissenschaften
Frankfurt am Main 2012
Alle Rechte vorbehalten.

Das Werk einschließlich aller seiner Teile ist urheberrechtlich
geschützt. Jede Verwertung außerhalb der engen Grenzen des
Urheberrechtsgesetzes ist ohne Zustimmung des Verlages
unzulässig und strafbar. Das gilt insbesondere für
Vervielfältigungen, Übersetzungen, Mikroverfilmungen und die
Einspeicherung und Verarbeitung in elektronischen Systemen.

www.peterlang.de

Veröffentlichungen über den Inhalt der Arbeit sind nur mit schriftlicher Genehmigung der Volkswagen AG zugelassen.

Die Ergebnisse, Meinungen und Schlüsse dieser Dissertation sind nicht notwendigerweise die der Volkswagen AG.

Danksagung

Die vorliegende Dissertation ist das Ergebnis eines langen Prozesses, der aus der Unterstützung verschiedener Menschen und Institutionen heraus gelebt hat und entstanden ist.

Besonderer Dank gebührt meinem Betreuer Herrn Prof. Dr. Johann Haller, der mir die Durchführung des Dissertationsvorhabens ermöglichte und mit wissenschaftlichen Impulsen sowie lösungsorientierten Vorschlägen für das Gelingen der Arbeit sorgte.

Bei Herrn Prof. Dr. Klaus-Dirk Schmitz möchte ich mich für die hilfreichen Gespräche und Anregungen im Zuge seiner Betreuung bedanken sowie für den ersten Kontakt zur Volkswagen AG im Jahr 2007, aus dem sich die weitere unternehmensseitige Zusammenarbeit entwickelte.

Ferner bedanke ich mich bei der Volkswagen AG als Projektträger der Dissertation sowie bei allen Kollegen und Führungskräften, die mir helfend zur Seite standen und die notwendigen Weichen für die praktische Durchführung der Untersuchung legten. Weiterhin bedanke ich mich bei den Mitarbeitern des IAI Saarbrücken, die sich immer wieder Zeit für die Beantwortung meiner Fragen nahmen.

Dank gebührt abschließend meiner lieben Familie und meinem Ehemann Sebastian, die mich gemeinsam in herausfordernden Zeiten mit viel Weisheit, Geduld und stetigem Zuspruch begleitet haben.

Inhaltsverzeichnis

Abbildungsverzeichnis 14
Tabellenverzeichnis 17
Abkürzungsverzeichnis 19

1 Einleitung 21
   1.1 Situation und Herausforderung 21
   1.2 Forschungsfragen und Forschungsmethoden 23
   1.3 Zielsetzung und wissenschaftlicher Beitrag der Arbeit 24
   1.4 Aufbau und Vorgehensweise 25

2 Technische Dokumentation 27
   2.1 Definition 27
   2.2 Arten Technischer Dokumentation 32
      2.2.1 Interne Dokumentation 32
      2.2.2 Externe Dokumentation 33
   2.3 Inhalte Technischer Dokumentation 35
      2.3.1 Die fünf Inhalte nach JUHL 35
      2.3.2 Produktbezogene und dokumentationsbezogene
            Informationen nach HOFFMANN et al. 37
   2.4 Anforderungen an die Technische Dokumentation 38
      2.4.1 Juristisch: Rechtsraum der Technischen Dokumentation .. 38
      2.4.2 Wirtschaftlich: Messbarkeit des erwirtschafteten Mehrwerts 40
   2.5 Technische Dokumentation im Produktlebenszyklus 41
      2.5.1 Einsatzbereiche im Rahmen des Produktlebenszyklusses . 42
      2.5.2 Herausforderungen im Dokumentationserstellungsprozess ... 27
      2.5.3 Qualifikationsprofil des Technischen Redakteurs 48
   2.6 Funktionen der Technischen Dokumentation 52
      2.6.1 Anleitung zum bestimmungsgemäßen Gebrauch 52
      2.6.2 Erwerb von Fertigkeiten 54
      2.6.3 Leseverhalten und Lesertypen 58
   2.7 Technische Dokumentation als Erfolgsfaktor für den
      Bereich After-Sales 60
      2.7.1 Relevanz der After-Sales-Phase für Kundenzufriedenheit und
            Kundenbindung 60
      2.7.2 Automobiler After-Sales-Service 62
      2.7.3 Kundendienstformen im automobilen After-Sales-Service .. 65
      2.7.4 Wertbeitrag und Einflussnahme durch Technische
            Dokumentation: Leistungen innerhalb der Wertschöpfungskette ... 66

3 Qualität und Qualitätsmanagement in der Technischen Dokumentation 71
3.1 Qualität – Begriffsbestimmung 71
   3.1.1 Theorieorientierte Definitionsansätze 74
   3.1.2 Praxisorientierte Definitionsansätze 74
3.2 Qualitätsmanagement – Begriffsbestimmung 78
   3.2.1 Konzepte des Qualitätsmanagements 82
   3.2.2 Qualität vs. Zeit und Kosten – ein konfliktbelastetes
       Beziehungsmodell? 89
3.3 Verstehen und Verständlichkeit: qualitätsgenerierende Faktoren
   in der Technischen Dokumentation 95
   3.3.1 Kognitionspsychologische Ansätze der
       Textverarbeitungsforschung 98
   3.3.2 Instruktionspsychologische Ansätze der
       Textverarbeitungsforschung 104
   3.3.3 Anwendungskonsequenzen für die Textgestaltung
       Technischer Dokumentation 108
3.4 Qualitätsmanagement in der Technischen Dokumentation
   durch Sprachstandardisierung 113
   3.4.1 Sprache als Qualitätsmaßstab der Technischen Dokumentation ... 114
   3.4.2 Qualitätsplanung durch Sprachstandardisierung
       und Corporate Language 116
   3.4.3 Übersetzungsgerechte Textproduktion 121
   3.4.4 Qualitätssicherung durch kontrollierte
       Sprache – ein Lösungsansatz 122

4 Sprachtechnologie als Qualitätsmanagementinstrument im
   Dokumentationserstellungsprozess 127
4.1 Definition und Begriffsabgrenzung 128
   4.1.1 Stand der Forschung und praktische Anwendungen 131
   4.1.2 Möglichkeiten und Grenzen sprachtechnologischer
       Anwendungen 133
   4.1.3 Einsatzmöglichkeiten in der Technischen Dokumentation 137
4.2 Qualitätsplanung im Rahmen der Dokumentationserstellung durch
   Terminologiemanagement 139
   4.2.1 Terminologiemanagement zur Optimierung des internen und
       externen Wissensmanagements 141
   4.2.2 Terminologieverwaltungssysteme als Repräsentationsformen
       des Unternehmenswissens 144
   4.2.3 Explizierung impliziten Wissens durch
       Terminologiemanagement 145

4.3 Qualitätslenkung, -sicherung und -verbesserung im Rahmen der
Textproduktion ... 149
    4.3.1 Controlled Language Checker zur Anwendung der
kontrollierten Sprache ... 149
    4.3.2 Authoring-Memory-Systeme ... 154
    4.3.3 Content-Management-Systeme und standardisierte Gleichtexte .. 156
    4.3.4 Statistische Kennzahlenermittlung ... 156
4.4 Qualitätssicherung im Übersetzungsprozess durch
Translation-Memory-Systeme und maschinelle Übersetzung ... 158
    4.4.1 Translation-Memory-Systeme als Wissensspeicher und
Unternehmenskapital ... 159
    4.4.2 Maschinelle Übersetzung zur Effizienzsteigerung und
Qualitätssicherung ... 163
4.5 Sprachtechnologie als Voraussetzung für Qualitätssicherung im
Dokumentationserstellungsprozess ... 166
    4.5.1 Das Vier-Ebenen-Modell: Ganzheitliche Qualitätsoptimierung
und -sicherung ... 166
    4.5.2 Synergiepotenziale und Interdependenzen eingesetzter
Sprachtechnologien ... 171
    4.5.3 Prämissen für ein erfolgreiches Qualitätsmanagement in der
Technischen Dokumentation ... 175
    4.5.4 Ableitungen von Handlungskonsequenzen – ein ganzheitlicher
Prozessstandard ... 178

5 Qualitätsmanagement im Dokumentationserstellungsprozess
am Beispiel der Volkswagen „After Sales Technik" (Fallbeispiel) ... 185
5.1 Beschreibung des kausalanalytischen Vorgehens der
empirischen Untersuchung ... 186
    5.1.1 Untersuchungsmethodik auf Personenebene: Qualitative und
quantitative Erhebungen ... 188
    5.1.2 Untersuchungsmethodik auf Dokumentationsebene:
Linguistische Textanalysen und Bewertung der Textqualität
durch quantitative Erhebungen ... 194
    5.1.3 Untersuchungsmethodik auf Systemebene:
Wertschöpfungs- und Synergiepotenziale ... 195
    5.1.4 Untersuchungsmethodik auf Prozessebene:
Kennzahlensystematik und optimierte Kommunikation ... 195
5.2 Ausgangssituation – Technische Redaktion im Bereich
„After Sales Technik" ... 196
    5.2.1 Die Volkswagen AG – Vorstellung des Projektträgers ... 196
    5.2.2 Informationskomplexität und Rahmenbedingungen
der Technischen Redaktion ... 198

5.2.3 Dokumentationserstellung am Beispiel der
Werkstattinformation und Kundenliteratur 201
5.2.4 Informationsqualität und Anwenderfreundlichkeit 203
5.2.5 Terminologische Inkonsistenzen als Ursache für Prozessbrüche
im Service-Kernprozess 204
5.2.6 Heterogener Sprachstil als Ursache für unverständliche und
inkonsistente Informationsmittel 208
5.3 Einsatz von Sprachtechnologie in der Volkswagen AG 210
5.3.1 Terminologiemanagement: Aufgaben und Prozesse 211
5.3.2 Maschinelles Lektorat im Dokumentationserstellungsprozess 216
5.3.3 Linguistisches Regelwerk UMMT (Utility for Mandate
Management Tasks) 220
5.3.4 Maschinelle Übersetzung 222
5.3.5 Kennzahlenermittlung für die Technische Dokumentation
mit ZertiFAKT 223
5.4 Qualitätssicherung auf Personenebene durch den Einsatz
des maschinellen Lektorats CLAT 228
5.4.1 Phase I: CLAT-Einführung – schriftliche Befragung
und Ergebnisse 229
5.4.2 Phase II: Ein Jahr CLAT – Feedback-Runden
und Beobachtungen 235
5.4.3 Optimierung des Informationsmanagements: CLAT-Newsletter . 239
5.4.4 Phase III: Zwei Jahre CLAT – Befragungsergebnisse 240
5.4.5 Diskussion der Ergebnisse – Einflussnahme von
Sprachtechnologie auf die Arbeitsmotivation der Anwender 251
5.5 Qualitätsoptimierung und -sicherung auf Dokumentationsebene 260
5.5.1 Ergebnisse der CLAT-Prüfung: VW-Reparaturleitfaden 260
5.5.2 Nebeneffekte der CLAT-Prüfung auf Dokumentationsebene 266
5.5.3 Qualitätsanalyse und Bewertung durch ZertiFAKT 267
5.5.4 Wiederverwendung von Inhalten in der Technischen Redaktion . 269
5.6 Qualitätssicherung auf Systemebene 271
5.6.1 Reduzierung der Variantenvielfalt der Translation-Memorys 272
5.6.2 Interdependenzen und Synergien innerhalb der Systemwelt......... 273
5.7 Qualitätssicherung auf Prozessebene 276
5.7.1 Standardisierte und effiziente Prozessabläufe durch
Sprachtechnologie 278
5.7.2 Prozessqualität durch sprachtechnologiebasierte
Kennzahlenermittlung 281

6 Schlussbetrachtung ... 287
  6.1 Zusammenfassung und Fazit ... 287
  6.2 Ableitung von Maßnahmen und Handlungskonsequenzen ... 291
  6.3 Ausblick ... 293

7 Literaturverzeichnis ... 297

Abbildungsverzeichnis

Abb. 1.1:	Forschungsdesign und Aufbau der Arbeit	26
Abb. 2.1:	Interne und externe Dokumentation	35
Abb. 2.2:	Lebenszyklusmodell nach DIN ISO 15226	42
Abb. 2.3:	Dokumentationszuwachs im Produktlebenszyklus	44
Abb. 2.4:	Dokumentationserstellung: vom Strukturkonzept zur Erstellung	45
Abb. 2.5:	Kompetenzprofil Technischer Redakteure	50
Abb. 2.6:	Kompensation des Wissensgefälles durch Technische Dokumentation	57
Abb. 3.1:	Der Qualitätsbegriff	72
Abb. 3.2:	Die Qualitätswaage	73
Abb. 3.3:	Bausteine des Qualitätsmanagements	79
Abb. 3.4:	PDCA-Zyklus	82
Abb. 3.5:	JURAN-Trilogie-Prozess	85
Abb. 3.6:	Total-Quality-Management-Prozess nach ISO 9001/9004	88
Abb. 3.7:	QTK-Kreis	90
Abb. 3.8:	Zehnerregel der Fehlerkosten	93
Abb. 3.9:	Forschungsansätze der Textverständlichkeit	97
Abb. 3.10:	Bewertungsskala zur Dimension „Einfachheit"	105
Abb. 3.11:	Fehlende Informationsrückkopplung in der unidirektionalen Kommunikation	114
Abb. 3.12:	Einfluss der Corporate Language	118
Abb. 4.1:	Forschungsbereiche der Computerlinguistik	129
Abb. 4.2:	Anwendungen der Sprachtechnologie	132
Abb. 4.3:	Terminologie als wichtiger Baustein der Linguistik für die Qualitätsplanung	139
Abb. 4.4:	Erweitertes SECI-Modell: Wissensexternalisierung durch Terminologiemanagement	146
Abb. 4.5:	Relevanz des Terminologiemanagements für Kunden- und Mitarbeiterzufriedenheit	148
Abb. 4.6:	Einordnung der TM-Systeme in den Übersetzungstechnologien	158
Abb. 4.7:	Ausprägung des Einflusses maschineller Übersetzungssysteme	164
Abb. 4.8:	Vier-Ebenen-Modell für ganzheitliche Qualitätssicherung	170
Abb. 4.9:	Vor- und Nachteile bei unterschiedlicher Gewichtung innerhalb des Vier-Ebenen-Modells	171
Abb. 4.10:	Synergien der sprachtechnologischen Werkzeuge im Rahmen der Dokumentationserstellung	172
Abb. 4.11:	Auswirkungen von Sprachtechnologie auf den QTK-Kreis	178
Abb. 4.12:	Standardisierungsmaßnahmen auf der Dokumentationsebene	179
Abb. 4.13:	Ganzheitlicher Workflow für die qualitativ hochwertige Dokumentationserstellung und Übersetzung	182

Abb. 4.14:	Bausteine der Sprachstandardisierung	183
Abb. 5.1:	Herleitung der Untersuchungsschwerpunkte	186
Abb. 5.2:	Untersuchungsmethodik im Rahmen des Fallbeispiels	187
Abb. 5.3:	Beispiel für die Likert-Skala aus dem konzipierten Fragebogen	191
Abb. 5.4:	Typen der Befragung nach ATTESLANDER	194
Abb. 5.5:	Organigramm VST-1	197
Abb. 5.6:	Systemarchitektur des Redaktionssystems LIVAS	200
Abb. 5.7:	Elektronisches Service Auskunftssystem „ELSA"	202
Abb. 5.8:	Volkswagen Service-Kernprozess	205
Abb. 5.9:	Prozessbrüche durch inkonsistente Terminologie, Beispiel „Lenkstockschalter"	207
Abb. 5.10:	Beispiel für Mängel im Bereich „Sicherheit"	209
Abb. 5.11:	Produktentwicklungsprozess (reduzierte Darstellung)	212
Abb. 5.12:	Beispiel eines terminologischen Eintrags	214
Abb. 5.13:	Inhalte der Terminologiedatenbank	215
Abb. 5.14:	Bestandteile der Linguistic Engine von CLAT	217
Abb. 5.15:	CLAT-Einstellungen innerhalb des Textverarbeitungsprogramms	219
Abb. 5.16:	Bedienoberfläche UMMT „Grammatikregeln"	221
Abb. 5.17:	Maschinelle Übersetzung im Volkswagen Sprachenportal	222
Abb. 5.18:	Integration maschineller Übersetzung	223
Abb. 5.19:	Ergebnisansicht bewerteter Dokumente mit ZertiFAKT	227
Abb. 5.20:	Hypothesenkonstrukt als Basis für die empirische Untersuchung	230
Abb. 5.21:	Arbeitsaufwand mit CLAT	232
Abb. 5.22:	Verbesserungspotenzial mit CLAT in Korrelation mit den Faktoren „Anwendungsdauer" und „Alter"	233
Abb. 5.23:	Einschätzung des persönlichen Lerneffekts mit CLAT in Korrelation mit dem Faktor „Anwendungsdauer"	234
Abb. 5.24:	Bewertung des persönlichen Schreibprozesses	241
Abb. 5.25:	Persönliche Einschätzung des Schreibstils	242
Abb. 5.26:	Zeit-/Arbeitsaufwand durch CLAT	243
Abb. 5.27:	Motivation der CLAT-Anwender in Korrelation mit den Faktoren „Alter" und „Hintergrund"	244
Abb. 5.28:	Einschätzung der Sprachkompetenz in Korrelation mit den Faktoren „Hintergrund" und „Anwendungsdauer"	246
Abb. 5.29:	Bewertung der Betreuung durch das CLAT-Team	247
Abb. 5.30:	Bearbeitung von Fehlermeldungen	248
Abb. 5.31:	Bewertung des Lerneffekts durch CLAT in Korrelation mit den Faktoren „Anwendungsdauer" und „Hintergrund"	249
Abb. 5.32:	Vorteile für die Dokumentationserstellung durch CLAT-Anwendung	250

Abb. 5.33:	Fünf-Phasen-Modell nach ROGERS	253
Abb. 5.34:	Diffusionskurve nach ROGERS	254
Abb. 5.35:	CLAT-Prüfstatistik für VW-Reparaturleitfaden	261
Abb. 5.36:	Fehlerstatistik Dokumentationscluster Reparaturleitfaden	265
Abb. 5.37:	ZertiFAKT-Gesamtbewertung Datenset 2004/2005	268
Abb. 5.38:	ZertiFAKT-Gesamtbewertung Datenset 2009/2010	268
Abb. 5.39:	ZertiFAKT-Gesamtergebnis Datenset Reparaturleitfaden „automatisches Getriebe" mit CLAT	269
Abb. 5.40:	Suche nach Re-Use-Elementen	270
Abb. 5.41:	Beispiel „Trinkwasser"	273
Abb. 5.42:	Eintrag in der ISO-Datenbank	275
Abb. 5.43:	Prozessphasen der Dokumentationserstellung und Übersetzung	278
Abb. 5.44:	Formular zum Anlegen eines neuen Steuergeräts und der zugehörigen Benennung im System42	280

Tabellenverzeichnis

Tab. 2.1:	Gegenüberstellung der Definitionen zu „Technische Dokumentation"	31
Tab. 2.2:	Die fünf Inhalte der Technischen Dokumentation nach JUHL	36
Tab. 2.3:	Funktionen der Technischen Dokumentation	53
Tab. 3.1:	Übersicht Qualitätsansätze	78
Tab. 3.2:	Qualitätsmanagementkonzepte im Vergleich	89
Tab. 3.3:	Kognitionspsychologische Ansätze im Vergleich	103
Tab. 3.4:	Bewertung der instruktionspsychologischen Verständlichkeitstheorie	108
Tab. 4.1:	Explizites vs. implizites Wissen	143
Tab. 4.2:	Kollektivierung individuellen Wissens	147
Tab. 4.3:	Prämissen zur Erfüllung der Hypothese	176
Tab. 5.1:	Beispiel Fehlerkategorie „Abkürzung"	262
Tab. 5.2:	Beispiel Fehlerkategorie „Terminologie"	262
Tab. 5.3:	Beispiel Fehlerkategorie „Grammatik"	263
Tab. 5.4:	Beispiel Fehlerkategorie „Rechtschreibung"	263
Tab. 5.5:	Beispiel Fehlerkategorie „Stil"	264
Tab. 5.6:	Kennzahl „Terminologiearbeit"	283
Tab. 5.7:	Kennzahl „Redaktion/Wiederverwendung"	284
Tab. 5.8:	Kennzahl „Lektorat"	284
Tab. 5.9:	Kennzahl „Dokumentationsqualität"	285

Abkürzungsverzeichnis

APOS	Arbeitspositionskatalog
BMW	Bayerische Motoren Werke
bzgl.	bezüglich
bzw.	beziehungsweise
CLAT	Controlled Language Authoring Technology
d. h.	das heißt
DIN	Deutsches Institut für Normung
DISS	Direkt Informationssystem Service
DTD	Document Type Definition
ELSA	Elektronisches Service Auskunftssystem
etc.	et cetera
ETKA	Elektronischer Teilekatalog
IAI	Instituts der Gesellschaft zur Förderung der Angewandten Informationsforschung e. V. der Universität des Saarlandes (IAI) in Saarbrücken
KVS	Konstruktionsdaten-Verwaltungssystem
MPRO	Morphologisches Programm
ROI	Return on Invest
SAGA	System Auftrags- und Gewährleistungsabwicklung
SGML	Standard Generalized Markup Language
SOP	Start of Production
TFSI	Turbo Fuel Stratified Injection
TPI	Technische Produktinformation
TR	Technischer Redakteur
u. a.	unter anderem
VDI	Verein Deutscher Ingenieure
VS	Volkswagen After Sales

VST	After Sales Technik[1]
VST-1	After Sales Technik Werkstattinformation und Dokumentenmanagement
VW	Volkswagen
XML	eXtensible Markup Language
z. B.	zum Beispiel

---

[1] Bei „After Sales" und „After Sales Technik" handelt es sich um offizielle Schreibweisen der Bereichs- und Abteilungsbezeichnungen bei Volkswagen. In anderen, VW-externen, Kontexten werden in dieser Arbeit Bindestriche gesetzt, z. B. After-Sales-Marketing.

1 Einleitung

1.1 Situation und Herausforderung

Im Zuge der Entwicklung neuer und immer komplexer werdender Technologien und Produkte sowie der Erschließung neuer Märkte weltweit, erfährt die Informationskomplexität im Rahmen der Herstellung und Variantenvielfalt von Produkten einen rasanten Anstieg. Technische Dokumentation, als wesentlicher Bestandteil eines Produkts und Resultat eines komplexen und interdisziplinären Kommunikationsprozesses, bietet sowohl Herausforderungen als auch Möglichkeiten für die Schaffung von Kundenzufriedenheit und Wettbewerbsfähigkeit.[2] Bekräftigt durch juristische Vorschriften und als Marketinginstrument rückt die Qualität Technischer Dokumentation in den Fokus herstellender Unternehmen.[3]

Im Bereich After-Sales treten verstärkt Prozessbrüche auf, die auf qualitative Mängel Technischer Dokumentationen zurückzuführen sind. Die damit einhergehende kostenintensive Fehlerbehebung verschärft den Handlungsbedarf und zeigt die zentrale Bedeutung von Qualitätssicherung für die Technische Dokumentation auf. Die stark unidirektional ausgeprägte Kommunikationsrichtung zwischen Unternehmen und Kunden durch die Technische Dokumentation stellt hierbei eine besondere Herausforderung für die Informationsqualität dar. Zur Optimierung der Kommunikationsprozesse gibt es verschiedene Ansätze, die sich auf jeweils unterschiedliche Elemente der Dokumentation fokussieren. Auf der inhaltlichen und strukturellen Ebene sind die bekanntesten Ansätze das Information Mapping[4] und das Funktionsdesign[5], bei denen der Verständlichkeit von Dokumentationen auf Basis der Informationshierarchie und -ordnung eine besondere Rolle zugeteilt wird. Ähnlich einzuordnen sind in diesem Zusammenhang die Modularisierungsansätze, die sich auf die Informationsarchitektur von Dokumentationen beziehen und die effiziente Dokumentationserstellung durch Wiederverwendung erzielen, wie sie etwa im Rahmen von Content-Management-Systemen umgesetzt werden können.[6] Dem gegenüber steht der

---

2   Vgl. Hoffmann et al. 2002, S. 19; Mertens 1997, S. 4; Pepels 2002, S. 3.
3   Vgl. Gabriel 2010, S. 16; VDI-Richtlinie 4500 Blatt 4 (Entwurf), S. 41.
4   Informationsstrukturierungsmethode für Technische Dokumentation, die auf Erkenntnissen der Kognitionspsychologie, Medien- und Lernpsychologie basiert, vgl. Horn 1989; Muthig 2008.
5   Strukturierungs- und Standardisierungsmethode für Technische Dokumentation nach Muthig und Schäflein-Armbruster, bei der Informationen nach hierarchischen Ebenen organisiert werden, vgl. Muthig 2008; Horn 1989.
6   Siehe Single Source Publishing und Modularisierungskonzepte, z. B. DITA, vgl. Closs 2007.

Ansatz der visuellen Strukturierung und einer konzentrierten Verwendung von Bildern innerhalb von Technischer Dokumentation[7] sowie der Einsatz von digitalen Medien wie z. B. interaktive Dokumentationen bzw. Bewegtbildanleitungen durch die Anwendung von Utility Filmen[8].

Das Sprichwort: „*Ein Bild sagt mehr als tausend Worte*" ist vor dem Hintergrund der Technischen Dokumentation differenziert zu betrachten. Zwar wirken Bilder auf den ersten Blick reizvoller als Texte, dennoch ist die Absicht des Bilds ohne einen begleitenden sprachlichen Kontext für den Betrachter nicht eindeutig zu vermitteln.[9] Ferner ist die sprachlose Bedienungsanleitung, nach dem Vorbild der Ikea-Anleitung, bei hochkomplexen Produkten nicht sinnvoll. Im Hinblick auf die interkulturelle Wirkung von Bildern und die Erstellungskosten von Bewegtbildanleitungen, wird der Blick in der vorliegenden Arbeit verstärkt auf die textuelle Ebene als Kernelement der Dokumentation gelegt. Die Präzision der Schriftsprache ist vor dem Hintergrund der rasanten Entwicklungen als überlegenes Medium gegenüber visuellen Elementen zur Umsetzung einer klaren technischen Kommunikation hervorzuheben. Eine verständliche, standardisierte und bereichsübergreifende Unternehmenskommunikation ist demzufolge als zentrale Voraussetzung für funktionierende Prozesse, qualitativ hochwertige Produkte und Dokumentationen sowie für die Faktoren Kundenzufriedenheit und Kundenbindung zu betrachten.[10]

Die systematische und strategische Standardisierung der Unternehmenssprache, hin zu einer Corporate Language, als Identität stärkendes Unternehmensinstrument, schafft vor diesem Hintergrund zahlreiche Wertschöpfungsfaktoren.[11] Diese müssen quantifizierbar in Form von messbaren Qualitätsoptimierungen und instrumentalisierbar durch eine adäquate Kennzahlensystematik dargestellt werden. Gerade in globalen Unternehmen ist die multilinguale Kommunikation eine zusätzliche Herausforderung im Rahmen der Qualitätssicherung, die gleichsam die Notwendigkeit einer klaren und standardisierten ausgangssprachlichen Kommunikationsbasis verstärkt. Konkrete Techniken der Textoptimierung nach zuvor definierten Qualitätskriterien stellen hierbei, neben einem

---

7   Vgl. Ballstaedt 1996; Meutsch 1992; Alexander 2007.
8   Sprachreduzierte oder -freie Anleitungsfilme, vgl. Wagener 2008.
9   Vgl. Ballstaedt 2005, eine umfangreiche Untersuchungsreihe liefern Bieger, Glock 1985 und 1986, die zwischen verschiedenen Informationsklassen unterscheiden und mit ihren Ergebnissen die Genauigkeit und Schnelligkeit der Informationsaufnahme aus Texten gegenüber Bildern bestärken. Weitere Untersuchungen führte hierzu Westendorp 2002 durch.
10 Vgl. Hoffmann et al. 2002, S. 31; Heinecke 1994, S. 76; Galbierz, Riegel 2000, S. 158; Pepels 2002, S. 3.
11 Vgl. Nestler 2007, S. 9; Bungarten 1985, S. 20.

systematischen Terminologiemanagement, die Kernmethode für die Realisierung einer klaren und standardisierten schriftlichen Unternehmenskommunikation dar. Die Markenbildung und somit das Wiedererkennungsgefühl können so gestärkt werden.[12]

1.2 Forschungsfragen und Forschungsmethoden

Die aus den Herausforderungen der dargestellten Thematik abgeleiteten zentralen Forschungsfragen lauten folglich: Inwiefern kann die Qualität von Technischer Dokumentation durch Sprachtechnologie generiert, optimiert und gesichert werden? Wie kann die Qualität Technischer Dokumentation durch Sprachtechnologie gemessen und instrumentalisiert werden? Basis für die zentralen Forschungsfragen ist die Analyse der Relevanz Technischer Dokumentation und damit einhergehend die Bedeutung des After-Sales für den Unternehmenserfolg. Ferner wird der Zusammenhang zwischen den Faktoren Sprache und Qualität im Rahmen der Technischen Dokumentation erörtert. Zur Beantwortung und Ergründung der zentralen Forschungsfrage sind zum einen die Analyse von Qualitätskriterien Technischer Dokumentation und zum anderen die Konzipierung eines Qualitätskonzepts für die Dokumentationserstellung relevant, auf deren Basis die Qualitätsoptimierungen durch den Einsatz von Sprachtechnologie erfolgen kann.

Zur Überprüfung der von den Forschungsfragen abgeleiteten Hypothese *„Qualitätssicherung in der Technischen Dokumentation durch den Einsatz von Sprachtechnologie"* werden sowohl quantitative als auch qualitative Untersuchungsmethoden der empirischen Sozialforschung herangezogen. Die Kombination verschiedener Untersuchungsmethoden im Rahmen einer Triangulation[13], bei der die Schwächen der schriftlichen Befragung mit den Stärken von Interviews und offenen teilnehmenden Beobachtungen ausgeglichen werden und dadurch eine höhere Validität der Ergebnisse erfolgt, stellt hierbei den Fokus des praktischen Teils dar *(vgl. Kapitel 5).* Ferner werden umfassende Textanalysen zur Darlegung der Qualitätsoptimierungen auf linguistischer Ebene durchgeführt und mit den Untersuchungsergebnissen auf personeller Ebene abgeglichen. Die Analyse der eingesetzten Systeme in Bezug auf Synergiepotenziale sowie tiefer gehende Prozessanalysen runden die Forschungsmethode ab und erzeugen einen ganzheitlichen und fassettenreichen Blick auf den Forschungsgegenstand. Folglich wird aus den Untersuchungsresultaten das im theoretischen Teil der Arbeit

---

12 Vgl. Göpferich 1998, S. 13 ff., 177 ff.; Förster 1994, S. 18 ff.
13 Kombination unterschiedlicher Untersuchungsmethoden, die auf dasselbe Phänomen angewandt werden, vgl. Blaikie 1991.

konzipierte Qualitätsmodell für die Technische Dokumentation bestärkt. Darüber hinaus wird ein konkretes und die Herausforderungen der Unternehmenspraxis berücksichtigendes Qualitätssystem erarbeitet.

1.3 Zielsetzung und wissenschaftlicher Beitrag der Arbeit

Vor dem Hintergrund der dargestellten Herausforderungen und Rahmenbedingungen der Dokumentationserstellung liegt das Ziel dieser Arbeit in der Darlegung des qualitativen und quantitativen Mehrwerts von sprachtechnologischen Investitionen. Die Kontrastierung der Forschungsbereiche Technische Dokumentation, Qualitätsmanagement, Terminologie- und Wissensmanagement sowie angewandte Sprachwissenschaften bilden die interdisziplinäre Basis für die empirischen Untersuchungen und ermöglichen einen ganzheitlichen Blick auf den Forschungsgegenstand. Durch die Zusammenführung verschiedener Forschungsansätze aus den sich ergänzenden Forschungsgebieten werden Synergien geschaffen und ein Modell zur Beurteilung der Qualitätsoptimierungen innerhalb der Dokumentationserstellung konzipiert. Interdependenzen und Synergien innerhalb der Dokumentationserstellung werden in einer ganzheitlichen Sicht betrachtet und auf die Anforderungen der Unternehmenspraxis übertragen.

Ferner ist der in der Arbeit entwickelte ganzheitliche Prozessstandard für die Technische Dokumentation ein anwendbares Szenario für die Unternehmenspraxis, anhand dessen qualitativ hochwertige ausgangssprachliche Dokumentationen und entsprechende zielsprachliche Übersetzungen effizient erstellt werden können. Bisher ungenutzte Synergiepotenziale sowie Interdependenzen finden hierbei ebenso Berücksichtigung wie unternehmerische Rahmenbedingungen und Herausforderungen, sodass ein konkreter Beitrag für die Qualitätsoptimierung und -sicherung innerhalb der Dokumentationserstellung geleistet wird.

Anhand der konzipierten Modelle werden die Bezüge zwischen Sprachtechnologie und den Bereichen Wissens- und Qualitätsmanagement für die Steigerung der Produktivität innerhalb der Dokumentationsprozesse deutlich. Die empirischen Untersuchungen liefern vor diesem Hintergrund nachvollziehbare Zusammenhänge und den greifbaren Mehrwert durch Sprachtechnologie für die Unternehmenskommunikation und die Prozessoptimierung im Rahmen der Technischen Dokumentationserstellung.

Die Durchführung des Fallbeispiels im Bereich „After Sales Technik" der Volkswagen AG ermöglicht die Entwicklung eines praktizierbaren Konzepts zur ganzheitlichen Qualitätsoptimierung im Rahmen der Dokumentationserstellung anhand von realen Datenbeständen und Rahmenbedingungen. Branchenspezifische Charakteristika des automobilen After-Sales stellen besondere Herausforderungen dar, die in der Komplexität und Vielfalt der Produkte sowie Dokumentationsarten und Informationssysteme mit verschiedenen heterogenen Zielgruppen zum Tragen kommen.

Die auf Basis des entwickelten Modells zur ganzheitlichen Qualitätsoptimierung gewonnenen Erkenntnisse verdeutlichen die Notwendigkeit des Einsatzes von adäquaten sprachtechnologischen Anwendungen. Ferner liefern die Untersuchungsergebnisse wertvolle Argumentationsgrundlagen in Form von Zahlen, Daten und Fakten für die erfolgreiche Umsetzung und Bewilligung von qualitätsorientierten Investitionen. Somit dienen die Erkenntnisse der empirischen Untersuchungen als Brücke zur Unternehmenspraxis. Theorie und Praxis nähern sich durch wissenschaftliche und praxisnahe Untersuchungen an, aus denen Handlungskonsequenzen für die Unternehmenspraxis resultieren.

1.4 Aufbau und Vorgehensweise

Als Einstieg in die Thematik wird der Begriff „Technische Dokumentation" definiert und bezogen auf die Arten, Inhalte und Funktionen sowie in Bezug auf die Zielgruppen diskutiert. Wirtschaftliche und juristische Herausforderungen werden neben den Einsatzbereichen Technischer Dokumentation im Produktlebenszyklus dargestellt und die Relevanz Technischer Dokumentation für den Unternehmensbereich After-Sales sowie die daraus resultierende Wettbewerbsfähigkeit begründet *(vgl. Kapitel 2)*.

Basierend auf den Erkenntnissen zur Funktion und Relevanz von Technischer Dokumentation werden anschließend qualitative Faktoren Technischer Dokumentation auf Basis der Lesbarkeits- und Verständlichkeitsforschung definiert und durch ausgewählte Qualitätstheorien sowie Qualitätsmanagementansätze kontrastiert und beleuchtet. Als Lösungsansatz zur Gewährleistung der Textverständlichkeit im Rahmen der Technischen Dokumentation wird die Methode der kontrollierten Sprache als Instrument zur Umsetzung einer Corporate Language vorgestellt *(vgl. Kapitel 3)*.

Zur systemtechnischen Umsetzung der Qualitätsmaßstäbe werden fokussiert sprachtechnologische Anwendungen beleuchtet. Hierbei werden für jeden Qualitätsmanagementbaustein adäquate Sprachtechnologien und deren entsprechender Mehrwert präsentiert. Gleichzeitig werden die Synergien und Interdependenzen von Sprachtechnologien durch das konzipierte „Vier-Ebenen-Modell" untersucht. Abschließend erfolgt die Konzipierung eines Prozessmodells für den praktischen Einsatz von Sprachtechnologie im Rahmen der Dokumentationserstellung *(vgl. Kapitel 4)*.

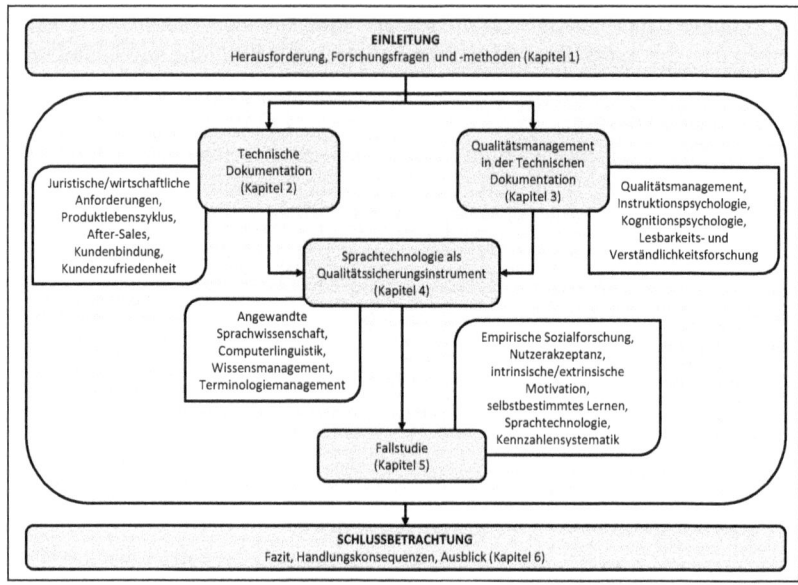

Abb. 1.1: Forschungsdesign und Aufbau der Arbeit[14]

Durch das im Rahmen der Volkswagen AG durchgeführte Fallbeispiel werden die konzipierten theoretischen Modelle des vierten Kapitels erprobt, untersucht und die gewonnenen Ergebnisse diskutiert. Hierzu werden gezielt qualitative und quantitative Untersuchungsmethoden ausgewählt – darunter schriftliche Befragungen, Interviews, Beobachtungen, Textanalysen, System- und Prozessanalysen – mit denen die Auswirkungen von Sprachtechnologie als Schlüsseltechnologie bei der Dokumentationserstellung belegt werden. Aus den Untersuchungsergebnissen wird zum einen ein auf den unternehmensspezifischen Rahmenbedingungen basierendes Kennzahlenmodell konzipiert; zum anderen werden Handlungskonsequenzen für die Unternehmenspraxis abgeleitet *(vgl. Kapitel 5)*. Die Arbeit schließt mit einem Ausblick über offene Forschungsdesiderate und Entwicklungstendenzen im Rahmen dieses Forschungsgebiets ab *(vgl. Kapitel 6)*.

---

14 Eigene Darstellung.

2 Technische Dokumentation

Der Begriff Technische Dokumentation wird in der Fachliteratur fassettenreich diskutiert und bedarf einer thematischen Strukturierung, um das weite Definitionsspektrum zu überblicken und nach Einzelaspekten zu gliedern. Nach der Kontrastierung unterschiedlicher Definitionsansätze schließt das folgende Unterkapitel mit einer für diese Arbeit relevanten Begriffsbestimmung. Im Anschluss werden die Relevanz der Technischen Dokumentation für den Unternehmenserfolg innerhalb der Nachkaufphase (After-Sales) sowie die Funktionen, Anforderungen und Spezifikationen von Technischer Dokumentation dargestellt. Dieses Kapitel dient somit als thematisch-inhaltliche Basis für die weiteren Untersuchungen hinsichtlich der Qualitätsaspekte innerhalb der Dokumentationserstellungsprozesse durch den Einsatz von Sprachtechnologie.

2.1 Definition

Technische Dokumentation ist eine Textsorte mit Mensch/Technik-interaktionsorientiertem Charakter, die dem Zweck dient, den Adressaten in die Lage zu versetzen, das jeweilige Produkt funktional zu nutzen. Hierbei liegt die Betonung auf der Interaktion zwischen dem Anwender und dem Produkt. Die Vermittlung theoretischen Wissens steht dabei weniger im Vordergrund, als die Vermittlung von Informationen zum praktischen Gebrauch des Produkts.[15] Technische Dokumentation ist daher eine didaktisch-instruktive Textsorte mit deskriptiv-informierendem Charakter, speziellen Textmerkmalen und einer spezifischen Fachsprache.[16] Neben den sprachlichen und stilistischen Kriterien muss Technische Dokumentation eine Vielzahl von Anforderungen und Funktionen erfüllen und unterscheidet sich dadurch von anderen Fachtexten wie beispielsweise journalistischen oder populärwissenschaftlichen Texten.

In der Fachliteratur findet Technische Dokumentation in unterschiedlichen Kontexten mit jeweils unterschiedlicher Schwerpunktlegung der Teilaspekte Verwendung. Der Gesamtheit der Definitionen und Interpretationen liegt zu Grunde, dass es sich bei Technischer Dokumentation um eine Sammelbezeichnung für alle Informationen handelt, die in strukturierter und schriftlicher Form ein technisch hergestelltes Produkt und dessen Verwendung und Instandsetzung beschreiben.[17] Die DIN 6789-1:1990-09 „Dokumentationssystematik – Aufbau

---

15 Vgl. Göpferich 1998, S. 94 f.
16 Vgl. Göpferich 1998, S. 91 ff.
17 Vgl. Henning, Tjarks-Sobhani 1998 zitiert in Rögner 2005, S. II-3.

Technischer Produktdokumentationen" definiert den Dokumentationsbegriff als eine *„für einen bestimmten Zweck vollständige Zusammenstellung von Dokumenten"*[18]. Der Begriff Technische Dokumentation umfasst somit verschiedene Dokumentarten mit produktbezogenen Daten und Informationen, die für verschiedene Zwecke vom Beginn der Planung eines technischen Produkts über dessen gesamten Lebenszyklus entwickelt, verwendet und gespeichert werden. Die verschiedenen Zwecke können sich nach STADTFELD und GABRIEL auf die Produktdefinition und -spezifikation, Konstruktion, Herstellung, Qualitätssicherung, Produkthaftung, Produktdarstellung, Beschreibung von Funktionen und Schnittstellen, bestimmungsgemäße, sichere und korrekte Anwendung, Instandhaltung und Reparatur eines technischen Produkts sowie seiner Entsorgung beziehen.[19]

HOFFMANN et al. definieren Technische Dokumentation als die *„Gesamtheit aller notwendigen und zweckdienlichen Informationen über ein Produkt und seine Verwendung"* und ergänzen weiterhin, dass der Begriff das detaillierte und strukturierte Festhalten von Informationen über Dinge und Vorgänge bezeichnet, um diese einem bestimmten Personenkreis zur vermitteln.[20] In dieser Definition wird einerseits der Zusammenhang zwischen Produkt und Technischer Dokumentation deutlich, andererseits werden die Inhalte Technischer Dokumentation, nämlich Produkt- und Vorgangsbeschreibungen, hervorgehoben. HOFFMANN et al. zählen zur Technischen Dokumentation, neben der reinen Produktdokumentation, alle sachlich orientierten Texte, mit denen das Produkt den potenziellen Kunden präsentiert wird.[21] Dabei ist Technische Dokumentation von Werbetexten zu unterscheiden, die inhaltlich, sprachlich und formal eine andere Aufmachung erfordern und folglich eine andere Zielsetzung verfolgen.[22]

OTT knüpft thematisch mit ihrem Definitionsansatz an und verdeutlicht den Aspekt der Wissensvermittlung durch Technische Dokumentation. Demzufolge ist Technische Dokumentation die systematische Dokumentation wissenschaftlich-technischer Publikationen, wobei in der Wirtschaft und Industrie die produktbezogene und produktbegleitende Information gemeint ist, die notwendiges (Fach-) Wissen vermittelt und wesentlich die Qualität eines Produkts mitbestimmt.[23] LEHRNDORFER nimmt eine nähere Betrachtung des Terminus „technisch" vor und stellt dessen inhaltliche Ambiguität heraus. Demzufolge impliziert „technisch" zum einen die Benutzerinformation über technische Pro-

---

18 DIN 6789-1:1990-09 zitiert in Rögner 2005, S. II-3.
19 Vgl. Stadtfeld 1999 zitiert in Rögner 2005, S. II-3; Gabriel 2008.
20 Hoffmann et al. 2002, S. 13.
21 Vgl. Hoffmann et al. 2002, S. 14.
22 Ebenda.
23 Vgl. Ott 1996, S. 34.

dukte bzw. Produktbeschreibungen, wie beispielsweise technische Daten. Zum anderen beinhaltet die zweite Bedeutung des Begriffs „technisch" in Technische Dokumentation, die Techniken zur Produkthandhabung und somit Handlungsbeschreibungen – hierunter fallen Regeln und Verfahren einer Tätigkeit.[24] HOFFMANN et al. merken in diesem Zusammenhang an, dass der Begriff „Dokumentation" als geeignet erscheint, *„um sowohl die Zielgruppe, für welche die Informationen bestimmt sind, als auch den offiziellen Charakter, den die Informationen besitzen, in einem Wort auszudrücken"*[25].

Die Besonderheit der Technischen Dokumentation liegt in der Beziehung zum jeweiligen technischen Produkt. Technische Dokumentation steht immer im Zusammenhang mit einem Produkt, wodurch die charakteristische Produktbezogenheit entsteht.[26] Dennoch ist Technische Dokumentation nicht ausschließlich als eine Art Begleitprodukt oder Beiwerk zum technischen Produkt zu betrachten. Die Beziehung zwischen Produkt und Technischer Dokumentation wurde 1968 durch die Gesetzgebung manifestiert und verschärft.[27] Mit dem Inkrafttreten des Geräte- und Produktsicherheitsgesetzes (GPSG) ist Technische Dokumentation als *„fester Bestandteil des Produkts"* gesetzlich verankert worden, wodurch neue Ansprüche bzw. die Relevanz von Technischer Dokumentation innerhalb von Unternehmen erfolgt ist.[28] Technische Dokumentation wird nach SCHNEIDER daher auch als *„zugehöriger Teil"* und als *„integraler Bestandteil"* des jeweiligen Produkts betrachtet:

> „Die produktbegleitende Technische Dokumentation ist Teil des Produkts. Fehlt die Betriebsanleitung, ist das Produkt unvollständig. Ist die Betriebsanleitung fehlerhaft, gilt das ganze Produkt als fehlerhaft."[29]

Das Definitionsspektrum erweitert sich mit der Berücksichtigung der Aspekte „Wissenserweiterung", „Wissensweitergabe" und „Kommunikation", denen im Entstehungsprozess der Technischen Dokumentation eine bedeutende Rolle zukommt. Technische Dokumentation ist das Ergebnis eines im Vorfeld ablaufenden und komplexen Kommunikationsprozesses, der die Wissensweitergabe und -generierung erfordert *(vgl. Kapitel 2.5 und Kapitel 2.7.4)*. Der Technische Redakteur bezieht seine Informationen im Regelfall aus bereits existenten Dokumenten oder aus dem Kommunikationsprozess mit Ingenieuren und Technischen Entwicklern. Demzufolge beinhaltet die Technische Dokumentation das doku-

---

24 Vgl. Lehrndorfer 1996b, S. 82.
25 Hoffmann et al. 2002, S. 15.
26 Vgl. Rögner 2005, S. II-3; Stadtfeld 1999; Krings 1996.
27 Vgl. Bauer 1994, S. 12.
28 Schneider 2009, S. 27.
29 Ebenda.

mentierte technische und teils didaktische Wissen der Technischen Entwickler und Redakteure. Mit anderen Worten ist Technische Dokumentation die Publikation der Ressource Wissen aus dem Bereich Technik.[30] Mit diesem Hintergrund kann Technische Dokumentation auch als das Ergebnis eines übergeordneten Informationsmanagementprozesses betrachtet werden, bei dem all diejenigen Informationen zusammengeführt und dokumentiert werden, die für den Produktlebenszyklus relevant sind. Hierzu zählen Informationen, die den Erstellungsprozess der Technischen Dokumentation begleiten, wie beispielsweise Entwicklungsdokumentationen, Stücklisten, Ersatzteilkataloge, Kundenliteratur *(vgl. Kapitel 2.5.2)*.[31] Der Begriff Technische Dokumentation bezieht sich daher auch auf die übergeordneten Redaktionsprozesse, aus denen im Ergebnis das Produkt Technische Dokumentation hervorgeht.

KRINGS unterstreicht den Kommunikationsaspekt Technischer Dokumentation in seiner Begriffsdefinition.[32] Hierbei bezieht er sich jedoch weniger auf den Kommunikationsprozess, der im Vorfeld für die Entstehung Technischer Dokumentation notwendig ist, als vielmehr auf die Kommunikationsbeziehung zwischen Kunde oder Endanwender und Technischem Redakteur. Demnach spricht KRINGS im Zusammenhang mit Technischer Dokumentation von einem „*Kristallisationspunkt eines Kommunikationsprozesses zwischen dem Technischen Redakteur und den Benutzern*"[33]. GRUPP elaboriert diesen kommunikativen Aspekt in seiner Definition und integriert dabei Anwender und Hersteller gleichermaßen. Als neue Faktoren für die Begriffsbestimmung und Definition von Technischer Dokumentation zieht GRUPP die Erwartungshaltungen und Handlungsweisen des Kunden und Herstellers heran und merkt hierzu an, dass beide Parteien unterschiedliche Erwartungen an die Technische Dokumentation haben.[34] Der Verwender erwartet demnach die individuelle, bedarfsgerechte Informationsversorgung und versteht unter Technischer Dokumentation die Begleitunterlagen zum Produkt. Der Hersteller bezieht sich hingegen auf Gesetze, Richtlinien und Verordnungen, um zu einer Definition von Technischer Dokumentation zu gelangen, wobei er eine wirtschaftlich günstige und rechtskonforme Lösung verfolgt.[35]

Durch die Integration der Faktoren Kommunikation, Erwartungshaltung und Handlungsweise folgert GRUPP, dass Technische Dokumentation die „*geordnete Zusammenstellung ausgewählter Dokumente und Sprachmaterialien des Her-*

---

30 Paul 2007, S. 3.
31 Vgl. Weissgerber 2006, S. 13.
32 Vgl. Krings 1996, S. 120.
33 Krings 1996, S. 120.
34 Vgl. Grupp 2008, S. 8.
35 Ebenda.

stellers zu einem von ihm erstellten technischen Produkt" ist.[36] Durch die Technische Dokumentation wird einerseits dem Verwender des Produkts der sichere und nützliche Umgang vermittelt und andererseits dem Gesetzgeber ein beweiskräftiges Zeugnis für die Erfüllung der gesetzlichen Anforderungen geliefert.[37] In der folgenden Tabelle erfolgt abschließend eine Systematisierung der Definitionen bzgl. der Funktionen und Anforderungen Technischer Dokumentation.

Tab. 2.1: Gegenüberstellung der Definitionen zu „Technische Dokumentation"[38]

Kriterien / Quellen	Produktbestandteil	Produkt-/ Verwendungsinformationen	Produktqualität	Kommunikation	Wissenstransfer
DIN 6789-1:1990-09	X				
STADTFELDT	X	X			
GABRIEL	X	X			
TEKOM	X	X			
HOFFMANN et al.	X				
LEHRNDORFER	X	X			
OTT			X		X
SCHNEIDER	X				
PAUL					X
KRINGS				X	

Durch die Beleuchtung der verschiedenen Teilaspekte des Begriffs Technische Dokumentation erfolgte ein erster Einblick in die Komplexität dieser Thematik. Als Basis für die weiteren Untersuchungen dieser Arbeit soll die folgende Definition dienen, die sich aus der Zusammenführung der bereits aufgeführten Definitionsansätze der Fachliteratur, unter Berücksichtigung der verschiedenen Definitionsaspekte, ergibt:

> Technische Dokumentation ist als wesentlicher Bestandteil eines Technischen Produkts zu verstehen und beinhaltet die Gesamtheit aller Dokumentationen (interne und externe Dokumentationen), die ein Unternehmen für unterschiedliche Zwecke und Zielgruppen erstellt. Technische Dokumentation ist das Ergebnis eines Informationsmanagementprozesses und der Kristallisationspunkt eines komplexen Kommunikations- und Erstellungsprozesses.

---

36   Grupp 2008, S. 16.
37   Ebenda.
38   Eigene Darstellung.

2.2 Arten Technischer Dokumentation

Ausgehend von der definitorischen Komplexität des Begriffs Technische Dokumentation, kann auf die Vielfalt der Erscheinungsformen bzw. Dokumentationsarten geschlossen werden. Um diese Vielfalt zu erläutern und zu gliedern, ist die in der Fachliteratur vorgenommene Unterteilung in die internen und externen Dokumentationsarten sinnvoll und notwendig.[39] Diese Unterteilung ist eine Klassifizierung hinsichtlich der Ziele und Zielgruppen Technischer Dokumentation, bei der ein erster Einblick hinsichtlich der Relevanz Technischer Dokumentation für den Hersteller und Kunden vermittelt wird.

2.2.1 Interne Dokumentation

Unter interne Dokumentation fallen diejenigen herstellerinternen Informationen, die den gesamten Produktlebenszyklus inhaltlich begleiten und im Unternehmen verbleiben. Interne Dokumentation (z. B. Unterlagen für die Planung und Entwicklung sowie zur Gefahrenanalyse oder auch Lasten- und Pflichtenhefte sowie Konstruktionsunterlagen) wird vorwiegend von Produktentwicklern verfasst und ist ausschließlich für den Gebrauch innerhalb des Unternehmens bestimmt.[40] Die interne Dokumentation ist in gleicher Weise wie die externe Dokumentation nicht nur eine geordnete Zusammenstellung ausgewählter Dokumente, sondern ebenfalls ein komplexer Kommunikationsprozess, den der Technische Redakteur einleitet, gestaltet, führt und dokumentiert.[41] Die interne Dokumentation bildet den herstellerinternen Kommunikationsprozess der Technischen Dokumentation ab und beinhaltet die Rohinformationen für die produktpräsentierenden und produktverwendungsbezogenen Dokumente bzw. für die Benutzerinformationen am technischen Produkt.[42] Vor diesem Hintergrund lassen sich andere Verwendungszwecke und Nutzungsmöglichkeiten sowie andere Dokumentationsformen anwenden, als es bei den produktpräsentierenden und produktverwendungsbezogenen Dokumenten zulässig ist.[43]

Demzufolge beabsichtigt der Hersteller mit der internen Dokumentation einerseits juristische Anforderungen zu erfüllen; hierzu zählt der Nachweis der Konstruktions-, Produktions-, Organisations- und Produktbeobachtungspflicht

---

39 Vgl. Henning, Tjarks-Sobhani 1998; VDI-Richtlinie 4500 Blatt 1 zitiert in Rögner 2005, S. II-4.
40 Vgl. VDI-Richtlinie 4500 Blatt 1; Weissgerber 2006, S. 14; Pötter 1994, S. 14; Rögner 2005, S. II-4.
41 Vgl. Grupp 2008, S. 357.
42 Vgl. Weissgerber 2006, S. 14; Pötter 1994, S. 14.
43 Vgl. Grupp 2008, S. 356.

(vgl. Kapitel 2.4).[44] Andererseits gewährleistet die interne Dokumentation die Wissensweitergabe innerhalb des Produktentwicklungsprozesses im Unternehmen und stellt nicht zuletzt die Grundlage für die Erstellung der externen Dokumentation dar *(vgl. Kapitel 2.2.2).* Durch das Dokumentieren des technischen Wissens zu Beginn des Produktlebenszyklusses, d. h. in der Entwicklungsphase und anschließend in der Fertigung des Produkts, wird das Fachwissen stetig dokumentiert und von einer Produktlebensphase in die nächste weitergetragen. Hierdurch ist die Wissensweitergabe für alle folgenden Produktlebensphasen möglich, somit auch für die After-Sales-Phase *(vgl. Kapitel 2.7).*[45] Die interne Dokumentation beschreibt die gesamte Produktentwicklung von der Produktidee bis hin zur Entsorgung.[46]

Die Verwender der internen Dokumentation sind die verschiedenen firmeninternen Zielgruppen, die vom Technischen Redakteur adressiert werden. Hierzu zählen im Wesentlichen die Entwicklung/Konstruktion, aber auch der Service/Kundendienst sowie die Weiterbildung und die Bereiche Marketing/Vertrieb.[47] Konkrete Zielgruppen sind beispielsweise Konstrukteure, Entwickler, Projektleiter, Mitarbeiter der Qualitätssicherung und Führungskräfte sowie Mitarbeiter in gewerblichen Bereichen, in internen Werkstätten und Prüfständen.[48] Beispiele für interne Dokumente können u. a. Konstruktionszeichnungen mit Anlagen, Stücklisten, Werksnormen, Vorgaben und Regelwerke sein, aber auch Entwicklungsdokumentationen, Sicherheitsdokumente, Betriebsanweisungen für betriebliche Arbeitsplätze, Instandhaltungsdokumentationen, Schulungsdokumentationen für Verkäufer, Monteure und Servicepersonal sowie Zulassungs- und Produktbeobachtungsdokumente.[49]

2.2.2 Externe Dokumentation

Die externe Technische Dokumentation beinhaltet nach der VDI-Richtlinie 4500-1 „Technische Dokumentation – Begriffsdefinitionen und rechtliche Grundlagen" alle technischen Informationen über ein Produkt, die von einem Hersteller/Vertreiber für Vertrieb, Anwender und Verbraucher bestimmt sind und sich zum einen in Dokumentationen für die Nutzung des Produkts und zum anderen in Dokumentationen für den Vertrieb unterteilt.[50] Die externe Dokumentation verlässt im Gegensatz zur internen Dokumentation das Unternehmen

---

44 Vgl. Gabriel 2010, S. 16; Gabriel 2008, S. 3.
45 Vgl. Gabriel 2008, S. 3.
46 Vgl. VDI-Richtlinie 4500 Blatt 4 (Entwurf), S. 31; tekom 2007b, S. 7.
47 Grupp 2008, S. 356.
48 Vgl. VDI-Richtlinie 4500 Blatt 4 (Entwurf), S. 11.
49 Vgl. Gabriel 2008, S. 3.
50 Vgl. VDI-Richtlinie 4500 Blatt 1, S. 6 f.

und ist an externe Adressaten gerichtet, die im weiteren Sinne mit dem Kauf des jeweiligen Produkts in Verbindung stehen, sprich Käufer und Service-Personal bzw. die allgemeinen Zielgruppen des After-Sales-Bereichs eines Unternehmens *(vgl. Kapitel 2.7)*. Die externe Dokumentation unterscheidet sich nicht nur durch ihre Zielgruppen von der internen Dokumentation, sondern auch in ihren Aufgaben. Zweck der externen Dokumentation ist in erster Linie die Produktnutzung durch den Anwender. Hierbei können Dokumentationsarten und -prozesse je nach Unternehmen stark variieren. Auch Marketingunterlagen sollten im Idealfall in diese Prozesse integriert werden.[51] Durch den Einsatz externer Dokumentation im Marketing wird das Ziel verfolgt, das Interesse potenzieller Kunden an dem jeweiligen Produkt zu wecken sowie Leistungen und Funktionen des Produkts zu erläutern *(vgl. Kapitel 2.6)*. Nach dem Kauf dient die externe Dokumentation vor allem zur Anleitung für den Kunden sowie zum sicheren und bestimmungsgemäßen Gebrauch des Produkts.[52]

Beispiele für externe Dokumentationen sind u. a. Vertriebsunterlagen, Schulungsunterlagen für Kunden, Verpackungskennzeichnungen, Kennzeichnungen am Produkt, Benutzerinformationen, Prüfbescheinigungen, Feedback-Bogen, Leistungsbeschreibungen, Ersatzteillisten, Montageunterlagen, aber auch Schulungsunterlagen sowie Werkstattinformationen für den After-Sales-Bereich.[53] Die Zielgruppen der externen Dokumentation sind Betreiber, (End-) Anwender, Schulungs-, Wartungs-, Service-, Marketing- und Vertriebspersonal sowie Personal für die fachgerechte Demontage und Entsorgung.[54]

Durch die interne Dokumentation werden Produktentwicklungsschritte von der Produktanalyse bis hin zur Entsorgung transparent, reproduzierbar und nachvollziehbar als Nachweis festgehalten.[55] Mit der externen Dokumentation werden hingegen Marketingzwecke und Produktnutzung, -instandsetzung, -instandhaltung und -entsorgung beabsichtigt *(siehe Abb. 2.1)*. Hier können unterschiedliche Dokumentationsarten und -prozesse entstehen, wobei die VDI 4500-4 jedoch nur dann zwischen interner und externer Dokumentation unterscheidet, wenn die Dokumentationsprozesse voneinander abweichen.[56] In der folgenden Abbildung werden die Dokumentationsarten und ihre jeweiligen Herstellungsbereiche bzw. Zielgruppen und Inhalte veranschaulicht.

---

51 Vgl. VDI-Richtlinie 4500 Blatt 4 (Entwurf), S. 31.
52 Vgl. Gabriel 2008, S. 4.
53 Vgl. Pötter 1994, S. 14; Gabriel 2008, S. 5.
54 Vgl. VDI-Richtlinie 4500 Blatt 4 (Entwurf), S. 11.
55 Vgl. VDI-Richtlinie 4500 Blatt 4 (Entwurf), S. 4.
56 VDI-Richtlinie 4500 Blatt 4 (Entwurf), S. 4.

Abb. 2.1: Interne und externe Dokumentation[57]

Aus der aufgeführten Darstellung bzgl. interner und externer Dokumentation wird ersichtlich, dass die interne Dokumentation häufig bereits zum Zeitpunkt bzw. vor der Erstellung externer Dokumentation vorhanden ist. Interne Fachinformationen werden bereits in einer frühen Produktlebensphase im Produktentwicklungsprozess erstellt, auf die der Technische Redakteur bei der Dokumentationserstellung zurückgreift. Daher liegt die Empfehlung nahe, den Technischen Redakteur bereits in den frühen Produktlebensphasen einzubeziehen und die jeweiligen Bereiche (z. B. Technische Entwicklung und Konstruktion) mit der Technischen Redaktion zu vernetzen, um den Kommunikationsprozess sowie die Informationsbeschaffung für die Technischen Redakteure zu erleichtern *(vgl. Kapitel 2.7.4)*.[58]

2.3 Inhalte Technischer Dokumentation

Aus den vorgestellten Definitionen wird ersichtlich, dass Technische Dokumentation produktbezogen ist und eine Vielzahl unterschiedlicher Dokumentarten umfasst. Ausgehend von diesen Definitionen werden im Folgenden Inhalte und Funktionen von Technischer Dokumentation dargelegt. Deutlich wird hierbei, dass Technische Dokumentation multiple Tätigkeiten und Resultate repräsentiert und daher eine Klassifizierung notwendig ist. Dabei werden die allgemeine Ausrichtung, der Aufbau und die Bestandteile Technischer Dokumentation nach JUHL und HOFFMANN et al. vorgestellt. Die hier aufgeführten Inhalte können je nach spezifischer Dokumentationsart variieren und daher je nach Produkt und Unternehmen abweichen.

2.3.1 Die fünf Inhalte nach JUHL

Nach JUHL kann eine Dokumentation im Regelfall in fünf Inhalte gegliedert werden *(siehe Tab. 2.2)*. Diese Inhalte bilden den Kern einer Anleitung und helfen zum einen dem Leser, das technische Produkt in seinem Leistungsumfang

---

57   Eigene Darstellung in Anlehnung an VDI-Richtlinie 4500 Blatt 4 (Entwurf), S. 5.
58   Vgl. Gabriel 2010, S. 20.

kennen zu lernen, zum anderen dem Hersteller, den bestimmungsgemäßen Gebrauch des Produkts zu vermitteln.[59]

Tab. 2.2: Die fünf Inhalte der Technischen Dokumentation nach JUHL[60]

Leistungsbeschreibung	Gerätebeschreibung	Tätigkeitsbeschreibung	Beschreibung der Funktionsweise	Technische Unterlagen
Was kann das Gerät? Was kann der Benutzer mit dem Gerät tun? Welchen Nutzen hat der Benutzer vom Gerät?	Wie sieht das Gerät aus? Was ist wo am Gerät? Wie heißen die einzelnen Teile? Wozu dienen die einzelnen Teile?	Was muss der Benutzer tun? Was kann er tun? Wie muss er es tun?	Wie funktioniert das Gerät „innen drin"? Wie funktionieren einzelne Komponenten des Gerätes?	Universelle Daten: Schaltpläne, Konstruktionszeichnungen, Flowcharts usw.

Die *Leistungsbeschreibung* vermittelt dem Leser einen ersten Eindruck über das erworbene Produkt, die getroffene Auswahl und die damit verbundenen Erwartungen des Kunden sowie die Motivation und den Nutzen, den der Leser mit dem Produkt verbindet. Nicht zuletzt ist hier das Ziel, den Leser über den bestimmungsgemäßen Gebrauch des Produkts zu informieren.[61] Die *Gerätebeschreibung* hat zum Ziel, den Leser über die Einzelteile und in Ansätzen über die Funktionalität des Produkts zu informieren und ihm hierdurch Hinweise zur Bedienung zu vermitteln.[62] Die *Tätigkeitsbeschreibung* nimmt im Idealfall inhaltlich den Hauptteil einer Anleitung ein und vermittelt dem Leser konkrete Handlungsabfolgen zur Betätigung und Problemlösung des Produkts.[63] Die *Beschreibung der Funktionsweise* dient vornehmlich dem Zweck, dem Benutzer ein besseres Verständnis über das Produkt zu vermitteln. Der Leser lernt hierbei das Gerät „intelligent" zu bedienen, er baut Misstrauen und Ängste ab, indem er ein besseres Sicherheitsverständnis und eine weitere Hilfe bei der Fehlersuche und Reparatur erhält. Dennoch ist die Beschreibung der Funktionsweise nur sel-

---

59 Vgl. Juhl 2005, S. 22.
60 Ebenda.
61 Vgl. Juhl 2005, S. 27.
62 Vgl. Juhl 2005, S. 35.
63 Vgl. Juhl 2005, S. 45.

ten Bestandteil einer Dokumentation.[64] Mit den *technischen Unterlagen* werden dem Anwender Informationen übermittelt, die beispielsweise für Servicezwecke notwendig sind. Nicht jede Dokumentation beinhaltet jedoch technische Unterlagen oder eine Beschreibung der Funktionsweise. Die Leistungs-, Geräte- und Tätigkeitsbeschreibung können bereits die Dokumentation zu einem einfachen Produkt bilden.[65]

2.3.2 Produktbezogene und dokumentationsbezogene Informationen nach HOFFMANN et al.

HOFFMANN et al. nehmen eine Einteilung vor, die sich weniger auf die Inhalte *(vgl. Kapitel 2.3.1)*, sondern vielmehr auf die Informationen als kleinste Bausteine der Dokumentation beziehen. Hierbei strukturieren sie die Gesamtheit der Informationen innerhalb einer Dokumentation in drei Informationsbereiche:[66]

1. *Produktbezogene Informationen* beinhalten Leistungsbeschreibungen des Produkts, allgemeine und spezielle Sicherheitsinformationen, eine Kurzanleitung über die wichtigsten Funktionen, die eigentliche Produktbeschreibung mit den Informationen zu Lieferumfang, Installation, Inbetriebnahme, Betrieb, Wartung, Reparatur, Störungsabhilfe sowie der Entsorgung von Einzelteilen oder des Gesamtprodukts und der technischen Daten.
2. *Dokumentationsbezogene Informationen* beinhalten Titelblatt mit Herstellername (ggf. Name des Importeurs) und Produktname, Art und Bezeichnung der Dokumentation, Impressum und Ansprechpartner, Kundendienstadressen mit Internet-/E-Mail-Adresse und Copyright-Vermerk sowie typografische Konventionen.
3. *Orientierungshilfen* beinhalten das Inhalts- und Stichwort-, Fachwort- und Abkürzungsverzeichnis, Glossar, Abbildungs- und Tabellenverzeichnis, Druckregister oder Griffregister, Paginierung, Kolumnentitel (Kopf- und Fußzeilen) und Marginalien sowie Kapitel- und Abschnittsnummerierung (Dezimalklassifikation).

Während beispielsweise alle Verzeichnisse in der Dokumentation separate Abschnitte darstellen, sind andere Informationseinheiten (z. B. die Paginierung) als allgemeine Strukturmerkmale zu betrachten, die in allen Bestandteilen der Dokumentation verwendet werden.[67]

---

64 Vgl. Juhl 2005, S. 91.
65 Vgl. Juhl 2005, S. 24.
66 Vgl. Hoffmann et al. 2002, S. 102.
67 Ebenda.

2.4 Anforderungen an die Technische Dokumentation

Die Vielfalt der Definitionen und die Darstellung der verschiedenen Dokumentationsarten lassen auf die unterschiedlichen Ziele und Zielgruppen von Technischer Dokumentation schließen. Vor diesem Hintergrund werden an die Technische Dokumentation vielfältige Anforderungen gestellt, die aus verschiedenen Motivationsquellen hervorgehen und in der Gesetzgebung verankert sind. Im Folgenden werden juristische und wirtschaftliche Anforderungen an die Technische Dokumentation gegenübergestellt.

2.4.1 Juristisch: Rechtsraum der Technischen Dokumentation

Durch zahlreiche Normen, Richtlinien aber auch Gesetze werden konkrete Anforderungen hinsichtlich der Technischen Dokumentation an das produktherstellende Unternehmen gestellt. Als Ersteller der Technischen Dokumentation sind Technische Redakteure mit diesen Anforderungen täglich bei ihrer Arbeit konfrontiert. Die juristischen Anforderungen bilden den Rahmen ihrer Tätigkeiten. Normen und Richtlinien bestimmen neben weiteren Faktoren *(vgl. Kapitel 2.4.2)* den Umfang und die Ausführung der Arbeitsergebnisse. Der Rechtsraum der Technischen Dokumentation ist für den Redakteur und die Herstellerseite von großer Bedeutung. Für den Hersteller kann die Einhaltung von Gesetzen, Richtlinien und Normen als Absicherung dienen, um Haftungen im Schadensfall entgegenzuwirken.[68] Erst durch die Gesetzgebung hat die Technische Dokumentation einen konkreten Stellenwert innerhalb der Unternehmen erhalten, der als Argumentationsgrundlage und Richtwert für Investitionen in diesem Bereich interpretiert werden kann.

Im Folgenden soll ein Überblick über die wichtigsten juristischen Vorschriften gegeben werden, mit denen sich Unternehmen sowie Technische Redakteure auseinandersetzen müssen, um rechtskonforme Dokumentationen zu erstellen. Die für die Technische Dokumentation relevanten Rechtsnormen finden sich in sämtlichen Rechtsgebieten: im Öffentlichen Recht (Geräte- und Produktsicherheitsgesetz, Sozialgesetzbuch VII), im Zivilrecht (BGB, u. a. § 823 BGB, Produkthaftungsgesetz, Handelsgesetzbuch) bis zum Strafrecht (Strafgesetzbuch z. B. § 230 StGB (fahrlässige Körperverletzung), § 222 StGB (fahrlässige Tötung)).[69]

---

68 Vgl. Grupp 2008, S. 406; Neudörfer 2006, S. 9 ff.
69 Vgl. Neudörfer 2006, S. 9.

Das Produkthaftungsgesetz verlangt eine doppelte Kausalität, die bedingt, dass Hersteller verschuldensunabhängig für ihre Produkte haften, wenn erstens der Schaden die Folge eines fehlerhaften Produkts ist und zweitens der Fehler als Ursache für den Schaden zutrifft.[70] Hierbei sind sowohl Entwicklungs-, Konstruktions-, Fabrikations- und Instruktionsfehler als auch die Produktbeobachtung am Markt relevant.[71] So können Entwicklungsfehler entkräftet und Haftungsrisiken reduziert werden, wenn eine konsequente Beachtung des Stands von Wissenschaft und Technik stattfindet oder die vollständige Dokumentation der Anforderungen im Pflichtenheft erfolgt.

Die Rechtsfolgen bei Nichteinhaltung der Präventionsmaßnahmen können je nach Tatbestand unterschiedlich ausfallen. Beispielsweise können bei Personenschäden, strafrechtliche Konsequenzen (fahrlässige Tötung oder fahrlässige Körperverletzung) drohen oder ein Rückgriff (Regress) der gesetzlichen Unfallversicherer stattfinden.[72] Ferner kann bei einem Verstoß gegen Vorschriften als Ursache für Personenschäden die Ahndung einer Ordnungswidrigkeit folgen.[73] Zusätzlich droht auch zivilrechtliche Haftung nach Delikt- bzw. Vertragsrecht.[74]

Von einem detaillierten Überblick über einzelne Normen, Gesetze und Richtlinien, die im Falle von mangelhafter Technischer Dokumentation zum Tragen kommen, wird an dieser Stelle abgesehen. Im Zusammenhang dieser Arbeit sind weniger einzelne Rechtsprechungen oder Richtlinien von Bedeutung, sondern eher die Tatsache, dass Technische Dokumentation durch die Gesetzgebung als wesentlicher Bestandteil des Produkts anerkannt und für die investitionsorientierten Entscheidungen eines Unternehmens im After-Sales-Bereich von hoher Relevanz ist *(vgl. Kapitel 2.7)*.

---

70 Vgl. Neudörfer 2006, S. 9 f.
71 Ebenda.
72 Vgl. Neudörfer 2006, S. 10; Strafgesetzbuch StGB; Sozialgesetzbuch SGB VII.
73 Vgl. Neudörfer 2006, S. 10; Gesetz über Ordnungswidrigkeiten OWiG.
74 Vgl. Neudörfer 2006, S. 10; Bürgerliches Gesetzbuch BGB und Produkt-Haftungsgesetz PrdHG.

2.4.2 Wirtschaftlich: Messbarkeit des erwirtschafteten Mehrwerts

„Allein Ihr müsst auch nicht die Rechnung ohne den Wirt machen, dass nicht die Kosten den Nutzen übersteigen!"[75]
- König Friedrich der II. von Preußen -

Die wirtschaftlichen Anforderungen an die Technische Dokumentation stehen in der Unternehmenspraxis unter dem Schlagwort „Effizienz". Demzufolge besteht die unternehmensseitige Forderung darin, die Kosten für die Dokumentation adäquat zum Aufwand der Erstellung und zu dem damit erzielten Nutzen zu halten. Die Schwierigkeit bei der Gegenüberstellung von Kosten und dem tatsächlichen Nutzen von Technischer Dokumentation ist darin begründet, dass sich die Kosten, d. h. Ausgaben und Investitionen, auf der einen Seite zwar ohne Weiteres berechnen lassen, jedoch der Nutzen vergleichsweise schwieriger in Zahlen zu fassen ist. Weiche Faktoren und Bilanzen, wie Kundenzufriedenheit und Kundenbindung, lassen sich nur schwer auf eine konkrete Ursache oder Quelle zurückführen und sind in der Regel das Ergebnis einer Kumulation verschiedener Faktoren. HOFFMANN et al. bekräftigen, dass zwar die Dokumentation als Teil des Produkts am Erfolg oder Misserfolg des Produkts beteiligt ist, jedoch keine genauen Angaben zum jeweiligen Erfolgsanteil gemacht werden können.[76] Die Dokumentationserstellung ist beim Großteil der Unternehmen ein ausgelagerter Prozess, der erst kurz vor Produktionsstart (SOP) oder Markteintritt angesetzt ist, sodass oftmals nur ein begrenztes Budget zur Verfügung steht.

Um das Management von der Relevanz weiterer Investitionen für den Dokumentationserstellungsprozess zu überzeugen, ist es daher sinnvoll, derzeitige qualitative Mängel in Verbindung mit den dadurch verursachten Mehrkosten aufzuzeigen. Laut OEHMIG beansprucht Technische Dokumentation einen prozentualen Anteil an den Herstellungskosten, der für verschiedene Branchen wie folgt geschätzt werden kann:[77]

---

75   König Friedrich der II. von Preußen (um 1770) zu seinem Verwalter, zitiert in Verein Deutscher Ingenieure 1994b, S. 87.
76   Vgl. Hoffmann et al. 2002, S. 31.
77   Oehmig 2000, S. 15.

- Lebensmittel, Verbrauchsgüter, Arzneimittel: weniger als 1 Prozent,
- Technische Haushaltsprodukte (Waschmaschine, Fernseher etc.): 1–2 Prozent,
- Großanlagen, Flugzeuge: 2–3 Prozent,
- Maschinenbau, Kfz (Serienfertigung): 2–5 Prozent,
- Sondermaschinenbau (Einzelfertigung): 3–10 Prozent,
- Software mit Online-Hilfe: 20–50 Prozent.

Nach HOFFMANN et al. hat sich ein allgemeiner Erfahrungswert für die Praxis ergeben, nach dem die Kosten für eine erstellte Dokumentation durchschnittlich 10 Prozent der Entwicklungskosten des beschriebenen Produkts betragen.[78] Dieser Wert lässt Abweichungen zu und kann beispielsweise unterschritten werden, wenn ein Technischer Redakteur durch hohe redaktionelle Erfahrungen und Produktkenntnisse die Erstellungszeit beschleunigen kann oder wenn bei der Dokumentationserstellung auf bereits erstellte Dokumentationen für ähnliche Produkte zurückgegriffen werden kann *(vgl. Kapitel 2.6.2 und Kapitel 5)*.[79] Hier reihen sich auch Dokumentationen für neue Produktversionen ein, bei denen sich der Textanteil von alt zu neu nicht gravierend ändert, sodass große Teile der Texte wiederverwendet und Synergien genutzt werden können.[80] Nicht zuletzt verringert sich der prozentuale Kostenanteil, wenn die internen Kommunikationswege und Dokumentationsmethoden gut organisiert sind. Demgegenüber kann sich der Kostenanteil erhöhen, wenn die Dokumentation aufwändig gestaltet und in unterschiedlichen Medien bereitgestellt wird.[81] Weiterhin erfolgt ein erhöhter Kostenanteil bei der Dokumentationserstellung, wenn der Aufwand und Umfang der Überarbeitungen bei neuen Produktversionen verhältnismäßig hoch ist.[82]

2.5 Technische Dokumentation im Produktlebenszyklus

In diesem Abschnitt sollen anhand des Produktlebenszyklusses die Einsatzbereiche Technischer Dokumentation vertieft werden und die unterstützende Wirkung von Technischer Dokumentation in den herstellerinternen Informations-

---

78 Vgl. Hoffmann et al. 2002, S. 30.
79 Ebenda.
80 Ebenda.
81 Vgl. Hoffmann et al. 2002, S. 31.
82 Ebenda.

und Kommunikationsflüssen innerhalb des Produktlebenszyklusses dargestellt werden.

2.5.1 Einsatzbereiche im Rahmen des Produktlebenszyklusses

Die Zeitspanne, die ein Produkt im Regelfall von der ersten Anwendung bis zur Entsorgung durchläuft, wird als Produktlebenszyklus beschrieben.[83] Demzufolge durchläuft jedes Produkt je nach theoretischem Ansatz von der Konzeption bis zur Entsorgung verschiedene Lebenszyklusphasen, bei denen kontinuierlich neue Informationen anfallen, die in Wechselwirkung mit der Technischen Dokumentation stehen.[84] Das Lebenszyklusmodell bildet den zeitlichen Ablauf der Produktentwicklung ab und unterteilt diesen in verschiedene Lebenszyklusphasen.[85] Die DIN ISO 15226 „Technische Produktdokumentation – Lebenszyklusmodell und Zuordnung von Dokumenten" definiert den Produktlebenszyklus als einen Zeitabschnitt, der sich von der ersten Idee bis zur endgültigen Entsorgung des Produkts erstreckt und sich in verschiedene aufeinanderfolgende Phasen bzw. Perioden unterteilt *(siehe Abb. 2.2)*.

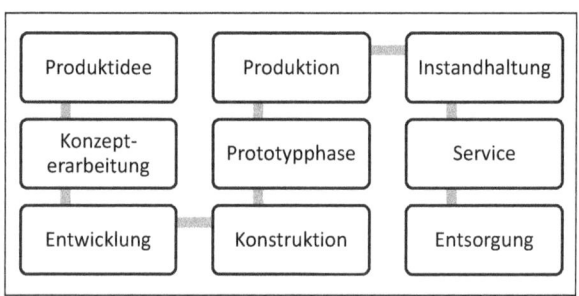

Abb. 2.2: Lebenszyklusmodell nach DIN ISO 15226[86]

Die dargestellten Prozessschritte sind als kontinuierlicher Iterationsprozess zu verstehen, der das Produkt über den gesamten Produktlebenszyklus begleitet und die Fortentwicklung des Produkts selbst sowie die Veränderungen aller Randbedingungen widerspiegelt.[87] Mit der parallelen Erstellung von Dokumentationen in jeder Produktlebenszyklusphase ist es dem Hersteller jederzeit mög-

---

83 Vgl. VDI-Richtlinie 4500 Blatt 4 (Entwurf), S. 7.
84 Vgl. VDI-Richtlinie 4500 Blatt 4 (Entwurf), S. 4.
85 Vgl. Hänssler 2008, S. 33; Aumayr 2006, S. 283 ff.
86 Eigene Darstellung in Anlehnung an Gabriel 2010; DIN ISO 15226.
87 Vgl. Gabriel 2010; DIN ISO 15226.

lich, den Nachweis der Sorgfaltspflicht anhand der archivierten Dokumente während des Produktlebenszyklusses zu erbringen.[88]

Jede Phase des Produktlebenszyklusses fasst zusammengehörige Aktivitäten zusammen (z. B. Produktidee, Entwurf, Fertigung usw.) und wird in ihrem Beginn bzw. Ende durch Entscheidungen zeitlich festgelegt. Diese Entscheidungen werden in der Regel als „Freigaben", „Entwicklungsbewertungen" oder „Meilensteine" bezeichnet.[89] Nach DIN ISO 15226 können einer Aktivität vier verschiedene Kategorien von Dokumenten zugeordnet werden. Hierunter zählen:[90]

1. Dokumente, welche die Organisationseinheit erreichen (eingehende Dokumente).
2. Dokumente, welche die Vorgehensweise der Organisationseinheit in dieser Phase beschreiben (Normen, Richtlinien, Verfahrensanweisungen usw.).
3. Dokumente, mit denen in der Organisationseinheit intern gearbeitet wird und welche die Organisationseinheit im Regelfall nicht verlassen (Arbeitsdokumente),
4. Dokumente, welche die Organisationseinheit verlassen (ausgehende Dokumente).

Zusammenfassend kann festgehalten werden, dass jede Phase des Produktlebenszyklusses mit mindestens einer jeweiligen Dokumentart verknüpft ist. Dabei können die Dokumente vor, während, aber auch nach der jeweiligen Aktivität innerhalb einer Produktlebensphase erstellt werden. Folglich entstehen im Rahmen des Produktlebenszyklusses sowohl interne als auch externe Technische Dokumentationen.[91] Von der Produktidee bis zum Vertrieb werden unterschiedliche Schriftstücke sowie Zeichnungen in verschiedenen Unternehmensbereichen erstellt. Dabei steigt die Anzahl der Dokumente an, je weiter der Produktentwicklungsprozess voranschreitet. Auch wenn die externe Dokumentation für den Kunden erst kurz vor Produktionsstart erstellt wird, verbirgt sich im Zuge des Erstellungsprozesses ein weitläufiges Netzwerk von der Entwicklung über die Konstruktion zum Marketing über das Rechtswesen und letztendlich zum Vertrieb.[92] Dabei überschneiden sich Informationsgehalte und Zielgruppen, auch wenn sich die Dokumentart stetig ändert und sie andere Namen und Formen annimmt *(siehe Abb. 2.3).*

---

88 Vgl. VDI-Richtlinie 4500 Blatt 4 (Entwurf), S. 9; Gabriel 2010, S. 16.
89 Vgl. DIN ISO 15226.
90 DIN ISO 15226, S. 7.
91 Vgl. VDI-Richtlinie 4500 Blatt 4 (Entwurf), S. 7.
92 Ebenda.

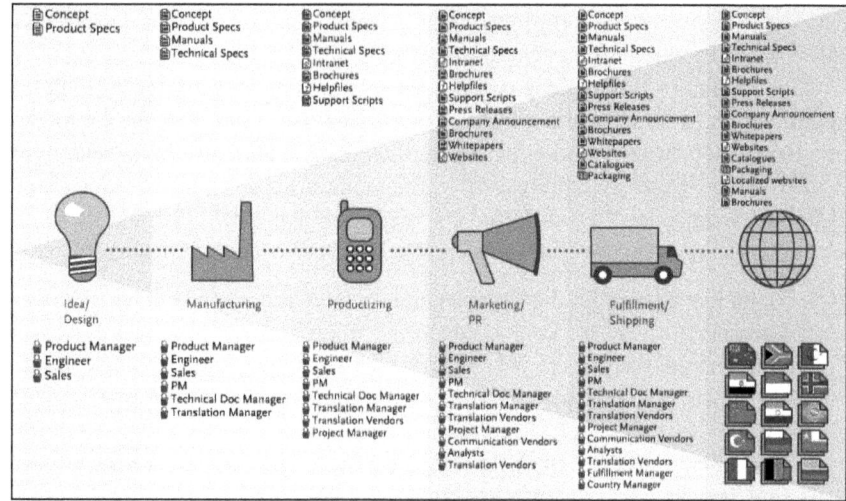

Abb. 2.3: Dokumentationszuwachs im Produktlebenszyklus[93]

Die Fülle an Dokumenten und Informationsträgern führt zu einer regelrechten Informationsflut innerhalb des Unternehmens. Die Bereiche Service, Kundendienst und After-Sales sowie Entwicklung und Geschäftsführung arbeiten beispielsweise schon allein mit 26 verschiedenen Informationsarten.[94] Gleichzeitig belegen Studien, dass verschiedene Unternehmensbereiche mit denselben Informationen arbeiten.[95] Beispielsweise werden Informationen zu Kundenproblemen in der Montageplanung und Produktion, aber auch in der Qualitätssicherung, im Vertrieb und Training gebraucht.[96] Vor diesem Hintergrund ist es umso wichtiger, Technische Dokumentation als Querschnittsfunktion innerhalb des Unternehmens zu etablieren und hierdurch unnötige Doppelarbeit sowie Wissensverluste zu vermeiden und stattdessen Synergien zu schaffen *(vgl. Kapitel 2.7.4).*

---

93   Heyn 2010.
94   Vgl. Straub 2006, S. 2. Die Studie „Informationen über Produkte und Dienstleistungen und Produktinformationsmanagement in Unternehmen", durchgeführt von der Cognitas GmbH, untersucht die organisatorischen Probleme und Lösungen beim Management von Informationen zu Produkten und Dienstleistungen. Im Rahmen der Studie wurden über 200 Führungskräfte aus Unternehmen verschiedener Branchen im deutschsprachigen Raum befragt.
95   Vgl. Straub 2006, S. 2.
96   Ebenda.

2.5.2 Herausforderungen im Dokumentationserstellungsprozess

Vom Auftrag bis zur Freigabe durchläuft die Technische Dokumentation verschiedene Erstellungsphasen. KRINGS unterscheidet neun Haupttätigkeiten im Rahmen der Dokumentationserstellung: Recherchieren, Planen, Formulieren, Visualisieren, Gestalten, Testen, Revidieren, Produzieren, Weiterverarbeiten.[97] In der Praxis überschneiden sich die einzelnen Phasen jedoch oder verlaufen parallel, sodass eine klare Abgrenzung nicht immer möglich ist. Ein vereinfachtes Modell bzgl. der Erstellungsphasen bietet die VDI 4500 *(siehe Abb. 2.4)*.

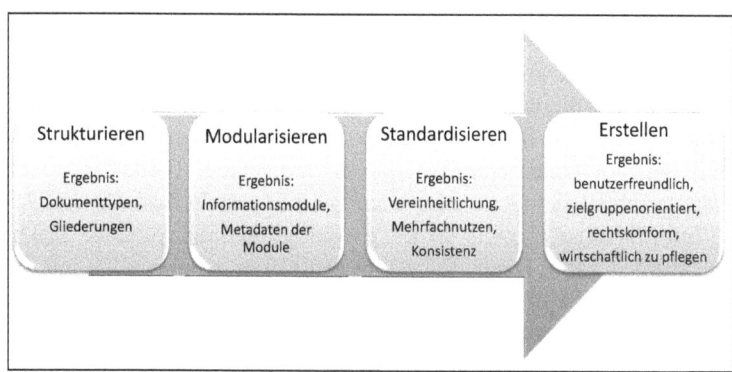

Abb. 2.4: Dokumentationserstellung: vom Strukturkonzept zur Erstellung[98]

Nach HOFFMANN et al. lassen sich die Phasenanteile am Gesamtprojekt wie folgt unterteilen: Die Planungs- und Recherchephase sollte etwa 20 bis 30 Prozent der Gesamtprojektdauer belegen. Die Manuskriptphase sollte etwa 40 bis 60 Prozent in Anspruch nehmen. Die Korrekturläufe sind mit ca. zehn bis 20 Prozent zu veranschlagen. Die Zulassungs- und Freigabeprozesse kosten etwa zehn Prozent der Zeit. Den Rest der Zeit teilen sich Aufwendungen für Zulieferungen externer Dienstleister und Übersetzungsmanagement.[99] In der Unternehmenspraxis ergeben sich jedoch starke Abweichungen bzgl. der oben genannten Phasenanteile. Durch hohen Zeitdruck auf der einen Seite, erhöhte Varianten- und Modellvielfalt sowie kürzere Time-to-Market[100] reduziert sich die

---

97 Vgl. Krings 1996, S. 14.
98 Eigene Darstellung in Anlehnung an VDI-Richtlinie 4500 Blatt 4 (Entwurf), S. 17.
99 Vgl. Hoffmann et al. 2002, S. 157.
100 Der Begriff Time-to-Market umfasst den Zeitraum eines Produkts von seiner Entwicklung bis zur Platzierung am Markt (Vorlaufzeit, Produkteinführungszeit), vgl. Brem 2008, S. 115 ff.; Syska 2006, S. 152 f.

eigentliche Schreibphase stetig weiter. Aufwändiger hingegen werden Recherche- und Planungsphasen, da in den seltensten Fällen Standards für diese Phasen bestehen, d. h. Synergien nicht ausreichend durch zentralisierte Rechercheprozesse genutzt werden, von denen anschließend alle Technischen Redakteure profitieren könnten.[101] Dies bedeutet für den Redakteur eigenständiges Recherchieren in je nach Produktkomplexität verschiedenen Informationssystemen sowie Rücksprachen mit den Bereichen Konstruktion und Technische Entwicklung. Aus Zeitmangel werden alte Versionen der Dokumentation als Schreibbasis aufgerufen, um eine Arbeitserleichterung und Zeitersparnis zu bewirken.[102]

Im Großteil der Unternehmen ist die Erstellung von externer Technischer Dokumentation zeitlich zum Ende der Produktentwicklung angesetzt, sodass der Technische Redakteur seine Arbeit an den Terminrahmen der Produktentwicklung und Markteinführung anpassen muss.[103] Aufgrund dieser Verlagerung der Dokumentationserstellung im späten Produktentwicklungsprozess sind die frühzeitige Einbindung der Dokumentationserstellung und eine vernetzte Arbeitsweise mit anderen Unternehmensbereichen notwendig. Produktinformationen werden an verschiedenen Stellen im Unternehmen erstellt *(vgl. Kapitel 2.5)*, sodass die Informationsrecherche als ein exorbitant interdisziplinärer Teilprozess betrachtet werden kann. Demzufolge gibt es diverse Schnittstellen mit anderen Abteilungen, z. B. mit dem Produktmanagement oder der Forschung und Entwicklung.[104] Je früher auf die Dokumentationserstellung Einfluss genommen und dadurch der Kommunikationsprozess zwischen den Unternehmensbereichen optimiert werden kann, umso effizienter und ökonomischer wird der Texterstellungs- und Übersetzungsprozess in späteren Phasen des Produktlebenszyklusses erfolgen. Empfehlenswert ist in diesem Zusammenhang daher eine stärkere und verbindliche Kooperation der verschiedenen Unternehmensbereiche, die als Informations- und Wissensträger für die Dokumentationserstellung relevant sind.

Hierzu müssten Technische Redakteure als Informationsträger und -mittler innerhalb des Unternehmens erkannt und bereits in frühen Phasen der Produktentwicklung integriert werden.[105] HOFFMANN et al. merken an, dass Pflichtenhefte als Basis für die Produktentwicklung eine nützliche Informationsquelle bei der Vermittlung der Funktionalität des Produkts sind.[106] Darüber hinaus können

---

101 Beobachtungen im Dokumentationserstellungsprozess im Bereich After Sales, Volkswagen.
102 Beobachtungen im Dokumentationserstellungsprozess im Bereich After Sales, Volkswagen.
103 Vgl. Hoffmann et al. 2002, S. 149.
104 Vgl. Rögner 2005, S. II-12.
105 Vgl. Böhler 2002, S. 92 f.; Dreikorn 2010, S. 22; Gabriel 2010, S. 20.
106 Vgl. Hoffmann et al. 2002, S. 150.

aus dem Pflichtenheft neben Angaben zum Verwendungszweck und zu Benutzungsschnittstellen auch technische Daten entnommen werden.[107] Gerade im Bereich der Erstellung von Werkstattinformationen sind Pflichtenhefte eine wichtige Informationsquelle. Empfehlenswert ist es, den Technischen Redakteur bei der Erstellung der Pflichtenhefte, bei Konformitätsbewertungsverfahren und Gefahrenanalysen einzubinden, da er hierdurch frühzeitig Produktdetails kennen lernt und zudem seine analytischen Fähigkeiten und seine Sicht als Benutzer einbringen sowie wichtige Beiträge zur Entwicklungsarbeit leisten kann.[108] In dieser frühen Phase der Spezifikation und Konzeption können bereits Terminologie und Schreibstil vereinheitlicht werden und die Ingenieure und Entwickler vom Erfahrungswert der Technischen Redakteure profitieren.[109]

Dennoch werden die Bestrebungen einer frühzeitigen Einbindung der Dokumentationserstellung zu Beginn der Produktentwicklung in den seltensten Fällen in den Unternehmen gelebt, da die Umsetzung dieser Einbindung nicht einfach zu realisieren ist. Die Entwicklungs- und Konstruktionsbereiche stehen ebenfalls unter Zeit- und Leistungsdruck und können selten qualitativ hochwertige Informationen in adäquater Form liefern.[110] Für den Redakteur bedeutet dies unter Umständen zusätzliche Telefonate, schriftliche Korrespondenz oder Abstimmungen mit den Entwicklungs- und Konstruktionsbereichen, um den jeweiligen Informationsbedarf für die Dokumentationserstellung zu decken.[111] Das folgende Zitat von HOFFMANN et al. macht dies deutlich:

> „Kaum ein Dokumentationsprojekt verläuft hinsichtlich des Informationsflusses reibungsfrei, immerhin ist er eng mit der Entwicklungsabteilung und der Konstruktion verzahnt, und deren Mitarbeiter dokumentieren in der Schlussphase einer Entwicklung nicht alles in der Qualität, in der es die Technische Redaktion braucht."[112]

Allerdings haben Technische Redakteure in der Regel durch die Nutzung unterschiedlicher Recherchesysteme, die von der Forschung und Entwicklung gepflegt werden, frühzeitigen Zugriff auf technische Neuerungen und Informationsgrundlagen für ihre Dokumentationserstellung. Zumindest ist hierdurch die bereichsübergreifende Querschnittsfunktion von Technischer Dokumentation im Ansatz realisiert. Der Technische Redakteur ist zwar alleinverantwortlich für

---

107 Ebenda.
108 Vgl. Hoffmann et al. 2002, S. 151.
109 Vgl. Dreikorn 2010, S. 26.
110 Vgl. Hoffmann et al. 2002, S. 152.
111 Beobachtungen im Dokumentationserstellungsprozess im Bereich „After Sales Technik", Volkswagen.
112 Hoffmann et al. 2002, S. 152.

seine Arbeit, dennoch ist er eingebettet in ein Netzwerk benachbarter Unternehmensbereiche.[113]

Vor der Freigabe und Distribution ist die Übersetzung der Technischen Dokumentation bzw. Lokalisierung, d. h. Anpassung an den Zielmarkt, erforderlich. Die Übersetzung Technischer Dokumentation bzw. die multilinguale Dokumentationserstellung ist durch die Einflussgröße „Globalisierung" zu einem standardisierten Bestandteil des Erstellungsprozesses geworden. Der Übersetzungsprozess findet in der Regel nach der Dokumentationsfreigabe und mit dem Produktionsbeginn statt. Dies bedeutet gleichzeitig, dass der Erstellungsprozess insgesamt zeitlich knapper bemessen wird, da sowohl ausgangs- als auch zieltextliche Dokumentationen zur Markteinführung erstellt sein müssen. Der Übersetzungsprozess wird u. a. aus diesem Grund in der Unternehmenspraxis sehr stark systemtechnisch unterstützt *(vgl. Kapitel 4.4)*. Damit wird das Ziel verfolgt, Übersetzungen zeitnah zu erstellen und gleichzeitig Übersetzungskosten zu reduzieren.

Eine weitere Herausforderung im Dokumentationserstellungsprozess liegt darin, dass der Gesamtprozess der Dokumentationserstellung selbst nach der Freigabe und Distribution der Technischen Dokumentation nicht endgültig abgeschlossen ist. Die Produktbeobachtungspflicht erfordert die kontinuierliche Anpassung des Produkts durch den Produkthersteller nach dem neusten Stand von Technik und Wissenschaft, um Restgefahren des Produkts zu reduzieren.[114] Die Qualitätssicherung wird in diesem Zusammenhang als Informationskanal genutzt, um die Rückmeldungen aus dem Handel und Erkenntnisse aus dem Markt bzgl. häufiger Reparatur- und Schadensfälle zu sammeln und das Produkt zu optimieren. Für die Dokumentation bedeutet dies mögliche inhaltliche Anpassungen. In schweren Fällen ist eine Rückrufaktion erforderlich, um sowohl Produkt als auch Dokumentation zu überarbeiten.[115]

2.5.3 Qualifikationsprofil des Technischen Redakteurs

„Technische Redakteure sind Advokaten der Benutzer."[116]

Von den dargestellten Herausforderungen im Rahmen des Dokumentationserstellungsprozesses ergeben sich spezifische Anforderungen an das Qualifikationsprofil eines Technischen Redakteurs. Das Berufsbild des Technischen Redakteurs hat sich dementsprechend in den letzten Jahren enorm gewandelt und ist hinsichtlich der Anforderungen anspruchsvoller geworden. Durch die Ent-

---

113 Vgl. Hoffmann et al. 2002, S. 156.
114 Vgl. Hoffmann et al. 2002, S. 168.
115 Ebenda.
116 Dreikorn 2010, S. 22.

wicklung und Verbesserung von Textverarbeitungsprogrammen und Redaktionssystemen ergeben sich hohe Anforderungen an das Tätigkeitsprofil eines Redakteurs. Auch das Arbeiten mit Hilfsmitteln bzw. neuer Software, die zur Unterstützung von redaktionellen Aufgaben eingesetzt werden, ist in den letzten Jahren immer wichtiger geworden und hat in der Folge den Arbeitsplatz und die Arbeitsmittel des Redakteurs verändert. Die stete Anpassung an die sich schnell ändernde Arbeitsumgebung und -anforderung machen FRITZ/NOACK wie folgt deutlich:

> „Der Arbeitsalltag von Technischen Redakteuren ist ohne diese Systeme nicht denkbar und der immense Kostendruck erfordert immer weitere Optimierungen der Arbeitsprozesse und einen immer effizienteren Einsatz von Software zu deren Unterstützung."*117*

Aufgrund dieses Wandels im Berufsbild spielt das Kriterium der Technikaffinität zwar eine große Rolle, gleichsam aber sollten didaktische Fähigkeiten und eine ausgeprägte sprachliche Kompetenz innerhalb des Qualifikationsprofils vertreten sein. Der Redakteur sollte das technische Produkt nicht nur verstehen, sondern auch seine Handhabung vermitteln können. Die hohe Technisierung der Produkte vereinfacht diese Tätigkeit nicht besonders, sondern erschwert eine verständliche und klare Wissensvermittlung ohne Wissensverluste in der Kommunikation vom Experten zum Laien. Technische Redakteure werden daher auch als „Mittler" oder „Anwälte des Nutzers" bezeichnet, die zwischen den Produkten und Anwendern agieren und dafür sorgen, dass der Anwender alle Informationen erhält, die für den Produktgebrauch notwendig sind.[118] FRITZ/NOACK merken hierbei an, dass es für diese Aufgabe erforderlich ist, sich in die Bedürfnisse der Anwender zu versetzen und die technisch orientierte Denkweise der Produktentwickler in handlungsorientierte Lösungen für konkrete Anwendungssituationen zu „übersetzen".[119] Die bereits angesprochenen Kriterien „sprachliche Kompetenz" und „didaktische Fähigkeiten" sind lediglich zwei Beispiele für die vielen Anforderungen, die an Technische Redakteure gestellt werden. So sollten beispielsweise Sprachkenntnisse, Freude am Schreiben, zielgruppenorientiertes Denken und Schreiben, Kommunikationsfähigkeit, Teamfähigkeit, Kritikfähigkeit, Geduld und Sorgfalt ebenfalls vertreten sein.[120] Die folgende Abbildung verdeutlicht die verschiedenen Ebenen des Qualifikationsprofils und die darunter fallenden Persönlichkeits- und Tätigkeitsanforderungen eines Technischen Redakteurs *(siehe Abb. 2.5)*.

---

117 Fritz, Noack 2007, S. 26.
118 Vgl. Fritz, Noack 2007, S. 22.
119 Ebenda.
120 Vgl. tekom 2007a, S. 11 f.

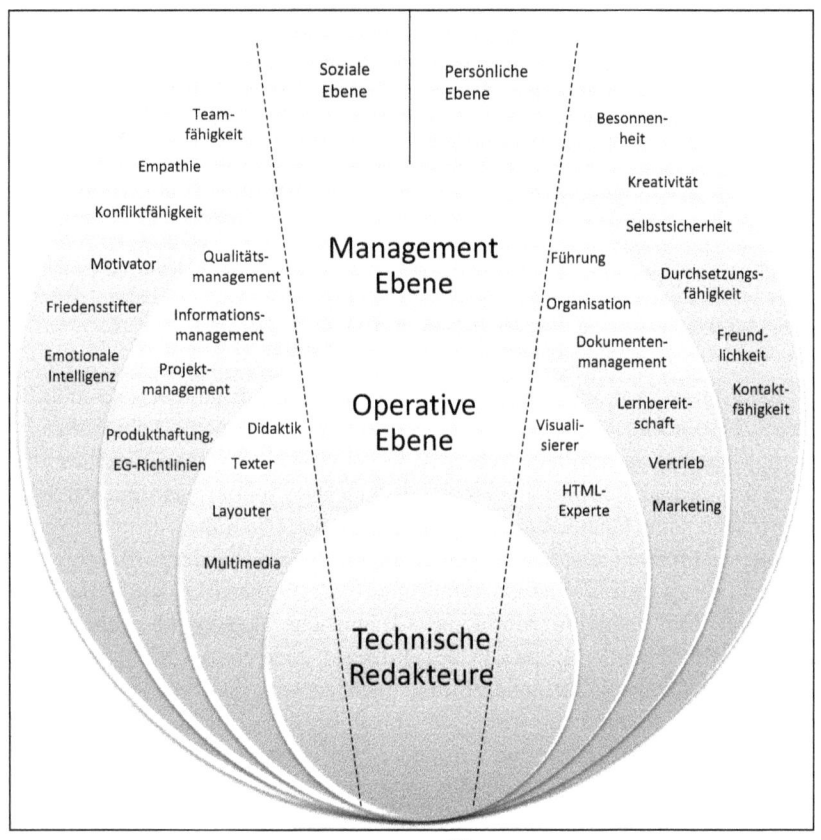

Abb. 2.5: Kompetenzprofil Technischer Redakteure[121]

Durch die Verlagerung der Technischen Redaktion innerhalb der Betriebsstruktur sind es nicht mehr Entwickler und Konstrukteure, die Dokumentationen parallel zu ihrer eigentlichen Aufgabe verfassen, sondern im Idealfall technik-, verkaufs- und kundenorientierte Vollzeitredakteure.[122] Der Technische Redakteur tritt als Stellvertreter für den Hersteller auf, wobei er im Regelfall in seiner Rolle als Verfasser anonym bleibt. Als Herausgeber der Dokumentation tritt hingegen der Hersteller mit seinem Namen auf. Dennoch vertritt der Redakteur in der Verwendungssituation den Hersteller und wird mit ihm identifiziert.[123]

---

121 Vgl. Galbierz, Riegel 2000, S. 89.
122 Vgl. Galbierz, Riegel 2000, S. 89 f.
123 Vgl. Klemm 2005, S. 83.

Demzufolge beschreibt der Technische Redakteur das Produkt in verständlicher Sprache, ist „*Mittler zwischen Produkthersteller und Anwender*"[124] und für das gesamte Informationsmanagement zuständig. Der Technische Redakteur stellt somit das im Unternehmen benötigte Wissen zur Verfügung und ist für die Dokumentationsbereitstellung verantwortlich.[125]

Hinsichtlich der Verlagerung der Technischen Redaktion über die vergangenen Jahrzehnte spielt die Qualifikation des Technischen Redakteurs in Bezug auf die Qualitätsdefinition eine bedeutende Rolle. Hierdurch gestalten sich die Arbeitsbereiche komplexer und die Anforderungen an das Qualifikationsprofil eines Technischen Redakteurs erweitern sich um fachliche und soziale Kompetenzen. Diese unterschiedlichen Anforderungen verdeutlichen die interdisziplinäre Arbeitsweise eines Technischen Redakteurs. Mit einer Studie, die von der Siemens Nixdorf Informationssysteme AG unterstützt wurde, konnten allgemeine Annahmen und subjektive Erfahrungswerte belegt werden, nach denen Technische Redakteure unter hohem Zeitdruck sowie finanzieller Einschränkung arbeiten müssen und sich dabei mehr Anerkennung wünschen.[126] STEEHOLDER merkt hierzu an:

"Fortunately there is a growing awareness that speech competence and communication skills are at least as important for technical writers as is technical knowledge, an insight which is self-evident to many employers in the United States."[127]

In diesem Zusammenhang werden von Fachgremien diverse Optimierungswege aufgezeigt, die eine adäquate Wertschätzung und Honorierung des Technischen Redakteurs verfolgen:

"First, the prestige of technical writers has to be increased by company heads and managers, and second, technical writers must be trained for their job, either by establishing specific technical writing programs at colleges or universities, or by incorporating technical writing courses into technical courses."[128]

Zusammenfassend kann also festgehalten werden: Technische Redakteure leisten einen wichtigen Beitrag für die internen Informations- und Kommunikationsflüsse. Vergleichbar mit den Entwicklungszyklen von Produkten und Dienstleistungen, stellen Technische Redakteure die notwendigen Informationsprodukte parallel zum Produktentwicklungszyklus und -lebenszyklus her. Diese Informationsprodukte begleiten die Produkte von ihrer Entwicklung über ihre Produktion, ihren Verkauf, ihre Installation, Bedienung, Wartung und Reparatur bis

---

124 VDI-Richtlinie 4500 Blatt 4 (Entwurf), S. 29.
125 Ebenda.
126 Vgl. Steehouder 1994, S. 249.
127 Steehouder 1994, S. 255.
128 Steehouder 1994, S. 249.

zu ihrer Entsorgung.[129] Technische Redakteure setzen Kommunikationskonzepte zwischen dem Hersteller und dem Kunden um und sichern hiermit die qualitativen Faktoren, die den Kunden mit seinem erworbenen Produkt auch nach dem Kauf zufriedenstellen.

2.6 Funktionen der Technischen Dokumentation

Im Folgenden werden die Hauptfunktionen von Technischer Dokumentation erläutert. Dieses Kapitel soll gleichzeitig zusätzliche Vorteile von Technischer Dokumentation für das Unternehmen darlegen und bereitet auf das anschließende Kapitel bzgl. der Relevanz von Technischer Dokumentation als Erfolgsfaktor für den After-Sales vor.

2.6.1 Anleitung zum bestimmungsgemäßen Gebrauch

Die Funktionen von Technischer Dokumentation sind ebenso fassettenreich wie ihre Definitionsbreite und Inhalte. Nach STEEHOLDER nimmt die Technische Dokumentation sowohl soziale als auch technische Funktionen ein. Demzufolge steht Technische Dokumentation zum einen für die Herleitung einer Beziehung zwischen der Dokumentation und dem technischen Produkt, zum anderen für die Beziehung zwischen technischem Produkt und Anwender:

> "A manual is both a part of the technology in a wide sense and functions as a comment to it, which means that a manual (as well as other kinds of technical documentation) is both inside the technology and outside."[130]

Nach SCHÄFLEIN-ARMBRUSTER sollte die Dokumentation klar abgegrenzte Funktionen erfüllen, wobei es auch zu Funktionsüberschneidungen kommen kann *(siehe Tab. 2.3).*[131]

Weiterhin lassen sich nach KÖSLER generelle Funktionen von Technischer Dokumentation ausmachen, z. B. der Erwerb von Fertigkeiten, das Problemlösen sowie die Anleitung zum Gebrauch des technischen Produkts. Die Hauptfunktion der Dokumentation besteht darin, den Gebrauch des technischen Produkts zu ermöglichen.[132] Hieraus leitet sich die Funktion von Technischer Dokumentation ab, den Anwender zum Gebrauch des Produkts anzuleiten. Der Leser bzw. Anwender erhält über die Technische Dokumentation das explizierte Wissen und den Rat des Fachmanns, sodass der Leser im Rezeptionsprozess sein

---

129 Vgl. Straub et al. 2008, S. 14.
130 Steehouder 1994, S. 188.
131 Vgl. Schäflein-Armbruster 2004, S. 4 f.
132 Vgl. Kösler 1992, S. 11.

persönliches Wissen über das technische Produkt erweitert und somit neue Fertigkeiten erwirbt.[133]

Tab. 2.3: *Funktionen der Technischen Dokumentation*[134]

Funktion	Erläuterung	Beispiel
Lehrfunktion	Der Bediener soll alle für ihn relevanten Funktionen ausführen können. Er soll gegebenenfalls die technischen Funktionsweisen verstehen.	Schulungsunterlage, Leistungsbeschreibung, Bedienungsanleitung
Sicherheitsfunktion	Der Bediener soll den Anwendungszweck und die Bedienung so genau kennen und beherrschen lernen, dass keine Schäden entstehen.	Beschreibung der zulässigen Einsatzbereiche und des bestimmungsgemäßen Gebrauchs, Gefahren und Sicherheitshinweise
Orientierungsfunktion	Der Bediener soll sich schnell über die Lage, Wirkung und Bedeutung aller Bedien- und Kontrollelemente und Anzeigen informieren können.	Abbildungen und Erklärungen der Bedienelemente
Instandhaltungsfunktion	Der Bediener soll alle Maßnahmen zur Inspektion und Wartung kennen lernen und gegebenenfalls ausführen können.	Fristenpläne, Prüfvorschriften, Austauschanweisungen
„Erste Hilfe"-Funktion	Der Bediener soll bei Betriebsstörungen und „Unregelmäßigkeiten" den Fehler diagnostizieren und die erforderlichen Maßnahmen zur Abhilfe ergreifen können.	Fehlersuchdiagramm, Störfalltabelle
Nachschlagefunktion	Der Bediener soll alle Detailinformationen, die er nicht behalten kann beziehungsweise muss, im Bedarfsfall sofort finden.	Justiertabelle
Logistische Funktion	Der Benutzer soll Ersatzteile auswählen und sachgerecht und ökonomisch vertretbare Entscheidungen zur Bevorratung von Ersatzteilen treffen.	Ersatzteil-Katalog, Ersatzteil-Bevorratungspläne

Die Technische Dokumentation beinhaltet im Idealfall all diejenigen Informationen bzw. das explizierte Wissen des Fachmanns, das der Leser benötigt,

---

133 Ebenda.
134 Schäflein-Armbruster 2004, S. 4.

um das Produkt zu gebrauchen. Die Benutzerfreundlichkeit einer Dokumentation zeichnet sich inhaltlich (z. B. durch das Aufführen von Teilzielen) und sprachlich (z. B. durch die klare, prägnante Ausdrucksweise) dadurch aus, dass sie dem Leser den Erwerb von Fertigkeiten erleichtert. Der Leser wendet hierbei Problemlösungsverfahren an, um dieses Faktenwissen in Handlungsschritte umsetzen zu können.[135] Für eine benutzerfreundliche Dokumentation, die den Kunden mit seinen Wünschen, Ansprüchen und Anforderungen im Fokus hat, besteht die Aufgabe des Technischen Redakteurs daher vornehmlich darin, die Problemlösung zu ermöglichen und weniger das Produkt zu beschreiben, indem er nicht allein deklaratives Wissens vermittelt, sondern zum Handeln auffordert.[136] KÖSLER merkt bekräftigend an:

„Verwunderlich ist somit nicht, dass Gebrauchsanleitungen ein so schlechtes Image haben; als Gerätebeschreibungen verlangen sie vom Benutzer einen erheblichen Aufwand an Zeit und Denkanstrengung! (…) Der Fachmann erklärt einem Laien ja auch nicht, aus wie vielen Teilen eine Waschmaschine besteht, sondern sagt ihm, welche Schalter er bedienen muss, um seine Wäsche zu waschen."[137]

Im Folgenden wird der Erwerb von Fertigkeiten aus den Erkenntnissen der Kognitionspsychologie erläutert. Hieraus gehen die Funktions- und Aufgabenbreite sowie die Relevanz von Technischer Dokumentation für den Hersteller und Kunden hervor.

2.6.2 Erwerb von Fertigkeiten

Technische Dokumentationen sind Instruktionstexte, bei denen die Vermittlung von Fachwissen und die Anleitung zum Gebrauch im Vordergrund stehen. Vor diesem Hintergrund und bei Berücksichtigung der Maßnahmen zur Optimierung von Technischer Dokumentation ist die Einbeziehung der Forschungsergebnisse aus dem Bereich der Kognitionspsychologie relevant, um die Verstehensprozesse des Lesers und den Erwerb von Fähigkeiten durch die Technische Dokumentation einzubeziehen.

Nach ANDERSON[138] und FITTS/POSNER[139] erfolgt der Erwerb von Fertigkeiten in drei aufeinander folgenden Phasen: Die erste, *kognitive Phase* beinhaltet das Lernen des beschriebenen Ablaufs. Die Fähigkeit zum Problemlösen ist in dieser Phase relevant und als zielgerichtetes Verhalten zu verstehen.[140] Das Gesamtziel wird in Teilziele zerlegt, für deren Erreichen Operatoren angewendet

---

135 Vgl. Kösler 1992, S. 14.
136 Vgl. Kösler 1992, S. 27.
137 Kösler 1992, S. 27.
138 Vgl. Anderson 2007.
139 Vgl. Fitts, Posner 1967.
140 Vgl. Kösler 1992, S. 19.

werden.[141] Im Gedächtnis des Lesers wird dabei eine Reihe von Fakten gespeichert, die für die anschließende Ausführung der Handlungen von Bedeutung sind.[142] Hierbei ist die deklarative Kodierung von Fertigkeiten gemeint.[143] Der Anwender erinnert sich an das bereits erworbene deklarative Wissen, wenn er die eigentliche Handlung zum ersten Mal ausführt oder aber nach einer langen Zeitspanne wieder durchführt.[144] Der Lernende akquiriert Wissen über seine Fertigkeiten und speichert in seinem Gedächtnis Fakten, die für die Fertigkeit relevant sind. Zu den Fakten (deklaratives Wissen) zählt eine genaue Beschreibung des Ablaufs der Tätigkeiten. STADTFELD bezeichnet dieses Wissen als Regel für die Fertigkeitsausführung.[145]

Anschließend folgt die *assoziative Phase*. Hierbei geht es um die Erarbeitung einer Methode zur Durchführung der Fertigkeiten.[146] Diese Phase kann in zwei Bereiche unterteilt werden: Als erstes deckt der Leser die Fehler seines anfänglichen Verständnisses auf und verstärkt im zweiten Schritt die Abfolge der richtigen Handlungen oder Teilziele.[147] Der Leser entwickelt hierbei eine Vorgehensweise, mit der er die Fertigkeiten ausführen kann. Gleichzeitig wird das Faktenwissen (deklaratives Wissen) in eine prozedurale Form[148] gebracht, die es dem Leser ermöglicht, seine Handlungsfolgen korrekt auszuführen. KÖSLER merkt an, dass Dokumentationen mit einem hohen Anteil an Gerätebeschreibungen den Leser die kognitive und assoziative Phase stärker durchlaufen lassen. Der Aufwand, den der Leser in den ersten beiden Phasen betreibt, kann durch klare Handlungsschritte reduziert werden, durch die er schneller in die autonome Phase einsteigen kann.[149] Gestaltet sich die Dokumentation jedoch vermehrt mit ausgewiesenen Handlungsschritten und Teilzielen, verlaufen diese Phasen kürzer und der Leser wird schneller an sein Ziel geführt, welches darin besteht das Gerät in Betrieb zu nehmen und zu gebrauchen.[150] Nach ANDERSON und STADTFELD übt der Lernende die Fertigkeit und integriert sie in einen Gesamtablauf, wodurch es anschließend zur Fertigkeitsausführung kommt.[151] In

---

141 Vgl. Anderson 2007, S. 282 f.
142 Ebenda.
143 Deklaratives Wissen bzw. Faktenwissen bezieht sich auf Tatsachen und Gegenstände, vgl. Möhle 1997, S. 45; Multhaup 2002.
144 Vgl. Anderson 2007, S. 282 f.; Kösler 1992, S. 19.
145 Vgl. Stadtfeld 1999, S. 89.
146 Vgl. Kösler 1992, S. 20.
147 Vgl. Anderson 2007, S. 282 f.
148 Prozedurales Wissen ist praktisch nutzbares Wissen, vgl. Möhle 1997, S. 45; Multhaup 2002.
149 Vgl. Kösler 1992, S. 27.
150 Vgl. Kösler 1992, S. 20.
151 Vgl. Stadtfeld 1999, S. 89; Anderson 2007, S. 282 f.

dieser Phase wird das deklarative Wissen durch die Ausführung der Tätigkeit in prozedurales Wissen umgewandelt.[152]

In der letzten, *autonomen Phase* werden die erlernten Fertigkeiten geläufiger und können automatisch ausgeführt werden.[153] Der Leser wird dabei schneller und genauer bei seiner Tätigkeitsausführung. Nach ANDERSON[154], RUMELHART/NORMAN[155] erfolgt in dieser Phase das „Einstimmen" auf die Prozedur. Durch zusätzliche Abfragen nach der korrekten Ausführung dieser Prozedur oder Handlungsabfolge ist es dem Leser möglich, sein Handeln zu überprüfen.[156] Die Fertigkeit wird hier durch stetige Übung immer weiter automatisiert, wobei immer weniger Aufmerksamkeit erforderlich ist, sodass die Tätigkeit schnell, verlässlich und anschließend parallel zu weiteren Tätigkeiten ausgeführt werden kann.[157] Das für diese Tätigkeit zu Grunde liegende deklarative Wissen wird vergessen, wodurch der Lernende zwar die Handlung ausführen, sie aber nicht auf Anhieb beschreiben kann.[158]

Abschließend ist anzumerken, dass diese Phasen nicht isoliert voneinander betrachtet werden können, sondern sich überschneiden bzw. ineinander übergehen, wobei die gelernten Tätigkeiten immer effektiver und weniger aufwändig ausgeführt werden können.[159]

Die Technische Dokumentation ist hinsichtlich des Aspekts der Wissensvermittlung als Medium zu verstehen, mit dem die Kommunikation vom Experten zum Laien ermöglicht wird. Auch innerhalb des Unternehmens dient beispielsweise die interne Dokumentation dem Erhalt des Unternehmenswissens. Internes Wissen wird durch die interne Dokumentation archiviert, geht folglich nicht verloren und kann für spätere Arbeitsschritte, wie z. B. die Erstellung von externen Produkt- oder Werbedokumentationen und betriebswirtschaftlichen Betrachtungen, verwendet werden.[160]

Als eines der wichtigsten Mittel zur Wissensvermittlung an künftige Benutzer entscheidet die Dokumentation über den Erfolg des Produkts am Markt.[161] Der Leser greift auf das explizierte Fachwissen des Unternehmens bzw. des Redakteurs zu und erfährt hierdurch einen Wissenszuwachs. Im Idealfall ist die

---

152 Ebenda.
153 Vgl. Kösler 1992, S. 14.
154 Vgl. Anderson 1982, S. 369–406.
155 Vgl. Rumelhart, Norman 1978, S. 51–77.
156 Vgl. Kösler 1992, S. 20.
157 Vgl. Mandl et al. 1986, S. 175.
158 Vgl. Stadtfeld 1999, S. 89.
159 Ebenda.
160 Vgl. Gabriel 2010.
161 Vgl. Bauer 1994, S. 23.

Dokumentation sprachlich und inhaltlich so gestaltet, dass das fachspezifische Wissen des Senders (z. B. unternehmensseitig in Form von Informationssystemen, Datenbanken oder Wissensressourcen und human in Form von qualifizierten Fachkräften, d. h. Entwickler, Konstrukteure etc.) ohne Verständnisverluste zum Empfänger (Leser, Anwender, Käufer) durch den Lesevorgang und die praktische Anwendung am Produkt übertragen wird. In diesem Zusammenhang kann eine gute Technische Dokumentation, die den juristischen, formalen und sprachlich-inhaltlichen Anforderungen entspricht, als Lehrtext verstanden werden. Somit ist davon auszugehen, dass der Verfasser zu Beginn des Schreibprozesses über einen Wissensstand bzgl. der dargestellten Thematik verfügt, den der Leser erst am Ende der Dokumentation besitzt.[162] Das bedeutet: Vom Sender hin zum Empfänger existiert ein leichtes bis starkes Wissensgefälle, das mit der Dokumentation kompensiert werden muss, damit der Empfänger die beschriebenen Vorgänge umsetzen kann. Hierbei wird das existierende Wissensgefälle vom Technischen Redakteur zum Leser der Dokumentation im Idealfall kompensiert *(siehe Abb. 2.6)*.

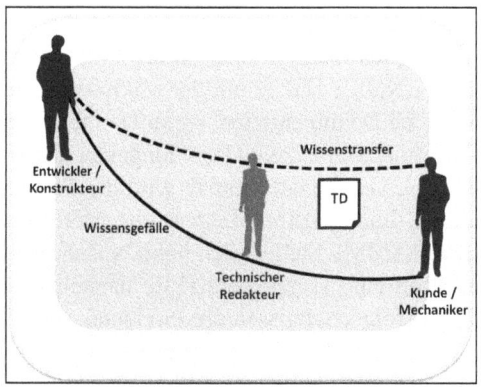

Abb. 2.6: Kompensation des Wissensgefälles durch Technische Dokumentation[163]

Bedienungsanleitungen sind an eine sehr heterogene Zielgruppe gerichtet mit unterschiedlichstem Wissensstand und unterschiedlich ausgeprägter bis nicht vorhandener Technikaffinität sowie Lese- und Sprachkompetenz. Diese heterogene Zielgruppe mit ein und demselben Dokument zu erreichen, stellt eine Herausforderung für den Erstellungsprozess von Technischer Dokumentation dar. Im Bereich der Werkstattinformationen gibt es keine durchgehend homoge-

---

162 Vgl. Tjarks-Sobhani 1994, S. 57.
163 Eigene Darstellung.

ne Zielgruppe. Mechaniker unterscheiden sich in ihrem Werdegang, ihren erworbenen Abschlüssen und somit ihrem Erfahrungswissen. Die tendenziell zunehmende Einführung neuer Technologien stellt für ältere Mechaniker kontinuierlichen Schulungs- bzw. Fortbildungsbedarf dar, um die Funktionsweise des Produkts zu verstehen. Die verschiedenen Generationen, die das Produkt erwerben, bringen selbstredend verschiedene Wissensstände mit, sodass die Herausforderung darin besteht, mit einer Dokumentation allen Bedürfnissen gerecht zu werden und dabei weder zu überfordern noch zu unterfordern – eine Anforderung, die auf allen Ebenen der Dokumentationsgestaltung und -erstellung berücksichtigt werden muss.

2.6.3 Leseverhalten und Lesertypen

Um Technische Dokumentationen zielgruppenorientiert zu erstellen, sind Informationen über das Leseverhalten der Nutzer notwendig. Das Leseverhalten kann je nach Lesertyp und Produktkenntnissen unterschiedlich ausfallen. Eine erste Unterscheidung bezieht sich auf die Intensität der Produktnutzung. Nach RAMME gibt es so genannte „Heavy User" und „Light User".[164] Demnach benutzt ein „Heavy User" das Produkt tagtäglich, wie beispielsweise der Nutzer einer Mikrowelle, der täglich mehrere Speisen erwärmt. Durch die regelmäßige Anwendung weiß dieser Nutzer, wie er mit der Mikrowelle umzugehen hat, und greift nur zur Technischen Dokumentation, wenn er eine selten genutzte Funktion der Mikrowelle benötigt. Der „Light User" hingegen, der die Mikrowelle nur selten benutzt, z. B. alle zwei Monate einmal, wird die Technische Dokumentation häufiger benötigen, immer dann, wenn er die Mikrowelle bedienen oder einstellen muss. Nach RAMME stellen sich beim Nutzer Erfolgserlebnisse ein, wenn die Dokumentation eine kompetente Hilfe darstellt.[165] Schließlich steigt ausgehend von diesen Erfolgserlebnissen die Produktakzeptanz.[166] Als „Spielernaturen" hingegen werden solche Nutzer bezeichnet, die sich auf Anhieb mit dem Produkt beschäftigen, ohne im Vorfeld die Dokumentation zu lesen, da sie die Funktionsweise intuitiv erschließen möchten. Hierbei fließt auch der Umfang der Produktkenntnisse in das Verhalten der Nutzer ein. Daneben gibt es Leser, die gezielt nach Informationen in der Dokumentation suchen, sich jedoch wenig Zeit nehmen können und vorerst die Grundfunktionen des Produkts kennen lernen möchten. Diese Nutzer suchen nach Kurzanleitungen, wie sie sich in einem „How to get started" finden lassen und dem Benutzer auf schnellem Weg

---

164 Vgl. Ramme 2002, S. 27 f.
165 Ebenda.
166 Vgl. Ramme 2002, S. 27; Schwender 2003.

Erfolgserlebnisse vermitteln.[167] „Problemlösungssucher" hingegen konsultieren die Dokumentation nur dann, wenn sie ein Problem mit dem Produkt haben, das können sowohl „Heavy User" als auch „Light User" sein.[168] Für die Dokumentation bedeutet dies, dass ein gut aufbereitetes Stichwort- und Inhaltsverzeichnis sowie ein klarer Aufbau zwingend erforderlich sind, um den Bedürfnissen dieser Nutzer gerecht zu werden.[169]

Die Dokumentation wird am ehesten von Nutzern gelesen, die sich besonders auch für die Funktionsweise eines Produkts interessieren und daher als „Ingenieur" bezeichnet werden.[170] Dieser Lesertyp sucht nach technischen Hintergrundinformationen und liest die Dokumentation am ehesten Wort für Wort, unabhängig davon, ob die Informationen für den Gebrauch des Produkts relevant sind.[171] Neben der Intensität der Produktnutzung und dem Informationsverhalten spielt auch der Umfang der Produktkenntnisse für das Leseverhalten eine entscheidende Rolle. Hier wird zwischen „Upgradern", „Updatern" und „Umsteigern" auf der einen und „Versierten" und „Neulingen" auf der anderen Seite unterschieden.[172] „Upgrader" und „Updater" müssen lediglich mit den Änderungen innerhalb der neuen Version des Produkts vertraut gemacht werden. Die Grundfunktionen des Produkts sind solchen Nutzern bereits durch das vorhergehende Produkt bekannt. Umsteiger bzw. Kunden, die von einem Konkurrenzprodukt abgewandert sind, sollten ebenfalls in erster Linie mit den Besonderheiten des neuen Anbieters vertraut gemacht werden.[173] Gleichzeitig bringen „Versierte" technische Erfahrungen mit, kennen ähnliche Produkte und können sich schnell einarbeiten.[174] „Neulinge" bzw. Kunden, die noch keine Erfahrungen mit Produkten aus der Produktkategorie gesammelt haben, benötigen eine ausführliche und didaktisch gut aufbereitete Dokumentation, damit der Nutzer Anfangserfolge erzielt.[175]

Aus den dargestellten Lesertypen und Leserverhalten geht hervor, dass Hilfestellungen in Form von FAQs (Frequently Asked Questions), einer Quick Reference, einer Service-Hotline oder hilfreichen Websites für das Leserverständ-

---

167 Ebenda.
168 Ebenda.
169 Ebenda.
170 Ebenda.
171 Ebenda.
172 Vgl. Ramme 2002, S. 27; Schwender 2003.
173 Ebenda.
174 Ebenda.
175 Vgl. Ramme 2002, S. 28; Disch 1990, S. 593.

nis erforderlich sind. Chatforen und Dokumentationen zum Download sowie die Möglichkeit des Feedbacks der Nutzer können zusätzliche Anreize schaffen.[176]

2.7 Technische Dokumentation als Erfolgsfaktor für den Bereich After-Sales

Um die Relevanz von Technischer Dokumentation zu erläutern, ist die Einordnung in den Gesamtkontext des After-Sales-Bereichs und der damit verbundenen Bedeutung für den Unternehmenserfolg notwendig. Im Folgenden wird die Relevanz von Technischer Dokumentation für die Nachkaufphase und den Unternehmenserfolg beleuchtet. Gleichzeitig wird die Bedeutung der Schwerpunktverlagerung auf das After-Sales-Marketing erläutert und der historische Hintergrund für aktuelle Entwicklungen in diesem Bereich dargestellt.

2.7.1 Relevanz der After-Sales-Phase für Kundenzufriedenheit und Kundenbindung

Die Schwerpunktverlagerung auf das After-Sales-Marketing hat sich seit den 1990er Jahren verstärkt und seither weiterentwickelt.[177] In der Phase der Nachkriegszeit, 1950er Jahre, war die Bevölkerung bestrebt, einen Ausgleich für die Mangelzeiten und Entbehrungen zu erreichen.[178] Der Fokus der unternehmerischen Tätigkeiten lag in dieser Phase noch auf den Bereichen Produktion und Beschaffung, wobei die Bevölkerung Angebote und Leistungen akzeptierte, die den Markterfolg unter den heutigen Umständen nicht verdient hätten.[179] Abgelöst wurde dieses Konsumentenverhalten durch den Edelkonsum der Wohlstandsphase in den 1960er Jahren. In dieser Zeit achtete die Bevölkerung zunehmend auf Aspekte wie Qualität, Ästhetik, Funktionalität und war nicht mehr bereit, jedes Angebot zu akzeptieren. In der Folge konnten nur leistungsfähige Angebote auf dem Markt bestehen.[180] Die entstandene Konkurrenz zwischen verschiedenen Anbietern musste durch eine stärkere Kundenorientierung und die Notwendigkeit, das eigene Produkt gegenüber der Konkurrenz positiv darzustellen, kompensiert werden.[181] Anfang der 1970er Jahre entwickelte sich das Postulat des Verkaufs, der Fokus wurde auf das Absatzergebnis gelegt und der Groß-

---

176 Vgl. Ramme 2002, S. 28 f.
177 Vgl. Pepels 2002, S. 1.
178 Ebenda.
179 Ebenda.
180 Vgl. Pepels 2002, S. 2.
181 Ebenda.

teil der Anstrengungen darauf verwendet, die vorhandene Nachfrage zu befriedigen.[182] In den 1980er Jahren stagnierte die Übernachfrage und der Wettbewerb der konkurrierenden Anbieter verstärkte sich, sodass die aktive Akquisition von potenziellen Käufern für den Geschäftserfolg entscheidend wurde.[183] Die Pre-Sales-Phase wurde nun als Ansatzpunkt genutzt, um in den Kaufentscheidungsprozess der Interessenten einzugreifen, bzw. den Kaufakt herbeizuführen.[184] Erst die 1990er Jahre bewirkten durch die Marktverhältnisse die Involvierung der Nachkaufphase und damit wurde schließlich die Bedeutung der Technischen Dokumentation erkannt. Die Erkenntnis, dass die Kaufentscheidung einen immer wiederkehrenden Prozess darstellt, der mit dem Aufbau einer Nutzenerwartung beginnt, im Kaufakt kulminiert und in einer Nachkaufbewertung mündet, die den Nachfrager darüber aufklärt, ob der Kauf zufriedenstellend war oder nicht, floss in die Maßnahmen der Hersteller mit ein.[185]

Während ein zufriedenstellendes Kauferlebnis in der Regel in einen Wiederkauf (stay) mündet, kann ein nicht zufriedenstellendes Kauferlebnis dazu führen, dass Kunden, in Anbetracht der Kaufalternativen und Konkurrenzprodukte, abwandern (exit).[186] Dieser Abwanderungsprozess kann so lange andauern, bis der Kunde einen für ihn zufriedenstellenden Anbieter gefunden hat.[187] Gerade bei schwer zu akquirierenden Erstkunden, die in der Nachkaufbewertung feststellen, mit dem Produkt nicht die richtige Wahl getroffen zu haben und zur Konkurrenz wechseln, ist der Verlust bedeutungsschwer.[188] HEINECKE verdeutlicht vor diesem Hintergrund die Bedeutung der Technischen Dokumentation für das Unternehmen und die After-Sales-Phase:

„Heute zu behaupten, dass die Aufwertung der „Technischen Dokumentation" eine Investition in die Zukunft wäre, ist Vergangenheit. Die Zukunft hat gestern bereits begonnen. Ein Nischendasein dieses Bereiches innerhalb des Unternehmens verkennt den Markt und seine Ansprüche."[189]

Für den Kunden beginnt das Produktleben erst mit dem Kauf des Produkts. Auch wenn er seine Entscheidung für das jeweilige Produkt getroffen hat, wird er sie immer wieder überprüfen und in Frage stellen bzw. nach Bestätigung suchen. Diese Phase ist mit Blick auf die Produktempfehlung an Dritte und auf mögliche Wiederholungskäufe von großer Bedeutung. Findet der Käufer die an-

---

182 Vgl. Bock 1990, S. 4.
183 Ebenda.
184 Vgl. Pepels 2002, S. 2.
185 Ebenda.
186 Vgl. Galbierz, Riegel 2000, S. 158; Pepels 2002, S. 3.
187 Ebenda.
188 Vgl. Pepels 2002, S. 3.
189 Heinecke 1994, S. 76.

gestrebte Bestätigung für die Richtigkeit seiner Kaufentscheidungen nicht, tritt eine „kognitive Dissonanz" auf, die zum Bedauern der Kaufentscheidung führen kann.[190] Aus Kundensicht ist der Aspekt der kognitiven Dissonanz bedeutsam. Unter der Bezeichnung kognitiver Dissonanz, die von FESTINGER definiert wurde,[191] ist das innere Ungleichgewicht beim Kunden zu verstehen, das nach der Kaufentscheidung zwischen verschiedenen Alternativen eintritt:

> „Kognitive Dissonanz entsteht, wenn zwei zugleich bei einer Person bestehende Kognitionen einander widersprechen oder ausschließen. Das Erleben dieser Dissonanz führt zum Bestreben der Person, diesen Spannungszustand aufzuheben, indem eine Umgebung aufgesucht wird, in der sich die Dissonanz verringert oder selektiv Informationen gesucht werden, die die Dissonanz aufheben."[192]

Nach der Kaufentscheidung gehen die Alternativen als Optionen verloren, der Kunde beginnt, Informationen über die nicht gewählten Alternativen zu meiden und Informationen zu suchen, die seine Kaufentscheidung bekräftigen.[193] Diese Informationen kann der Kunde gezielt in der Technischen Dokumentation auffinden, in der sich Leistungsbeschreibungen über das erworbene Produkt, aber auch die Bestätigung, das einzig richtige Produkt gekauft zu haben, finden. Technische Dokumentation leistet hierbei einen Beitrag zum Abbau von Zweifeln und Unsicherheiten bzw. zur Reduzierung kognitiver Dissonanzen.[194] Gelingt diese erfolgreiche Übernahme, steigt die Wahrscheinlichkeit eines Wiederholungskaufs beim Kunden erheblich.[195]

2.7.2 Automobiler After-Sales-Service

Dem Verein Deutscher Ingenieure (VDI) zufolge bezeichnet After-Sales sämtliche Maßnahmen des Unternehmens, die das Ziel verfolgen, den Kunden nach dem Kauf eines Produkts oder einer Dienstleistung von der Richtigkeit seiner Entscheidung zu überzeugen, bei der Anwendung zu unterstützen und ihn an das Unternehmen zu binden.[196] Unternehmen mit einer optimal zugeschnittenen After-Sales-Umsetzung können damit wesentlich zur Profitabilität des Unternehmens beitragen. Hierbei gilt der Grundsatz: Nach dem Kauf ist vor dem Kauf.[197] In Anlehnung an HARMS, PEPELS, BRETZKE, DANGELMAIER et al. und

---

190 Vgl. Festinger 1957, S. 4 f.
191 Vgl. Festinger 1957, S. 4 f.; Kroeber-Riel, Weinberg 1996, S. 183 ff.
192 Gabler 2010.
193 Vgl. Felser 1999, S. 98 ff.; Kotler et al. 2007, S. 303 ff.
194 Vgl. Felser 1999, S. 98 ff.; Kotler et al. 2007, S. 303 ff.; Kroeber-Riel, Weinberg 1996, S. 183 ff.; Ramme 2002, S. 125; Disch 1990, S. 590.
195 Vgl. Hofbauer, Schweidler 2006, S. 89; Hänssler 2008, S. 139.
196 Vgl. VDI-Richtlinie 4500 Blatt 4 (Entwurf), S. 30.
197 Ebenda.

KOTLER et al. wird automobiler After-Sales-Service als Sachgut bezogener Kundendienst nach dem Automobilkauf definiert.[198] Der Kundendienst wird hierbei als Unterstützung des Automobilkunden bei der Fahrzeugnutzung bezeichnet. Im Gegensatz zum Fahrzeug, dem eigentlichen Produkt (Primärleistung), wird der Kundendienst als Sekundärleistung verstanden, die begleitend zu einer Sachleistung angeboten wird.[199] Hierunter fallen Finanzierung und Versicherung, Gebrauchtwagenkauf, Service, Kfz-Teile, Zubehör sowie Kraft- bzw. Betriebsstoffe und die Verschrottung.[200]

Gerade in der Automobilindustrie ist die After-Sales-Phase von entscheidender Bedeutung für den Unternehmenserfolg. Nach dem Kauf des Automobils ist die Autowerkstatt oder das Autohaus für den Kunden die erste Anlaufstelle, um mit dem Hersteller in Kontakt zu treten. Die hohe Anzahl der Kontaktpunkte in der After-Sales-Phase spielt für die Faktoren Kundenbindung und -zufriedenheit mit der Werkstatt und letzten Endes mit der Automobilmarke eine entscheidende Rolle.[201] Die Erfahrungen, die ein Kunde in dieser Phase mit dem Automobilhersteller gewinnt, können ihn entscheidend in seiner Zufriedenheit mit seinem Produkt prägen. Wird die After-Sales-Phase strategisch, taktisch und effektiv genutzt, kann der Kunde erfolgreich an den Automobilhersteller bzw. die Automarke gebunden werden. Dies bekräftigen unterschiedliche Studien: Die Unternehmensberatung Deloitte Consulting stellte in einer Untersuchung fest, dass Kunden besonders in der After-Sales-Phase an eine Automobilmarke gebunden werden oder sich aufgrund ihrer Erfahrungen von der Automobilmarke wieder abwenden.[202] Der Einfluss auf die Faktoren Kundenzufriedenheit und Kundenbindung verdeutlichen die Relevanz des After-Sales-Bereichs für den Geschäftserfolg.[203] Hierbei sind die folgenden Punkte maßgebliche Faktoren für die Wettbewerbsfähigkeit des Unternehmens:

1. After-Sales ist mit dem Service- und Ersatzteilegeschäft nach dem Neu- und Gebrauchtwagenhandel drittgrößter Umsatzbringer der deutschen

---

198 Vgl. Harms 2002, S. 11 f.; Pepels 2007, S. 14 ff.; Bretzke 2006, S. 199 f.; Dangelmaier et al. 2006, S. 155; Kotler et al. 2007, S. 547.
199 Vgl. Hättich 2009, S. 34; Harms 2002, S. 11 f.; Pepels 2007, S. 14 ff.; Bretzke 2006, S. 199 f.; Dangelmaier et al. 2006, S. 155; Kotler et al. 2007, S. 547.
200 Vgl. Zilling 2006, S. 10.
201 Vgl. Hättich 2009, S. 6.
202 Vgl. Hättich 2009, S. 4; Deloitte 2004, S. 24 ff.; Diez 2006, S. 19; Blümer, Pütz 2007, S. 16.
203 Geschäftserfolg definiert als Kombination aus Umsatzwachstum und Umsatzrendite.

Kfz-Betriebe (Autohäuser und Werkstätten) und steuert zugleich über die Hälfte der Rendite eines Autohauses bei.[204]
2. After-Sales ist deutlich beschäftigungsintensiver als der Automobilhandel. Somit ist der Rückgang im After-Sales-Geschäft in der Auslastung des Autohauses stärker bemerkbar als vergleichsweise der Rückgang des Automobilhandels.[205]
3. Die hohen Umsätze und die damit verbundenen hohen Renditen und verhältnismäßig hohen Beschäftigungszahlen sind durch einen Rückgang des Marktvolumens, u. a. als Folge eines zunehmenden Preiswettbewerbs, gefährdet. Ursachen für diese Entwicklung liegen in der rückläufigen Anzahl der erforderlichen Werkstattbesuche pro Fahrzeug sowie im zunehmenden Preiswettbewerb im Werkstattgeschäft.[206]
4. After-Sales ist ein wichtiger Entscheidungsfaktor beim Fahrzeugwiederverkauf und somit ein kritischer Treiber des Neu- und Gebrauchtwagenhandels.[207] Dies erfordert zum einen die Verschiebung des Augenmerks auf die Nachkaufphase und eine vermehrte Abstimmung des After-Sales-Marketing mit dem Vertriebsmarketing.[208]

Laut einer in 2010 durchgeführten explorativen Befragung des IFA-Panels (Institut für Automobilwirtschaft) beinhaltet der After-Sales-Bereich für die Automobilhersteller neben den vier genannten Aspekten eine strategische Bedeutung für den Unternehmenserfolg.[209] Für das Händlernetz ist ein gutes After-Sales-Geschäft ein wichtiger Stabilitätsfaktor und leistet allein durch das Teilegeschäft für die Original Equipment Manufacturer (OEM) eine Profitabilitätsquelle.[210] Darüber hinaus hat der After-Sales mit 50 Prozent einen hohen Anteil an der Kundenzufriedenheit und Loyalisierung der Kunden, sodass die Qualität des After-Sales maßgeblich zum Markenimage und der Markenwahrnehmung beiträgt. Das Service-Geschäft leistet einen Beitrag zur Stabilität der Vertriebs- und Handelsorganisationen.[211] In Anbetracht der Relevanz des After-Sales-Geschäfts für die Wettbewerbsfähigkeit der Unternehmen kommt Technischer

---

204 Laut DAT-Report 2007, S. 41 f., 56 f. lag der Umsatz mit Neuwagen 2006 bei 84,89 Mrd. Euro, der Umsatz mit Gebrauchtwagen bei 35,99 Mrd. Euro (exklusive Privatverkäufe) und der Umsatz mit After-Sales (Service und Ersatzteile) bei 27,45 Mrd. Euro (exklusive Garantie/Kulanz sowie exklusive Schwarzarbeit/Eigenreparaturen).
205 Vgl. Diez 2006, S. 19; Blümer, Pütz 2007, S. 16 zitiert in Hättich 2009, S. 3.
206 Vgl. Datamonitor zitiert in Hättich 2009, S. 3.
207 Vgl. Freitag 2007, S. 22 zitiert in Hättich 2009, S. 2.
208 Vgl. Freitag 2007, S. 22 zitiert in Hättich 2009, S. 3 f.
209 Vgl. Diez 2010.
210 Vgl. Diez 2010, S. 65.
211 Ebenda.

Dokumentation als Kernstück und Informationsträger der After-Sales-Aktivitäten, wie beispielsweise Reparaturvorgänge, eine wichtige Rolle zu. Der Hersteller vermittelt im Handel beispielsweise über die Vertragswerkstatt ein bestimmtes Unternehmensbild an den Kunden. Im Zuge der zunehmenden Technologiekomplexität, die mittlerweile auch die Werkstätten beherrscht, können verständliche und einheitliche Dokumentationen maßgeblich Reparaturvorgänge, Fehlerdiagnosen und Ersatzteilebestellungen unterstützen und zu einer Erhöhung der Kundenzufriedenheit und Kundenbindung führen.

2.7.3 Kundendienstformen im automobilen After-Sales-Service

Automobiler After-Sales-Service kann in zwei Kundendienstformen gegliedert werden. Bei *konsumtiven Kundendiensten* handelt es sich um Dienstleistungen, die im Privatbereich angeboten werden, *produktive Kundendienste* hingegen werden im Geschäftsbereich angeboten.[212] Im automobilen After-Sales können beide Kundendienstformen auftreten, da ein Auto zum einen privat, zum anderen als Investitionsgut genutzt werden kann.[213] Weiterhin ist bei After-Sales-Dienstleistungen zwischen technischen, beratenden und kaufmännischen Leistungen zu unterscheiden. Nach REINDL betreffen *technische Leistungen* alle Maßnahmen, die für die Sicherstellung des Gebrauchsnutzens eines Automobils notwendig sind.[214] Hierzu zählen Wartung, Reparatur und Instandhaltung. Hingegen zählen zu den *kaufmännischen Dienstleistungen* die Beratung, der Hol- und Bringdienst oder aber auch Mobilitätsgarantien.[215] Für beide Leistungsarten stellt die Technische Dokumentation den Informationsträger dar, über den sich die Mitarbeiter und Beschäftigten notwendige Handlungsschritte, Problemlösungen sowie Rückmeldungen an den Kunden ableiten.

Darüber hinaus wird in der Automobilindustrie die Unterscheidung zwischen *Mobilität schaffenden* und *Mobilität sichernden* bzw. *erweiternden Dienstleistungen* vorgenommen. Nach REINDL zählen zu Mobilität schaffenden Dienstleistungen: Kaufberatung und Probefahrten, Finanzierung und Leasing, Kfz-Versicherung, Fahrzeugvermietung, Fahrschule, Fahrzeugrücknahme und Car-Sharing.[216] Zu Mobilität sichernden Dienstleistungen zählen: Garantie und Kulanz, Mobilitätsgarantie, Full-Service-Leasing, Fuhrpark- bzw. Flottenmanagement sowie technischer Service inklusive Zusatzdienstleistungen wie Hol-

---

212 Vgl. Dangelmaier et al. 2006, S. 156; Hättich 2009, S. 34.
213 Ebenda.
214 Vgl. Reindl 2005.
215 Vgl. Hättich 2009, S. 35.
216 Vgl. Reindl 2005.

und Bringdienst.[217] Die Mobilität erweiternden Dienstleistungen sind beispielsweise intermodale Mobilitätskonzepte, Pool-Leasing, Reisebüroleistungen und Kundenclubs.[218]

Vor diesem Hintergrund wird deutlich, welchen Beitrag der Bereich After-Sales für den Unternehmenserfolg in Zahlen, aber auch für die Gestaltung und Beeinflussung der Kundenzufriedenheit und Kundenbindung leistet. Aus dieser Feststellung geht ebenfalls hervor, dass der Bereich After-Sales ein besonderes Augenmerk verdient und erfordert. Dies bedeutet jedoch auch die Gewährleistung hoher Qualitätsstandards als Treiber für die Kundenzufriedenheit und Kundenbindung *(vgl. Kapitel 3).*

2.7.4 Wertbeitrag und Einflussnahme durch Technische Dokumentation: Leistungen innerhalb der Wertschöpfungskette

„Jedes Unternehmen lebt von seinem Markt und der Akzeptanz seiner Produkte."[219]

Die dargestellte Verschiebung auf das After-Sales-Marketing beeinflusst auch den Stellenwert von Technischer Dokumentation für Automobilhersteller. Technische Dokumentation, als wesentlicher Bestandteil eines Produkts mit zahlreichen Zusatzfunktionen, kommt im Produktleben besonders in der After-Sales-Phase zur Geltung. Hier bildet sie als Schriftstück oftmals die erste und manchmal einzige Kommunikationsbrücke zum Hersteller, wenn es sich um Pflege und Wartung oder aber um Problembehebung handelt. Nach dem Kauf des Produkts verweilt die Technische Dokumentation unmittelbar und bis zur Produktentsorgung beim Kunden und wird, wie kein anderes Medium, in einem vergleichsweise langen Zeitraum vom Kunden wahrgenommen.[220] FREISLER bekräftigt dies und bezeichnet Service-Unterlagen und Handbücher als kaufentscheidende Faktoren für den Kunden.[221] Erst mit einer nutzerfreundlichen Technischen Dokumentation kann neben der ausgereiften Produktentwicklung ein effektives Bindeglied zwischen Produkt und Kunde entstehen.[222] Umfragen belegen, dass bei rund zwei Drittel aller Käufe die vorherige Einsicht in die Bedienungsanleitung eine kaufentscheidende Rolle spielt, wodurch sich neue Marketingperspektiven eröffnen.[223] Einige Unternehmen stellen bereits ihre Dokumen-

---

217 Vgl. Reindl 2005, S. 425; Hättich 2009, S. 35.
218 Ebenda.
219 Bauer 1994, S. 11.
220 Vgl. Mertens 1997, S. 9.
221 Vgl. Freisler 2003, S. 60.
222 Vgl. Böhler 2002, S. 92 f.
223 Vgl. Mertens 1997, S. 9.

tationen online zum Download bereit,[224] wodurch die Beziehung zwischen Kunde und Hersteller und somit die Kundenbindung, das Unternehmensimage, die Markenbildung sowie die gezielte After-Sales-Aktivität gesteuert und gefestigt werden. Als Produktbestandteil hat die Technische Dokumentation daher an Bedeutung zugenommen und sich unter den Herstellern als wichtiges Instrument des After-Sales-Marketing herausgestellt.

In diesem Zusammenhang kann durch Technische Dokumentation auch eine Absatzförderung erzielt werden, die den Kunden in der After-Sales-Phase erreicht.[225] Eine verständliche und zielführende Dokumentation kann in dieser Phase entscheidende Vorteile mit sich bringen, wie z. B. Senken der Anwendungshemmschwelle, geringere Aus- und Weiterbildungskosten, geringere Einsatzverzögerungen, Anwendung durch normal qualifiziertes Personal.[226] Auch aus Sicht des Produktvertriebs genießt die Technische Dokumentation einen hohen Stellenwert. Durch den strategischen Einsatz ergibt sich die Senkung der Kundendienstkosten auf Herstellerseite sowie die Senkung des Risikos von Schadensfällen: Bei fehlenden und fehlerhaften Dokumentationen muss der Hersteller die Kosten für den Kundendiensteinsatz tragen.[227] Weiterhin stellt die Technische Dokumentation eine kaufentscheidende Zusatzleistung dar, durch die gerade in gesättigten Märkten Kunden gewonnen werden können. Eine qualitativ hochwertige Dokumentation (sprachlich und inhaltlich) ist eine solche Zusatzleistung, die den Kunden neben den Faktoren Preis und Produkt zum Kauf überzeugen kann.[228] Gleichzeitig sichert die Technische Dokumentation die Gebrauchseignung des Produkts und verringert emotionale Nachkaufunsicherheiten bzw. kognitive Dissonanzen im geschäftlichen und privaten Bereich.[229]

Durch die Optimierung der Dokumentation wurden durch zahlreiche Beispiele aus den Vereinigten Staaten Betreuungskosten nach dem Verkauf des Produkts reduziert: Durch eine verbesserte Dokumentation konnten nachweislich Einsparungspotenziale im Bereich der After-Sales-Kosten erzielt werden, die um ein Vielfaches über dem Dokumentationsaufwand lagen.[230] Nach GNUGESSER kann die Technische Dokumentation weiterhin das persönliche Verkaufsgespräch beim Händler sinnvoll ergänzen und die Leistungsfähigkeit

---

224 Vgl. Mercedes-Benz 2011.
225 Vgl. Mertens 1997, S. 4; Pepels 2002, S. 3.
226 Hoffmann et al. 2002, S. 17 f.
227 Vgl. Hoffmann et al. 2002, S. 18.
228 Vgl. Hoffmann et al. 2002, S. 19.
229 Vgl. Pepels 2002, S. 1.
230 Vgl. Sturz 2009c.

des Produkts durch ihr größeres Seitenvolumen unterstreichen.[231] Darüber hinaus erhöht sich durch ein Vorabstudium der Technischen Dokumentation, insbesondere der Funktionalitäts- und Leistungsbeschreibung, die Vorfreude auf das Produkt. Dies trägt sodann zur Bestätigung der Kaufentscheidung beim Kunden bei.[232] Der Kunde erwartet nach dem Kauf die sofortige Inbetriebnahme des Produkts ohne weitere Verzögerungen bzw. Schwierigkeiten. Die Technische Dokumentation kann diese Phase positiv beeinflussen und den Inbetriebnahmeprozess unterstützen. Kann der Kunde durch eine fehlerhafte oder fehlende Dokumentation das Produkt nicht in Gänze erschließen, resultiert dies in einer Fehlanwendung und der Kunde fühlt sich benachteiligt.[233]

Trotz der vorangehenden Darlegung der Bedeutung von After-Sales und Technischer Dokumentation für den Unternehmenserfolg sowie für das Unternehmensimage, wird die Rolle der Technischen Dokumentation in vielen Unternehmen und der Öffentlichkeit noch unterschätzt. Laut einer Studie der Gesellschaft für Technische Kommunikation e.V. (tekom) wird die Leistung von Technischen Redakteuren in der Öffentlichkeit kaum wahrgenommen und der Wertbeitrag der technischen Kommunikation für die Unternehmen aus Managementsicht unterschätzt *(vgl. Kapitel 2.5.2 und Kapitel 2.5.3)*.[234] Als Instrument zur Einhaltung von Normen und Gesetzgebungen leistet die Technische Dokumentation jedoch im Hinblick auf die Anforderungen an Informationsprodukte einen erheblichen Beitrag. Gerade in Bezug auf die Bedeutung der After-Sales-Phase und der Rolle der Technischen Dokumentation innerhalb dieser, ist die eingeschränkte Sicht über Technische Dokumentation als ein Mittel zur Einhaltung von Gesetzesvorschriften unzutreffend und verkennt die zahlreichen Zusatzfunktionen bzw. das Potenzial von Technischer Dokumentation.

Vor dem Hintergrund der hohen Einflussnahme des After-Sales auf die Kundenzufriedenheit und Kundenbindung ist die reduzierte Funktionsbeschreibung von Technischer Dokumentation auf die Schlagworte „Produkthaftung" und „Kostenstelle" folglich unzutreffend. Die vernetzende Stellung von Technischer Dokumentation im Unternehmen mit den Bereichen Forschung und Entwicklung sowie Vertrieb und Marketing verdeutlicht die Schlüsselrolle von Technischer Dokumentation als Instrument zur Explizierung, Generierung, zum Transfer und zur Speicherung von internem Unternehmenswissen. Daher ist ein Perspektivenwandel erforderlich, der Technische Dokumentation nicht als reinen Kostenfaktor, sondern als wertschöpfender Erfolgsfaktor im Unternehmen

---

231 Vgl. Gnugesser 2002, S. 200 f.
232 Ebenda.
233 Vgl. Hoffmann et al. 2002, S. 17.
234 Straub et al. 2008, S. 14.

definiert.[235] MERTENS verdeutlicht im folgenden Zitat die Rolle Technischer Dokumentation im Rahmen der Produktgestaltung:

„Ziel einer erfolgreichen Produktpolitik ist vielmehr die marktgerechte Produktgestaltung im Hinblick auf die optimale Befriedigung der Kundenbedürfnisse. Genau deshalb ist die technische Dokumentation integraler Produktbestandteil: Sie trägt zum eigentlichen Nutzen des Produktes bei und macht es überhaupt erst marktfähig. Sie unterstützt unmittelbar die Marketingziele eines Unternehmens, indem sie die Vorteile und den Nutzen eines Produktes kommuniziert und dem Anwender erschließt."[236]

Auch in weiteren Bereichen des Kommunikationsmixes kann Technische Dokumentation Zusatzfunktionen und Vorteile mit sich führen.[237] Technische Dokumentation ist somit als zentrales Informationsmedium nach innen und nach außen zu verstehen. Während sie in der Produktentwicklung eine begleitende Funktion übernimmt, ist sie ein notwendiges Informationsmittel in allen Unternehmensbereichen, die Marketingfunktionen übernehmen. Im technischen Kundendienst ist Technische Dokumentation der Informationsträger für diejenigen, die sich mit Montage, Wartung, Ersatzteillieferung und Reparaturen befassen. Im kaufmännischen Kundendienst stellt die Technische Dokumentation das adäquate Informationsmedium dar, um etwa Umtausch, Versand, Schulung und Beratung sowie Garantie und Rechnungsstellung abzuwickeln.[238] Im Vertrieb oder Außendienst eines Unternehmens kann die Technische Dokumentation den Vertriebsmitarbeitern Produktfunktionalitäten und -vorzüge nahe bringen und diese bei Kundengesprächen zusätzlich unterstützen. Auch im Handel stellt die Technische Dokumentation eine wichtige Informationsbasis dar, wenn es um die Händlerinformation und -schulung sowie den überzeugenden Verkauf geht.[239]

Technische Dokumentation verkörpert entsprechend den aufgeführten Einsatzgebieten in unterschiedlichen Unternehmensbereichen und in der Kundenperspektive eine wichtige Querschnittsfunktion. GALBIERTZ folgert hieraus, dass eine isolierte Betrachtung der Technischen Dokumentation Marktchancen verschenkt, da sich der Kunde mit Aufmerksamkeit sowohl die Produktinformationen durchliest als auch Botschaften des Marketing aufnimmt.[240] In diesem Moment müssen die Informationen beider Quellen übereinstimmen, da sie eine Zielgruppe erreichen. Die Vernetzung der Technischen Dokumentation im Un-

---

235 Vgl. Bullinger 1998, S. 7.
236 Mertens 1997, S. 8.
237 Vgl. Mertens 1997, S. 9.
238 Vgl. Mertens 1997, S. 10 f.
239 Ebenda.
240 Vgl. Galbierz, Riegel 2000, S. 165.

ternehmen mit anderen Bereichen wird umso wichtiger.[241] Daher ist der konsequente Dialog mit dem Marketing auch für die Umsetzung und Sicherung der Corporate Identity relevant, damit die gewonnenen Erkenntnisse aus dem Austausch in die Technische Dokumentation einfließen können.[242] Technische Dokumentation ist im Zusammenhang mit Marketing-Aktivitäten ein wichtiges Medium, das lang andauernd und unmittelbar beim Kunden verweilt und dort auf eine hohe Aufnahmebereitschaft trifft.[243]

---

241 Vgl. Galbierz, Riegel 2000, S. 164.
242 Ebenda.
243 Vgl. Mertens 1997, S. 9.

3 Qualität und Qualitätsmanagement in der Technischen Dokumentation

Anforderungen und Erwartungen, die Kunden und Hersteller an ein Produkt stellen, beziehen sich ebenso auf die Technische Dokumentation als Teil des Produkts. Ein qualitativ hochwertiges Produkt sollte daher eine gleichermaßen qualitativ hochwertige Dokumentation beinhalten. Im vorgehenden Kapitel wurde die Relevanz von Technischer Dokumentation für das Unternehmen und im speziellen für den After-Sales dargelegt. Dieses Kapitel beschäftigt sich mit Qualitätsmaßstäben hinsichtlich der Technischen Dokumentation. Im Vorfeld erfolgen die Definition des Qualitätsbegriffs und die Vorstellung bekannter Qualitätsmanagementkonzepte, um anschließend aus den theoretischen Ansätzen Ableitungen für die Praxis zu formulieren und diese auf die Technische Dokumentation zu übertragen. Erörtert wird die Frage, welche Qualitätsstandards und -kriterien es für die Technische Dokumentation und Redaktion gibt und mit welchen Ansätzen Qualität in diesem Zusammenhang erzeugt, gemessen und gesichert werden kann.

3.1 Qualität – Begriffsbestimmung

„Im Grunde ist Qualität nichts anderes als die Bestätigung der Erwartungshaltung der Zielgruppe an das Produkt bzw. die Dienstleistung." [244]

Qualität ist vom Wortstamm aus dem Lateinischen „qualis" (wie beschaffen) und dem Pendant „talis" (so beschaffen) abgeleitet. Der DUDEN definiert Qualität als Beschaffenheit, Güte, Wert[245] – die Wahrnehmung von Qualität kann jedoch von Mensch zu Mensch variieren und ist eingebettet in soziologische Zusammenhänge sowie intersubjektive Wahrnehmungen.[246] Die folgende Abbildung illustriert die Herkunft sowie die verwandten Bedeutungen des Qualitätsbegriffs.

---

244 Galbierz, Riegel 2000, S. 154.
245 Vgl. Duden 2005.
246 Vgl. Bülow-Schramm 2006, S. 14.

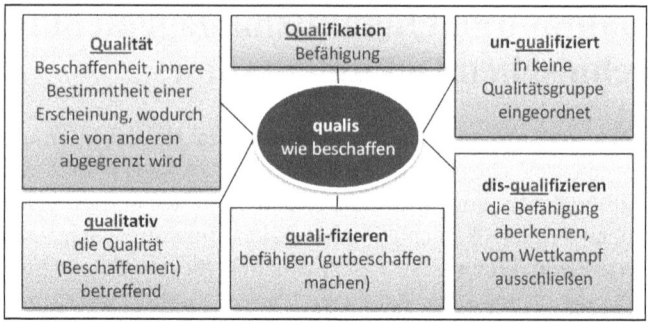

Abb. 3.1: Der Qualitätsbegriff[247]

Unter Qualität lassen sich verschiedene Aspekte subsummieren, die den weit gefächerten Begriff charakterisieren. So können beispielsweise unterschiedliche Bereiche eines Unternehmens durch ihre jeweiligen Interessen bzgl. Qualität verschiedene Sichtweisen haben. Aus der Perspektive des Marketing ist Qualität mit dem Ereignis verbunden, dass ein zufriedener Kunde zurückkommt und nicht das Produkt. Aus Sicht des Kunden hingegen wird Qualität mit schnell eintretenden Erfolgserlebnissen hinsichtlich des Produkts gleichgesetzt. Während das Qualitätsmanagement unter Qualität eine Null-Fehler-Leistung bzw. die Optimierung des Kundennutzens versteht, wäre eine Beschreibung von Qualität aus Sicht der Produkthaftung die Tätigung aller Maßnahmen nach vernünftigem Ermessen, um Schadensfälle zu vermeiden.[248]

Eine allgemeine Definition des Qualitätsbegriffs findet sich in der DIN EN ISO 9000 „Qualitätsmanagementsysteme – Grundlagen und Begriffe", die in der Unternehmenspraxis als Basis für qualitätsorientierte Managementaufgaben Anwendung findet. Qualität ist demnach der:

> „Grad, in dem ein Satz inhärenter Merkmale Anforderungen erfüllt. Die Benennung ‚Qualität' kann zusammen mit Adjektiven wie schlecht, gut oder ausgezeichnet verwendet werden. ‚Inhärent' bedeutet im Gegensatz zu ‚zugeordnet' ‚einer Einheit innewohnend', insbesondere als ständiges Merkmal."[249]

Nach GEIGER handelt es sich bei Qualität um einen immateriellen und kontinuierlichen Begriff, der den Vergleich der realisierten Beschaffenheit mit der geforderten Beschaffenheit definiert. Der Maßstab des Qualitätsbegriffs ist hierbei kontinuierlich und kann in Abstufungen bewertet werden.[250] Mit der Qualitäts-

---

247 Vgl. Sauter et al. 2010.
248 Vgl. Galbierz, Riegel 2000, S. 154.
249 DIN EN ISO 9000:2005, S. 18.
250 Vgl. Geiger, Kotte 2008, S. 72 f.

waage *(siehe Abb. 3.2)* veranschaulicht GEIGER seinen Definitionsansatz und stellt Qualität als die „*Gesamtheit der betrachteten Relationen zwischen den ermittelten und den zugehörigen vorgegebenen Merkmalswerten der Qualitätsmerkmale*" dar.[251]

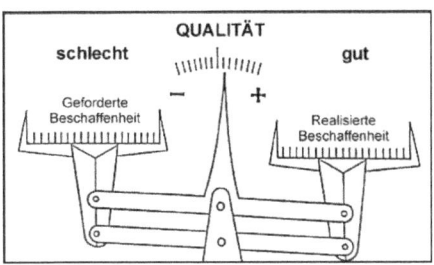

Abb. 3.2: Die Qualitätswaage[252]

GEIGER merkt an, dass das Wiegen bzw. das Vergleichen der Qualitätsmerkmale individuell für jedes Merkmal erfolgen muss und Qualität demnach nur bezogen auf das jeweilige Merkmal festzustellen ist. Demzufolge kann man insgesamt nur von „guter" Qualität sprechen, wenn das Ergebnis der einzelnen Merkmale „gut" ist.[253] Mit anderen Worten wird die Qualität einer hohen Ebene durch die Qualität auf einer niedrigen Ebene beeinflusst. Umgekehrt kann jedoch keine Aussage über die Gesamtqualität getroffen werden, wenn eine hohe Qualität auf einer niedrigen Ebene festgestellt wird.[254]

Bei der Begriffsbestimmung ist es daher bedeutend, möglichst alle existierenden Aspekte des Qualitätsbegriffs zu berücksichtigen und innerhalb einer Definition einzubeziehen, da die Qualitätsaspekte in Interdependenz zueinander stehen und sich die Vernachlässigung eines Aspekts auf weitere Mängel hinsichtlich eines anderen Qualitätsaspekts auswirkt. Definitionen zum Begriff Qualität sind zahlreich vertreten mit jeweils unterschiedlichen Gewichtungen in Bezug auf die jeweiligen mit Qualität assoziierten Kriterien. Vor diesem Hintergrund unterscheidet die Fachliteratur zwei Definitionsansätze: theorieorientierte und praxisorientierte Definitionsansätze *(vgl. Kapitel 3.1.1 und Kapitel 3.1.2).* Der Qualitätsbegriff wird im Folgenden in seinem Fassettenreichtum veranschaulicht und näher beleuchtet, sodass ein abgerundetes Bild der Begriffsvielfalt erzeugt wird.

---

251 Geiger, Kotte 2008, S. 71.
252 Ebenda.
253 Vgl. Sauter et al. 2010, Kapitel 4.2.4; Zollondz 2002, S. 150.
254 Vgl. Krause, S. 6.

3.1.1 Theorieorientierte Definitionsansätze

Die theorieorientierten Definitionsansätze gliedern sich weiter in objektive, subjektive und teleologische (objekt-subjektive) Ansätze. Der *objektive Qualitätsansatz* bezieht sich auf den lateinischen Ursprung des Worts „Qualität", der mit den Begriffen „Beschaffenheit" und „Eigenschaft" übersetzt werden kann.[255] Im Gegensatz zu anderen Definitionsansätzen, die im Folgenden noch vorgestellt werden, lässt sich Qualität vor dem Hintergrund des objektiven Qualitätsansatzes nur durch objektive Methoden und Kriterien räumlich, zeitlich, physikalisch, chemisch, produktionstechnisch oder durch sonstige naturwissenschaftliche Größen bestimmen. Der Qualitätsbegriff ist vor dem Hintergrund dieses Ansatzes eine wertfreie Größe, bei der die subjektive Bewertung durch einen Kunden nicht mit einfließt.[256]

Während beim objektiven Qualitätsansatz nur objektiv-messbare Kriterien und Methoden zum Einsatz kommen, sind im *subjektiven Qualitätsansatz* auch persönliche Wahrnehmungen und Beurteilungen bei der Qualitätsbewertung, z. B. durch einen Kunden, integriert. Das bedeutet, dass Qualität in diesem Ansatz auch durch nicht-messbare Eigenschaften bewertet werden kann.[257] SCHILDKNECHT hebt in diesem Ansatz die Bedeutung der individuellen Intensität von Wünschen, d. h. der Bedürfnisstruktur und dem Verwendungszweck, den z. B. der Kunde mit dem jeweiligen Produkt verbindet, hervor.[258]

Durch den *teleologischen Qualitätsansatz (objekt-subjektiven Ansatz)* sind die Definitionen der objektiven und subjektiven Ansätze fusioniert. KAWLATH prägt diesen Qualitätsansatz, bei dem sowohl die Bedürfnisstrukturen als auch die messbaren Kriterien bei der Qualitätsbewertung zur Geltung kommen.[259]

3.1.2 Praxisorientierte Definitionsansätze

Die praxisorientierten Definitionsansätze liefern eine betriebliche Perspektive auf die Qualitätsbewertung und -anschauung. Hierbei liegt ein Schwerpunkt auf Verfahren der Qualitätsbeurteilung hinsichtlich qualitätspolitischer Entscheidungen aus Unternehmenssicht.[260] Nach GARVIN lassen sich die praxisorientierten Definitionsansätze in fünf Kategorien gliedern, die im Nachfolgenden näher erläutert werden:[261]

---

255 Vgl. Schildknecht 1992, S. 24; Schwarze 2003, S. 14.
256 Vgl. Algedri 1998, S. 48; Schwarze 2003, S. 14; Rieger 1962, S. 7.
257 Vgl. Schwarze 2003, S. 14.
258 Vgl. Schildknecht 1992, S. 25; Schwarze 2003, S. 14 f.
259 Vgl. Kawlath 1969, S. 48; Schwarze 2003, S. 15.
260 Vgl. Schwarze 2003, S. 15 f.
261 Vgl. Garvin 1984, S. 40 ff.; Oess 1993, S. 31 ff.

- transzendenter/absoluter Qualitätsansatz,
- produktbezogener Qualitätsansatz,
- kundenorientierter/anwenderbezogener Qualitätsansatz,
- herstellungsbezogener Qualitätsansatz,
- wertbezogener Qualitätsansatz.

Der *transzendente/absolute Qualitätsansatz* definiert Qualität als etwas Einzigartiges oder Absolutes. Laut BRUHN basiert dieser Ansatz auf einer abstrakt philosophischen Interpretation des Qualitätsbegriffs.[262] Der transzendente/absolute Qualitätsbegriff ist vergleichbar mit dem idiomatischen Verständnis von Qualität.[263] Im allgemeinsprachlichen Gebrauch, aber vor allem in der Werbung, werden mit dem Begriff Qualität positive Eigenschaften und Attribute konnotiert (das Produkt ist von „überzeugender Qualität").[264] Qualität kann hier im Vergleich zum objektiven Ansatz nicht gemessen werden. Die Bewertung von Qualität erfolgt viel mehr im Vergleich zu bisherigen Erfahrungen und individuellen Vorstellungen.[265] Dieser Definitionsansatz kann für die industrielle Praxis nur eingeschränkt Verwendung finden, da die Qualitätsausprägung keine operationalen Kriterien zur Qualitätsbestimmung und -messung bietet.[266]

In der Praxis wird dem *produktbezogenen Qualitätsansatz* höchste Relevanz beigemessen. Im Fokus dieses Ansatzes sind objektiv messbare Qualitätsmerkmale und konkrete oder spezifizierte Eigenschaften der Leistungen des Produkts, mit denen bei Erfüllung oder Nicht-Erfüllung Qualitätsdifferenzen gemessen werden. Die Kundenseite bzw. der Kundennutzen ist für diesen Definitionsansatz nicht relevant.[267] Konsequenterweise geht mit der Erhöhung von produktbezogener Qualität auch eine Erhöhung der Kosten einher.[268] Die bereits vorgestellte Definition des Deutschen Instituts für Normung (DIN) ist unter dem produktbezogenen Qualitätsansatz einzuordnen, da Qualität hier als Grad definiert wird, in dem ein Satz inhärenter Merkmale Anforderungen erfüllt. Ein Merkmal ist die kennzeichnende Eigenschaft.[269] Der produktbezogene Ansatz wird in vie-

---

262 Vgl. Bruhn 1998, S. 23.
263 Ebenda.
264 Vgl. Schwarze 2003, S. 16.
265 Vgl. Schildknecht 1992, S. 28; Schwarze 2003, S. 16.
266 Vgl. Schwarze 2003, S. 15 f.; Stelling 2005, S. 189; Garvin 1984, S. 25; Bruhn 1998, S. 33 f.
267 Vgl. Schwarze 2003, S. 16; Garvin 1984, S. 25 f.; Wilken 1993, S. 53; Stelling 2005, S. 189.
268 Vgl. Wilken 1993, S. 53.
269 Vgl. DIN ISO EN 9000, S. 18.

len Unternehmen verwendet und verdeutlicht diejenigen Aspekte, die im betriebswirtschaftlichen Denken ausschlaggebend sind.[270]

Während beim produktorientierten Qualitätsansatz das Produkt mit konkreten Qualitätsmerkmalen im Mittelpunkt steht, wird beim *kundenorientierten/anwenderbezogenen Qualitätsansatz* ein Fokus auf den Gebrauchsnutzen und Verwenderzweck des Kunden gelegt. Hierbei unterliegt Qualität subjektiven Bewertungen und wird daran gemessen, ob die Erwartungen des Kunden an das Produkt und dessen Qualität erfüllt wurden. Nach HAIST/FROMM ist Qualität die Übereinstimmung mit den Kundenanforderungen bzgl. Funktion, Preis, Lieferzeit, Sicherheit, Zuverlässigkeit, Umweltverträglichkeit, Wartbarkeit, Kosten, Beratung usw.[271] SEGHEZZI hingegen unterstreicht die Kundenorientierung, indem er bekräftigt, dass der alleinige Maßstab für die Qualität eines Produkts oder einer Dienstleistung das Urteil des Kunden ist.[272] Qualität bleibt in diesem Definitionsansatz folglich eine relative Größe, die subjektiven Bewertungen unterliegt. Durch diesen Perspektivenwechsel vom Produkt hin zum Kunden und dessen subjektiven Präferenzen, gewinnt der kundenorientierte Qualitätsansatz eine stärkere Marktorientierung.[273]

Beim *herstellungsbezogenen Qualitätsansatz* geht es weniger um die Qualität des Produkts, sondern mehr um den vorgeschalteten Herstellungsprozess des Produkts.[274] Dieser Ansatz konzentriert sich verstärkt auf die herstellerinternen Anforderungen und Spezifikationen. Demzufolge bedeutet Qualität die Einhaltung der im Vorfeld definierten Spezifikationen des Herstellers. Dieser Qualitätsansatz unterscheidet sich vom kundenorientierten Qualitätsbegriff, da er im Wesentlichen prozessorientiert ist. Qualitätsmängel oder -minderungen treten demzufolge dann auf, wenn die herstellerinternen Spezifikationen im Herstellungsprozess nicht eingehalten werden.[275] Qualität wird in diesem Ansatz somit als die Einhaltung betrieblicher Standards bei der Erstellung der Leistungen definiert.[276] Nach SCHWARZE stellt der herstellungsorientierte Qualitätsansatz eine Verbindung zwischen Kosten und Qualität her, bei dem die präventive Vermeidung von Fehlern, d. h. aufwändige Nacharbeiten an fehlerhaften Produkten, Kosten reduzieren soll.[277]

270　Vgl. Bülow-Schramm 2006, S. 15.
271　Vgl. Haist, Fromm 1989, S. 5; Schwarze 2003, S. 17.
272　Vgl. Seghezzi 1994, S. 6; Schwarze 2003, S. 17.
273　Vgl. Schwarze 2003, S. 17; Schildknecht 1992, S. 28; Bruhn, Hennig 1993, S. 216 f.
274　Vgl. Schwarze 2003, S. 18; Niebuer 1996, S. 66; Schildknecht 1992, S. 28 f.
275　Ebenda.
276　Vgl. Stelling 2005, S. 189.
277　Vgl. Schwarze 2003, S. 18.

Der *wertbezogene Qualitätsansatz* nach FEIGENBAUM wird aus den Bedingungen „actual use" und „selling price" eines Produkts zusammengesetzt.[278] Im Fokus der Betrachtung dieses Qualitätsansatzes steht somit das Preis-Leistungs-Verhältnis des Produkts, aus dem eine direkte Relation zur Qualität hergeleitet wird.[279] FEIGENBAUM definiert Qualität folglich als *"best for certain customer conditions. These conditions are the actual use and the selling price of a product"*[280]. Ähnlich bekräftigend schließt sich BROH an, indem er Qualität als *"the degree of excellence at an acceptable price and the control of variability at an acceptable cost"* definiert.[281] Daraus kann gefolgert werden, dass die Beziehung zwischen dem Preis und der Leistung die Qualität eines Produkts bestimmt und all diese Faktoren voneinander abhängen und unter gegenseitigem Einfluss stehen.

Zusammenfassend lässt sich feststellen, dass sich die theorieorientierten Definitionsansätze, aber auch der transzendente Qualitätsansatz wenig zur Operationalisierung bzw. Instrumentalisierung in der betrieblichen Praxis eignen, da wie bereits erwähnt in diesem Zusammenhang keine konkreten Kriterien zur Qualitätsbestimmung und -messung verwendet werden können. Als Basis für die praktische Anwendung können der objektive bzw. der teleologische Ansatz dienen. Der herstellungsbezogene Qualitätsansatz konzentriert sich stärker auf die unternehmensinternen Anforderungen und Ziele und vernachlässigt externe Interessen bzw. die Orientierung am Kunden. Dennoch eignet sich der herstellungsbezogene Ansatz speziell für die Beurteilung von Prozessabläufen zur Qualitätssicherung. Der produktorientierte Qualitätsansatz legt den Fokus auf klare und messbare Qualitätskriterien, die sich lediglich auf das Produkt beziehen, Kundenwünsche und -anforderungen werden hierbei nicht berücksichtigt. Für die kundenorientierte Gestaltung von Qualität eignet sich am ehesten der wertbezogene Qualitätsansatz, bei dem das Preis-Leistungs-Verhältnis und die Erfüllung der Kundenanforderungen sowie der Nutzen im Mittelpunkt stehen. In der Konsequenz müssen Unternehmen Produkte und Leistungen kundenorientiert gestalten.

Deutlich wird, dass die isolierte Betrachtung und Anwendung eines Qualitätsansatzes zu einer eingeschränkten Qualitätsbeurteilung führt, daher ist die Kombinierung verschiedener und ausgewählter Qualitätsansätze für die Erlangung einer ganzheitlichen Sicht von Qualität zu befürworten. In dieser Arbeit werden basierend auf den vorgestellten Qualitätsansätzen sowohl auf produkt-

---

278 Vgl. Feigenbaum 1991, S. 13; Schwarze 2003, S. 18.
279 Vgl. Schildknecht 1992, S. 28; Schwarze 2003, S. 18.
280 Vgl. Feigenbaum 1991, S. 13; Schwarze 2003, S. 18.
281 Vgl. Broh 1982, S. 3; Schwarze 2003, S. 19.

als auch auf herstellungsorientierter Ebene Definitionen herangezogen. Zum einen geht es um die Einhaltung herstellungsorientierter Spezifikationen, das heißt Faktoren und Kriterien, die sich auf den effizienten und Qualität erzeugenden Dokumentationserstellungsprozess bzw. dessen Optimierung beziehen. Zum anderen stehen im Fokus auch das Produkt Technische Dokumentation und dessen konkrete, objektiv bewertbare Qualität durch definierte und messbare Qualitätskriterien *(vgl. Kapitel 3.3)*. Die folgende Tabelle gibt abschließend einen Überblick über die Eigenschaften, Stärken und Schwächen der bisher vorgestellten Qualitätsansätze.

Tab. 3.1: Übersicht Qualitätsansätze[282]

	Praxistauglichkeit	Objektive Messbarkeit	Subjektive Messbarkeit	Kundenorientierung	Produktqualität	Herstellungsqualität	Prozessqualität	Preis-Leistung/Qualität vs. Kosten
Objektiver Ansatz	+	+	-	-	+	-	-	-
Subjektiver Ansatz	-	-	+	+	-	-	-	-
Teleologischer Ansatz	-	+	+	+	+	-	-	-
Absoluter/transzendenter Ansatz	-	-	-	+	+	-	-	-
Produktbezogener Ansatz	+	+	-	-	+	-	-	+
Kundenorientierter Ansatz	+	-	+	+	+	-	-	+
Herstellungsbezogener Ansatz	+	+	-	-	-	+	+	+
Wertbezogener Ansatz	+	+	+/-	+/-	+	-	-	+

3.2 Qualitätsmanagement – Begriffsbestimmung

„Qualität beginnt im Kopf."
- Carl Brogwald -

Um die Qualitätsansätze in unternehmerische Prozesse einzubinden, werden Qualitätsmanagementansätze konzipiert, die u. a. die Planung, Sicherung und Verbesserung von Qualität zum Ziel haben. Die beiden Begriffsbestandteile „Qualität" und „Management" verdeutlichen, dass Qualitätsmanagement eine Managementaufgabe bzw. eine Teilaufgabe des Managements ist, die in der

---
282   Eigene Darstellung.

Praxis fachübergreifend in andere Bereiche hineinreicht und daher nicht isoliert oder separat betrachtet werden kann.[283] Management wird von der DIN EN ISO 9000 als aufeinander abgestimmte Tätigkeiten zum qualitätsbezogenen Leiten und Lenken einer Organisation verstanden,[284] wobei sich „qualitätsbezogen" auf die „*Erfüllung diesbezüglicher Forderungen*" bezieht.[285] Qualitätsmanagement, früher in der Literatur vermehrt unter der Benennung „Qualitätswesen", „Qualitätslehre" oder „Qualitätswissenschaft" verwendet, ist ein wissenschaftliches Fachgebiet mit praxisorientiertem Bezug.[286] BÜLOW-SCHRAMM definiert Qualitätsmanagement in Anlehnung an die DIN EN ISO 9000 wie folgt:

> „Alle aufeinander abgestimmte Tätigkeiten des Gesamtmanagements zur Leitung und Lenkung einer Organisation bezüglich Qualität. Sie umfassen üblicherweise die Festlegung der Qualitätspolitik, der Ziele und Verantwortungen und deren Verwirklichung durch u. a. Qualitätsplanung, -lenkung,-sicherung und -verbesserung."[287]

Zu den Zielen des Qualitätsmanagements zählt die Optimierung des Nutzens für den Kunden und das Unternehmen, wobei hier der Ansatz der Fehlervermeidung gegenüber dem Ansatz der Fehlerbehebung zu präferieren ist. Weiterhin steht die Optimierung des Werts von Produkten und Dienstleistungen für den Kunden im Fokus, um strategische Unternehmenserfolge zu verwirklichen.[288] Ziel des Qualitätsmanagements ist es ferner auch, die Entdeckung von Fehlern in einer frühzeitigen Wertschöpfungsphase im Produktentwicklungsprozess anzusetzen.[289] Die Ziele des Qualitätsmanagements werden durch die Bausteine Qualitätsplanung, Qualitätslenkung, Qualitätssicherung und Qualitätsverbesserung erreicht *(siehe Abb. 3.3)*.

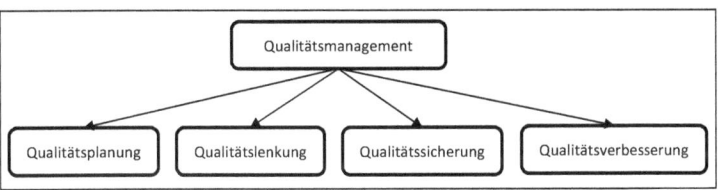

Abb. 3.3: Bausteine des Qualitätsmanagements[290]

---

283 Vgl. Geiger, Kotte 2008, S. 7.
284 Vgl. Geiger, Kotte 2008, S. 8.
285 Geiger, Kotte 2008, S. 23.
286 Vgl. Bülow-Schramm 2006.
287 Bülow-Schramm 2006, S. 16.
288 Vgl. Schwarze 2003, S. 8 f.
289 Vgl. Reinhart et al. 1996, S. 259 ff.; Hänssler 2008, S. 153.
290 Eigene Darstellung nach DIN EN ISO 9000:2005.

Laut DIN EN ISO 9000 wird *Qualitätsplanung* als „Teil des Qualitätsmanagements definiert, der auf das Festlegen der Qualitätsziele und der notwendigen Ausführungsprozesse sowie der zugehörigen Ressourcen zur Erfüllung der Qualitätsziele gerichtet ist"[291]. SCHILDKNECHT hingegen definiert Qualitätsplanung als „Ableitung und Konkretisierung von Anforderungen (Zielformulierung), die Festlegung von qualitätsbestimmenden Elementen und ihre Überprüfung auf Qualitätsfähigkeit sowie die Bestimmung von Vorgehensweisen zur Zielerreichung"[292]. Die Qualitätsplanung steht für die Umsetzung und Erfassung der Kundenbedürfnisse und -anforderungen sowie der geltenden rechtlichen Grundlagen und Normen im Blick auf das Produkt- oder Leistungsangebot. Ziel ist die termingerechte und langfristige Sicherstellung der geforderten Qualität.[293] Zu den Aufgaben der Qualitätsplanung zählen:[294]

- die Erfassung und Beschreibung der Bedürfnisse,
- die Übersetzung und Präzisierung der Bedürfnisse in Qualitätsanforderungen an die zu erbringende Leistung in eine technische Fachsprache (Produkt: Pflichten- und Lastenheft),
- die Festlegung der Qualitätsanforderungen an die für die Erstellung der Leistung notwendigen Prozesse (Prozess: Pflichten- und Lastenheft),
- die Planung, Entwicklung und Gestaltung der Prozesse.

Die Qualitätsplanung stellt somit die Anforderungen für die Qualitätslenkung dar, z. B. in Form von Kennzahlen. In der Qualitätssicherung wird die Erfüllung dieser Anforderungen examiniert, während sie in der Qualitätsverbesserung Optimierungsmöglichkeiten ausmacht. Hierbei ist eine Rückkopplung vor allem an die Qualitätsplanung wichtig, um eine kontinuierliche Qualitätsverbesserung zu gewährleisten.[295] Nach JURAN lässt sich durch eine gründliche Qualitätsplanung der Großteil der Qualitätsprobleme reduzieren.[296] Hier sollen Produkte und Prozesse im Hinblick auf die Erfüllung der Kundenbedürfnisse konzipiert werden. Maßnahmen, die in der Qualitätsplanung entwickelt werden, haben einen hohen Wirkungsgrad und lassen am ehesten auf Einsparungspotenziale hinsichtlich Qualitätskosten schließen *(vgl. Kapitel 3.2.2)*.[297]

Die *Qualitätslenkung* ist der Teil des Qualitätsmanagements, der auf Grundlage der Qualitätsplanung sicherstellt, dass die Qualitätsanforderungen erfüllt

---

291 DIN EN ISO 9000:2005, S. 21.
292 Schildknecht 1992 zitiert in Schwarze 2003, S. 9.
293 Vgl. DIN EN ISO 9000:2005, S. 21; Hänssler 2008, S. 153.
294 Hänssler 2008, S. 154; vgl. Vollert 2004, S. 202.
295 Vgl. Hänssler 2008, S. 154.
296 Vgl. Juran 1990, S. 126.
297 Vgl. Schwarze 2003, S. 10.

werden bzw. spezifikationskonforme Leistungen verwirklicht werden. Qualitätslenkung wird definiert als „*die Beeinflussung qualitätsbestimmender Elemente im Hinblick auf die Zielerreichung*"[298]. Zu den in der Qualitätslenkung begründeten Aufgaben und Maßnahmen zählen:[299]

- die Identifizierung und Strukturierung der wettbewerbsentscheidenden Prozesse in Subprozesse, Prozessschritte und Einzelaktivitäten,
- die Festlegung der Prüfmethodik und der Prüfverantwortlichen,
- die Implementierung von Regelkreisen je Arbeitsplatz zur Vermeidung von Störungen bei Prozessen und die Verdichtung zu Regelkreisen auf Abteilungs- oder Bereichsebene,
- die Messung der Leistungsqualität innerhalb der Prozesse und an den Schnittstellen,
- die Sicherstellung für das Verständnis der Spezifikationen bei allen Prozessbeteiligten.

Die *Qualitätssicherung* ist laut DIN EN ISO 9000 als der Bereich des Qualitätsmanagements definiert, der auf das Erzeugen von Vertrauen für die Erfüllung von Qualitätsanforderungen bestimmt ist bzw. das Risiko qualitätsrelevanter Fehler minimieren soll. Hierbei werden Fehler und ihre Ursachen identifiziert, eliminiert und daraus effiziente Abstellungsmaßnahmen zur zukünftigen Fehlervermeidung abgeleitet.[300] Qualitätssicherung ist somit mehr als eine reine Kontrolle der Erfüllung von Qualitätsanforderungen. Zu ihren Aufgaben zählen:[301]

- die Absicherung von Qualitätskriterien,
- die Unterstützung der Fachabteilungen bei der Qualitätsarbeit,
- die Analyse der Qualität,
- die Bearbeitung von Qualitätsproblemen.

Letztlich steht die *Qualitätsverbesserung* oder Qualitätsförderung als Teilbereich des Qualitätsmanagements für die Erhöhung der Fähigkeit zur Erfüllung der Qualitätsanforderungen.[302] Hierbei steht die Förderung einer kontinuierlichen Verbesserung von Produkten, Dienstleistungen, Prozessen und Systemen im Fokus, z. B. durch die Mitwirkung in Qualitätszirkeln, Qualitätsverbesserungsteams und kontinuierlichen Verbesserungsprozessen. Das Ziel ist es folg-

---

298   Vgl. DIN EN ISO 9000:2005, S. 21; Schwarze 2003, S. 9.
299   Hänssler 2008, S. 154.
300   Vgl. Schwarze 2003, S. 8 f.
301   Vgl. Hänssler 2008, S. 155; Vollert 2004, S. 205.
302   Vgl. Schwarze 2003, S. 8 f.

lich, die bestehenden oder potenziellen Probleme zu identifizieren und sie zu vermeiden.[303]

3.2.1 Konzepte des Qualitätsmanagements

Ansätze eines umfassenden Qualitätsmanagements wurden mit Beginn der 1950er Jahre von amerikanischen Qualitätsexperten vorgestellt.[304] Im Hinblick auf die qualitativen Untersuchungen *(vgl. Kapitel 5)* werden im Folgenden die Qualitätsmanagementkonzepte nach DEMING und JURAN fokussiert betrachtet. Als ganzheitlich ausgerichteter Qualitätsmanagementansatz wird anschließend das Total Quality Management vorgestellt, das auf dem Konzept von FEIGENBAUM aufbaut und durch ISHIKAWA weiterentwickelt wurde.

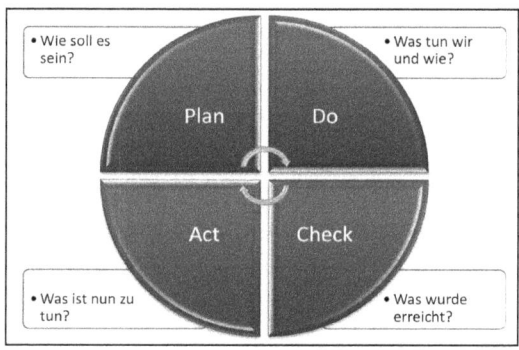

Abb. 3.4: PDCA-Zyklus[305]

Das *Qualitätsmanagementkonzept nach DEMING* beruht auf der Erkenntnis, dass Qualität nicht ergebnisbezogen geprüft werden kann und stellt den Fokus weniger auf nachträgliche Qualitätskontrollen, sondern auf Methoden der Prozessverbesserung. Qualität ist nach DEMING das Ergebnis der Wechselwirkung zwischen Verbraucher, Produkt und den produktbezogenen Leistungen.[306] Im Vordergrund stehen dadurch statistische Verfahren der Prozesssteuerung und -regelung, die durch ein an das Management gerichtetes 14-Punkte-Programm umgesetzt werden sollen.[307] Ziel dieser Maßnahme ist der kontinuierliche Verbesserungsprozess von Qualität und Produktivität, der von der Unternehmenspo-

---

303 Vgl. Hänssler 2008, S. 155; Rois 1999, S. 22.
304 Vgl. Schwarze 2003, S. 51.
305 Eigene Darstellung in Anlehnung an Deming 1982, S. 88.
306 Vgl. Deming 1982, S. 16 ff.
307 Vgl. Schwarze 2003, S. 56.

litik verinnerlicht werden soll.[308] In der Unternehmenspraxis ist die von DEMING konzipierte Plan-Do-Check-Action Methode (PDCA), die auch als DEMING-Kreis bezeichnet wird, als kontinuierliche Qualitätsverbesserung einsetzbar *(siehe Abb. 3.4)*.[309]

Der abgebildete PDCA-Zyklus stellt nach DEMING eine Daueraufgabe bzw. Problemlösungstechnik für das Unternehmen dar und symbolisiert hierdurch die Grundidee eines kontinuierlichen Verbesserungsprozesses, der in allen Unternehmensbereichen umgesetzt werden soll. Der PDCA-Zyklus bildet ein Anwendungs- und Erklärungsmodell ab, das als universelles Modell zur Qualitätsverbesserung im Qualitätsmanagement international von Bedeutung ist.[310] Dieser von DEMING benannte PDCA-Zyklus hat seinen Ursprung im japanischen *Kaizen* („verändern zum Guten hin"), eine Philosophie, bei der die Überzeugung und Identifikation der einzelnen Mitarbeiter mit dem Unternehmen vorausgesetzt werden. Hierbei sind kontinuierliches Engagement und die kreative und aktive Mitgestaltung der Verbesserungsprozesse durch alle Unternehmensbereiche und -ebenen notwendig.[311]

Bezugnehmend auf den PDCA-Zyklus werden folgende Phasen im Rahmen des kontinuierlichen Verbesserungsprozesses durchlaufen:[312]

- Projektdefinition und -abgrenzung,
- Definition Ist-Zustand/Soll-Zustand,
- Problembeschreibung und -bewertung,
- Problemanalyse,
- Bewertung und Entscheidung über Lösungsideen,
- Ableitung von Maßnahmen,
- Bewertung des Aufwands und Ertrags,
- Präsentation der Ergebnisse vor dem Entscheidungsgremium,
- Vereinbarung der Maßnahmen und Klärung der erforderlichen Ressourcen,
- Umsetzung der Maßnahmen,
- Prüfung des Erfolgs.

Die Voraussetzung für ein erfolgreich umgesetztes Qualitätsmanagementkonzept nach DEMING sind die Bereitschaft und der Wille des Managements, die Resultate aus dem kontinuierlichen Verbesserungsprozess umzusetzen und die

---

308 Vgl. Schwarze 2003, S. 52 f.; Deming 1982, S. 16 ff.
309 Vgl. Schwarze 2003, S. 52 f.
310 Vgl. Sauter et al. 2010, Kapitel 4.1.4.
311 Vgl. Greve, Pfeiffer 2002, S. 567; Bülow-Schramm 2006, S. 24.
312 Hänssler 2008, S. 166 f.; vgl. Rois 1999, S. 36.

Beteiligten im Prozess zur Umsetzung ihrer Ideen zu berechtigen. Weiterhin ergänzt HÄNSSLER:

„Notwendig ist eine Unternehmenskultur, in der die Ideen der Mitarbeiter und Teamarbeit ausdrücklich erwünscht sind und in der die Mitarbeiter die dafür wirksame Unterstützung und öffentliche Anerkennung erhalten."[313]

Im Vordergrund stehen hier statistische Methoden und die Verwendung von Problemlösungstechniken. Daher ist anzumerken, dass eine kundenorientierte Gestaltung, Umsetzung oder Verbesserung von Qualität aus diesem Ansatz nicht abgeleitet werden kann. Lediglich der Anspruch an eine kontinuierliche Qualitätsverbesserung steht im Fokus.[314] DEMINGS Qualitätsverbesserungsansatz wurde seither als „Demingsche Reaktionskette" dargestellt, wobei hier der Mensch die Basis für die Optimierung von Qualität und Produktivität darstellt.[315]

Das *Qualitätsmanagementkonzept nach JURAN* hingegen legt anders als bei DEMING einen Fokus auf den kundenorientierten Qualitätsbegriff und definiert Qualität als die Gebrauchstauglichkeit einer Leistung aus Sicht der internen und externen Kunden, die sich an den individuellen Bedürfnissen orientiert und auf objektiven sowie nicht-objektiven Gebrauchseigenschaften beruht.[316] In diesem Zusammenhang definiert JURAN die Qualität von Produkten und Dienstleistungen als „fitness for use"[317], womit die Gebrauchstauglichkeit von Produkten aus Kundensicht gemeint ist. Ziel des Qualitätsmanagements liegt nach JURANS Ansatz in der Reduzierung der Qualitätskosten und der Erhöhung der Kundenzufriedenheit. Hierdurch kommt der Vermeidung von Produktmängeln und Produktfehlern eine wichtige Bedeutung zu. Mangelhafte Qualitätsplanung resultiert im Verlust von Marktanteilen, in erhöhten Kosten durch Kundenreklamationen, Produkthaftung, Nacharbeit sowie in Gefahren für die Gesellschaft.[318] Empfehlenswert ist nach JURAN die Darstellung von Qualitätsmängeln in Geldeinheiten, um Führungskräfte zu überzeugen.[319] Für eine beständige und kontinuierliche Qualitätsverbesserung steht das dreistufige Konzept, auch „JURAN-Trilogie-Prozess" genannt *(siehe Abb. 3.5)*.

---

313 Hänssler 2008, S. 166 f.
314 Vgl. Schwarze 2003, S. 53.
315 Vgl. Sauter et al. 2010, Kapitel 4.1.4.
316 Vgl. Juran 1986, S. 20.
317 Juran 1990, S. 14; vgl. Schwarze 2003, S. 53.
318 Vgl. Schwarze 2003, S. 53 f.
319 Vgl. Schwarze 2003, S. 53.

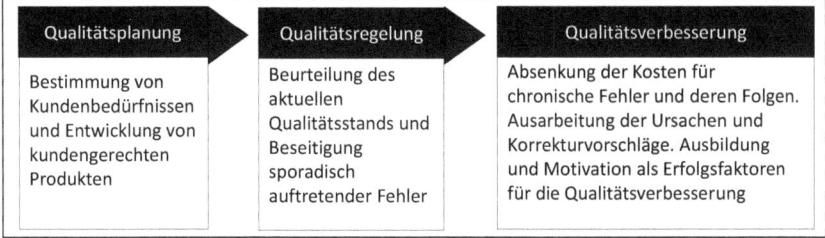

Abb. 3.5: JURAN-Trilogie-Prozess[320]

Aspekte, die durch dieses Qualitätsmanagementkonzept weniger zur Geltung kommen, sind die effizienzgeleitete Gestaltung von Qualität und die Integration von Dienstleistungen im Rahmen der Konzeption des Qualitätsmanagements.[321] Abschließend ist festzuhalten, dass der Trilogie-Prozess nach JURAN einen umfassenden Managementprozess zur kontinuierlichen Qualitätsverbesserung darstellt.[322]

Ein ganzheitliches Qualitätsmanagementkonzept wird mit dem *Total Quality Management* etabliert. FEIGENBAUM prägte in seinem 1961 erschienenen und gleichnamigen Buch den Begriff „Total Quality Control", den er als *„an effective system for integrating the quality-development, quality-maintenance and quality-improvement efforts of the various groups in an organization so as to enable marketing, engineering, production and service at the most economical levels which allow full customer satisfaction"* beschreibt und somit das Konzept eines unternehmensweiten Qualitätsmanagements etabliert.[323] Im Rahmen des Total Quality Control werden folglich Schwerpunkte in der interfunktionalen Zusammenarbeit der Unternehmensbereiche und der Verantwortung sämtlicher Mitarbeiter für die Produktqualität gesetzt.[324] Mit diesem Ansatz leistete FEIGENBAUM einen erheblichen und entscheidenden Beitrag zur späteren Entwicklung der heutigen Total-Quality-Management-Ansätze.

Durch ISHIKAWA wurden diese Total-Quality-Management-Ansätze aufgegriffen, weiterentwickelt und konsequent eingesetzt.[325] Das Qualitätsverständnis nach ISHIKAWA orientiert sich an einem strategischen Wettbewerbsfaktor und ist unter Kostengesichtspunkten als Aspekt der Produktentwicklung

---

320 Eigene Darstellung in Anlehnung an Juran 1986, S. 21 f.
321 Vgl. Schwarze 2003, S. 54.
322 Vgl. Juran 1986, S. 20.
323 Feigenbaum 1991, S. 6; vgl. Schwarze 2003, S. 55.
324 Vgl. Feigenbaum 1991, S. 7 ff.
325 Vgl. Ishikawa 1985.

zu verstehen (Quality Function Deployment).[326] Weiterhin wird der Verbraucher als Maßstab für Qualitätsbemühungen definiert, wobei interne Kunden-Lieferanten-Beziehungen in diesem Managementansatz berücksichtigt werden. Charakteristisch für den Qualitätsmanagementansatz nach ISHIKAWA ist das Company-Wide-Quality-Control-Konzept, das alle qualitätsrelevanten Aktivitäten in einem Unternehmen beachtet und dabei gleichermaßen alle Mitarbeiter und Unternehmensbereiche integriert (Cross-Function-Management).[327] Durch diesen Ansatz wird die Relevanz eines partizipativen Managements für die Erzeugung von hoher Qualität betont.[328] Die von ISHIKAWA entwickelten Qualitätszirkel (Quality Circle), die zur Qualitätsverbesserung eine spezielle Form der Gruppenarbeit etablieren, gehören heute zum Standard des Qualitätsmanagements.[329] Das ISHIKAWA-Konzept ist vergleichbar mit dem Total Quality Management, wobei ISHIKAWA neben Qualitätszirkeln einen Katalog von Qualitätsmethoden einsetzt (Seven Tools of Quality).[330]

Ausgehend von der Definition der Deutschen Gesellschaft für Qualität e.V. ist Total Quality Management weniger ein neuer Qualitätsmanagementansatz, sondern vor allem ein Führungskonzept, das darauf angelegt ist, alle („total") Managementaktivitäten zu bestimmen und Qualität zum wichtigsten Erfolgsfaktor im Unternehmen zu definieren.[331] Total Quality Management wird definiert als eine auf der Mitwirkung aller Mitglieder beruhenden Führungsmethode einer Organisation, die Qualität in den Mittelpunkt stellt und durch Zufriedenheit der Kunden auf langfristigen Geschäftserfolg zielt sowie auf den Nutzen für die Mitglieder der Organisation und der Gesellschaft ausgerichtet ist.[332] Aus dem Total-Quality-Management-Ansatz lassen sich somit drei Bausteine bzw. Implikationen zur Gestaltung von qualitätsorientierten Leistungserstellungsprozessen ableiten:[333]

1. „Total": Einbeziehung aller Personen/Beteiligten der Dienstleistungs- oder Produkterstellung in den Qualitätsmanagementprozess.
2. „Quality": konsequente Orientierung aller Aktivitäten des Unternehmens an den Qualitätsanforderungen der externen und internen Kundengruppen.

---

326 Ebenda.
327 Vgl. Schwarze 2003, S. 57 f.
328 Vgl. Ishikawa 1985.
329 Vgl. Schwarze 2003, S. 59.
330 Ebenda.
331 Vgl. Döttinger, Klaiber 1994, S. 258.
332 Vgl. Deutsche Gesellschaft für Qualität 1995; Bruhn 1998, S. 69; Bülow-Schramm 2006, S. 26.
333 Vgl. Bruhn 1998, S. 31 f.; Wonigeit 1996, S. 56 ff.; Bruhn 1995b, S. 41; Meffert, Bruhn 1997, S. 249.

3. „Management": Verantwortung und Initiative liegen beim Management für eine systematische Qualitätsüberzeugung und -verbesserung.

Die Besonderheit des Total-Quality-Managements liegt ferner in einem konsequent verinnerlichten Verständnis von Qualität als Managementaufgabe und in der Entwicklung eines kunden- und mitarbeiterorientierten Führungsstils.[334] Daher ist Total Quality Management weniger als ein weiterer Qualitätsmanagementansatz zu verstehen, sondern als eine ganzheitlich betrachtete Qualitätsorientierung, die durch das Management getragen wird und sich am Kunden und Mitarbeiter orientiert.[335] FREHR merkt an:

> „TQM (Total Quality Management) muss im Kopf des Unternehmens – sprich in der Unternehmensleitung – beginnen, und es muss im Kopf aller Mitarbeiter – sprich in dem Willen und der Überzeugung aller – anfangen."[336]

KAMISKE unterstützt diesen Gedanken und merkt an, dass Total Quality Management alle Geschäftsbereiche betrifft und Qualität nur zum Teil durch Techniken und Methoden erzeugt werden kann. Wesentlich hingegen ist die Geisteshaltung der Mitarbeiter.[337] Nach DIN EN ISO 9001/9004 ist der Total-Quality-Management-Prozess als ein Regelkreis zur Umwandlung von Kundenanforderungen in Kundenzufriedenheit definiert *(siehe Abb. 3.6)*.

Zusammenfassend kann festgehalten werden, dass der Gedanke eines umfassenden Qualitätsmanagements, bei dem alle Unternehmensebenen einbezogen werden, im Ansatz bei den Konzepten von JURAN, DEMING und ISHIKAWA enthalten ist. Die Integration von Elementen aus anderen Ansätzen, z. B. Kaizen oder Lean-Management, erschweren jedoch die klare Abgrenzung zu anderen Ansätzen, sodass man nicht von einem einzigen Total-Quality-Management-Ansatz sprechen kann. Der Ansatz des Total-Quality-Managements liefert einen konzeptuellen Rahmen und eine ganzheitliche Sicht für die Einführung eines Qualitätsmanagements. Hinsichtlich der praktischen Operationalisierung dieses Ansatzes ist jedoch die Definition und Implementierung konkreter und praktizierbarer Methoden zur Qualitätsplanung, -sicherung und -verbesserung erforderlich. Andernfalls können die Anforderungen des Total-Quality-Managements als unüberwindbare Hürden bei den Beteiligten im Rahmen der Realisierung des Ansatzes aufgefasst werden.

---

334 Vgl. Hänssler 2008, S. 156; Hofbauer, Schweidler 2006, S. 147.
335 Ebenda.
336 Frehr 1994, S. 32.
337 Vgl. Bülow-Schramm 2006, S. 26; Kamiske 1994, S. VII.

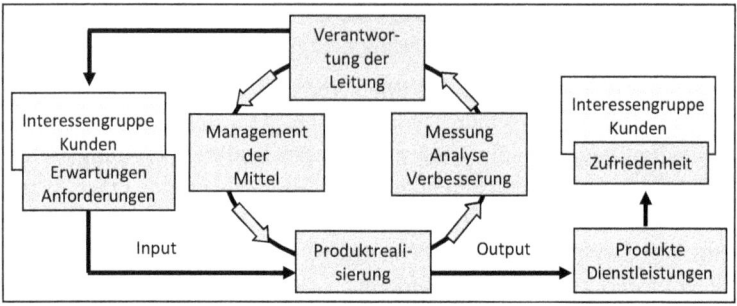

Abb. 3.6: Total-Quality-Management-Prozess nach ISO 9001/9004[338]

In diesem Zusammenhang kann beispielsweise die zentrale Positionierung spezifischer Faktoren, z. B. Kundenzufriedenheit und kostenseitige Verbesserungen, wie sie für JURANS Ansatz charakteristisch sind, für die erfolgreiche Implementierung von Qualitätsmaßnahmen in der Unternehmenspraxis relevant sein. Die Betrachtung der Kostenreduzierung, die durch eine effiziente Qualitätsplanung und -regelung erzielt und durch die Messung von Qualitätsmängeln in Geldeinheiten verdeutlicht wird, ist in diesem Zusammenhang als argumentativer Fokus für die Überzeugung des Managements von tragender Bedeutung.

Auch DEMINGS Qualitätsmanagementkonzept eignet sich durch seine Praktikabilität besonders für die Unternehmenspraxis, da Qualitätsoptimierungen in diesem Ansatz prozessorientiert und als kontinuierliche Maßnahmen betrachtet werden. Die Idee eines ganzheitlichen Qualitätsmanagementkonzepts findet sich auch in DEMINGS Ansatz, bei dem sowohl jeder einzelne Mitarbeiter als auch das Management an Qualitätsoptimierungen aktiv beteiligt werden müssen. Die Praktikabilität in Kombination mit der ganzheitlichen Sichtweise zeichnet dieses Konzept als Basis für die Konzipierung von konkreten und praktizierbaren Qualitätsmaßnahmen im Rahmen der Technischen Dokumentation aus.

Einen stark kundenorientierten Fokus vertritt neben JURAN auch FEIGENBAUM, in dessen Ansatz die Kundenorientierung im Fokus steht und der Preis neben Kundenerwartungen als Einflussgröße und als Ausgangspunkt für alle Qualitätsmaßnahmen im Unternehmen definiert wird. Ausschlaggebend für den Maßstab an Qualität sind nach FEIGENBAUM die Faktoren Kundenzufriedenheit und Qualitätskosten. Daher ist sein Qualitätsmanagementkonzept auf dem wertbezogenen Definitionsansatz begründet und eignet sich ebenfalls gut, um im

---

338 Vgl. Hofbauer, Schweidler 2006 zitiert in Hänssler 2008, S. 157.

Rahmen der Technischen Dokumentation kundenorientierte Qualitätsmaßnahmen durchzuführen.

Die folgende Tabelle stellt abschließend alle vorgestellten Qualitätsmanagementansätze mit ihren entsprechenden Kernaussagen gegenüber *(siehe Tab. 3.2)*:

Tab. 3.2: Qualitätsmanagementkonzepte im Vergleich[339]

DEMING	Methoden der Prozessverbesserung: "The customer is the most important part of the production line."[340]
JURAN	Kundenorientierter Qualitätsbegriff: "Quality is fitness for use."[341]
FEIGENBAUM	Preis als Einflussgröße und Ausgangsprunkt für alle Qualitätsbemühungen: "Quality is everybody's job."[342]
ISHIKAWA	Integration aller Mitarbeiter und Unternehmensbereiche: "Quality control must be applied in every enterprise."[343]

3.2.2 Qualität vs. Zeit und Kosten – ein konfliktbelastetes Beziehungsmodell?

Die klassischen Wettbewerbsfaktoren Qualität, Zeit und Kosten werden in der Unternehmenspraxis als Kriterien für Leistungsbewertungen herangezogen. In der Regel werden die Faktoren Zeit und Kosten hierbei als Gegensatzpaar zum Faktor Qualität argumentiert, sodass im Umkehrschluss jede qualitative Maßnahme unweigerlich mit hohem Zeit- und Kostenaufwand konnotiert und in der Konsequenz durch die stark kostenorientierte Analyse abgelehnt wird. Zu erörtern ist im Folgenden, ob die Faktoren Qualität, Zeit und Kosten tatsächlich in einer konfliktbelasteten Beziehung zueinander stehen oder ob hohe Qualität effizient, kostenneutral und mit geringem zeitlichen Aufwand erzeugt werden kann. Ferner ist zu untersuchen, ob der Faktor Qualität gegenüber den Faktoren Zeit und Kosten an Überzeugung und Gewicht verliert und aus diesem Grund vergleichsweise mit geringer Priorität betrieben wird.

---

339 Eigene Darstellung.
340 Vgl. Deming 1982.
341 Vgl. Juran 1986.
342 Vgl. Sauter et al. 2010; Schwarze 2003, S. 55.
343 Vgl. Schwarze 2003, S. 57 ff.; Ishikawa 1985; Sauter et al. 2010, Kapitel 4.1.4.

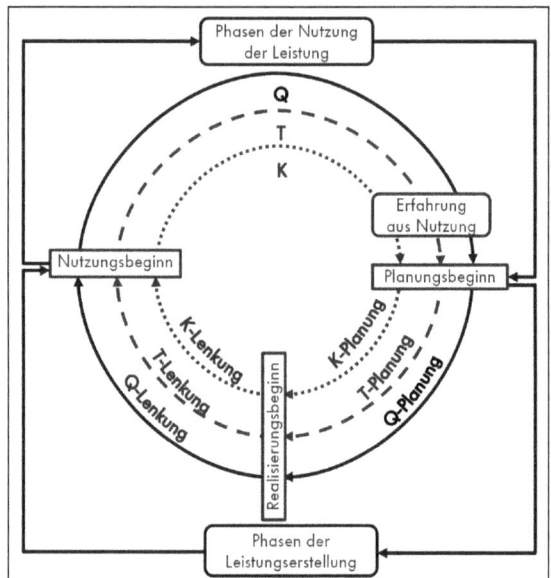

Abb. 3.7: *QTK-Kreis*[344]

Aus den klassischen Wettbewerbsfaktoren Qualität (Q), Zeit/Termin (T) und Kosten (K) wurden in der Fachliteratur Wirkungsbeziehungen abgeleitet: GEIGER et al. entwickelten den QTK-Kreis als fallunabhängiges Gedankenmodell für die Wirkungszusammenhänge aller Tätigkeiten in einer Organisation, von der Erstellung bzw. Planung und Realisierung bis hin zur Nutzung der Produkte *(siehe Abb. 3.7)*.[345] Das Modell betont die Interdependenz der drei Wettbewerbsfaktoren und kritisiert somit die isolierte Betrachtung eines einzelnen Faktors, da jede Tätigkeit alle drei Faktoren beinhaltet. Demzufolge kann es keine isolierte kostenorientierte oder qualitätsorientierte Betrachtung einer Tätigkeit bzw. Leistung geben.[346] Hierbei wird jedoch auf die Ergebnisse der Tätigkeiten nicht eingegangen. Im QTK-Kreis werden drei parallel laufende Kreise dargestellt: qualitätsbezogene Tätigkeiten (Q) zur Durchführung des Qualitätsmanagements, terminbezogene Tätigkeiten (T) zur Durchführung des Terminmanagements und kostenbezogene Tätigkeiten (K) zur Durchführung der ständig auf Rationalisierung gerichteten Kostengestaltung, die man auch Kostenmanagement nennt.[347]

---

344   Eigene Darstellung in Anlehnung an Geiger, Kotte 2008, S. 30.
345   Geiger, Kotte 2008, S. 30
346   Vgl. Geiger 2001, S. 1036.
347   Ebenda.

Ferner müssen qualitätsbezogene Kosten je nach Kontext der Investitionen bewertet und differenziert betrachtet werden. Demzufolge können vier Qualitäts-Kosten-Gruppen unterschieden werden:[348]

1. Fehlerverhütungskosten: Analyse und Beseitigung von Fehlerursachen.
2. Prüfkosten: planmäßige Prüfungen, die keinen konkreten Fehler zum Anlass haben.
3. Fehlerkosten: a) intern festgestellte Fehlerkosten, die innerhalb der Organisation festgestellt worden sind, b) extern festgestellte Fehlerkosten, die außerhalb der Organisation festgestellt worden sind.
4. Externe Qualitätsmanagement-Darlegungskosten: externe Qualitätsmanagement-Darlegungen (mit Qualitätsnachweisen).

Neben dem Faktor Kosten spielt im Zeitalter der Globalisierung, in dem neue Märkte erschlossen und kürzere Produktentwicklungszyklen erstrebt werden, der Faktor Zeit eine wichtige Rolle. Nach außen zum Kunden wird Qualität zwar in der Regel als Verkaufsargument genutzt, um das Produkt von der Konkurrenz abzugrenzen. Nach innen, unternehmensintern, sollen Prozesse jedoch möglichst zeitnah und effizient gestaltet werden, wodurch ohne eine strategische Qualitätsplanung in der Regel Qualitätseinbußen entstehen. Bezogen auf den Erstellungsprozess der Technischen Dokumentation stehen z. B. Redakteure und Übersetzer einem enormen Zeitdruck und der gleichzeitigen Forderung, qualitativ hochwertige Dokumentationen bzw. Übersetzungen zu erstellen, gegenüber. Zusätzlich verschärft sich die Situation durch den Faktor Kosten, da seitens des Managements nur ein enges Budget für die Dokumentationserstellung vorgesehen ist *(vgl. Kapitel 2.4.2)*. Der Zeitdruck und das geringe Budget erzeugen nicht selten Qualitätsmängel im Bereich der Texterstellung und Übersetzung. Werden die qualitätsbezogenen Kosten jedoch beispielsweise im Erstellungs- oder Publikationsprozess von Technischer Dokumentation reduziert, können sich die Kosten in der Qualitätssicherung oder im Lektorat erhöhen. In Fällen mit größerer Tragweite können Image schädigende Mängel ungeahnte Fehlerbehebungskosten hervorrufen. Bei einem global agierenden Unternehmen multiplizieren sich die Übersetzungsfehler pro Sprache, sodass eine Bereinigung nur durch erheblichen Kostenaufwand getätigt werden kann. Mit nachträglichen Qualitätsoptimierungen werden in dieser späten Produktentwicklungsphase zusätzlicher Aufwand und unnötige Kosten erzeugt, die durch eine vorgelagerte Qualitätsplanung und den Fokus auf Qualität im Rahmen der Unternehmensphilosophie vermeidbar wären. Die Qualitätsplanung nimmt somit eine besondere Rolle im Rahmen des Qualitätsmanagements ein. Dies lässt sich durch die Tat-

---

348 Vgl. Geiger, Kotte 2008, S. 274; DIN EN ISO 9000:2000-12; DIN 55350-11.

sache veranschaulichen, dass durch die Entwicklung und Konstruktion eines Produkts durchschnittlich 75 Prozent der Herstellungskosten verursacht werden. Parallel hierzu liegen jedoch die Ursachen für 70 bis 80 Prozent aller Produktfehler an einer unzureichenden Planung.[349]

Die Qualitätsplanung findet beim Management seit der Erfassung von Kostenpunkten, die durch Qualitätsmängel hervorgerufen werden, in der Produktentwicklung immer mehr Berücksichtigung. Die Argumentation, dass die Erzeugung von Qualität mit hohen zeitlichen Aufwendungen und Kosten verbunden ist, wird hierdurch langsam abgelöst von der Auffassung und Feststellung, dass die nachträglichen Kosten mangelnder Qualität höher zu bemessen sind. Kostenintensive Nacharbeiten, Reklamationen, daraus resultierende Kundenunzufriedenheit und schließlich Kundenabwanderung können nur schwer kompensiert bzw. behoben werden. Die Gewährleistung hoher Qualität gerade in frühen Phasen des Produktentwicklungszyklusses kann hingegen optimierte und langlebige Produkte erzeugen, Fehlerkosten verringern und Kundenzufriedenheit steigern. Demnach spielt die Bedeutung des Faktors Qualität für den Unternehmenserfolg und die Beeinflussung des Nachkaufverhaltens eine entscheidende Rolle. Mit anderen Worten: Je später eine Qualitätssicherung und Qualitätskontrolle angesetzt wird und erfolgt, desto höher belaufen sich die damit verbundenen Aufwendungen und Kosten und desto geringer ist die Möglichkeit einer Überzeugung auf Managementebene für die Investition in die qualitätsorientierte Dokumentationserstellung. Dies betrifft vor allem auch den Dokumentationserstellungsprozess.

Vor diesem Hintergrund verdeutlicht die Zehnerregel der Fehlerkosten *(siehe Abb. 3.8)* die Relevanz einer strategischen Qualitätsplanung.[350] Die Zehnerregel der Qualitätskosten beschreibt den Effekt der Kostenzunahme um durchschnittlich zehn Geldeinheiten von einer Produktphase auf die ihr folgende Produktphase innerhalb der gesamten Prozesskette. Während die Kosten für die Fehlerbehebung in einer frühen Phase, z. B. der Entwicklung, noch relativ gering ausfallen (z. B. 0,05 €), können sich die Kosten zur Behebung desselben Fehlers in der Nutzungsphase beim Kunden um das Tausendfache verteuern (z. B. 50 €).[351] Die Kostenreduzierungen durch Prävention fallen folglich höher aus als die Mehraufwendungen für die Fehlerbehebung bei fehlender Qualitätsplanung. Daher richten Qualitätsunternehmen ihre Qualitätsstrategie konsequent auf eine vorausschauende Fehlerverhütung aus.[352] Somit ist der rechtzeitige Ein-

---

349 Vgl. Schwarze 2003, S. 11.
350 Ebenda.
351 Vgl. Rommel 1995, S. 44; Schwarze 2003, S. 76; Arandan Yamchi 2012.
352 Vgl. Schwarze 2003, S. 76.

satz von Qualitätsmaßnahmen entscheidend, da nur in der Qualitätsplanung die Qualitätskosten nachhaltig beeinflusst werden können.[353]

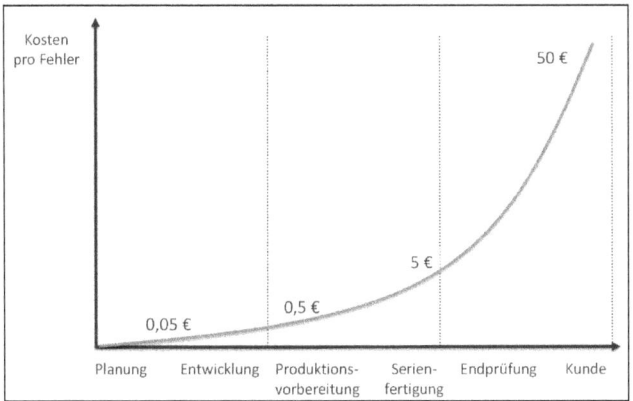

Abb. 3.8: Zehnerregel der Fehlerkosten[354]

Gleichzeitig ist die Interdependenz verschiedener Kostengruppen zu beachten. So kann die erfolgreiche Senkung einer Kostengruppe das Anwachsen einer anderen Kostengruppe bedeuten.[355] GEIGER befürwortet daher eine durchgängige Optimierung der gesamten Wertschöpfungskette, anstelle vereinzelter bzw. isolierter Einsparungen und vermerkt weiterhin:

„Qualitätsmanagement ist – wie ein Termin- und Kostenmanagement – eine in allen Bereichen der Organisation vorkommende Hauptaufgabe des Managements. In jeder Tätigkeit sind qualitätsbezogene Komponenten enthalten. Deshalb fallen auch fast überall in der Organisation und bei jeder Tätigkeit Kosten für das Qualitätsmanagement an. Diese Kostenanteile kann man schon vom Prinzip her nicht alle erfassen, geschweige denn praktisch in wirtschaftlicher Weise. (…)Wenn überhaupt, dann haben qualitätsbezogene Kosten deshalb nur in einem speziellen Kontext Bedeutung. Mit Sicherheit ist es kein üblicher betriebswirtschaftlicher Kontext."[356]

Für qualitätsorientierte Maßnahmen muss die Rentabilität dieser Investitionen dargelegt werden, um das Management zu überzeugen, wenn dieses noch keine qualitätsorientierte Philosophie vertritt. Dennoch ist es nahezu unmöglich, den qualitätsbezogenen Kostenanteil isoliert zu erfassen und abzuschätzen. Dies liegt an der Beschaffenheit des Qualitätsbegriffs, der abstrakt ist, sich aus ver-

---

353 Vgl. Schwarze 2003, S. 68.
354 Vgl. Pfeifer 2001, S. 11; vgl. Schwarze 2003, S. 67; Masing 1999, S. 13.
355 Vgl. Geiger, Kotte 2008, S. 270.
356 Ebenda.

schiedenen Aspekten zusammensetzt und sich auch kostenbezogen nicht isolieren lässt.[357] STURZ lehnt die in der Praxis durchgeführten Qualitäts-Kosten-Nachweise bzw. betriebswirtschaftlichen Qualitätskostenrechnungen ab, da diese Tendenz dazu führt, dass das Management nur noch kostenorientiert handelt und auf Basis der Qualitäts-Kosten-Rechnung infrage stellt, was Qualität kosten darf.[358] GEIGER et al. geben diese Problematik treffend im folgenden Zitat wieder:

> „Wie viel kostet die Qualität eines für 120 Euro angebotenen Produkts? Dazu gibt es keine Antwort. Daher kann es zum Qualitätsmanagement auch keinen kostenbezogenen Erfolg geben. Dennoch haben qualitätsbezogene Kosten für jede Organisation Bedeutung. Sie gehen zwar nicht in die betriebswirtschaftliche Erfolgsrechnung ein, sind aber für die Verbesserung des Qualitätsmanagements wichtige, ja unentbehrliche, oft aber vernachlässigte Indikatoren."[359]

Vor dem Hintergrund der aufgeführten Argumentationen und bezogen auf die Technische Dokumentation liegt die Überlegung nahe, über einen frühzeitig angesetzten Qualitätssicherungsprozess nachzudenken, noch weit vor der Dokumentationserstellung im After-Sales. Dokumentationen entstehen bereits sehr früh im Produktentwicklungsprozess in den Bereichen Forschung und Entwicklung. Bauteile werden konstruiert und dokumentiert, technische Zeichnungen mit konkreten Beschreibungen zu den Funktionen und der Beschaffenheit der technischen Bauteile werden festgehalten und bilden im späteren Verlauf des Entwicklungsprozesses die Grundlage für Technische Redakteure bei ihrer Dokumentationserstellung. Daher ist der frühzeitige Einsatz von Qualitätsplanung auf sprachlich-inhaltlicher Ebene im Produktentwicklungsprozess empfehlenswert, z. B. bei der Erstellung der Lasten- und Pflichtenhefte in der Entwicklungsphase im Bereich des Anforderungsmanagements *(vgl. Kapitel 2)*. Aufgrund der dargelegten Sachlage wäre die Positionierung von Qualität als oberstes Managementziel für alle Teilprozesse förderlich und würde die konfliktbelastete Beziehung zwischen Qualität, Zeit und Kosten lösen.[360] Im folgenden Kapitel wird daher definiert, welche Qualitätskriterien im Zusammenhang mit Technischer Dokumentation relevant sind, um hieraus konkrete Handlungsempfehlungen für die Dokumentationserstellung abzuleiten.

---

357 Vgl. Geiger, Kotte 2008, S. 270 f.; Masing 1999; Kamiske 1994.
358 Vgl. Sturz 2009c.
359 Geiger, Kotte 2008, S. 269.
360 Vgl. Schwarze 2003, S. 64; Hummel, Malorny 1997.

3.3 Verstehen und Verständlichkeit: qualitätsgenerierende Faktoren in der Technischen Dokumentation

„Worte sind Taten."
- Ludwig Wittgenstein -

Eine Zeit sparende Textrezeption ist für die Technische Dokumentation von besonderer Bedeutung. Die effiziente Textrezeption wird maßgeblich geprägt durch die Faktoren Textverständlichkeit und Textverstehen, die auf sprachlicher Ebene die Qualität der Technischen Dokumentation bestimmen und sich auf die Lesemotivation und das Rezipieren von Informationen auswirken. Verschiedene Forschungsstränge haben sich intensiv mit dieser Thematik auseinandergesetzt, wobei die Begriffe Textverstehen und Textverständlichkeit voneinander abgegrenzt wurden.[361] Als Basis für die nachfolgenden Untersuchungen sollen im Folgenden verschiedene Qualitätskriterien aus Text- und Leserperspektive vorgestellt werden, die für die Qualitätsbewertung von Technischer Dokumentation relevant sind und die Verarbeitung der Informationen sowie das Interesse des Lesers am Text fördern. Bei Informationstexten, darunter fallen Dokumentarten der Technischen Dokumentation, ist der Aspekt der Verständlichkeit das oberste Qualitätskriterium.

Textverstehen (engl.: comprehension) bezeichnet den Prozess und das Produkt, sodass es sich um einen „zweistelligen Relationsbegriff" handelt.[362] Der Begriff des Textverstehens hat seine Ursprünge in der Hermeneutik.[363] Im Rahmen der Kognitionswissenschaften entwickelten sich seit den 1970er Jahren abstrakte Modelle, die das Textverstehen als mentalen Prozess der Text- und Informationsverarbeitung verstehen.[364] Unter dem Konzept des Textverstehens werden die Leserseite und die Fähigkeiten des Lesers sowie die Anpassung des Lesers an den Text betrachtet. Hierbei lautet die Forschungsfrage: *Wie gut kann sich der Leser den gegebenen Textsinn aneignen?*[365] Nach GROEBEN muss hier von einer aktiven kognitiven Konstruktivität des Lesers ausgegangen werden, bei der es weniger um das passive Aufnehmen (Decodieren) der Textsemantik, sondern um die aktive Textverarbeitung geht.[366]

---

361 U. a. Lesbarkeitsforschung, Kognitionspsychologie, Instruktionspsychologie.
362 Groeben 1982, S. 15; Biere 1991, S. 4.
363 Ebenda.
364 Vgl. Biere 1991, S. 4; Hoppe-Graff 1984, S. 15 zum Prozess des Textverstehens als Enkodieren; Texte werden als Input für das kognitive System verstanden, die eingespeichert und enkodiert werden.
365 Vgl. Groeben 1982, S. 5, 15.
366 Vgl. Groeben 1982, S. 15, 49.

Die komplementäre Richtung, die Anpassung des Texts an den Leser, wird im Forschungsbereich der *Textverständlichkeit* behandelt. Auch Textverständlichkeit ist als zweistelliger Relationsbegriff zu verstehen und stellt eine Verbindung zwischen materialen Textmerkmalen und dem Rezeptionsprozess des Lesers her.[367] Textverständlichkeit behandelt demnach den Einfluss und die Auswirkung der Textmerkmale auf die Textverarbeitung des Lesers.[368] Hieraus folgt laut GROEBEN die Konsequenz, dass die Überprüfbarkeit und Messung von Textverständlichkeit immer am Rezeptionsprozess des Lesers ansetzen und konkrete Textmerkmale beinhalten sollte.[369] Weiterhin wird der Rezeptionsprozess und das Textverständnis als gegeben und nicht veränderbar verstanden. Die Forschungsfrage lautet dementsprechend: *Welches Textverständnis geht von Texten bzw. Textmerkmalen aus?* Hierbei ist die Textinstanz als die zu verändernde Instanz zu verstehen. Somit thematisiert die Textverständlichkeit die Anpassung des Texts an den Leser.[370]

Für die Technische Dokumentation als Kommunikationsmittel zur Übermittlung von Informationen und Handlungsanweisungen zum Problemlösen, ist die Textverständlichkeit als Kriterium zur Beurteilung der Textqualität entscheidend. In dieser Arbeit wird der Fokus auf den Bereich der Textverständlichkeit, d. h. der Anpassung des Texts an den Leser, gelegt. Im Folgenden erfolgt ein Überblick über den Stand der Textverarbeitungsforschung aus kognitions- und instruktionspsychologischer sowie aus kommunikationsorientierter Perspektive *(siehe Abb. 3.9).*

Beide Forschungsrichtungen, die Instruktions- und Kognitionspsychologie, verfolgen mit ihren Ansätzen zur Textverarbeitungsforschung das Ziel, Bedingungen zu identifizieren, die einen Einfluss auf das Verstehen und Behalten von Texten haben. Die Text- und Kognitionspsychologie ist grundlagentheoretisch an der präzisen Beschreibung und Erklärung von Verstehensleistungen und dem Auffinden von Gesetzmäßigkeiten des Rezeptionsprozesses interessiert. Der instruktionspsychologische Ansatz versteht sich als anwendungsorientierter Forschungszweig mit dem Ziel, die Forschungsergebnisse durch die Ableitung von Techniken zur Textoptimierung umzusetzen. Dennoch haben beide Theorieansätze Überschneidungen, die man übergreifend als Textverstehensforschung bezeichnen kann.[371]

---

367 Vgl. Groeben 1982, S. 13.
368 Ebenda.
369 Vgl. Groeben 1982, S. 148.
370 Ebenda.
371 Vgl. Christmann, Groeben 1996, S. 165.

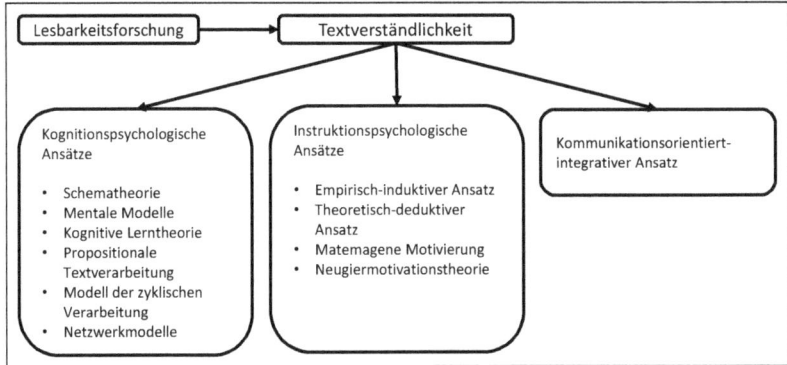

Abb. 3.9: Forschungsansätze der Textverständlichkeit[372]

Die *Lesbarkeitsforschung (engl.: readability)* kann als Vorstufe bzw. als ein Teil der Verständlichkeitsforschung betrachtet werden und entwickelte sich in den 1930er Jahren.[373] Dieser Forschungsstrang befasste sich mit der sprachlich-stilistischen und drucktechnischen Gestaltung von Texten, um den Lesbarkeitsgrad von Texten zu ermitteln.[374] Hierunter fallen beispielsweise grammatikalische Kategorisierungen von Wortarten, die als „material-objektive Textmerkmale" bezeichnet werden.[375] Auf dieser Basis sollten Lesbarkeitsformeln abgeleitet und entwickelt werden, mit denen die Lesbarkeit von Texten berechnet werden konnte.[376] Die am häufigsten gebrauchte Formel ist die Reading-Ease-Formel von FLESCH, anhand derer die Berechnung der Lesbarkeit exemplarisch dargestellt werden soll: Die Reading-Ease-Formel berechnet die Lesbarkeit auf Basis der Anzahl der Silben pro 100 Wörter und der durchschnittlichen Anzahl von Wörtern pro Satz.[377] Im Englischen liegt der Reading-Ease-Wert zwischen 0-100, wobei dieser Wert (Schwierigkeitsgrad) umso höher ausfällt, desto lesbarer der Text ist.[378] Die Formel bezieht sich jedoch auf die Gegebenheiten der englischen Sprache; dabei sollte berücksichtigt werden, dass im Englischen deutlich mehr einsilbige Wörter als im Deutschen auftreten.[379]

---

372 Eigene Darstellung.
373 Vgl. Gray, Leary 1935; Biere 1991, S. 6.
374 Vgl. Groeben, Christmann 1989, S. 165 f.; Klare 1963; Hofer 1976; Ballstaedt et al. 1981; Groeben 1982.
375 Vgl. Groeben 1982, S. 173.
376 Die bekannteste Lesbarkeitsformel ist die von Klare 1963, zu der präzisesten Formel zählt die Dale-Chall-Formel 1948.
377 Vgl. Groeben 1982, S. 184.
378 Vgl. Wetzchewald 2002.
379 Ebenda.

Die Anwendbarkeit der Lesbarkeitsforschung ist jedoch begrenzt, da sie auf das Merkmal der Textoberfläche konzentriert ist und die Organisation von Inhalten sowie die rezipientenseitigen Wissensvoraussetzungen und Verarbeitungsprozesse nicht berücksichtigt werden.[380] Auf Grundlage der Lesbarkeitsformel lassen sich daher nur Aussagen über die Lesegeschwindigkeit festlegen, nicht aber über das Textverstehen.[381] Kritisch zu beurteilen sind weiterhin die Zuverlässigkeit und die Validität der Formeln. Hinsichtlich der Validität ergaben die Erhebungen, dass die Formeln zu unterschiedlichen Ergebnissen führten. Nur diejenigen Formeln mit dem Außenkriterium Lesegeschwindigkeit konnten ausnahmslos validiert werden.[382] Weiterhin stellte die Übertragbarkeit der Formeln auf die deutsche Sprache eine zusätzliche Problematik dar; hierfür bedarf es weiterer Modifikationen.[383] Darüber hinaus werden in den Lesbarkeitsformeln nur objektive, quantifizierbare Textmerkmale herangezogen. Subjektive Stilaspekte hingegen, die der Leser bei der Einschätzung des Texts heranzieht, werden vernachlässigt.[384] Lesbarkeitsformeln können dennoch Hilfsmittel sein, um Texte hinsichtlich ihrer sprachlichen Komplexität und Verständlichkeit zu untersuchen und um anschließend Handlungsanweisungen für die Textgestaltung abzuleiten.

3.3.1 Kognitionspsychologische Ansätze der Textverarbeitungsforschung

Anfang der 1960er Jahre entwickelte AUSUBEL im Rahmen der pädagogisch-instruktions-psychologischen Forschung die *kognitive Lerntheorie* zum Rezeptionslernen.[385] Dieser Ansatz ist unter den Theorieansätzen der älteste.[386] Nach AUSUBEL wird die kognitive Struktur als ein hierarchisch geordnetes Konzeptgefüge verstanden, bei dem die inklusivsten Konzepte an der Spitze der Hierarchie angeordnet sind und auf die spezielleren untergeordneten Konzepte aufbauen.[387] Dieser Vorgang wird als „Subsumtion" bezeichnet, wobei zwischen korrelativer Subsumtion (Ausweitung und Modifikation von Konzepten) und derivativer Subsumtion (beispielartige Konkretisierung von Konzepten) unterschieden wird.[388]

---

380 Vgl. Groeben 1982, S. 184; Groeben, Christmann 1989, S. 167; Meutsch 1992, S. 10.
381 Vgl. Groeben, Christmann 1989, S. 166; Ballstaedt et al. 1981.
382 Vgl. Wetzchewald 2002; Gray, Leary 1935.
383 Ebenda.
384 Vgl. Groeben, Christmann 1989, S. 166.
385 Vgl. Ausubel 1963; Ausubel et al. 1968.
386 Vgl. Christmann, Groeben 1996, S. 132.
387 Vgl. Ausubel 1967, S. 234.
388 Ebenda.

Nach dieser Theorie sollte die Optimierung eines Rezeptionsprozesses den Subsumtionsprozess erleichtern, z. B. durch eine inhaltlich-organisatorische Textgestaltung mithilfe von Advance Organizern, progressiver Differenzierung, sequenziellem Arrangieren von Textinhalten, integrativer Vereinigung und Konsolidierung.[389] Dieser Ansatz zielt auf die Beschleunigung des Rezeptionsprozesses ab und ist überwiegend anwendungsorientiert.[390] Im Vergleich zu Lesbarkeitsformeln werden bei diesem Ansatz somit konkrete inhaltliche Textstrukturen als verständnisfördernde Kriterien herausgestellt, wobei der Blick für die Rezeptionsseite nicht verloren geht.

Die *schematheoretischen Ansätze* wurden in den 1970er Jahren entwickelt. Sie prägten die Forschung zum Textverstehen und thematisieren den Einfluss begrifflicher Vorwissensstrukturen, Zielsetzungen und Erwartungen auf das Verstehen und Behalten von Texten.[391] Das Schema-Konzept beruht auf einer langen Tradition und ist durch verschiedene Kernannahmen geprägt.[392] Eine Kernannahme hierbei ist, dass das leserseitige Wissen in Form von Schemata hierarchisch organisiert und gespeichert ist.[393] Hiernach wird Wissen über die Zusammenhänge eines Realitätsbereichs in Schemata abgebildet, die aus einer Konfiguration von Konzepten und deren Beziehung zueinander bestehen. Die innerhalb des Konzeptgefüges auftretenden Leerstellen (Slots) können entweder durch neue Informationen oder durch hypothetische Konzepte besetzt werden (Schemainstantiisierung).[394] Der Rezeptionsprozess beinhaltet nach diesem Ansatz datengeleitete und schemageleitete Verarbeitungsaktivitäten. Diese wirken zusammen, wobei die Textinformation bereits vorhandene Schemata aktiviert, die wiederum Hypothesen und Schlussfolgerungen bzgl. der neuen Information erzeugen.[395] Die Wirksamkeit von Schemata wurde empirisch in Studien belegt: BRITTON et al. beispielsweise belegten, dass schemarelevante Textelemente besser behalten werden als schemairrelevante.[396] Weitere Studien zeigten, dass die Verstehens- und Behaltensleistung bei mehrdeutigen Inhalten durch die Vorgabe von Integrationshilfen optimiert wird.[397] Vor diesem Hintergrund füh-

---

389 Vgl. Christmann, Groeben 1996, S. 133.
390 Vgl. Ausubel 1963, S. 76 ff.; Christmann, Groeben 1996, S. 133.
391 Vgl. Christmann, Groeben 1996, S. 133 f.
392 Vgl. Selz 1913; Piaget 1926; Bartlett 1932; ausführlich vgl. Thorndyke, Yekovich 1980; Mandl et al. 1987.
393 Vgl. Christmann, Groeben 1996, S. 133; Rumelhart 1975; Rumelhart, Ortony 1977.
394 Vgl. Christmann, Groeben 1996, S. 133 ff.
395 Vgl. Christmann, Groeben 1996, S. 134.
396 Vgl. Christmann, Groeben 1996, S. 134; Britton et al. 1985.
397 Zum Beispiel Dooling, Lachmann 1971; Bransfod, Johnson 1972; Schallert 1976; Pichert, Anderson 1977; Flammer et al. 1982; Chiesi et al. 1979.

ren u. a. die Hervorhebung von schemarelevanten Textelementen sowie eine hierarchisch-sequenzielle Organisation des Texts zu einem verbesserten Rezeptionsprozess.[398]

Vergleichbar mit dem schematheoretischen Ansatz sind die Ansätze der *propositionalen Textverarbeitung*, die auf KINTSCH, MEYER und FREDERIKSEN zurückgehen.[399] Das Propositionsmodell nach KINTSCH teilt den Text in eine Liste von Propositionen ein, bestehend aus Prädikaten und Argumenten, die als Textbasis bezeichnet werden und mit denen die Textbedeutung abgebildet wird.[400] Das Prädikat ist als ein Konzept zu verstehen, das ein anderes Konzept spezifiziert bzw. die Relation zwischen anderen Konzepten angibt. Unter Argumenten sind Konzepte zu verstehen.[401] Das Propositionsmodell beinhaltet weiterhin Regeln zur hierarchischen Ordnung der einzelnen Propositionen sowie überprüfbare Annahmen über den Rezeptionsprozess.[402] Nach KINTSCH bilden einzelne Propositionen ein kohärentes Ganzes ab, wenn sie einen Text aufbauen sollen. Propositionen, die über eine Wiederaufnahme eines Arguments (Argumentüberlappung) oder durch die Einbettung einer Proposition in eine andere Proposition (Argumenteinbettung) verbunden sind, gelten als kohärent.[403] KINTSCH/KENNAN konnten darlegen, dass die Lesezeit eines Texts mit zunehmender Propositionsdichte steigt.[404] Aus den Annahmen kann das folgende Fazit gezogen werden: Bei der Formulierung von Texten ist eine zu hohe Propositionsdichte zu vermeiden. Wichtige Informationen sollten in Absatzanfängen einfließen (hierarchiehohe Propositionen). Texteinheiten mit wichtigen Informationen sollten innerhalb des Texts öfter aufgenommen und Formulierungen so gewählt werden, dass eine semantische Verknüpfung der Sätze erzeugt wird.[405]

Auf Basis des propositionalen Textverarbeitungsmodells wurde das *Modell der zyklischen Verarbeitung* ausgebaut, das ergänzend den Aspekt der Zielsetzungen und Wissensstrukturen des Rezipienten bei der Textverarbeitung einbezieht. Nach diesem Modell erfolgt die Textverarbeitung in mehreren sequenziell oder parallel ablaufenden Zyklen.[406] Hierbei wird eine Anzahl an Propositionen (Chunk) in das Arbeitsgedächtnis aufgenommen.[407] Bezogen auf die begrenzte

---

398 Vgl. Christmann, Groeben 1996, S. 135.
399 Vgl. Kintsch 1974; Meyer 1975; Frederiksen 1975.
400 Vgl. Göpferich 2006, S. 115.
401 Ebenda.
402 Vgl. Christmann 1989, S. 50.
403 Ebenda.
404 Vgl. Göpferich 2006, S. 117.
405 Ebenda.
406 Vgl. Kintsch, van Dijk 1978, S. 364.
407 Vgl. Kintsch, van Dijk 1978, S. 368.

Aufnahmekapazität des Arbeitsgedächtnisses kann eine maximale Anzahl von 20 Propositionen angenommen werden.[408] Anschließend wird der Chunk im Arbeitsgedächtnis auf Kohärenz überprüft und hierarchisch strukturiert.[409]

Ein weiteres Modell, das sich mit der Repräsentation von Informationen im Gedächtnis des Rezipienten befasst, ist das *Netzwerkmodell*, wobei hier Netzwerkstrukturen bzw. aktive strukturelle Netze anstelle von Propositionslisten herangezogen werden.[410] Diese Strukturen umfassen dabei sowohl deklaratives als auch prozedurales Wissen.[411] Konzepte können in diesem Modell ebenso wie im Propositionsmodell durch Wörter vertreten werden.[412] Kasusrollen beschreiben die Beziehung zwischen den Knoten des Netzes, wobei zwischen primären und sekundären Knoten unterschieden wird.[413] Nach NORMAN/RUMELHART ist das gesamte Wissen im Gedächtnissystem in einem derartigen Netzwerkmodell gespeichert, in dem neue Informationen integriert, ständig erweitert und umorganisiert werden.[414]

Einen ganzheitlichen Blick auf die textuelle Ebene vermittelt der Ansatz der *semantischen Makrostrukturen*. VAN DIJK resümiert, dass ein globaler Zusammenhang innerhalb des Texts besteht, der über die Verbindungen zwischen den einzelnen Sätzen hinausgeht und auf dem gesamten Text beruht.[415] Diese Verbindung wird als Makrostruktur bezeichnet, mit der die gesamtheitliche Bedeutungsstruktur eines Texts repräsentiert wird. Propositionslisten werden in diesem Modell als Mikrostrukturen bezeichnet,[416] sodass umgekehrt eine Makrostruktur aus vielen Propositionen bestehen kann und hieraus eine hierarchische Struktur innerhalb des Texts entsteht.[417] Mithilfe von vier Makroregeln bzw. „Operationen für semantische Informationsreduktionen" (1. Auslassen, 2. Selektieren, 3. Generalisieren, 4. Konstruieren/Integrieren) wird aus der Mikrostruktur eines Texts die Makrostruktur bestimmt.[418] Untersuchungen belegen, dass Makropropositionen besser behalten werden als hierarchisch darunter liegende Texteinheiten.[419]

---

408 Ebenda.
409 Vgl. Kintsch, van Dijk 1978, S. 367.
410 Vgl. Ballstaedt et al. 1981, S. 23.
411 Vgl. Rumelhart, Norman 1978, S. 51.
412 Vgl. Ballstaedt et al. 1981, S. 23.
413 Vgl. Rumelhart, Norman 1978, S. 51.
414 Vgl. Rumelhart, Norman 1978, S. 52.
415 Vgl. van Dijk 1980, S. 41.
416 Ebenda.
417 Vgl. van Dijk 1980, S. 42.
418 Vgl. van Dijk 1980, S. 44.
419 Vgl. Christmann 1989, S. 72.

In den 1980er Jahren wurde aufbauend auf den Ansatz der propositionalen Textverarbeitung die *Theorie der mentalen Modelle* entwickelt.[420] Bei diesem Ansatz wird konstatiert, dass Wissen nicht nur symbolisch repräsentiert ist, sondern dass beim Rezeptionsprozess ein internes Modell des jeweiligen Realitätsausschnitts abgebildet wird.[421] Nach der Theorie der mentalen Modelle können Ereignisse stellvertretend erfahren werden, wodurch ermöglicht wird, Prozesse und Handlungen mental zu simulieren bzw. Aufgaben mental zu lösen.[422] Texte werden dementsprechend auf zwei Ebenen repräsentiert: auf der propositionalen Ebene und auf der Ebene der mentalen Modelle.[423] Auf der propositionalen Ebene werden Texte durch kognitive Schemata gesteuert und an sprachlichen Strukturen orientiert. Auf der Ebene der mentalen Modelle werden sie imaginiert.[424] Nach diesem Ansatz führen Texte, die sowohl propositional als auch in Form mentaler Modelle verarbeitet werden, zu einem besseren Verstehen und Rezeptionsprozess beim Leser sowie zu einer adäquateren Nutzung der Textinformation.[425]

Zusammenfassend lässt sich festhalten, dass mit Ausnahme der Ansätze zur Lesbarkeitsformel bei den Theorieansätzen die Wissensstrukturen des Rezipienten im Vordergrund stehen. Der Verstehensprozess wird bei diesen Ansätzen als Interaktion zwischen der Text- und Kognitionsstruktur des Rezipienten verstanden. Die kognitive Lerntheorie nach AUSUBEL und die Schematheorie begreifen den Rezeptionsprozess als einen hierarchisch strukturierten und sequenziellen Prozess. Diese Ansätze werden durch die Theorie der mentalen Modelle ergänzt und vervollständigt, bei denen das Vorhandensein von Schemata vorausgesetzt wird. Bei mentalen Modellen handelt es sich jedoch um „*analoge Repräsentationen von spezifischem Sachverhaltswissen*"[426], aus denen keine Wissensteilmengen abgeleitet werden. Für den Aufbau einer kognitiven Rahmenstruktur ergeben sich hieraus Konsequenzen in Bezug auf die Textstruktur und Hierarchie von Informationsklassen sowie auf die semantische Verknüpfung von Sätzen innerhalb eines Texts. Unter anderem können diese Maßnahmen durch den Einsatz von Vorstrukturierungen, sequenzieller Organisation, Zusammenfassun-

---

420 Vgl. Gentner, Stevens 1983; Johnson-Laird 1983; van Dijk, Kintsch 1983; Sanford, Garrod 1981.
421 Vgl. Christmann, Groeben 1996, S. 135; Johnson-Laird 1983.
422 Ebenda.
423 Vgl. Christmann, Groeben 1996, S. 135 f.
424 Ebenda.
425 Vgl. Christmann, Groeben 1996, S. 135 f.; Johnson-Laird 1983.
426 Christmann, Groeben 1996, S. 137; vgl. Schnotz 1990; Seel 1991.

gen, Hervorhebungen und Unterstreichungen, Lernzielangaben und Analogien erzielt werden.[427]

Tab. 3.3: Kognitionspsychologische Ansätze im Vergleich[428]

	Textoberfläche	Rezipientenorientierung	Inhalt/Organisation, Struktur/semantische Verknüpfung	Lesegeschwindigkeit	Behalten, Verstehen, Anwenden	Schwierigkeitsgrad
Lesbarkeitsformeln	+	-	-	+	-	+
Kognitive Lerntheorie	-	+	+	-	+	-
Schematheorie	-	+	+	-	+	-
Propositionsmodell	-	+	+	+	-	-
Zyklisches Verarbeitungsmodell	-	+	-	+	+	+
Netzwerkmodell	-	+	+	-	+	-
Semantische Makrostrukturen	-	+	+	-	+	-
Mentale Modelle	-	+	+	-	+	-

Kritisch zu begutachten ist an den Propositions- und Netzwerkmodellen, dass hierbei das rezipientenseitige Wissen wenig Berücksichtigung findet. Gerade dieser Aspekt ist jedoch in der Fachkommunikation und für den Wissenstransfer relevant.[429] Die Schematheorie und die Theorie der mentalen Modelle hingegen berücksichtigen die Wissensstrukturen des Rezipienten und überbrü-

---

427 Vgl. Christmann, Groeben 1996, S. 138 ff.; Mandl et al. 1989; Ballstaedt 1997; kritisch zusammenfassende Arbeit zu diesem Thema: Faw, Waller 1976; zu Metaanalysen: Kloster, Winne 1989; Drinkmann, Groeben 1981; Metaanalyse zu Behaltensleistungen bei zerstörten Satzstrukturen: Gagné, Rothkopf 1975; Wieczerkowski et al. 1970; zum Thema schlechtere Behaltensleistung bei gestörtem Textaufbau: Hershberger, Terry 1965; zu Hervorhebungen: Ballstaedt et al. 1981, S. 320; zu Lernzielangaben: Groeben 1982; Drinkmann, Groeben 1981; Faw, Waller 1976; Britton et al. 1985; Ballstaedt et al. 1981, S. 320; zu Analogien: Gentner, Gentner 1983; Seel 1991, S. 197.
428 Eigene Darstellung.
429 Vgl. Göpferich 2006, S. 135.

cken daher dieses Manko. Im Vordergrund steht die Frage, welche Informationen in welcher Reihenfolge aufbereitet werden müssen, damit das relevante Schema beim Leser aktiviert wird bzw. anschließend die mentalen Modelle konstruiert werden können. Für die Schematheorie steht ergänzend der motivationale Faktor für das rezipientenseitige Textverständnis im Fokus. Tabelle 3.3 gibt abschließend einen Überblick über die vorgestellten kognitionspsychologischen Ansätze der Textverständlichkeitsforschung.

3.3.2 Instruktionspsychologische Ansätze der Textverarbeitungsforschung

Im Rahmen der instruktionspsychologischen Textverarbeitungsforschung sind bislang zwei bekannte Verständlichkeitskonzepte entwickelt worden. Zum einen das empirisch-induktive Modell der Hamburger Forschergruppe LANGER et al., bei dem die Textverständlichkeit durch Einschätzung einzelner Texte erhoben wird und diese auf Basis der Textmerkmale induktiv zu Verständlichkeitsdimensionen zusammengefasst werden.[430] Diesem Ansatz gegenüber steht das theoretisch-deduktive Vorgehen nach GROEBEN, bei dem aus theoretischen Ansätzen der Sprachpsychologie, kognitiven Lerntheorie sowie Motivationspsychologie zugehörige Textmerkmale abgeleitet wurden und die Messung der Verständlichkeit auf der Erhebung von „*subjektiven Informationswerten*" basiert.[431]

Der auch unter dem Namen „Hamburger Verständlichkeitsmodell" bekannte *empirisch-induktive Ansatz* nach LANGER et al. besagt, dass sich Informationstexte vor allem in vier Dimensionen der sprachlichen Gestaltung gliedern:[432]

1. Einfachheit (Gegenteil: Kompliziertheit),
2. Gliederung – Ordnung (Gegenteil: Unübersichtlichkeit, Zusammenhanglosigkeit),
3. Kürze – Prägnanz (Gegenteil: Weitschweifigkeit),
4. Zusätzliche Stimulanz (Gegenteil: keine zusätzliche Stimulanz).

Im Verständlichkeitsmodell nach LANGER et al. steht die Dimension „sprachliche Einfachheit" an Relevanz noch vor den Dimensionen „Gliederung/Ordnung", „Kürze/Prägnanz" sowie „zusätzliche Stimulanz". Die Messung der Verständlichkeit erfolgt durch eine Skala für jede Dimension mit fünf Abstufungen *(siehe Abb. 3.10)*.

---

430 Vgl. Langer et al. 1993; Groeben 1978.
431 Groeben 1982, S. 189 f.
432 Vgl. Langer et al. 1993; Schulz von Thun 1974, S. 142.

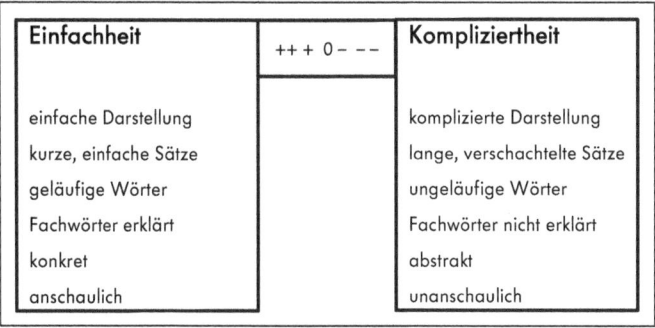

Abb. 3.10: Bewertungsskala zur Dimension „Einfachheit"[433]

Unter „Einfachheit" versteht die Hamburger Forschergruppe den wichtigsten Faktor zur Optimierung der Verständlichkeit, wobei sie betonen, dass diese Dimension nicht allein das Verstehen und Behalten von Informationen bewirkt.[434] Die Dimension „Gliederung/Ordnung" konzentriert sich auf den Aufbau des Gesamttexts, wobei die Relevanz dieser Dimension mit der Länge des Texts wächst.[435] Unter „Kürze/Prägnanz" versteht die Forschergruppe, dass weitschweifige Texte das Verständnis beeinträchtigen und der Blick des Lesers für das Wesentliche und seine Aufmerksamkeit verloren gehen.[436] Mit der vierten, bisher wenig erforschten Dimension „zusätzliche Stimulanz", werden Stilmittel zusammengefasst, die den Rezipienten nicht nur intellektuell, sondern auch emotional ansprechen.[437] Die Ermittlung der Verständlichkeit erfolgte durch Experten-Ratings, die ihre Wertungen in den vier Dimensionen abgaben.

Im *theoretisch-deduktiven Ansatz*, dem Verständlichkeitsmodell nach GROEBEN, werden ähnlich wie bei LANGER et al. vier Verständlichkeitsdimensionen mit den zugehörigen Textmerkmalen dargestellt. Dabei geht GROEBEN hinsichtlich der entsprechenden Textmerkmale jedoch in die Tiefe und stellt klare Verständlichkeitskriterien auf:

1. Stilistische Einfachheit: Diese Verständlichkeitsdimension ist charakterisiert durch einfache Kernsätze, deklarative Sätze, aktive oder passive Formulierungen, affirmative oder negative Formulierungen, Nominalisierungen und Adjektivierungen, Parataxen und Hypotaxen.[438]

---

433 Langer et al. 1993, S. 16.
434 Vgl. Langer et al. 1993, S. 142 f.
435 Vgl. Langer et al. 1993, S. 144.
436 Vgl. Langer et al. 1993, S. 145 f.
437 Ebenda.
438 Vgl. Groeben 1978, S. 20 ff.; Groeben, Christmann 1989, S. 199.

2. Semantische Redundanz: Hier geht es um die Frage, mit welchem Grad an Weitschweifigkeit bzw. Wiederholung die semantische Information im Text übermittelt wird. Syntaktische und semantische Informationen müssen in einer Weise kombiniert werden, mit der die Informationskapazität des Kurzzeitgedächtnisses durch entsprechende ästhetische (syntaktische) Informationen ausgenutzt wird und gleichzeitig das Übergehen der semantischen Information in das Langzeitgedächtnis garantiert wird.[439] Diese Aspekte der semantischen Redundanz entsprechen dem, was man alltagssprachlich mit der Kürze sowie Prägnanz eines Texts benennen kann.[440]

3. Kognitive Strukturierung: Diese Dimension beinhaltet das größte Gewicht für die Verständlichkeit bei einem theoriegeleiteten Vorgehen sowohl des Textinhalts als auch in Interaktion mit dem Kognitionssystem des Lesers.[441] AUSUBEL hat in der kognitiven Inhaltsstruktur des Textangebots Bedingungen identifiziert, welche die Stabilität stärken und somit zur Optimierung der Textverständlichkeit eingesetzt werden können.[442]

4. Kognitiver Konflikt: Diese Dimension bezieht sich auf die Auslösung von Wissensneugier und die Steigerung der Lesemotivation durch sogenannte „kollative Variablen". Hierzu zählen u. a. Neuheit, Inkongruität, Überraschung, Perplexität, Zweifel und Konfusion.[443]

Nach GROEBEN ist Verständlichkeit als ein Konzept bzw. ein Konstrukt zu entwickeln, das sprachlich-stilistische und kognitiv-inhaltliche Dimensionen in sich vereint, wobei sich diese Dimensionen auf zugeordnete Textmerkmale zurückbeziehen müssen.[444]

Ergänzend zu den bereits vorgestellten Theorieansätzen folgt abschließend die Vorstellung *des kommunikationsorientiert-integrativen Ansatzes* nach GÖPFERICH. Dieser Ansatz zur Bewertung der Textverständlichkeit stellt einen Bezugsrahmen zu verschiedenen textexternen und über den Text hinausweisenden Faktoren her. Eine Erweiterung der Verständlichkeitsdimensionen erfolgt um die Aspekte „Korrektheit" und „Perzipierbarkeit".[445] GÖPFERICH merkt an, dass die Qualität und die Verständlichkeit eines Texts als Qualitätsfaktoren nicht

---

439 Vgl. Groeben, Christmann 1989, S. 199.
440 Ebenda.
441 Vgl. kognitive Lerntheorie nach Ausubel et al. 1968, in deren Mittelpunkt die Annahme eines Subsumtionsprozesses steht.
442 Vgl. Groeben, Christmann 1989, S. 199 ff.; Ausubel 1963; Groeben 1978, S. 32 ff.
443 Vgl. Groeben, Christmann 1989, S. 174, 202.
444 Vgl. Groeben 1982, S. 189 f.
445 Göpferich 2006, S. 154.

unabhängig von der kommunikativen Funktion des Texts definiert werden können. Textqualität ist demnach der „*Grad, in dem der Text seine kommunikative Funktion erfüllt*"[446]. Die kommunikative Funktion eines Texts setzt sich nach GÖPFERICH aus den Faktoren Zweck des Texts, aus seinen Adressaten und seinem Sender zusammen, die in der Textkonzeptionsphase die Textproduktionseckdaten bestimmen.[447] Diese Eckdaten umfassen das mentale Modell der im Text immanenten Sachverhalte, das mentale Konventionsmodell, das Medium der Textübermittlung und juristische sowie redaktionelle Richtlinien.[448]

Zusammenfassend kann festgehalten werden, dass die instruktionspsychologischen Ansätze somit eine Orientierungs- und Bewertungsmöglichkeit für die Verständlichkeit von Texten darstellen. Kritikwürdig am Ansatz nach LANGER et al. ist die fehlende Theoriebezogenheit und subjektive Vorgehensweise bei der Messung der Textverständlichkeit und zur Bestimmung der relevanten Textmerkmale durch Experten-Ratings.[449] Darüber hinaus fehlt die Aufstellung konkreter Techniken und Kriterien für die Textoptimierung. Charakteristisch für diesen Ansatz ist die subjektive Bewertung der Textverständlichkeit auf Basis von Kriterien, die nicht quantitativ bzw. objektiv messbar sind.[450] Dennoch können die vier Dimensionen der Verständlichkeit in der Unternehmenspraxis eine Sensibilisierung und Strukturierung für Textproduzenten darstellen. Die Vermittlung von konkreten Handlungskonsequenzen zur Optimierung der Textverständlichkeit müsste jedoch auf Basis von GROEBENS Ansatz erfolgen, der hierfür konkrete und relevante Techniken liefert.

Im Gegensatz zum empirisch-induktiven Vorgehen stützt sich GROEBENS Ansatz auf die theoretischen Ansätze der Kognitionspsychologie und bindet die Erkenntnisse dieser bei der Konzipierung seiner vier Verständlichkeitsdimensionen ein. Durch die Detailliertheit der Verständlichkeitsdimensionen werden konkrete Maßnahmen für die Textoptimierung in der Praxis bereitgestellt. Dennoch sind hier die Ansätze stark textorientiert und schließen textexterne Größen nicht mit ein. Die Bezugsgröße der Adressaten beispielsweise wird in diesen Modellen nicht berücksichtigt.[451] Erst der Ansatz von GÖPFERICH schließt die kommunikativen Aspekte der Textverarbeitung mit ein, sodass hier der Verwendungszweck, die Adressaten mit ihren jeweiligen Hintergründen sowie die Rolle des Senders integriert werden und die Textverständlichkeitsforschung somit abrunden. Eine Zusammenführung des theoretisch-deduktiven Ansatzes mit dem

---

446 Ebenda.
447 Vgl. Göpferich 2006, S. 158.
448 Ebenda.
449 Vgl. Groeben, Christmann 1989, S. 174; Hofer 1976.
450 Vgl. Groeben 1982, S. 189 f.
451 Vgl. Biere 1989, S. 41 ff.; Heringer 1979, S. 264; Baumann 1995, S. 119.

kommunikationsorientiert-integrativen Ansatz nach GÖPFERICH bildet folglich eine theoretische Basis für die erfolgreiche Textoptimierung hinsichtlich des Kriteriums Textverständlichkeit. Abschließend gibt die folgende Tabelle einen Überblick über die diskutierten instruktionspsychologischen Ansätze der Textverständlichkeitsforschung *(siehe Tab. 3.4)*.

Tab. 3.4: Bewertung der instruktionspsychologischen Verständlichkeitstheorie[452]

	Subjektive Bewertungskriterien	Objektive Bewertungskriterien	Techniken zur Textoptimierung	Textexterne Größen
LANGER et al.	+	-	-	-
GROEBEN	-	+	+	-
GÖPFERICH	-	-	-	+

3.3.3 Anwendungskonsequenzen für die Textgestaltung Technischer Dokumentation

Für die Dokumentationserstellung sind verschiedene Aspekte der Textverarbeitung und Textgestaltung relevant. Innerhalb der Technischen Dokumentation und hinsichtlich der darin enthaltenen Handlungsanweisungen steht die Vermittlung von prozeduralem Wissen im Vordergrund. Die Leser sollten nach der Textrezeption befähigt sein, entsprechende Handlungen auszuführen. Für diesen Prozess muss der Leser den deklarativen Textinhalt verarbeiten und in Handlungsausführungen umsetzen.[453] Je besser die deklarative Information vom Rezipienten verarbeitet wird, umso besser gelingt ihm anschließend die Handlungsausführung.[454] Nach CHRISTMANN/GROEBEN erfolgt der Verstehensprozess der Textinformation vor dem Erwerb und der Anwendung von prozeduralem- bzw. Handlungswissen.[455]

Aus den diskutierten theoretischen Ansätzen und den in der Forschung durchgeführten Untersuchungen werden im Folgenden konkrete Techniken abgeleitet, mit denen die Textgestaltung in der Technischen Dokumentation optimiert werden kann. Diese Optimierung erleichtert den Rezeptionsprozess und

---

452 Eigene Darstellung.
453 Vgl. Anderson 1982.
454 Vgl. Christmann, Groeben 1996, S. 131.
455 Ebenda.

erzeugt Verständlichkeit. Ausgehend von der Textperspektive werden Kriterien für eine sprachlich-stilistische Optimierung und kohärente Inhaltsorganisation mit Strukturmerkmalen erarbeitet. Zur Vereinfachung der Textrezeption können Maßnahmen auf Text- und auf Leserperspektive vorgenommen werden.[456] Auf *lexikalischer Ebene* kamen GROEBEN, FOSS und HAKES[457] zum Ergebnis, dass bekannte Wörter schneller verarbeitet werden als unbekannte Wörter.[458] Die Erleichterung des Textverständnisses kann über die Satzebene hinaus auch auf Textebene festgestellt werden.[459] Dennoch sollte nicht auf Fachwörter verzichtet werden, da sich hier der Aspekt der Interessantheit für den Rezipienten zusätzlich motivierend auswirken kann.[460] Darüber hinaus können konkrete, anschauliche Worte auf Leserseite besser behalten werden als abstrakte.[461] In der Fachliteratur wird dies zum einen darauf zurückgeführt, dass konkrete Wörter schneller Imaginationen hervorrufen und dadurch besser behalten werden; zum anderen werden sie zweifach, imaginativ und verbal, beim Rezipienten kodiert.[462]

Im Rahmen der psycholinguistischen Grundlagenforschung untersuchte CHOMSKY den unterschiedlichen Schwierigkeitsgrad bei der Verarbeitung von Sätzen.[463] Demnach sind Sätze umso schwieriger zu verarbeiten, je mehr Transformationen notwendig sind. Die Generierung eines passiven Satzes erfordert folglich mehr Transformationen als die eines aktiven Satzes. Der passive Satz wird daher auch schlechter behalten.[464] Weiterhin wurde festgestellt, dass der Verständnisprozess von syntaktischen Konstruktionen von der Wortbedeutung abhängt und dass der Semantik vor allem eine dominante Rolle bei der Satzverarbeitung zukommt.[465] SACHS verdeutlichte, dass syntaktische Satzinformationen schneller vergessen werden als semantische.[466] Dennoch konnte auf *syntak-*

---

456 Zur Leserperspektive, netzwerk- und schematheoretische Theorien vgl. Holley, Dansereau D. F. 1984; zu Mapping: Armbruster, Anderson 1980; zu Schematizing: Mirande 1984; Diekhoff et al. 1981; zu Flowcharting: Geva 1983; für einen Überblick: Holley et al. 1984; Pflugradt 1985; Tergan 1986.
457 Vgl. Groeben 1982; Foss 1969; Hakes 1971.
458 Vgl. Ballstaedt et al. 1981, S. 203.
459 Vgl. Marks et al. 1974.
460 Vgl. Christmann, Groeben 1996, S. 150; Ballstaedt et al. 1981.
461 Vgl. Paivio 1971; Ballstaedt et al. 1981, S. 66 f.; Groeben 1982, S. 225 f.
462 Vgl. Paivio 1983; Christmann, Groeben 1996, S. 150; vor diesem Hintergrund entwickelten Günther, Groeben 1978 ein Maß für die Abstraktheit/Konkretheit von Texten, um den Grad der Abstraktheit/Konkretheit von Texten zu bestimmen.
463 Vgl. Chomsky 1964.
464 Vgl. Engelkamp 1976; Groeben 1982.
465 Vgl. Engelkamp 1973; Hörmann 1976.
466 Vgl. Christmann, Groeben 1996, S. 151; Sachs 1967.

tischer Ebene bewiesen werden, dass sich komplexe Satzkonstruktionen verständnishemmend auswirken.[467] Ebenfalls negativ wirken sich Nominalisierungen sowie lange Sätze auf den Rezeptionsprozess aus.[468] Diese Ergebnisse stimmen mit den Befunden der klassischen Lesbarkeitsforschung überein. Demzufolge sind zwei Faktoren für die reibungslose Textrezeption ausschlaggebend: die Wortschwierigkeit und die Satzschwierigkeit.[469]

BAURMANN identifizierte Störstellen beim Verstehen im Rahmen seiner Untersuchung an Lehrbuchtexten und leitete daraus Vorschläge zur Textoptimierung ab.[470] Demzufolge zeigte seine quantitative Analyse von 60 Lehrbuchtexten, dass die häufigsten Störstellen auf syntaktischer Ebene bei Satzschachtelungen und Sätzen mit hoher Informationsfülle lagen.[471] Auf lexikalischer Ebene wirkten sich unbekannte bzw. wenig geläufige Wörter, Synonyme, deren Bedeutungsgleichheit unbekannt sind und bekannte Wörter in semantisch unidiomatischer Verwendung verständnishemmend aus und verlangsamten den Rezeptionsprozess. Auf syntaktischer Ebene wurden Sätze mit mehr als zwei bis drei Teilsätzen sowie Sätze mit hohem Informationsanteil, weiterhin mangelnde Verdeutlichung von Zusammenhängen, zu hoher Verallgemeinerungsgrad und schwer nachzuvollziehende Zusammenhänge als verständnishemmende Faktoren identifiziert.[472]

Für die Textrezeption spielen ferner *Elaborationen und Auflösungen* eine wichtige Rolle. Unter Elaborationen sind Erklärungen, Spezifizierungen und Verdeutlichung von Kerngedanken zu verstehen, die zu einem tieferen Textverstehen beim Rezipienten führen können.[473] In der Fachliteratur wird zwischen lesergenerierten und autorengenerierten Elaborationen unterschieden.[474] Lesergenerierte Elaborationen werden durch den Leser auf Grundlage der Textinhalte selbstständig gebildet und sind nicht im Text enthalten. Die hierdurch entstehende Wissensbasis kann durch eigene Interpretationen angereichert werden und geht folglich über die im Text beinhalteten Informationen hinaus.[475] Autorengenerierte Elaborationen sind im Text enthalten und wirken sich nach umfassenden

---

467　Vgl. Evans 1973; Hamilton, Deese 1971.
468　Vgl. Coleman 1964; Berkowitz 1972.
469　Vgl. Klare 1963.
470　Vgl. Baurmann 1989, S. 38 ff.
471　Vgl. Christmann, Groeben 1996, S. 155.
472　Vgl. Reins 2006; Lehrndorfer 1996b, S. 71; weitere Optimierungstechniken bezogen auf die Technische Dokumentation finden sich u. a. in Hoffmann et al. 2002, S. 27 ff.; Meutsch 1992; Kösler 1992; Schwender, Bühring 2007; Bock 1990; Pötter 1994.
473　Vgl. Christmann, Groeben 1996, S. 145.
474　Vgl. Reder et al. 1986.
475　Vgl. Christmann, Groeben 1996, S. 145.

Untersuchungsreihen eher lernhemmend aus.[476] Nach WEINSTEIN und MAYER führen dagegen Elaborationen und Aufforderungen zu Schlussfolgerungen oder zum Generieren von Beispielen auf Leserseite zu einer optimierten Rezeptionsleistung.[477] Folglich lässt sich festhalten, dass sich autorengenerierte Elaborationen je nach Zweck, Art und Kontext wirksam im Sinne eines verstehensfördernden Effekts auswirken können.[478]

CHRISTMANN/GROEBEN merken an, dass bei Handlungsanweisungen die Anwendungsbedingungen und Handlungsausführungen mit Elaborationen spezifiziert werden sollten.[479] Empirische Untersuchungen konnten die Hypothese einer Verständnis fördernden Textrezeption durch Verkürzung und Verdichtung der Textinformation nicht bestätigen.

Die Verkürzung bzw. Reduktion der Redundanz wirkt sich demnach neutral auf die Textverständlichkeit aus.[480] CHRISTMANN/GROEBEN merken an, dass Redundanzen im Gesamttext auf das allgemeine Thema und das konzeptuelle Neue gerichtet werden sollten.[481] Verständnis fördernd kann sich auch der Auflösungsgrad, d. h. die Anzahl und Art von Ergänzungen zu Kernaussagen auswirken. Hierbei ist ein mittlerer Auflösungsgrad durch zweifach aufgelöste Kernaussagen und Ergänzungen empfehlenswert, wodurch gerade bei unvertrauten Texten mittlerer Schwierigkeit ein Verständnis fördernder Effekt zu erwarten ist.[482]

Darüber hinaus ist auf Textebene die Kohärenz, d. h. die Verknüpfung von aufeinander folgenden Textteilen für das Textverständnis relevant. Die Auffassungen darüber, welche Textmerkmale für die Kohärenz ausschlaggebend sind, gehen je nach Modellen der Textverarbeitung auseinander.[483] Trotz der unter-

---

476 Vgl. Allwood et al. 1982; Reder, Anderson 1982.
477 Vgl. Weinstein 1978; Mayer 1980; Christmann, Groeben 1996, S. 145.
478 Beispielsweise wirkten sich nachgestellte Elaborationen gegenüber vorangestellten positiver aus, vgl. Christmann, Groeben 1996, S. 147.
479 Vgl. Christmann, Groeben 1996, S. 178.
480 Vgl. Groeben 1982; Bassin, Martin 1976 bewiesen, dass die Reduktion von Zeitungstexten um 20-30 Prozent keine Beeinträchtigung der Lesezeit, Leserate und des Leseverständnisses mit sich führte. Erst bei einer Verkürzung um die Hälfte der Worte war eine Verschlechterung des Textverständnisses zu beobachten. Hingegen konnte empirisch nachgewiesen werden, dass sich die Erhöhung der Redundanz Verständnis fördernd auswirkte, vgl. Christmann, Groeben 1996, S. 147; Bassin, Martin 1976.
481 Vgl. Christmann, Groeben 1996, S. 178.
482 Vgl. Christmann, Groeben 1996, S. 178; Baurmann 1989, S. 122 ff.
483 Vgl. Kintsch 1974; Kintsch, van Dijk 1978 zu formalen semantischen Relationen; Meyer 1975 zum Modell der Idea Units; Trabasso, Sperry 1985 zu funktional-semantischen Relationen, schematheoretischen Geschichtenstrukturmodellen, kausalen

schiedlichen Auffassungen wurde vermehrt bewiesen, dass der Rezeptionsprozess schneller abläuft, je weniger Schlussfolgerungen und Umstrukturierungen der Rezipient vollziehen muss und je weniger dazu eine im Gedächtnis gespeicherte Information gesucht und reaktiviert werden muss.[484] Mit anderen Worten: Je klarer der Text dem Leser Hinweise gibt, in welcher Relation die verschiedenen Textinformationen stehen, umso klarer werden die Verknüpfungen der Textteile für den Leser. Der Leser sollte zu jedem Zeitpunkt wissen, welches Thema gerade im Vordergrund steht und wann ein Themenwechsel stattfindet.[485] Konkret zählen zu den Störfaktoren des rezipientenseitigen Textverständnisses: Gedankensprünge, Aspektwechsel, die fehlende Relation zwischen Abstraktem und Konkretem sowie die zu abstrakte Darstellung theoretischer Zusammenhänge, die Umstellung oder fehlende Kenntlichmachung von Prozessetappen, die Anhäufung von Begriffsdifferenzierungen, der Rekurs auf bislang unbekannte Sachverhalte und die Konzentriertheit/Weitschweifigkeit.[486]

Eine besondere Herausforderung für den verbesserten Rezeptionsprozess sind weiterhin die Faktoren *Motivation und Interessantheit*. In der Technischen Dokumentation ist zwar ein grundlegendes rezipientenseitiges Interesse am Text vorhanden, dennoch muss der Leser über längere Textpassagen motiviert und sein Interesse am Text immer wieder reaktiviert werden.[487] Der Aspekt der Interessantheit wirkt sich positiv auf den Rezeptionsprozess aus, wobei hier nach dem dispositionalen Ansatz (Interesse als Merkmal der Person)[488] und dem situativen Ansatz (Merkmal des Texts) unterschieden werden kann. Im Rahmen des situativen Ansatzes, der für die weiteren Untersuchungen dieser Arbeit eine entscheidende Rolle spielt, geht es um die Auswirkung der Interessantheit eines Texts als lesemotivierender Effekt, der sich durch ein höheres Ausmaß an Zuwendung durch den Rezipienten oder tieferer Verarbeitungsgüte bemerkbar macht. Ziel hierbei ist es, das rezipientenseitige Interesse durch verschiedene Instrumente wie konfliktgenerierende Fragen, inkongruenten Rückbezug auf Bekanntes, inkongruente widersprüchliche Alternativen, Neuheit und Überraschung sowie persönliche Identifikationsangebote zu erreichen. Dabei sollte der Text jedoch nicht mit unwichtigen Details gefüllt werden, die das Behalten

---

      Verknüpfungen und Folgebeziehungen; Kay, Black 1986 zu erklärenden Relationen 1986.
484 Vgl. Christmann, Groeben 1996, S. 152; Miller, Kintsch 1980.
485 Vgl. Sanford, Garrod 1981; Schnotz 1990.
486 Christmann, Groeben 1996, S. 155.
487 Vgl. Christmann, Groeben 1996, S. 159.
488 Zur Wirkung des dispositionalen Interesses vgl. Sammelbände Krapp et al. 1992 sowie Renninger et al. 1992.

wichtiger Informationen erschweren. Vielmehr ist es das Ziel, wichtige Textinformationen in interessanter Weise darzubieten.[489]

Bezogen auf Textgestaltungsmerkmale, die das leserseitige Interesse fördern, kann das Modell der mathemagenen Motivierung,[490] die Neugiermotivationstheorie[491] sowie die neuere Interessentheorie[492] herangezogen werden.

3.4 Qualitätsmanagement in der Technischen Dokumentation durch Sprachstandardisierung

Die Faktoren Verstehen und Verständlichkeit, die durch eine adäquate textliche bzw. inhaltliche Aufbereitung *(vgl. Kapitel 3.3)* erzielt werden können, sind wichtige Qualitätskriterien für die Technische Dokumentation. Vor diesem Hintergrund ist die Schriftsprache als Gestaltungsinstrument und zentraler Qualitätsbaustein im Rahmen der Technischen Dokumentation zu betrachten. Im Folgenden wird die Relevanz von Sprache für die Qualität Technischer Dokumenta-

---

489 Vgl. Christmann, Groeben 1996, S. 179.
490 Forschungsbereich, der sich mit der Identifizierung von Bedingungen befasst, die Textlernen bzw. mathemagenes Verhalten auslösen. Hierunter zählt insbesondere das Einfügen von Textfragen in einen langen Text. Empirische Untersuchungen verdeutlichen, dass das Einfügen von Fragen einen lernerleichternden Effekt haben kann, wenn diese nach der relevanten Textpassage in konkreter Weise formuliert werden, vgl. Christmann, Groeben 1996, S. 160; Groeben 1982, S. 260.
491 Die Lesemotivation kann durch die Konflikte gesteigert werden, die durch die Faktoren Neuheit, Überraschung, Unsicherheit, Inkongruenz (d. h. Widersprüchlichkeit), Zweifel, etc. erzeugt werden. Eine Verbesserung der Textbehaltensleistung bzw. der Interessensteigerung konnte durch das bewusste Einfügen solcher konfliktevozierender Fragen nachgewiesen werden, vgl. Berlyne 1960; Groeben, Christmann 1989, S. 161 ff.; Berlyne 1954.
492 Die Interessentheorie besagt zum einen, dass in Fällen, in denen die Interessantheit von Textinformationen abweicht, die seduktiven bzw. interessanten Details das Behalten von strukturell wichtigen Informationen hemmen („seductive detail effect"). Der zweite Effekt verdeutlicht, dass Textelemente, die zugleich als wichtig und als interessant eingeschätzt werden, besser behalten werden als Textelemente, die nur als wichtig angesehen werden. Bei der Textgestaltung sollten wichtige Informationen in möglichst interessanter Weise dargeboten und durch Signale oder Hervorhebungen gekennzeichnet werden. Kritisch zu betrachten ist, dass die Interessenforschung keine Ergebnisse darüber liefert, in welcher Weise Interessantheit beim Rezipienten zu Stande kommt, bzw. welche Merkmale interessante Textelemente auszeichnen, vgl. Untersuchungen von Hidi et al. 1982; Christmann, Groeben 1996, S. 163 ff.

tion näher beleuchtet, um anschließend den Wert einer Corporate Language im Rahmen der Wettbewerbsfähigkeit eines Unternehmens zu begründen.

3.4.1 Sprache als Qualitätsmaßstab der Technischen Dokumentation

Die Kommunikation zwischen Hersteller und Kunde in der After-Sales-Phase erfolgt überwiegend schriftlich und unidirektional in Form von Technischer Dokumentation. Der Technische Redakteur sendet repräsentativ für das Unternehmen Informationen an den Kunden bzw. Leser (Empfänger). Eine Rückkopplung an den Hersteller (Sender), ob und inwiefern die Informationen vom Empfänger verstanden werden bzw. die Dokumentation verständlich geschrieben ist, fehlt *(siehe Abb. 3.11)*. Die fehlende Informationsrückkopplung durch den Empfänger kann sich hierbei nachteilig auf die Qualität der Dokumentation auswirken. Redaktionelle Herausforderungen ergeben sich ferner in Bezug auf die adäquate Anpassung und Aufbereitung der Technischen Dokumentation an die Erwartungen und Bedürfnisse einer heterogenen Zielgruppe.

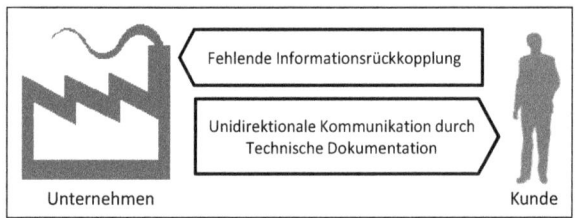

Abb. 3.11: Fehlende Informationsrückkopplung in der unidirektionalen Kommunikation[493]

Die unidirektionale Kommunikationsrichtung erfordert eine qualitativ hochwertige Gestaltung der Technischen Dokumentation nach Kriterien der Textverständlichkeit. Ziele der Dokumentationserstellung sind demnach die Kompensation der Nachteile dieser unidirektionalen Kommunikationsrichtung zwischen Hersteller und Kunde, die Reduzierung von Rückfragen auf Grund von Missverständnissen sowie die Vermeidung unnötiger redaktioneller Doppelarbeit in Form von Nachträgen und Änderungen.

Textuelle Elemente sowie die Schriftsprache als elementare Bestandteile der Technischen Dokumentation können in diesem Zusammenhang als zentrale Qualitätskriterien betrachtet werden. Der geschriebene Text inklusive Gliederung, inhaltlicher und stilistischer Gestaltung, Struktur und Typographie ist Ausdruck und Merkmal der Dokumentationsqualität, die als repräsentativer In-

---

493 Eigene Darstellung.

formationsträger innerhalb der Kommunikationsbeziehung zwischen Hersteller und Kunde fungiert. Die Rolle der Sprache ist im Zusammenhang mit der technischen Kommunikation elementar und verkörpert die Basis der Verständigung sowohl zwischen Experten als auch zwischen Experten und Laien.

Der Text einer Technischen Dokumentation beinhaltet das deklarative und verschriftlichte Wissen des Herstellers. Schriftsprache ist in diesem Fall ein elementares und präzises Medium, mit dem Wissen kollektiviert, transferiert und archiviert werden kann. Als wichtigstes Verständigungsmittel in der After-Sales-Phase ist die Schriftsprache das Arbeitswerkzeug der Technischen Redakteure und Ingenieure.[494] Je verständlicher dabei der geschriebene Text, umso schneller und klarer ist der Rezeptionsprozess beim Leser, umso leichter können die Informationen behalten werden und umso motivierter ist der Leser bei der Informationsaufnahme *(vgl. Kapitel 3.3)*. Dies ist auch der Grund, weshalb selbst bei technischen Produkten nicht nur der Inhalt der Dokumentation, sondern auch die sprachliche Gestaltung der technischen Sachverhalte relevant ist.[495] ALEXANDER merkt hierzu an:

„Produkte der Wissenskommunikation benötigen dabei nicht nur eine zielgruppenspezifische, mediengerechte Rezeptur (ein inhaltliches Konzept), sondern auch qualitativ hochwertige Texte, Bilder und eine brillante Typografie."[496]

Für die ansprechende Gestaltung der Technischen Dokumentation bedarf es daher eines bewussten und gezielten Sprachgebrauchs seitens der Technischen Redakteure, um den Empfänger (Kunde, Mechaniker) über das Produkt zu informieren *(vgl. Kapitel 2.6)*.[497] Das Ziel auf der sprachlichen Ebene ist es folglich, dem Leser einen verständlichen und lesbaren Text anzubieten, der ihn weder völlig überfordert noch aufgrund fehlender Reize langweilt. Die Textlinguistik beschäftigt sich mit dieser Thematik und liefert umfassende Ergebnisse bzgl. der Lesbarkeit und Verständlichkeit von Texten *(vgl. Kapitel 3.3)*. Im Hinblick auf die immer komplexer werdenden technischen Zusammenhänge, die für eine heterogene Zielgruppe verständlich gemacht werden müssen, ist Sprache als qualitätsbestimmender Faktor relevant. Nach SEIBICKE ist Sprache ebenfalls eine Technik, der man sich bewusst bedienen kann.[498] Somit ist Sprache ein vielschichtiges Phänomen, ein Messinstrument, das Entwicklungen in der Technik, aber auch darüber hinaus in der Gesellschaft ausdrückt.[499] Komplexe Sachver-

---

494 Vgl. Zima 2002, S. 21.
495 Vgl. Zima 2002, S. 7.
496 Alexander 2007, S. 49.
497 Vgl. Zima 2002, S. 7.
498 Vgl. Seibicke 1968, S. 10.
499 Vgl. Zima 2002, S. 15, 245.

halte müssen dem Kunden durch die Schriftsprache veranschaulicht werden.[500] Zwar unterstützen Grafiken, Formeln und Diagramme den Verstehensprozess, dennoch benötigen auch diese in der Regel die erklärende und beschreibende Ergänzung der Schriftsprache und können nur bedingt für sich alleine stehen. BUNGARTEN unterstreicht diesen Gedanken im folgenden Zitat:

> „Das umfassendste, variationsreichste, differenzierteste und mächtigste Mittel zur Produktion, zur Repräsentation und Speicherung, zur Übermittlung und Verbreitung von Informationen, das zugleich ein Spiegelbild und Ausdrucksmittel aller menschlichen Fähigkeiten ist, ist die Sprache.(...) Sie (die Sprache) hat den weiteren Vorzug gegenüber anderen Informations- und Kommunikationssystemen, dass sie allen Mitgliedern der Sozialgemeinschaft gemeinsam ist."[501]

Die Unternehmenspraxis verdeutlicht jedoch, dass Techniker und Ingenieure in der Regel über eine weniger ausgeprägte Sprachkompetenz verfügen als andere Berufsgruppen.[502] Gerade bei komplexen Produkten wie Automobilen sind es oft Kfz-Meister, die Technische Dokumentationen verfassen, da sie über die erforderliche Expertise verfügen, jedoch selten eine ergänzende redaktionelle und sprachliche Ausbildung absolviert haben. Diese Diskrepanz zwischen sprachlichem Ausdrucksvermögen und technischer Versiertheit stellt in der Unternehmenspraxis eine sensible Problematik dar, die es zu überwinden gilt *(siehe Untersuchungen in Kapitel 5)*.

3.4.2 Qualitätsplanung durch Sprachstandardisierung und Corporate Language

Als Voraussetzung für eine erfolgreiche schriftliche Kommunikation sollten Empfänger und Technische Redakteure idealtypisch über ein möglichst kongruentes sprachliches Ausdrucksvermögen bzw. einen gemeinsamen Zeichenvorrat verfügen, wobei jedes einzelne Zeichen als Träger von Botschaften an den Empfänger dient.[503] Konkret bedeutet dies, dass beide Parteien über einen fast identischen Wortschatz bzw. gleiche Sprachregeln verfügen sollten. Neue und für den Empfänger unbekannte Begriffe oder Sachverhalte müssen durch den Technischen Redakteur bzw. durch eine verständliche Sprache kommuniziert werden, sodass der Empfänger diese zu seinem „*persönlichen Sprachinventar*"[504] hinzufügt. NESTLER merkt passend an:

---

500 Vgl. Zima 2002, S. 245.
501 Bungarten 1985, S. 18.
502 Vgl. Zima 2002, S. 14; Verein Deutscher Ingenieure 1994a.
503 Vgl. Nestler 2007, S. 9; Göpferich 1998, S. 15.
504 Grupp 2008, S. 314.

„Ohne eine gemeinsame Sprache erscheinen die Worte, die der Ausländer an den Empfänger sendet, völlig bedeutungslos und sind nichts weiter als akustische Signale. Die Komplexität und Abstraktheit der menschlichen Sprache sind kaum mit einer anderen Art der Verständigung vergleichbar."[505]

Sprache kann in ihrem Variationsreichtum unterschiedliche Unternehmensidentitäten widerspiegeln.[506] Über die Sprache eines Unternehmens können unterschiedliche Inhalte und Bilder vermittelt werden. Eine einheitliche Sprache nach außen schafft Glaubwürdigkeit und Wettbewerbsfähigkeit.[507] Der Unternehmensberater OLINS bekräftigt vor diesem Hintergrund:

„Alles, was die Organisation tut, muss ihre Identität bekräftigen. Die Produkte, die das Unternehmen herstellt oder verkauft, müssen seine Normen und Werte vermitteln. (…) Das Kommunikationsmaterial der Firma, von der Werbung bis hin zur Bedienungsanleitung, muss von einheitlicher Qualität sein und in seinem Charakter die gesamte Organisation mit ihren Zielen genau und eindeutig widerspiegeln."[508]

Voraussetzung ist hierbei jedoch die Einheitlichkeit und Konsistenz der Sprache durch eine systematische Sprachstandardisierung, die sich auf die Qualität der Unternehmenskommunikation auswirkt.

In der Unternehmenspraxis hat sich für die einheitliche Unternehmenssprache der Begriff „Corporate Language" etabliert. Corporate Language übt einen wesentlichen Einfluss auf die „Corporate Identity", d. h. die Identität eines Unternehmens, aus und kann als Bestandteil des „Corporate Behavior", d. h. das Verhalten eines Unternehmens nach innen und außen, betrachtet werden *(siehe Abb. 3.12)*.[509] Die Gesamtheit aller Kommunikationsbereiche eines Unternehmens, die sich mit Information und Marktdurchsetzung beschäftigt, wird unter dem Begriff „Corporate Communication" zusammengefasst.[510]

---

505 Nestler 2007, S. 9.
506 Vgl. Bungarten 1985, S. 20.
507 Vgl. Doppler 2009.
508 Olins 1990.
509 Corporate Behavior meint das Verhalten eines Unternehmens nach innen (Mitarbeiter) und außen (Kunden, Öffentlichkeit etc.), wobei drei Verhaltensbereiche unterschieden werden können: 1. Instrumentales Unternehmensverhalten, 2. Personenverhalten, 3. Medienverhalten des Unternehmens, vgl. Gabler Wirtschaftslexikon: http://wirtschaftslexikon.gabler.de/Definition/corporate-behavior.html, 09.09.2010; Gabler Wirtschaftslexikon: http://wirtschaftslexikon.gabler.de/Definition/corporate-language.html, 09.09.2010.
510 Vgl. Förster 1994, S. 20.

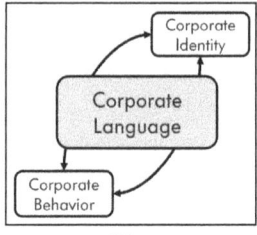

Abb. 3.12: Einfluss der Corporate Language[511]

Zu den Vorteilen und den Nutzen einer Corporate Language zählen der Wiedererkennungseffekt, das Wir-Gefühl, die Individualität und Professionalität. Konkrete Einsparpotenziale machen sich durch verringerte Vertriebskosten im Marketingbereich, durch Produktivitätssteigerung, reduzierte Kosten im Bereich Kundenservice und geringere Verwaltungskosten bemerkbar.[512] Bei einer Spanne von 15 bis 20 Prozent der generellen administrativen und Vertriebskosten zeigt sich durch den Einsatz von Corporate Language ein deutliches Rentabilitätssteigerungspotenzial.[513] Weiterhin bekräftigt FÖRSTER, dass gerade gewinnorientierte Unternehmen infolge von gesättigten Märkten sowie austauschbaren Produkten und der Informationsflut auf die Wirkung ihrer Texte setzen sollten und kündigt ferner an, dass der Marktwert der unternehmerischen Schreibkultur rapide steigen wird.[514] Ziel dieser Unternehmung ist jedoch nicht, die Sprache einzuengen, sondern so FÖRSTER „*die Förderung einer offenen und unbürokratischen, differenzierten und erwartungsorientierten, emotionalen und gefühlvollen, aber homogenen und wieder erkennbaren Unternehmenssprache*"[515].

Die Etablierung und Durchsetzung einer Corporate Language kann nur erfolgreich sein, wenn sie durch das Management von Anfang an gewollt und entschieden wird. REINS merkt an, dass eine Corporate Language nicht demokratisch erarbeitet werden kann und ein klarer Entscheider benötigt wird.[516] Gleichzeitig ist jedoch auch die Überzeugung der Ausführenden relevant – hier muss vermittelt werden, welchen Sinn eine Corporate Language hat und welche Vorteile sich für die Ausführenden ergeben.[517]

---

511 Vgl. Gabler Wirtschaftslexikon: http://wirtschaftslexikon.gabler.de/Definition/corporate-language.html, 14.11.2011.
512 Vgl. Reins 2006, S. 222 f.
513 Vgl. Reins 2006, S. 224.
514 Vgl. Förster 1994, S. 24.
515 Förster 1994, S. 27.
516 Vgl. Reins 2006, S. 208.
517 Ebenda.

Die Corporate Language, die sich in der täglichen Kommunikation, aber auch in der Technischen Dokumentation widerspiegelt, setzt einen gemeinsamen und standardisierten Wortschatz voraus. Erst durch die Standardisierung auf terminologischer Ebene ist die Sicherung dieser Qualitätsstandards möglich. Die Qualitätsplanung der Technischen Dokumentation sollte daher mit der Vereinheitlichung der Terminologie beginnen und mit der Gestaltung des Sprachstils fortfahren *(vgl. Kapitel 4.3)*. Aufbauend auf diese Ebene kann sich eine Corporate Language nachhaltig entfalten und innerhalb der Unternehmenskultur etablieren. In diesem Zusammenhang stellt FÖRSTER mit dem Konzept des Corporate Wording eine Methode vor, mit der das schriftliche Erscheinungsbild, d. h. Sprache, Typografie und Bilder, homogenisiert und somit eine einheitliche Unternehmenskommunikation konzipiert werden können. In Anlehnung an die Techniken des Corporate Wording sind u. a. die Faktoren Konkretheit, Bedeutungshaltigkeit, Angenehmheit und Bildhaftigkeit für die Gestaltung eines homogenen Sprachbilds relevant.[518]

Die hierdurch vorgenommene Sprachstandardisierung ist im Rahmen der technischen Kommunikation relevant. Komplexe Sachverhalte sollten möglichst präzise und verständlich ausgedrückt werden. Doch gerade hier behindern Mehrdeutigkeiten beispielsweise in Form von Synonymen die Verständlichkeit und Eindeutigkeit der Texte. Der deutsche Fachwortschatz der Kraftfahrzeugtechnik umfasst schätzungsweise rund 20.000 bis 40.000 Einheiten.[519] Auch wenn die Technik auf der einen Seite strengen Normierungen unterliegt, gilt dies leider nur in geringem Maß für die Sprache, die sie beschreiben und dem Kunden nahe bringen soll. Automobilhersteller nutzen diese fehlende Normierung zum Teil, um sich von der Konkurrenz abzugrenzen. Beispielsweise ist bei VW bzw. auch Audi die Rede von „Wärmeschutzverglasung", hingegen verwendet Daimler für denselben Begriff die Benennung „wärmedämmendes Glas" und BMW „grünes Wärmeschutzglas". Opel wiederum verwendet die Benennung „getönte Rundumverglasung" oder auch „Colorglas für athermische Scheiben."[520] Für die unterschiedlichen sprachlichen Ausprägungen gibt es verschiedene Ursachen, wie etwa herstellerspezifische Bezeichnungsvariationen, orthografische Varianten, unterschiedliche Sprachregister oder Stilleben, ambige Kompositionskürzungen, Komposita mit oder ohne Verwendung von Abkürzungen und zuletzt Interferenzerscheinungen.[521]

---

518 Vgl. Förster 1994, S. 55 ff.
519 Vgl. Roelcke 1999, S. 202.
520 Ebenda.
521 Ebenda.

Eine unternehmensübergreifende Standardisierung der Kfz-technischen Benennungen ist jedoch aus wettbewerbstechnischen Gründen unwahrscheinlich und mit Schwierigkeiten behaftet. Dennoch würde dieser Schritt Missverständnisse in der Unternehmenskommunikation und im Wissenstransfer reduzieren. Aufgrund der individuellen Ausrichtung und der Markenbildung von Automobilherstellern wäre jedoch die Vereinheitlichung in Form einer unternehmensweiten Standardisierung der Benennungen sinnvoll. Dies würde die Unternehmensidentität stärken, sodass das Unternehmensbild nach außen zu den Kunden klar kommunizierbar wäre.[522] Innerhalb verschiedener Produktentstehungsphasen und Unternehmensbereiche (z. B. Produktforschung, Produktion, Vertrieb, Marketing, Verkauf) fallen für ein Produkt unterschiedliche Bezeichnungen und wirtschaftsrelevante Fachsprachen an. Diese Bezeichnungen können sich wiederum in der mündlichen und schriftlichen Kommunikation voneinander unterscheiden.[523] LAWROW verdeutlicht dies im folgenden Zitat:

"Product development calls it a gadget, marketing describes it as a widget. Every company has its specialist concepts and terms, but not enough manage this corporate terminology centrally. As a result, authors waste time looking for the right word, and translators multiply the problem by translating terms in different ways. The quality of communications is significantly impacted by poor terminology control, as the inconsistencies that result can erode brand image and brand values and confuse customers. Philips estimates that managing corporate terminology centrally could reduce their translation costs by more than 15 per cent."[524]

Die Normung der Begriffs- und Benennungswelt in der Automobilindustrie, aber auch in anderen Sektoren birgt verschiedene Vorteile. Zum einen dient sie der Sicherheit, als eine Voraussetzung für das störungsfreie Funktionieren und zur Vermeidung von Unfällen durch die klare und verständliche Kommunikation.[525] Aus wirtschaftlicher Perspektive können durch Missverständnisse verursachte Kosten reduziert werden. Weiterhin fördert die einheitliche Sprache eine effiziente Arbeitsteilung durch unmissverständliche Dokumentationen. Das deklarative, explizierbare Wissen wird unmissverständlich und eindeutig an die Zielgruppen transferiert. Nicht zuletzt bedeutet die klare und einheitliche Ausgangssprache Kostenreduzierungen auf der Übersetzerseite.[526] Laut DIN 2330-

---

522   Im Rahmen eines Forschungsprojekts in Kooperation mit Vertretern der Automobilindustrie und dem Institut für Informationsmanagement der Fachhochschule Köln wurde die E-Learning-Plattform „elcat" für das Terminlogiemanagement in der Automobilindustrie entwickelt, vgl. http://www.iim2.fh-koeln.de/elcat, 03.08.2011.
523   Vgl. Bungarten 1985, S. 19 f.
524   Lawlor 2004, S. 1.
525   Vgl. Gnugesser 2002, S. 200.
526   Vgl. Zima 2002, S. 20.

1993 „Begriffe und Benennungen – Allgemeine Grundsätze" bringen die technischen Fortschritte neue Sachverhalte und Verfahren mit sich, die sprachlich klar ausgedrückt werden müssen, um eine unmissverständliche Kommunikation fachübergreifend und international zu ermöglichen.[527]

Als weitere qualitätsgenerierende Faktoren sind somit das Corporate Wording bzw. die Einhaltung der Corporate Language im Rahmen der Technischen Dokumentation relevant. Der VDI empfiehlt den dokumentationsbezogenen Qualitätsmanagementprozess in das übergeordnete Qualitätsmanagement des Unternehmens einzubinden und sicherzustellen, dass die Qualitätsmaßnahmen im Rahmen der Technischen Dokumentation dem gesamten Qualitätsmanagement dienen.[528] Ziel des Qualitätsmanagements im Rahmen der Dokumentationserstellung ist ebenfalls die prophylaktische Fehlervermeidung in der Qualitätsplanungsphase, anstelle einer nachgelagerten und kostenintensiven Fehlerkorrektur. Dies erfolgt durch die Normung der technischen Bezeichnungen und den gezielten Aufbau bzw. die Etablierung einer unternehmensweiten Corporate Language.

3.4.3 Übersetzungsgerechte Textproduktion

Technische Dokumentation kann innerhalb eines international ausgerichteten und global agierenden Unternehmens nicht isoliert betrachtet werden. Die Texterstellung in der Ausgangssprache auf der einen Seite ist die Basis für alle nachfolgenden Prozesse, darunter die Übersetzung in diverse Zielsprachen. In Anbetracht der Übersetzungsprozesse ist die qualitativ hochwertige Technische Dokumentation in der deutschen Ausgangssprache aus verschiedenen Gründen eminent wichtig. Die ausgangssprachlichen Fehler, Stilbrüche oder Inkonsistenzen multiplizieren sich im Falle nachstehender Übersetzungsprozesse in jeder zu übersetzenden Sprache erneut. Die nachträgliche Behebung dieser Fehler ist kosten- und zeitintensiv. In Anlehnung an die Theorieansätze des Qualitätsmanagements wären prophylaktische Maßnahmen im Rahmen der Qualitätsplanung sinnvoll. Missverständnisse, Übersetzungsfehler und Inkonsistenzen in den Zielsprachen können durch eine standardisierte und saubere Ausgangssprache enorm reduziert werden. Vor diesem Hintergrund ist bei allen zu treffenden qualitätsverbessernden Maßnahmen in der Ausgangssprache auch das Berücksichtigen der Übersetzungsprozesse relevant. Gerade hier verbirgt sich eine wichtige Argumentationsgrundlage gegenüber dem Management. Zwar lässt sich Qualität in diesem Bereich nur in geringem Maße in Zahlen bemessen, doch können Qualitätsmängel in der Übersetzung und deren nachträgliche Behebung in Kosten-

---

527 Vgl. DIN 2330.
528 Vgl. VDI-Richtlinie 4500 Blatt 4 (Entwurf), S. 24 ff.

punkten berechnet und durch eine vorgelagerte Qualitätsplanung ausgesondert werden *(vgl. Kapitel 4 und Kapitel 5)*.

Die ausgangssprachliche Technische Dokumentation ist ökonomisch, wenn sie für die nachfolgenden Übersetzungen eine unmissverständliche Basis bietet, die konsistent, einheitlich und fehlerfrei ist. Dies alles sind Qualitätsstandards im Rahmen der Technischen Dokumentation. Illustriert werden diese Anforderungen sehr gut an maschinellen Übersetzungssystemen: Klare Satzstrukturen ohne Verschachtelungen und Nominalisierungen können u. a. helfen, ein gutes Übersetzungsergebnis zu erzielen und verdeutlichen die Relevanz der ausgangssprachlichen Textqualität für die Ergebnisse der maschinellen Übersetzung. Dies kann auf die Erstellung von Technischer Dokumentation in der Ausgangssprache übertragen werden. Je genauer und einheitlicher die Dokumentationen in der Ausgangssprache beschaffen sind, desto einfacher ist es innerhalb des Übersetzungsprozesses, fehlerfreie und unmissverständliche Übersetzungen zu erzeugen. Für solch ein Ergebnis sind jedoch eine Reihe qualitätssichernder Maßnahmen zu treffen. Sehr wichtig ist in diesem Zusammenhang die Standardisierung von Prozessen der Schriftsprache, um effiziente und qualitativ hochwertige Ergebnisse zu erzielen.[529]

3.4.4 Qualitätssicherung durch kontrollierte Sprache – ein Lösungsansatz

Auf dem Weg zu einem standardisierten Erscheinungsbild und einer Corporate Language gibt es verschiedene Lösungsansätze. Standardisierung kann auf inhaltlich-struktureller Ebene durch Funktionsdesign[530] und Information Mapping[531] umgesetzt werden. Auf sprachlicher Ebene wird in dieser Arbeit die kontrollierte Sprache als ein Lösungsansatz vorgestellt, der in den nachfolgenden Kapiteln anhand des Fallbeispiels untersucht wird.

Sprache unterliegt einem stetigen Wandel. Besonders deutlich wird dies anhand der Entwicklung verschiedener Subsprachen, wie etwa der Jugendsprache, die sich kontinuierlich verändert und zur Abgrenzung gegenüber älteren Generationen und zur Stärkung bzw. Kenntlichmachung der eigenen Gruppe dient. Dabei bedient sich die Subsprache einer eingegrenzten Wortwahl bzw. Terminolo-

---

529 Zum Thema „Übersetzungsgerechtes Schreiben" vgl. u. a. Neuhäuser 2007; Collmann 2008; Fawcett 2007, Göpferich et al. 2004; Göpferich 2004, S. 23.

530 Strukturierungs- und Standardisierungsmethode für Technische Dokumentation nach Muthig und Schäflein-Armbruster, bei der Informationen nach hierarchischen Ebenen organisiert werden, vgl. Muthig 2008.

531 Informationsstrukturierungsmethode für Technische Dokumentation, die auf Erkenntnissen der Kognitionspsychologie, Medien- und Lernpsychologie basiert, vgl. Horn 1989.

gie und grenzt sich auch hierdurch von der Allgemeinsprache ab. Übertragen auf die Technische Dokumentation profitiert die verwendete Fachsprache ebenfalls von Einschränkungen verschiedener Art, die dazu dienen, Sprache zu standardisieren. Die Einschränkung der Wortwahl beispielsweise führt zur Einschränkung bzw. Vermeidung von Synonymen, die das Leseverständnis erschweren. Kontrollierte Sprache umfasst diese Teilaspekte zu einem Ansatz, mit dem Sprache standardisiert und konsistente, verständliche Texterstellung ermöglicht werden.

Kontrollierte Sprache ist als Teilmenge der natürlichen Sprache zu verstehen. Sie bedient sich derselben sprachlichen Mittel, ist jedoch in der Auswahl dieser auf lexikalischer, grammatischer und stilistischer Ebene begrenzt.[532] In der Unternehmenspraxis im Bereich der Technischen Dokumentation hat die Etablierung und Einführung von kontrollierten Sprachen weitgehend stattgefunden. Die Sprachregeln oder auch Schreibkonventionen stehen den Redakteuren entweder in Styleguides oder Redaktionshandbüchern zur Verfügung oder werden im Rahmen der Texterstellung maschinell geprüft *(vgl. Kapitel 4.3)*. Ziel dabei ist eine einheitliche Textgestaltung, die durch Verständlichkeit und Einheitlichkeit umgesetzt werden soll. Kontrollierte Sprache wird nach WRIGHT/BUDIN wie folgt definiert:

"Controlled language (CL) can be defined as a subset of a language with a restricted grammar and a domain specific vocabulary designed to allow domain specialists to unambiguously formulate texts pertaining to their subject fields. Controlled language facilitates clear, concise, technical communication by adhering to a one word-one meaning principle, frequently called monosemy and monoymy in terminology theory."[533]

Nach SCHWITTER sind kontrollierte natürliche Sprachen eine präzise definierte Teilmenge der natürlichen Sprache, die gegenüber der Standardsprache Einschränkungen auf lexikalischer, grammatikalischer und stilistischer Ebene beinhalten und durch eine bereichsspezifische Terminologie sowie spezielle grammatische Konstruktionen erweitert sein können.[534] GÖPFERICH unterstreicht diesen Aspekt und beschreibt kontrollierte Sprachen als „*Subsysteme natürlicher Sprachen*". Kontrollierte Sprachen sind demnach abgeleitet von natürlichen Sprachen und beinhalten eine Teilmenge des Wortschatzes und der zulässigen grammatischen Konstruktionen von unkontrollierten natürlichen Sprachen.[535] LEHRNDORFER beschreibt kontrollierte Sprachen als „*Regelsysteme zur Vereinfachung von Sprache*"[536] und folgert, dass kontrollierte Sprache in der An-

---

532 Vgl. Wright, Budin 2001, S. 872.
533 Ebenda.
534 Vgl. Schwitter 1998, S. 57.
535 Göpferich 2006, S. 366.
536 Lehrndorfer 1996a, S. 343.

wendung aufgrund der strengen Strukturierung von Inhalt und Sprache letztlich nicht nur sprachliche, sondern auch inhaltlich-logische Vorzüge aufweist. Die auf Basis von kontrollierter Sprache erstellten Texte weisen daher eine bessere Verständlichkeit und eine leichte und schnelle Lesbarkeit auf.[537] Die im Rahmen einer Standardisierung erarbeiteten Schreibkonventionen helfen, komplexe technische Sachverhalte in einfacher und verständlicher Weise auszudrücken und zu vermitteln.

Die Einführung bzw. Verwendung von kontrollierter Sprache birgt verschiedene Vorteile. Laut GÖPFERICH sind kontrollierte Sprachen verständlicher und geben weniger Raum für Mehrdeutigkeiten im Rezeptionsprozess.[538] Dies wirkt sich besonders auf den Übersetzungsprozess (human oder maschinell) aus, der sich durch geringere Verstehens- bzw. Analyseschwierigkeiten auszeichnet.[539] Weiterhin fördert der Einsatz einer kontrollierten Sprache Konsistenz im Bereich der Terminologie und des Schreibstils, sodass die Trefferquoten bei Translation-Memory-Systemen erhöht werden. Dies ist besonders vorteilhaft, wenn im Dokumentationserstellungsprozess mehr als ein Redakteur eingebunden ist.[540]

SCHWITTER unterstreicht die Vorteile hinsichtlich der Textproduktion im Rahmen der Technischen Dokumentation, da sich der Erstellungsprozess durch die kontrollierte Sprache und die implizierte terminologische Konsistenz beschleunigen soll.[541] Auch die Qualitätssicherung von Technischer Dokumentation ist durch den Einsatz von kontrollierter Sprache berührt: Aufwändige Nacharbeiten und Korrekturen verringern sich deutlich, sodass auch die Übersetzungen qualitativ optimiert werden.[542] Nach HASLER werden durch die standardisierte und vereinfachte Sprachstruktur automatisierte Prozesse (maschinengestützte oder maschinelle Übersetzung) effizienter.[543] Dieser Vorteil ist aus wirtschaftlicher Perspektive relevant und wird durch das Fallbeispiel weiter ausgeführt *(vgl. Kapitel 5)*. Die Verwendung einer kontrollierten Sprache, wie beispielsweise das Standard Technical English, kann zu einer Textreduktion von bis zu 20 Prozent führen; Übersetzungskosten können bis zu 40 Prozent reduziert werden.[544] Kontrollierte natürliche Sprachen sind demzufolge künstlich geschaffen, um die Kommunikation zwischen Laien und Experten eines Fachge-

---

537 Vgl. Lehrndorfer 1996a, S. 343; Ditté 2004, S. 16.
538 Vgl. Untersuchungen von Shubert et al. 1995, S. 360 ff.
539 Vgl. Göpferich 2006, S. 366; Shubert et al. 1995, S. 47.
540 Vgl. Göpferich 2006, S. 367.
541 Vgl. Schwitter 1998, S. 57.
542 Vgl. Rothkegel 2002, S. 83; Lehrndorfer 1996a, S. 342.
543 Vgl. Hasler 2001, S. 1.
544 Vgl. Braster 2008, S. 34.

biets zu erleichtern.[545] Beweggründe für die Entwicklung kontrollierter Sprachen beruhen daher auch auf wirtschaftlichen Aspekten.[546]

Der Einsatz einer kontrollierten Sprache im Bereich der Technischen Dokumentation stellt aufgrund der Vorteile einen adäquaten Lösungsansatz dar. Kontrollierte Sprache eignet sich besonders für die Technische Dokumentation, da diese Textsorte handlungsorientiert, d. h. instruktiv ist,[547] in mehrere Zielsprachen und mithilfe von Translation-Memorys *(vgl. Kapitel 4.4)* übersetzt wird, von unterschiedlichen Redakteuren erstellt wird und an eine heterogene Zielgruppe adressiert ist.[548] Die zunehmende Komplexität der Produkte schlägt sich ebenfalls im Umfang der Dokumentationen nieder. Der Einsatz einer kontrollierten Sprache kann in diesem Zusammenhang Verständnis- und Kommunikationsbarrieren vermindern.[549] Standardisierung durch kontrollierte Sprache stellt eine Basis für alle nachfolgenden Prozesse in der Dokumentationserstellung dar. Hierzu gehört zum einen die Standardisierung der Daten und Dokumente als Basis für alle weiteren Prozessschritte. Durch die steigende Produkt- und Variantenvielfalt ist es umso wichtiger, durch Standardisierung Prozesse zu beschleunigen.[550]

In der Unternehmenspraxis sind mit der Dokumentationserstellung verschiedene Technische Redakteure betraut, sodass gleiche Sachverhalte mehrfach und dazu unterschiedlich beschrieben werden. Ohne den Einsatz einer kontrollierten Sprache und den dazugehörenden Schreibkonventionen werden die erstellten Texte mehrfach übersetzt, auch wenn sie inhaltlich identisch sind.[551] Daher können durch Sprachstandardisierung in der Ausgangssprache auch Übersetzungskosten minimiert werden. Unterstützt werden sollte die Einführung einer kontrollierten Sprache im Idealfall durch ein abgestimmtes Redaktionssystem bzw. Dokumentenmanagement-System, bei dem Texte, Grafiken und alle relevanten Informationen effizient verwaltet werden, sodass Inhalte und Texte wiederverwendet werden können.[552] ROTHKEGEL merkt hierzu treffend an:

„Standardisierung bedeutet Ökonomisierung für Herstellung, Verteilung und Gebrauch. Sie bezieht sich nicht nur auf die technischen Produkte, sondern auch auf die sie begleitenden Texte. Verständlichkeit wird gefördert, wenn der verwendete Stan-

---

545 Vgl. Schwitter 1998, S. 53 ff.
546 Vgl. Ditté 2004, S. 15.
547 Vgl. Göpferich 1995, S. 128 f. zu Mensch/Technik-interaktionsorientierten Texten.
548 Vgl. Göpferich 2006, S. 369.
549 Vgl. Ditté 2004, S. 17; Lehrndorfer 1996a, S. 342 f.
550 Vgl. Braster 2008, S. 33.
551 Vgl. Pfund 2010, S. 3.
552 Ebenda.

dard ausreichend transparent ist, d. h. wenn beim Textlesen nicht allein die Inhalte, sondern auch die Struktur des Textes selbst wahrgenommen werden kann."[553]

Für die Einführung einer kontrollierten Sprache ist aufgrund der dargestellten Vorteile die Zusammenarbeit mit Redakteuren und Übersetzern notwendig. Diese sollten gemeinsam mit den Verantwortlichen für die Einführung der kontrollierten Sprache einen geeigneten Rahmen abstecken und über den Umfang und die Implementierung der Maßnahmen abstimmen. Im Zuge der Einführung ist die Schulung der Redakteure notwendig. Schreibkonventionen können unter Umständen als Einschränkung der Redakteure hinsichtlich ihrer gestalterischen Freiheit und sprachlichen Ausdrucksweise angenommen werden, sodass insgesamt ein behutsamer und strategischer Einführungsprozess zu befürworten ist *(vgl. Kapitel 5)*. Gleichzeitig ist Überzeugungsarbeit gegenüber den Anwendern, den Übersetzern und dem Management erforderlich. Durch diese Maßnahmen werden Technische Redakteure für den Umgang mit Sprache und die Formulierung ihrer Dokumentationen sensibilisiert. Lerneffekte und Motivationssteigerung können in diesem Prozess wertvolle Aspekte bei der Einführung einer kontrollierten Sprache sein. Abschließend kann festgehalten werden, dass standardisierte Prozesse auf standardisierten Dokumenten und standardisierten Daten beruhen sollten. Diese Punkte sind als Ausgangsbasis zu verstehen, die mit adäquaten Technologien unterstützt werden können.[554] Möglichkeiten zur Umsetzung einer Sprachstandardisierung durch Sprachtechnologien werden im folgenden Kapitel vorgestellt *(vgl. Kapitel 4)*.

Vor diesem Hintergrund stellt sich die Textverständlichkeit als zentrales Qualitätskriterium für die Technische Dokumentation heraus. Die Sprachstandardisierung und die kontrollierte Sprache sind demzufolge als Methoden für die Qualitätsplanung und -sicherung zu begreifen. In diesem Zusammenhang ist für die Qualitätsbewertung Technischer Dokumentation der objektive und produktbezogene Qualitätsansatz relevant. JURAN liefert mit seinem Schwerpunkt auf der Qualitätsplanungsphase das adäquate Managementkonzept, auf dessen Basis Qualitätsoptimierungsmaßnahmen vorgenommen werden können *(vgl. Kapitel 3.2.1)*.[555]

---

553 Rothkegel 2002, S. 83.
554 Vgl. VDI-Richtlinie 4500 Blatt 4 (Entwurf), S. 14.
555 Vgl. Juran 1986.

4 Sprachtechnologie als Qualitätsmanagementinstrument im Dokumentationserstellungsprozess

„Die menschliche Rede (langage), als Ganzes genommen, ist vielförmig und ungleichartig. Man kann sie nicht einordnen, weil man nicht weiß, wie ihre Einheit abzuleiten sei. (...) Die Sprache (langue) ist ein Ganzes in sich und ein Prinzip der Klassifikation."[556]

Die bereits diskutierten Anforderungen an die Technische Dokumentation auf sprachlich-inhaltlicher sowie juristischer und wirtschaftlicher Ebene stellen Herausforderungen im Rahmen des Dokumentationserstellungsprozesses dar. Die Erfüllung dieser Erwartungen kann nicht mehr allein durch Humanressourcen bewältigt werden, sondern bedarf der Integration von Technologien, die den Dokumentationserstellungsprozess in unterschiedlichen Prozessphasen begleiten und qualitativ unterstützen.

Sprachtechnologie hat sich als Instrument zur Unterstützung der Humanressourcen in der Dokumentationserstellung etabliert und im vergangenen Jahrzehnt immer weiter Eingang in Industrie- und Dienstleistungsunternehmen gefunden. Sprachtechnologische Werkzeuge werden stetig weiterentwickelt und mit neuen Funktionalitäten und Systemkomponenten optimiert. Im Zeitalter der Globalisierung und der Erschließung internationaler Märkte ist die Qualitätssicherung im Rahmen der Technischen Dokumentation ohne den Einsatz von Sprachtechnologie kaum umzusetzen.

Im Folgenden soll ein Überblick über den aktuellen Forschungsstand und ein Ausblick hinsichtlich zukünftiger Entwicklungen gegeben werden. Weiterhin werden Einsatzmöglichkeiten in der Unternehmenspraxis, insbesondere in der Technischen Dokumentation, vorgestellt und diskutiert. Abschließend werden Synergiepotenziale und Interdependenzen von verschiedenen sprachtechnologischen Anwendungen aufgezeigt, sowie deren Nutzen für die Qualitätsoptimierung und -sicherung von Technischer Dokumentation beleuchtet.

---

556 Saussure 1967, S. 11 zitiert in Schmitz 1992, S. 96.

4.1 Definition und Begriffsabgrenzung

"From now on I will consider a language to be a set (finite or infinite) of sentences, each finite in length and constructed out of a finite set of elements."[557]

Nach CARSTENSEN et al. ist Sprachtechnologie die praxisorientierte, ingenieursmäßig konzipierte Entwicklung von Sprachsoftware, die in der Fachliteratur auch unter dem Forschungsbereich der Computerlinguistik eingeordnet und teilweise synonym verwendet wird.[558] Computerlinguistik ist ein Forschungsfeld, das die maschinelle Verarbeitung von natürlicher Sprache behandelt und sich daher mit den Bereichen der Informatik und Linguistik überschneidet.[559] Nach ARNTRUP ist Computerlinguistik daher eine „*Synthese informatischer und linguistischer Methoden und Kenntnisse*"[560]. Die Forschungsergebnisse der traditionellen Linguistik sind in diesem Zusammenhang die Basis für alle computerlinguistischen bzw. sprachtechnologischen Entwicklungen hinsichtlich der Verarbeitung natürlicher Sprache.[561] Im Vergleich zu Linguisten, die sprachliche Phänomene beschreiben und erklären, beschäftigen sich Computerlinguisten mit der technischen Rekonstruktion der menschlichen Sprachfähigkeit.[562] Hieraus sind seit den Ursprüngen der Computerlinguistik in den fünfziger Jahren stetig neue Methoden für die maschinelle Sprachverarbeitung entwickelt worden.[563] Die Fachliteratur weist jedoch unterschiedliche Auffassungen zum Thema Computerlinguistik auf. Unter anderem wird Computerlinguistik als Teildisziplin der Linguistik verstanden *(engl.: computational linguistics)*, die sich mit berechnungsrelevanten Aspekten von Sprache und Sprachverarbeitung (z. B. Entwicklung von Grammatikformalismen) beschäftigt *(siehe Abb. 4.1)*.[564]

---

557 Chomsky 1964, S. 13 zitiert in Schmitz 1992, S. 97.
558 Vgl. Carstensen et al. 2010, S. 2.
559 Vgl. Carstensen et al. 2010, S. 1; Schmitz 1992; Hausser 2000.
560 Carstensen et al. 2010, S. 2.
561 Vgl. Schmitz 1992, S. 17.
562 Vgl. Schmitz 1992, S. 34 f.
563 Vgl. Carstensen et al. 2010, S. 1.
564 Vgl. Arntrup 2010, S. 2; Schmitz 1992; Pütz et al. 1993; Hausser 2000.

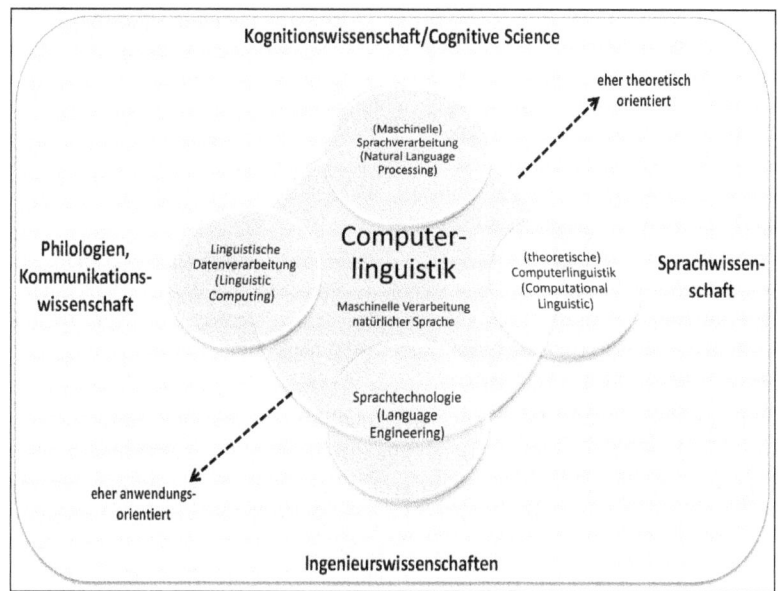

Abb. 4.1: Forschungsbereiche der Computerlinguistik[565]

Darüber hinaus ist Computerlinguistik im Rahmen der linguistischen Datenverarbeitung im Zusammenhang mit empirischen Untersuchungen auf Basis von Sprachdatenkorpora einzuordnen.[566] Ein weiterer Bereich ist die maschinelle Sprachverarbeitung *(engl.: natural language processing)*, bei der Computerlinguistik im Rahmen der Realisierung natürlichsprachlicher Phänomene auf dem Compuer thematisiert wird. Dieser Bereich verbindet insbesondere die Kognitionswissenschaften mit dem Bereich der Künstlichen Intelligenz.[567] Letztlich wird unter Computerlinguistik die praxisorientierte Entwicklung von Sprachsoftware verstanden, die im Rahmen dieser Arbeit als Sprachtechnologie bezeichnet und in den nachfolgenden Kapiteln fokussiert betrachtet wird. Sprachtechnologische Anwendungen befassen sich folglich mit der Verarbeitung natürlicher oder auch kontrollierter, gesprochener oder schriftlicher Sprache; dies kann einsprachig (monolingual) oder mehrsprachig (multilingual) geschehen. Laut ARNTRUP besteht das Hauptziel der praktischen Computerlinguistik bzw. Sprachtechnologie darin, (sprachliches) Wissen erfolgreich auf einer Maschine

---

565 Vgl. Carstensen 2005, S. 21.
566 Vgl. Arntrup 2010, S. 2.
567 Ebenda.

zu modellieren und hierdurch relevante praktische Probleme zu lösen.[568] Anwendungsziele der Computerlinguistik sind daher zusammenfassend die Entwicklung von maschinellen Übersetzungssystemen, Textmining-Systemen, natürlichsprachlichen Frage-Antwort-Systemen, Systemen zum Verstehen und Generieren sowohl gesprochener als auch geschriebener Sprache sowie Textzugriffs- und Textverwaltungssystemen.[569] HAUSSER verdeutlicht die Ziele der Computerlinguistik im folgenden Zitat:

> „Das Ziel der Computerlinguistik ist es, die natürliche Informationsübertragung nachzubilden, indem die Sprachproduktion des Sprechers und die Sprachinterpretation des Hörers auf geeigneten Computern modelliert werden. Dies läuft auf die Konstruktion kognitiver Maschinen (Robotern) hinaus, die frei in natürlicher Sprache kommunizieren können."[570]

Sprachtechnologie kann daher auch als „enabling technology" aufgefasst werden, die es ermöglicht, die Erforschung einsatzfähiger Technologien und die Produktion von Sprachressourcen zu sprachbasierten Anwendungen zu entwickeln und nutzergerechte Produkte an verschiedene Zielgruppen zu liefern.[571]

Die Computerlinguistik als transdisziplinäre Wissenschaft verfolgt vornehmlich theoretische Ziele bzw. Fragestellungen. Hierzu zählt die Verwendung von menschlicher Sprache als Medium zur Übermittlung, Speicherung und Verarbeitung von Informationen sowie die Modellierung bzw. Abbildung dieser Prozesse auf dem Computer. Gegenstand der Sprachtechnologie, als ingenieurstechnischer Bereich, sind somit Fragestellungen, die durch praktische Methoden gelöst werden. Dabei liegt ein klarer Schwerpunkt auf Aspekten der Informatik. Ziel der Sprachtechnologie ist somit die Implementierung von großmaßstäblichen, auf Effizienz und Vollständigkeit ausgerichteten Systemen, die in konkreten Anwendungen eingesetzt werden können.[572] Das Hauptziel der praktischen Computerlinguistik liegt somit in der Modellierung von (sprachlichem) Wissen auf einer Maschine, mit der praktische Probleme und Herausforderungen gelöst werden können.[573] Abschließend kann festgehalten werden, dass die Sprachtechnologie im engeren Sinn den Bereich der Anwendungen der Computerlinguistik meint und im weiteren Sinn mit der Computerlinguistik bzw. der maschinellen Sprachverarbeitung gleichzusetzen ist.

---

568   Vgl. Arntrup 2010, S. 6; Hausser 2000, S. 22 f.
569   Vgl. Murovec 2006.
570   Hausser 2000, S. 1.
571   Vgl. Carstensen 2005.
572   Vgl. Philosophische Fakultät Universität Zürich 2010.
573   Vgl. Arntrup 2010, S. 6.

4.1.1 Stand der Forschung und praktische Anwendungen

„Sprachliche Kommunikation ist zu widerspenstig, als dass sie logisch-mathematisch eingefangen werden könnte zu ‚vielförmig und ungleichartig', als dass sie sich maschinell erfolgreich und restlos rekonstruieren ließe."[574] Verschiedene Wissenschaftsgebiete beschäftigen sich seit den fünfziger Jahren mit der Computerlinguistik und Sprachtechnologie. So ist beispielsweise die maschinelle Verarbeitung natürlicher Sprache in der Fachliteratur seither weitgefächert und tiefgehend diskutiert.[575] ALLEN,[576] JURAFSKY/MARTIN[577] sowie MITKOV[578] setzen sich in einführenden Werken mit Computerlinguistik und Sprachtechnologie auseinander. Dennoch ist Sprachtechnologie inzwischen kein reines Forschungsthema mehr. Durch die Forschung erfolgten Spezialisierungen in den einzelnen Teilaspekten der Sprachverarbeitung. Während Mathematiker und Ingenieure sich auf die Verarbeitung der gesprochenen Sprache *(engl.: speech)* konzentrierten, widmeten sich Informatiker aus dem Bereich der künstlichen Intelligenz sowie Psychologen und Linguisten der Verarbeitung geschriebener Sprache *(engl.: language)*.[579] Die Entwicklungen verdeutlichen sich in der aktuellen Unternehmens- und Systemlandschaft.[580] Sprachtechnologie ist bei Sprachdienstleistern zu einem essenziellen Baustein geworden. Die Ergebnisse der angewandten Forschung haben sich inzwischen in einsetzbaren Werkzeugen und Methoden manifestiert. Gleichzeitig haben sich immer mehr Unternehmen gebildet, die sich ausschließlich mit sprachtechnologischen Anwendungen beschäftigen und ihre Lösungen kommerziell anbieten.[581] Sprachtechnologische Anwendungen sind in allen denkbaren Bereichen der heutigen Informationsgesellschaft etabliert und finden im alltäglichen Leben Einsatz.[582] Beispiele sind u. a. Rechtschreibkorrekturprogramme, Frage-Antwort-Systeme, maschi-

---

574 Saussure 1967 nach Schmitz 1992, S. 98.
575 Vgl. Pütz et al. 1993; Pfister, Kaufmann 2008; Zimmermann 2003; Zimmermann 2004; Sandrini, Mayer 2008; Haller 2000; Carstensen et al. 2010; Arntrup 2010; weiterhin Cole et al. 1997; Dale et al. 2000; Hausser 2001; Schmitz 1992; Arnold et al. 1994; Bowker 2002; Bowker, Pearson 2002; Freigang 2001; Hutchins, Somers 1992; Lehrndorfer 1996b; Quah 2006; Somers 2003; Trujillo 1999.
576 Vgl. Allen 1995.
577 Vgl. Jurafsky, Martin 2009.
578 Vgl. Mitkov 2003.
579 Vgl. Hamerich 2009, S. 3 f.
580 Vgl. Hamerich 2009, S. 1.
581 Beispielsweise die Neugründung der Firma Congree Language Technologies GmbH als Joint Venture zwischen dem IAI und der Across Systems GmbH, vgl. Congree 2010.
582 Vgl. Arntrup 2010, S. 16.

nelle Übersetzungen und Übersetzungsspeicher sowie natürlichsprachliche Telefondialogsysteme.[583] Die Anwendungen der Sprachtechnologie lassen sich in verschiedene Kategorien unterteilen *(siehe Abb. 4.2)*.

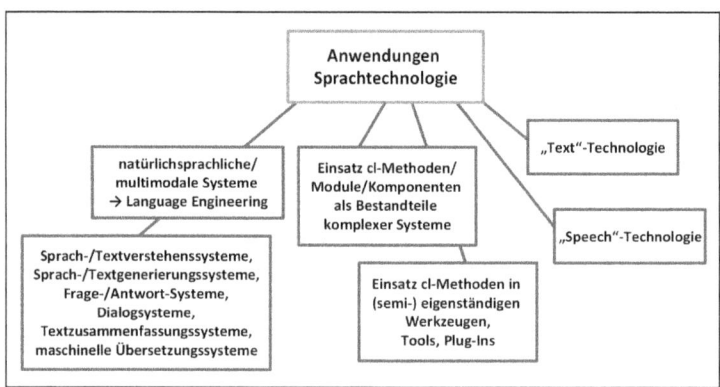

Abb. 4.2: Anwendungen der Sprachtechnologie[584]

Demzufolge ist der Bereich der Lexikografie und Korpusbearbeitung, bei der es um die Verbindung von Sprachkenntnissen mit computerlinguistischem Wissen geht, ein nachgefragter Industriezweig. Hierzu zählen auch natürlichsprachliche Systeme, wie z. B. kommerzielle Dialogsysteme zu den stark nachgefragten Entwicklungen.[585] Im Rahmen dieser Arbeit wird jedoch der Fokus auf diejenigen sprachtechnologischen Anwendungen gelegt, die für den Erstellungsprozess multilingualer Technischer Dokumentation tatsächlich Einsatz finden. Dazu zählen multilinguale Terminologieverwaltungssysteme, Korrektursysteme (Controlled Language Checker), Translation-Memory-Systeme, Authoring-Memory-Systeme, maschinelle Übersetzung und Quality Assurance Checker. Die einzelnen sprachtechnologischen Werkzeuge und ihre praktischen Anwendungsmöglichkeiten im Rahmen der Technischen Dokumentation werden abschließend näher erläutert und in Beziehung zueinander gesetzt *(vgl. Kapitel 4.2)*.

Durch den Einsatz von Sprachtechnologie ergeben sich verschiedene Vorteile in zahlreichen Bereichen. Hierzu zählen beispielsweise die Erhöhung der Wettbewerbsfähigkeit auf globalen Märkten, optimierte Informationszugänge durch bedienungsfreundlichere Informationsdienste, Zeitersparnis durch die Nutzung intelligenter Computersysteme, qualitativ optimierte Informationen,

---

583   Vgl. Murovec 2006; Carstensen 2005.
584   Vgl. Carstensen 2005; Möller 2006.
585   Vgl. Carstensen et al. 2010, S. 15; Arntrup 2010; Hausser 2000; Pütz et al. 1993.

effizientere Zusammenarbeit bei international ausgerichteten Unternehmen sowie die Optimierung des autodidaktischen Lernens, angepasst an die persönlichen Bedürfnisse und Erwartungen.[586] Die aufgezählten Vorteile zeigen einen groben Querschnitt der Bereiche, die durch den Einsatz von Sprachtechnologie berührt werden und hierdurch eine Optimierung auch hinsichtlich der Mensch-Maschine-Interaktion erfahren. Im Folgenden werden die Herausforderungen und Möglichkeiten von Sprachtechnologien in gegenwärtigen praktischen Anwendungsszenarien erläutert. Ferner erfolgt ein Ausblick hinsichtlich der zukünftigen Entwicklungen dieses Bereichs.

4.1.2 Möglichkeiten und Grenzen sprachtechnologischer Anwendungen

„Die Maschine bleibt ein ungeordnetes Werkzeug, das dem Menschen Arbeit erleichtern, aber nicht abnehmen kann. Computer sind nur berechenbar, nicht zurechnungsfähig."[587]

Sprachtechnologische Werkzeuge haben durch die Erforschung neuer Technologien und optimierter Systemleistungen in den vergangenen Jahrzehnten eine rasante Entwicklung erlebt.[588] Nach MÖLLER befinden sich sprachtechnologische Werkzeuge an der Schwelle zu einer Massenanwendung. Als Beispiele seien hier Diktiersysteme oder Spracherkennung in Mobiltelefonen und Navigationssystemen genannt.[589] Gegenwärtig sieht sich dieser Forschungsbereich mit seinen Anwendungen verschiedenen Herausforderungen und Grenzen gegenübergestellt. Die Leistung der heutigen Sprachtechnologien hat bei Weitem noch nicht die menschliche Leistungsfähigkeit erreicht, was laut MUROVEC und ZIMMERMANN auf die Grenzen der Rechnerleistung und der Speicherkapazität der Plattformen zurückzuführen ist.[590] Im Hinblick auf die Multilingualität stellt auch die Anpassung der jeweiligen Spracherkennungs- und Sprachsynthesesysteme an die jeweilige Sprache eine Hauptherausforderung dar. Hierbei kann der Aufbau umfangreicher Textkorpora für die schriftliche Sprache und Aussprachelexika für die gesprochene Sprache hilfreich sein.[591] Die Grenzen der Entwicklung sprachtechnologischer Systeme liegen in der Beschaffenheit und Komplexität natürlicher Sprache. Ihre Verarbeitung durch den Menschen kann kaum durch einen Computer simuliert werden. Sprachliche Mehrdeutigkeiten können im natürlichen Leseprozess durch die Kombination des sprachlichen und

---

586 Vgl. Carstensen 2005, S. 40; Möller 2006; Hausser 2000.
587 Borst 1990, S. 108 zitiert in Schmitz 1992, S. 183.
588 Vgl. Murovec 2006; Wahlster 1999.
589 Vgl. Möller 2006, S. 4.
590 Vgl. Murovec 2006; Zimmermann 2003.
591 Vgl. Murovec 2006; Carstensen 2003.

weltlichen Wissens vom Menschen gelöst werden. Das Problem der Bedeutungen kann jedoch nicht allein durch sprachliches Wissen behoben werden. ZIMMERMANN merkt in diesem Zusammenhang an:

> „Die Sprache als System ist – sei es aus sprachhistorischen, sei es aus sprachökonomischen Gründen – nicht in der Lage, diese begrifflichen Ausdifferenzierungen auch in den Bezeichnungen (d. h. dem, was in der zwischenmenschlichen Kommunikation über Laute oder auch Texte vermittelt wird) ein-eindeutig umzusetzen. Einzelne Bezeichnungen, ja manchmal auch ganze Sätze, können daher – für sich genommen – mehrdeutig sein."[592]

Gleichzeitig ist der Mensch in der Lage „zwischen den Zeilen zu lesen", Mehrdeutigkeiten oder fehlerhafte Aussagen zu korrigieren und diese in einen persönlichen Lernprozess einzubinden – eine Eigenschaft, die durch sprachtechnologische Werkzeuge nach aktuellem Forschungsstand nicht reproduziert werden kann.[593] Weiterhin können die Vieldeutigkeit des Hintergrundwissens und die unüberschaubaren Erfahrungen und Handlungsmöglichkeiten auf Maschinen nicht dargestellt werden.[594] PFISTER/KAUFMANN merken hierzu an:

> „Während heute die maschinelle Beherrschung des Wortschatzes einer natürlichen Sprache halbwegs gelingt, ist ein Computer nicht in der Lage, für beliebige Sätze zu entscheiden, ob sie syntaktisch korrekt sind oder nicht. Noch viel schwieriger wird es beim Entscheid über die Bedeutung von Sätzen, die sich je nach Situation stark ändern kann. Genau dies macht der Mensch jedoch beim Verstehen von Sprache."[595]

SCHMITZ liefert für dieses Desiderat u. a. drei verschiedene Gründe: Während Menschen differenzierte Ganzheiten sind, werden Maschinen aus Einzelteilen zusammengesetzt. Menschen erzeugen bei der Verarbeitung von unvorhergesehenen Erfahrungen ihre Umwelt interaktiv und immer wieder neu. Maschinen sind hierzu nicht in der Lage. Der Mensch ist mit anderen Problemen konfrontiert als eine symbolverarbeitende Maschine.[596] GROSZ definiert hieraus Anforderungen für sprachtechnologische Anwendungen:

> "The challenge of NLP (Natural Language Processing) is that a text is much less ambiguous to its audience than its parts are. Unambiguous wholes are built from elements that may be lexically, structurally, or referentially ambiguous. Therefore, a natural language processor has to resolve ambiguity, applying context to select from

---

592 Zimmermann 2003, S. 288.
593 Ebenda.
594 Vgl. Varela 1990, S. 96.
595 Pfister, Kaufmann 2008, S. 21.
596 Vgl. Schmitz 1992, S. 209 f.; Winograd, Flores 1989, S. 208; Pascal 1954, S. 19–21; Searle 1986, S. 51; Crownson 1970, S. 22 f. zitiert in Schmitz 1992, S. 209.

the possibilities allowed by the lexicon, grammar, and other processor components."[597]

Aus all dem lässt sich ableiten, dass es herausfordernd sein wird, sprachverarbeitende Systeme zu entwickeln, die all diese Probleme lösen oder zumindest durch eine Art „Lernmechanismus" die gegebenen Kommunikationssituationen adaptieren.[598] CARSTENSEN verdeutlicht:

> „Diese Anwendungen tragen dazu bei, die Benutzerfreundlichkeit meist komplexer Systeme zu erhöhen und werden daher mit Sicherheit an Bedeutung innerhalb der Informationstechnologie gewinnen."[599]

Zu den Herausforderungen und Problemen kann weiterhin das Überangebot an sprachlicher Kommunikation gezählt werden, wodurch sich eine Verschiebung hingehend zur Informationsaufbereitung und -priorisierung ergeben wird.[600] Eine Textverarbeitung ohne sprachtechnologische Unterstützung (z. B. Retrieval, Übersetzung, Zusammenfassung) ist bereits in vielen Unternehmen kaum denkbar und wird sich zukünftig weiter etablieren.[601] In diesem Zusammenhang werden die Interaktion zwischen Kunden und Produkten sowie die Informationshandhabung alterieren, wodurch zunehmend mehr Funktionen durch sprachtechnologische Anwendungen erledigt werden.[602] SANDRINI/MAYER erklären, dass zwar zunehmend neue sprachtechnologische Tools für die Qualitätssteigerung der Arbeit eingeführt werden, hierfür jedoch gleichzeitig ein hohes Maß an Fachkompetenz bzw. Expertenwissen erforderlich sein wird.[603] Fachsprache und Fachkommunikation können somit als spezifische Ausprägungen von Sprache und Kommunikation beschrieben werden, die trotz aller Weiterentwicklungen und Unterstützungsangebote originäre Leistungen des Menschen bleiben werden.[604] Trotz aller Untersuchungen und Forschungen bleibt der heutige Wissensstand über Aspekte des Sprachverstehens sowie über den Prozess der Sprachdaten- bzw. Sprachregelspeicherung noch unzureichend.[605] Hierin zeigen sich folglich die Möglichkeiten und Grenzen in der Entwicklung sprachtechnologischer Werkzeuge und in ihrer Angleichung an die Sprachverarbeitung und -erzeugung des Menschen. HAUSSER verdeutlicht die Interdependenz zwischen den theoretischen Sprachwissenschaften und der Sprachtechnologien:

---

597 Grosz et al. 1986, S. xi zitiert in Schmitz 1992, S. 152.
598 Vgl. Zimmermann 2003, S. 290.
599 Carstensen et al. 2010, S. 15.
600 Vgl. Arntrup 2010, S. 16.
601 Ebenda.
602 Ebenda.
603 Vgl. Sandrini, Mayer 2008, S. 27.
604 Ebenda.
605 Vgl. Zimmermann 2003, S. 287.

„Anwendungen der automatischen Sprachverarbeitung können durch den Beitrag der traditionellen Sprachwissenschaften wesentlich verbessert werden. Umgekehrt sind Computer ein wesentliches Hilfsmittel, um die empirische Analyse der Sprachwissenschaften zu verbessern – und zwar nicht nur in bestimmten Details, sondern als korrekte vollständige und effizient funktionierende Sprachtheorie, die in einer natürlichen Mensch-Maschine-Kommunikation konkret umgesetzt werden kann."[606]

Die aktuelle Entwicklung und Etablierung sprachtechnologischer Anwendungen innerhalb der Industrie wurde im Zuge der sozioökonomischen Veränderung hingehend zu einer Informations- und Wissensgesellschaft genährt.[607] Innerhalb dieser hat die Wertigkeit von Sprache und Text als Informationsträger zugenommen, wodurch auch die Sprach- und Textverarbeitung als Kern der Computerlinguistik in den Fokus gerückt wurde.[608] Laut MUROVEK wird der Markt für Sprachtechnologie in den nächsten Jahren dynamisch wachsen.[609] Gleichzeitig herrscht auch die Ansicht, dass trotz großer Forschungsbemühungen einige Anwendungsbereiche der Sprachtechnologie, wie z. B. die maschinelle Spracherkennung, auch in 20 Jahren noch nicht auf vergleichbarem Stand mit der menschlichen Sprachwahrnehmungsfähigkeit rangieren werden.[610] Dies ist auf die Komplexität natürlicher Sprache zurückzuführen.

ZIMMERMANN merkt zu den zukünftigen Entwicklungen an, dass es immer mehr einer weltweiten Zusammenarbeit bedarf, um Systeme transparenter darzustellen und dadurch das Vertrauen der Anwender zu gewinnen.[611] Abschließend kann festgehalten werden, dass die Sprachtechnologie und Computerlinguistik noch nicht auf dem Forschungsstand sind, auf dem sie das Denken und die Verantwortung eines Menschen übernehmen können. Lediglich als unterstützende Werkzeuge für den Menschen, aber nicht als vollständigen Ersatz für kognitive menschliche Fähigkeiten findet Sprachtechnologie derzeit Einsatz in der Praxis. Dies verdeutlicht abschließend das folgende Zitat von SCHMITZ:

„Hüten wir uns vor der Illusion, wir könnten unsere Verantwortung an die Maschinen abtreten. Wir können sie an bestimmte Plätze in unser Leben einbauen, sie können aber nicht unser Leben leben."[612]

---

606 Hausser 2000, S. 24.
607 Vgl. Arntrup 2010, S. 15.
608 Ebenda.
609 Vgl. Murovec 2006.
610 Vgl. Pfister, Kaufmann 2008, S. 21.
611 Zimmermann 2003, S. 294.
612 Schmitz 1992, S. 183 f.

4.1.3 Einsatzmöglichkeiten in der Technischen Dokumentation

Im Rahmen der Technischen Dokumentation hat sich Sprachtechnologie vor allem im Bereich der multilingualen Dokumentationserstellung bzw. Übersetzung etabliert. Erst im Zuge des letzten Jahrzehnts haben weitere Sprachtechnologien, wie etwa Korrektursysteme mit tiefer Verarbeitung *(engl.: deep processing)*[613], Eingang in die Technische Dokumentation gefunden. In diesem Bereich sind die Vorteile durch den Einsatz von sprachtechnologischen Werkzeugen offensichtlich. Zum einen wird auf Textebene die Qualität der Ausgangstexte, das heißt Fehlerfreiheit, Konsistenz und Verständlichkeit optimiert und dadurch auch ein sprachlich einheitliches Erscheinungsbild bewirkt. Zum anderen wird die Qualität der Übersetzungen optimiert und damit einhergehend eine höhere Trefferquote innerhalb der Translation-Memorys gewährleistet. Letztlich bedeutet dies für den Technischen Redakteur die Verbesserung seines Sprachbewusstseins und für den Übersetzer eine erhebliche Arbeitserleichterung, da die Anzahl der Rückfragen aufgrund von sprachlichen Ungenauigkeiten in der Ausgangssprache gesenkt werden.[614] Das Unternehmen profitiert von verständlichen Technischen Dokumentationen und Kostensenkungen in der Dokumentationserstellung und -übersetzung. HALLER merkt in diesem Zusammenhang an:

„Die technische Dokumentation kann nur dann den höchsten Ansprüchen genügen, wenn sie verständlich, aktuell und mit den modernsten technischen Mitteln gefertigt, übertragen und verfügbar wird. Dieses Ziel kann nur durch eine Integration von Dienstleistungen, Dokumentation und Netzwerklösungen und die Einbindung moderner Sprachtechnologie erreicht werden."[615]

Durch den späten Einsatz von Sprachtechnologie im Übersetzungsprozess können die Vorteile der Anwendungen mitsamt den qualitativen Verbesserungen nicht ausgeschöpft werden. Vielmehr ist es empfehlenswert, in möglichst jedem Prozessschritt der Dokumentationserstellung sprachtechnologische Werkzeuge zur Qualitätssicherung einzusetzen.[616] Ein weiterer Aspekt liegt in der notwendigen Vernetzung und Standardisierung der Prozessschritte und Aufgabengebiete, die durch den Einsatz von Sprachtechnologie in der Technischen Dokumentation realisiert werden können. Hierbei ist anzumerken, dass in der Unternehmenspraxis mit fehlender Standardisierung Texte mehrfach erstellt werden, da Technischen Redakteuren Informationen zu bereits existierenden Texten feh-

---

613 Vollständige Analyse von Sprache auf allen relevanten Wissensebenen, vgl. Carstensen 2011, S. 13.
614 Vgl. Haller 2000, S. 10; Haller 2002.
615 Haller 2000, S. 10.
616 Vgl. Haller 2000, S. 2.

len.[617] Ebenfalls werden Texte mehrfach übersetzt, da ohne Sprachtechnologie nicht erkennbar ist, welche Aktualisierungen ein Technischer Redakteur vom Vorgängermodell zur Überarbeitung vorgenommen hat, sodass sicherheitshalber das komplette Dokument übersetzt wird.[618]

In den Bereichen Marketing und Vertrieb fallen aufgrund der internationalen Ausrichtung viele Übersetzungen an. Durchschnittlich werden allein hier vier bis fünf Informationsarten übersetzt.[619] Die tekom-Studie zum Thema Terminologiearbeit im Unternehmen unterstreicht diesen Aspekt. Hiernach werden in Unternehmen durchschnittlich knapp sechs (5,87) verschiedene Dokumentationen erstellt.[620] Hinsichtlich aktueller Erhebungen zählen die Pflege und Aktualisierung von Information, die Distribution der Information just-in-time, die Qualität der Basisinformation und damit einhergehend die inhaltliche Konsistenz zu den Top-Herausforderungen für Unternehmen bezogen auf das Management von Dienstleistungs- und Produktinformationen.[621] Weiterhin besteht akuter Handlungsbedarf bei der Optimierung der Arbeitsprozesse zur Informationsentwicklung sowie bei der inhaltlichen Konsistenz von Dienstleistungs- und Produktinformationen.[622] Als größte und in der Studie relevanteste Herausforderung steht die Vereinheitlichung der Terminologie und durchgängige Nutzung der vorab festgelegten Bezeichnungen. Mit anderen Worten: Ein konsequent gelebtes Terminologiemanagement.[623]

Vor diesem Hintergrund wird deutlich, dass die Vielzahl der Heraus- und Anforderungen im Rahmen einer qualitativ hochwertigen und gleichzeitig effizienten Dokumentationserstellung nur mithilfe von Technologien (teil-) automatisiert und prozessunterstützend zu bewältigen ist. Im Folgenden werden verschiedene Anwendungsszenarien für Sprachtechnologien aufgezeigt und die sich daraus ergebenden Vorteile in der Technischen Dokumentation und Übersetzung dargestellt.

---

617 Vgl. Freisler 2003, S. 61.
618 Ebenda.
619 Vgl. Straub 2006, S. 3.
620 Vgl. Straub, Schmitz 2010, S. 13.
621 Vgl. Straub 2006, S. 78 f.
622 Vgl. Straub 2006, S. 83.
623 Ebenda.

4.2 Qualitätsplanung im Rahmen der Dokumentationserstellung durch Terminologiemanagement

„Terms are access points to knowledge."[624]

Ein strategisch ausgerichtetes Qualitätsmanagement beginnt nicht erst bei der Qualitätsoptimierung im Rahmen der Dokumentationserstellung, sondern bereits bei der Entwicklung neuer Begriffe und Konzepte, die durch die Vergabe einer Benennung Eingang in Lasten- und Pflichtenhefte finden und im Zuge des Produktentwicklungsprozesses anschließend in die Technische Dokumentationen einfließen. Vor diesem Hintergrund ist Terminologie, als die Gesamtheit von Begriffen und Benennungen eines Fachgebiets und als kleinster zu standardisierender Baustein der Sprache (neben Syntax, Semantik und Pragmatik), eine wichtige Säule im Rahmen der Qualitätsplanung für die Technische Dokumentation *(siehe Abb. 4.3)*.[625]

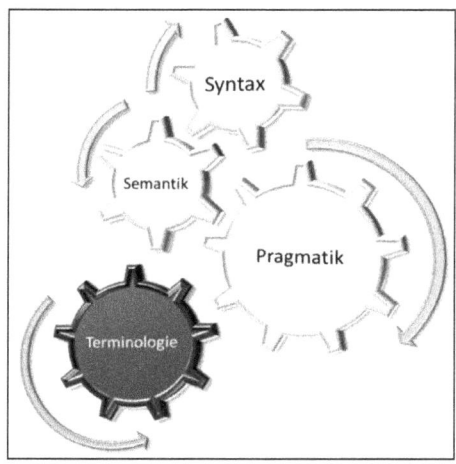

Abb. 4.3: Terminologie als wichtiger Baustein der Linguistik für die Qualitätsplanung[626]

Die Terminologiewissenschaft beschäftigt sich mit dieser Thematik ausführlich und bildet die theoretische Grundlage für Methoden und Maßnahmen in der

---

624 Vgl. Wright 2001, S. 488.
625 Vgl. Schmitz 2008.
626 Eigene Darstellung.

praktischen Umsetzung.⁶²⁷ Die Relevanz der Terminologie innerhalb der Technischen Dokumentation wurde in der Fachliteratur überwiegend aus sprachwissenschaftlicher Warte und hinsichtlich der Optimierung von Übersetzungsprozessen erforscht.⁶²⁸ Terminologie wird vor diesem Hintergrund als Informationsträger und Kern der Fachsprache aufgefasst, sodass innerhalb der Fachkommunikation die Bedeutung des Terminologiemanagements am deutlichsten zum Tragen kommt.⁶²⁹ Abstrahiert nimmt Terminologie folglich eine eminent wichtige Rolle im Hinblick auf die Vermittlung von klarer und eindeutiger Fachinformation ein. Das gleiche gilt aber auch bei der Umsetzung in eine anwender- und verbrauchergerechte Sprache, wie z. B. in der technisch-wissenschaftlichen Information und Dokumentation, im Marketing und Verkauf, in der Normung und Übersetzung, in der Öffentlichkeitsarbeit sowie in der Forschung und Verwaltung.⁶³⁰ Im Zuge der Fachkommunikation repräsentiert Terminologie die begrifflichen Strukturen und Zusammenhänge bzw. die Organisation des fachgebietsbezogenen Wissens, sodass mit der Aufbereitung von Terminologie eine Form der Wissensrepräsentation erfolgt.⁶³¹

Zu den Schwierigkeiten, die im Zuge der Unternehmenskommunikation ohne ein gelebtes Terminologiemanagement auftreten, zählen Synonymie, Homonymie, Polysemie, Varianten sowie intransparente Benennungsbildung. Diese führen im Zuge des Übersetzungsprozesses bzw. in den jeweiligen Zielsprachen zu Problemen.⁶³² Die vor diesem Hintergrund entstehenden Unverständlichkeiten oder Missverständnisse können sich in häufigen Nachfragen der Mitarbeiter oder der Kunden, d. h. in der internen und externen Unternehmenskommunikation, bemerkbar machen.⁶³³ Folglich führt die fehlende Terminologiearbeit zu einer längeren Arbeitsdauer innerhalb der Dokumentationserstellung sowie zu Folgekosten im Rahmen der Übersetzung.⁶³⁴ Dabei sind die abgeschätzten Vorteile im Rahmen der Unternehmenskommunikation und Qualitätsoptimierung der Technischen Dokumentation bereits bekannt. Dies verdeutlichen derzeit ver-

---

627 Die traditionelle Terminologiewissenschaft wurde von Wüster begründet und betrachtet Begriffe als Abbildungen bzw. Vorstellungen der Wirklichkeit, die eine sprachliche Benennung erhalten, vgl. Wüster 1991; DIN 2330; DIN 2331; DIN 2342-1.
628 Vgl. Arntz et al. 2004; Felber 1994; Felber, Budin 1989; Wright, Budin 2001; Deutsches Terminologie-Portal 2010.
629 Vgl. Arandan Yamchi 2008; Dörhöfer 2007; Gerst et al. 2001; Hellwig 2008, S. 147 ff.
630 Vgl. Deutsches Terminologie-Portal 2010; Becher, Villiger 2007.
631 Vgl. Deutsches Terminologie-Portal 2010; Arandan Yamchi 2008.
632 Vgl. Straub, Schmitz 2010, S. 13; Sauberer 2006.
633 Vgl. Leicht et al. 2008.
634 Vgl. Straub, Schmitz 2010, S. 14.

schiedene Kosten-Nutzen-Analysen und monetäre Erhebungen.[635] STRAUB/ SCHMITZ veranschaulichen diese Beobachtung im folgenden Zitat:

> „Bei fünf Sprachen und einem Übersetzungsaufwand von 500.000 Wörtern wird in diesem Beispiel der Nutzen im Sinn von Kosteneinsparungen in Höhe von 191.800 Euro den Kosten für Terminologiearbeit in Höhe von 80.000 Euro gegenübergestellt. Die positive Bilanz beträgt 111.850 Euro."[636]

Die tekom-Studie belegt, dass durchschnittlich fünf verschiedene Bereiche an der Vergabe von Benennungen beteiligt sind und Informationsprodukte in zehn verschiedene Sprachen übersetzt werden.[637] Dies veranschaulicht die Erforderlichkeit und den fachübergreifenden Einsatz eines strategischen Terminologiemanagements mit der Ausschöpfung seiner implizierten Querschnittsfunktion.

4.2.1 Terminologiemanagement zur Optimierung des internen und externen Wissensmanagements

Technische Dokumentation versorgt als Instrument der Wissensvermittlung den Kunden oder das Fachpersonal im Handel mit Fachinformationen und kompensiert gleichzeitig das Wissensgefälle vom Experten zum Laien *(vgl. Kapitel 2.6)*. Wissen manifestiert sich dabei in Sprache und wird explizierbar, wenn es durch Sprache kommuniziert wird.[638] Gerade im automobilen After-Sales ist die Wissensexplizierung sowohl für die Serviceprozesse vor dem Kunden als auch für den Wissenstransfer vom Technischen Redakteur hin zu den praktisch arbeitenden Mechanikern relevant *(vgl. Kapitel 2.6.1 und Kapitel 2.6.2)*. Wissen setzt folglich eine semantische Struktur voraus. BUDIN bekräftigt diesen Gedanken wie folgt:

> „Wissen ohne Kommunikation bleibt ‚Privatsache', Information bleibt ohne Kommunikation ‚unentdeckt', Kommunikation ohne Wissen ist ‚ohne Sinn'. Ohne Terminologie (also Strukturen von Begriffen und deren Repräsentationen) als Organisationsprinzip wäre Wissen, Information und Kommunikation in wissenschaftlichen und fachlichen Handlungsbereichen eine amorphe Masse ohne Ordnungsmuster und Prozessökonomie."[639]

---

635 Vgl. Dunne 2007; Childress et al. 2006; Ferrari 2006; Steurs 2009; Maier 2008; Gust 2006.
636 Straub, Schmitz 2010, S. 17.
637 Vgl. Straub, Schmitz 2010, S. 13.
638 Vgl. Arandan Yamchi 2008, S. 7; Helbig 2008; Felder, Müller 2009.
639 Budin 1996, S. 186.

Terminologie dient aus dieser Perspektive somit der Repräsentation und Organisation des fachgebietsbezogenen Wissens.[640] Werden Begriffe versprachlicht, wird das Wissen expliziert und bestimmte Begriffsmerkmale hervorgehoben. Folglich spielt Terminologie bei der Wissenskonzeptualisierung eine tragende Rolle.[641] Eine einheitliche und standardisierte Begriffswelt ist die Basis für die erfolgreiche Verbalisierung und sprachliche Repräsentation von explizierbarem Wissen innerhalb der internen und externen Kommunikation. Die Interdependenz zwischen Terminologie- und Wissensmanagement verdeutlicht STURZ mit dem folgenden Zitat:

> „Wissen wird von – geschriebener und gesprochener – Sprache transportiert. Verstehe ich diese Sprache nicht oder verstehe ich sie falsch, kann ich das in ihr enthaltene Wissen nicht nutzen, ja es unter Umständen noch nicht einmal finden. (…) Wissensmanagement braucht eine gewissenhafte Terminologiearbeit. Denn ohne gemeinsame Sprache kein gemeinsames Wissen, ohne Terminologiearbeit keine gemeinsame Sprache."[642]

Ein strategisch ausgelegtes und effektiv gelebtes Terminologiemanagement macht die Explizierung und Kollektivierung von implizitem, individuellem (prozeduralem) Wissen[643] möglich und legt gleichzeitig die Grundlage für die anschließende Wissensteilung bzw. den Wissenstransfer. Hier berühren sich erneut Ziele und Aufgaben des Terminologie- und Wissensmanagements.[644]

Der Begriff des impliziten Wissens wurde erstmals von POLYANI[645] geprägt und ist eine Wissensform, die sich über einen langen Zeitraum durch Erfahrungen und Routine in das Unterbewusstsein des Wissensträgers verwoben hat. Dies führt dazu, dass der Wissensträger unzählige komplexe Fertigkeiten beherrscht, ohne in der Lage zu sein, diese zu verbalisieren.[646] Hinsichtlich des impliziten Wissens ist die Textproduktion eines der eindrucksvollsten Beispiele, bei denen Textproduzenten ihre über Jahre gesammelten Fertigkeiten anwenden. Implizite oder auch prozedurale Wissensstrukturen bilden die Grundlage dafür, dass Personen solche Handlungen wie Textverstehen oder Texterstellung ausführen können.[647]

---

640 Vgl. Budin 2006, S. 454; Felber 1994; Felber, Budin 1989; Arandan Yamchi 2008.
641 Vgl. Wieden, Weiss 2004, S. 22; Hauer 2000; Wieden 2011.
642 Sturz 2004, S. 4.
643 Vgl. Polyani 1958; Davenport, Prusak 1999, S. 27; North 2002, S. 1–13; Reinmann-Rothmeier, Mandl 2000.
644 Vgl. Wieden 2011; Childress 2004; Arandan Yamchi 2008; Felder, Müller 2009.
645 Vgl. Polyani 1958, S. 14.
646 Vgl. Mandl et al. 1986, S. 146; Hochhaus 2002, S. 6 f.; Mandl et al. 2000, S. 1–17; Thobe 2003, S. 17, 19, 24; Mühlenthaler 2005, S. 15; Zahn et al. 2000, S. 249.
647 Vgl. Arandan Yamchi 2008; Nonaka, Takeuchi 1997.

Dem impliziten Wissen steht das explizite Wissen gegenüber, das sich im Gegensatz zum impliziten Wissen sehr leicht durch Sprache, Formeln oder andere Ausdrucksformen beschreiben lässt. Explizites Wissen wird aus diesem Grund auch Faktenwissen genannt.[648] EDELMANN bezeichnet diese Wissensform als Sachwissen, das in Form von sprachlichem Lernen u. a. aus Texten erworben wird.[649] Das explizite oder auch deklarative Wissen umfasst sowohl Faktenwissen als auch Wissen über komplexe Zusammenhänge. Wissen dieser Art ist für das Berufs- wie auch das Privatleben von besonderer Bedeutung.[650] Diese Informationen können jederzeit aktiviert werden, wobei es dem Wissensträger gelingt, Sachwissen bzw. explizites Wissen sprachlich auszudrücken. KLEMM merkt hierzu an, dass ein gut organisierter Bestand an deklarativem Wissen die Voraussetzung für viele Denkprozesse und somit für die Nutzung technischer Produkte ist.[651] Die folgende Tabelle stellt zur Veranschaulichung die gegensätzlichen Wissensformen gegenüber.

Tab. 4.1: Explizites vs. implizites Wissen[652]

Explizites Wissen	Implizites Wissen
• Objektiv	• Subjektiv, personengebunden
• Verbalisierbar, formal artikulierbar	• Schwer formalisierbar und kommunizierbar
• Kodifiziert	• Verankert im Handeln und der Denkweise eines Menschen; Intuition
• Kann in Zahlen, Bildern, Daten, Formeln ausgedrückt werden	• Schwere systematische Verarbeitung
• Transferierbar, korrigierbar	• Unreflektiert, da unbewusste Speicherung
• Quantifizierbar, greifbar, sichtbar	• Ergebnis von „learning by doing" und der Verinnerlichung von Werten
• Leichte Identifizierung und Bewahrung	
• Individuen sind sich bewusst über das Wissen	• „Knowing how"
• „Knowing that"	• Erfahrungswissen; Handlungswissen
• Oberflächen- und Faktenwissen	• Tiefenwissen

---

648 Vgl. Hochhaus 2002, S. 6; Bodrow, Bergmann 2003, S. 40; Zahn et al. 2000, S. 249; Auer 2002, S. 1.
649 Vgl. Edelmann 2000, S. 132, 142 ff.; Nonaka, Takeuchi 1997; Linde 2005; Helbig 2008.
650 Vgl. Mandl et al. 1986, S. 146; North 2002; North 1998.
651 Vgl. Klemm 2005, S. 86 f.; Reinmann-Rothmeier, Mandl 2000; Davenport, Prusak 1999.
652 Eigene Darstellung.

4.2.2 Terminologieverwaltungssysteme als Repräsentationsformen des Unternehmenswissens

Zur Verwaltung der abgestimmten und standardisierten Terminologie im Rahmen eines operativen Terminologiemanagements ist der Einsatz eines Terminologieverwaltungssystems erforderlich. Standardisierte Terminologiesammlungen werden mithilfe eines Terminologieverwaltungssystems in strukturierter Form archiviert, verwaltet und kollektiviert. Das Ergebnis dieses Prozesses ist eine für alle berechtigten Mitarbeiter zugängliche Terminologiedatenbank, die verschiedene Suchoptionen anbietet und Definitionen, Kontexte sowie grammatikalische Angaben zu den terminologischen Einträgen beinhaltet. In international agierenden Unternehmen ist die multilinguale Ausrichtung der Terminologiedatenbank sinnvoll, bei der zu den jeweiligen ausgangssprachlichen Terminologien die entsprechenden zielsprachlichen Übersetzungen angelegt werden.

Die Terminologiedatenbank ist ein stetig wachsendes System, das kontinuierlich gepflegt und gewartet werden muss. Dabei sollte der Fokus stets auf Qualität anstatt auf Quantität liegen.[653] Terminologieverwaltungssysteme stellen in der Unternehmenspraxis folglich ein geeignetes Mittel zur Verwaltung und Kollektivierung des Unternehmenswissens in explizierter Form dar. Durch die Hinterlegung der Terminologien mit Kontexten und Definitionen werden die ehemals impliziten und prozeduralen Wissensformen greifbar und neu kombiniert. Technische Redakteure und Anwender aus unterschiedlichen Unternehmensbereichen haben durch die Suchfunktion der Terminologieverwaltungssysteme Zugriff auf dieses explizierte Unternehmenswissen in strukturierter und wieder auffindbarer Form. Die Identifizierung, Abstimmung, Verwaltung und Bereitstellung terminologischen Wissens in Terminologieverwaltungssystemen führt somit zur bereichsübergreifenden Wissenskollektivierung und zum Wissenstransfer innerhalb des Unternehmens.[654] SCHMITZ merkt an, dass ein zielgerichteter Wissenstransfer und eine effizient ablaufende fachsprachliche Kommunikation ohne terminologisches Wissen nicht umzusetzen sind. In diesem Zusammenhang ist der Zugriff auf standardisierte Terminologie sowohl für Technische Redakteure als auch für Informationsvermittler erforderlich.[655]

---

653 Vgl. Straub, Schmitz 2010, S. 13; Schmitz und Straub stellen im Rahmen ihrer Studie zur Terminologiearbeit verschiedene Kriterien für ein erfolgreiches Terminologiemanagement auf.
654 Vgl. Childress 2004, S. 132; Oehmig 2006, S. 18.
655 Vgl. Schmitz 2004a, S. 182.

4.2.3 Explizierung impliziten Wissens durch Terminologiemanagement

Terminologie als kleinster Träger des Unternehmenswissens kann im Rahmen des Wissensmanagements und in der Wertschöpfungskette als Instrument zur Explizierung des impliziten Wissens betrachtet werden. Zur Verdeutlichung dieses Aspekts wird im Folgenden das Wissensmanagement-Modell nach NONAKA/TAKEUCHI[656] zu Grunde gelegt.

In Anlehnung an das SECI-Modell[657] kann die Argumentationsgrundlage für die Implementierung eines Terminologiemanagements innerhalb von Unternehmen erweitert und vertieft werden. Das SECI-Modell beschreibt den Prozess der Wissensgenerierung durch vier aufeinander folgende Phasen (Sozialisation, Externalisierung, Kombination und Internalisierung) und ist in der Theorie des Wissensmanagements eines der wenigen Modelle, das nicht nur die Wissensverarbeitung, sondern auch die Wissensschaffung thematisiert. Fokus des SECI-Modells ist dabei die Umwandlung von implizitem in explizites Wissen und die Transformation von individuellem in kollektives Wissen.[658] Das implizite Wissen wird in diesem Modell als Ausgangspunkt der Wissensgenerierung betrachtet *(siehe Abb. 4.4)*. Im Folgenden werden die einzelnen Phasen des SECI-Modells erläutert und mit den Aufgaben des Terminologiemanagements sowie den Werkzeugen der Sprachtechnologie neu verknüpft und in Beziehung zueinander gesetzt.

In der ersten Phase, der *Sozialisation*, entsteht im Rahmen eines überfachlichen Austauschs neues Wissen in impliziter Form.[659] Hier entstehen neue Konzepte, mentale Modelle, technische Fertigkeiten und Innovationen, aber auch Begriffe, wie beispielsweise in der Forschung und Entwicklung, wenn neue Bauteile konzipiert werden.[660] Dieser Prozess hängt jedoch stark von der Bereitschaft der Mitarbeiter ab, das persönliche implizite Wissen einzubringen, auch wenn für sie kein direkter, persönlicher Nutzen erkennbar ist.[661]

---

656 Vgl. Nonaka, Takeuchi 1997.
657 SECI: Socialization, Externalization, Combination, Internalization; alternativ wird für dieses Konzept auch der Terminus „Wissensspirale" verwendet, vgl. Nonaka, Takeuchi 1997.
658 Vgl. Nonaka, Takeuchi 1997, S. 63 ff.; Bodrow, Bergmann 2003, S. 44.
659 Vgl. Nonaka, Takeuchi 1997, S. 75; North 1998, S. 51; Mühlenthaler 2005, S. 5.
660 Vgl. Nonaka, Takeuchi 1997, S. 75.
661 Vgl. Moser, Schaffner 2004, S. 98; Arandan Yamchi 2008, S. 47; Nonaka, Takeuchi 1997.

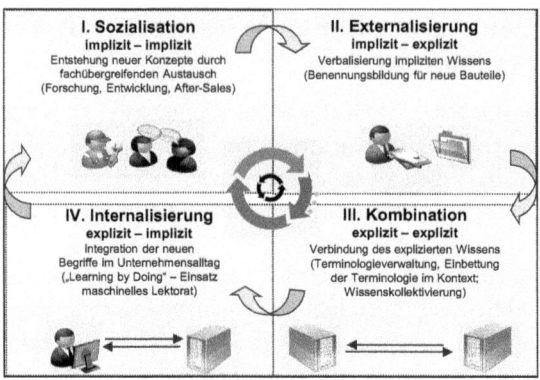

Abb. 4.4: Erweitertes SECI-Modell: Wissensexternalisierung durch Terminologiemanagement[662]

In der *Externalisierungsphase*[663] wird das neu entstandene implizite Wissen durch die Verbalisierung und in diesem Zusammenhang durch die Vergabe einer Benennung expliziert. Das ehemals implizite Wissen erhält somit eine konkrete Bezeichnung, wird greifbar und kommunizierbar. In dieser Phase spielt die Terminologieabstimmung und alle hierunter fallenden Aufgaben des Terminologiemanagements eine tragende Rolle. Hier erfolgt die Abgrenzung von Begriffen sowie die Begriffsbestimmung und Benennungsbildung. Durch Verbalisierung, in diesem Fall also durch die Benennungsvergabe, wird das implizite Wissen in die explizite Form umgewandelt, dadurch verständlich und somit kommunizierbar. Die durch diesen Prozess entstehende Terminologie nimmt somit bei der Wissensgenerierung eine Schlüsselfunktion ein.[664]

Anschließend wird in der *Kombinationsphase*[665] das explizierte Wissen neu verknüpft, sodass systemisches Wissen entsteht, das sich in Datenbanken, Methoden und Prozessen manifestiert.[666] Bezogen auf das terminologische Wissen wird nun die in der Externalisierungsphase festgelegte Terminologie in die Terminologiedatenbank überführt und in bereits bestehendes explizites Wissen eingebettet. Die Terminologie wird mit Definitionen und Kontextinformationen versehen sowie innerhalb der Terminologiedatenbank mit den bereits bestehen-

---

662 Eigene Darstellung in Anlehnung an das SECI-Modell nach Nonaka, Takeuchi 1997; Arandan Yamchi 2008.
663 Vgl. Nonaka, Takeuchi 1997, S. 77 f.; North 1998, S. 52.
664 Vgl. Arandan Yamchi 2008, S. 57 f.; Budin 1996; Childress 2004.
665 Vgl. North 1998, S. 51 f.; Nonaka, Takeuchi 1997, S. 81 f.
666 Vgl. North 1998, S. 52; Arandan Yamchi 2008, S. 48.

den Einträgen verknüpft.[667] Hier steht das terminologische Wissen nun allen berechtigten Anwendern zur Verfügung, sodass ehemals individuelles und implizites Wissen kollektiviert und expliziert wird *(siehe Tab. 4.2)*. Gleichzeitig wird das terminologische und explizierte Wissen in das linguistische Regelwerk[668] eines eingesetzten Controlled Language Checker importiert (alternativ auch Termchecker oder Systemwörterbuch genannt) und auch hier mit dem bereits explizierten Wissen, beispielsweise mit konkreten Terminologie-, Stil- und Grammatikregeln, kombiniert *(vgl. Kapitel 4.3.1)*. Ebenso erfolgt je nach eingesetzter Sprachtechnologie die Befüllung der Wörterbücher für die maschinelle Übersetzung mit der zuvor standardisierten Terminologie. Auch innerhalb des Translation-Memory-Systems erfolgt die Verknüpfung von expliziten Wissensformen durch den Import neuer Übersetzungen und multilingualer Terminologie *(vgl. Kapitel 4.4.1)*. Dieser Prozess führt zur Reduzierung von Wissensverlusten und erleichtert das Wiederfinden von einmal abgelegten Informationen.

Tab. 4.2: Kollektivierung individuellen Wissens[669]

Implizites, individuelles Wissen ⇒	Explizites, kollektives Wissen
Wissen verfügbar für Einzelpersonen	Gemeinsame Wissensbasis
Wissen verborgen in Köpfen von Menschen	Wissen artikuliert und formalisiert, gespeichert in zentralem Wissensspeicher
	Grundlage für neue Lernprozesse

In der letzten Phase, der *Internalisierung*[670], wird das explizite Wissen verinnerlicht und hierdurch zum Bestandteil der persönlichen Wissensbasis der Wissensträger. Das Schlagwort dieser Phase ist „learning by doing", da im Zuge des Internalisierungsprozesses explizites Wissen in ein implizites mentales Modell umgewandelt bzw. operatives Wissen erzeugt wird.[671] Bezogen auf die fachsprachliche Kommunikation und Technische Redaktion fließt das explizierte Wissen durch die Mensch-Maschine-Interaktion, z. B. mit dem maschinellen Lektorat, in die täglichen Arbeitsabläufe des Redakteurs ein.[672] Durch „learning by doing" geht dieses Wissen in die Gewohnheiten des Redakteurs über und wird auf diese Weise wiederum zu seinem individuellen, impliziten Wissen. Die Verwendung eines Controlled Language Checker und die hierdurch ermöglichte

---

667 Vgl. Arandan Yamchi 2008.
668 Innerhalb des Regelwerks werden alle Schreibkonventionen in Form von Rechtschreib-, Grammatik-, Terminologie- und Stilregeln verwaltet.
669 Eigene Darstellung.
670 Vgl. Nonaka, Takeuchi 1997, S. 81 f.
671 Vgl. Claasen 2006, S. 204.
672 Vgl. Zimmermann 1992.

Überprüfung der Unternehmensterminologie werden somit zu einem festen Bestandteil innerhalb der Arbeitsabläufe des Technischen Redakteurs. Die Internalisierung stellt gleichzeitig den Ausgangspunkt und Auslöser für die Sozialisation dar, weshalb dieses Modell auch als „Wissensspirale" bezeichnet wird.[673]

Das in dieser Arbeit erweiterte SECI-Modell verdeutlicht die Relevanz des Terminologiemanagements im Innovationsprozess eines Unternehmens. Durch die unterstützende Funktion von Sprachtechnologie wird hier ein Wissenskapital generiert, das durch ein gelebtes Terminologiemanagement Anwendung in der Technischen Dokumentation und Übersetzung findet und sich letztlich in einer einheitlichen Unternehmenssprache widerspiegelt.[674] Vor diesem Hintergrund leistet das Terminologiemanagement einen entscheidenden Beitrag im Rahmen der Wissensidentifikation, -schaffung, -speicherung und -verbreitung und ist folglich als spezialisierte Form des Wissensmanagements zu betrachten. Für die Technische Redaktion bedeutet dies, dass bereits in der Konzeptentwicklung ein zeitnaher Wissensaustausch mit den terminologiebetroffenen Bereichen nutzbringend ist.[675] Ferner kann die Integration des terminologischen Wissens ein sinnvoller und ganzheitlicher Optimierungsansatz für das Qualitätsmanagement der Technischen Dokumentation sein. Die folgende Abbildung veranschaulicht die internen und externen Effekte eines gelebten Terminologiemanagements auf der Dokumentations- und Kommunikationsebene eines Unternehmens.

	TERMINOLOGIEMANAGEMENT			
DOKUMENTATIONS-EBENE	Konsistente Sprache	Eindeutigkeit	Konkretheit	Nachhaltigkeit
KOMMUNIKATIONS-EBENE	Interne Effekte			Externe Effekte
	Optimierte Kommunikationsprozesse			Textqualität und -verständlichkeit
	Barrierelose Kommunikation zwischen Abteilungen und Wissensträgern	Wirtschaftliche und juristische Anforderungen an die Technische Dokumentation		Reduzierte Missverständnisse und Fehlinterpretationen, Zeitgewinn
	Effizientes Informations- und Wissensmanagement			Zielgruppenorientierte Kommunikation, einheitliche Kundenansprache, Kundennähe
ORGANISATIONS-EBENE	MITARBEITERZUFRIEDENHEIT			KUNDENZUFRIEDENHEIT

Abb. 4.5: *Relevanz des Terminologiemanagements für Kunden- und Mitarbeiterzufriedenheit*[676]

---

673 Vgl. Nonaka, Takeuchi 1997, S. 82 f.; Arandan Yamchi 2008, S. 48 f.
674 Vgl. Arandan Yamchi 2008.
675 Ebenda.
676 Eigene Darstellung in Anlehnung an Arandan Yamchi 2008, S. 69.

4.3 Qualitätslenkung, -sicherung und -verbesserung im Rahmen der Textproduktion

Mit der Einführung eines Terminologiemanagements und dem Einsatz eines Terminologieverwaltungssystems *(vgl. Kapitel 4.2.1)* sind die wichtigsten Grundlagen im Rahmen der Qualitätsplanung von Technischer Dokumentation gelegt. In Anlehnung an die Bausteine des Qualitätsmanagements nach DIN EN ISO 9000 *(vgl. Kapitel 3.2)* soll mithilfe von Sprachtechnologie neben der Qualitätsplanung der gesamte Dokumentationserstellungsprozess unterstützt werden. Hierzu wird im Folgenden ein Augenmerk auf die Bausteine Qualitätslenkung, -sicherung und -verbesserung gelegt. Hierzu wurden die folgenden Sprachtechnologien ausgewählt, mit denen verschiedene Wertschöpfungsfaktoren im Rahmen des Dokumentationserstellungsprozesses generiert werden können:

- Controlled Language Checker (vgl. Kapitel 4.3.1),
- Authoring-Memory-Systeme (vgl. Kapitel 4.3.1),
- Content-Management-Systeme und standardisierte Gleichtexte (vgl. Kapitel 4.3.3),[677]
- Statistische Kennzahlenermittlung (vgl. Kapitel 4.3.4).

Im Rahmen der Übersetzungsprozesse werden die folgenden Sprachtechnologien näher betrachtet:

- Translation-Memory-Systeme (vgl. Kapitel 4.4.1),
- Maschinelle Übersetzung (vgl. Kapitel 4.4.2).

4.3.1 Controlled Language Checker zur Anwendung der kontrollierten Sprache

In Kapitel 3.4.4 wurde die Entwicklung einer kontrollierten Sprache als Lösungsansatz zur Verbesserung der Textverständlichkeit vorgestellt. Styleguides bzw. Redaktionsleitfäden beinhalten in der Regel die relevanten und gültigen Schreibkonventionen eines Unternehmens. Für den Anwender stellen diese zwar nötige Rahmenbedingungen in der Dokumentationserstellung dar, dennoch können stressbedingt und aufgrund von Zeitdruck Fehler in der Textproduktion, wie beispielsweise Terminologiefehler oder aber auch Flüchtigkeitsfehler, unbemerkt entstehen. Hierdurch werden im Zuge des Übersetzungsprozesses immer wieder neue sprachliche Varianten mit identischen Inhalten produziert, wodurch

---

677 Unter Gleichtexten werden in dieser Arbeit Textbausteine, z. B. Achtungs- und Gefahrenhinweise bezeichnet, die im Redaktionssystem archiviert werden und somit dokumentationsübergreifend wiederverwendet werden können.

gleichzeitig unnötige Übersetzungskosten erzeugt werden.[678] Eine kontrollierbare Standardisierung kann unter diesen Bedingungen nicht erfolgen.

Mithilfe von zusätzlichen Sprachtechnologien kann dieser Arbeitsprozess für den Redakteur erleichtert und die Textqualität erhöht werden. Controlled Language Checker sind Korrekturprogramme, die geschriebene Texte nach definierten Rechtschreib-, Grammatik-, Stil-, und Terminologieregeln prüfen und je nach Fehlerart Korrekturvorschläge für den Anwender generieren. Controlled Language Checker sind in diesem Zusammenhang eine Lösungsmöglichkeit, um festgelegte Schreibkonventionen in der Technischen Dokumentation praktisch anzuwenden, anstatt diese in einem Redaktionsleitfaden zu dokumentieren. Auf Basis der gefundenen Fehlerstellen, erfolgt die Korrektur des Texts halbautomatisiert in der Interaktion zwischen Controlled Language Checker und Anwender.

Die Fehlererkennung bzw. -korrektur im Rahmen der Korrektursysteme erfolgt allgemein durch vier unterschiedliche sprachtechnologische Systeme. Hierzu zählen Systeme zur Korrektur von Nichtwörtern *(engl.: non-words)*, Systeme zur kontextabhängigen Korrektur, Korrektursysteme bei Abfragen von Datenbanken und Suchmaschinen sowie Grammatikkorrektursysteme.[679] Unter Nichtwörtern werden Zeichenketten verstanden, die in einer Sprache nicht vorkommen und meist durch Tippfehler entstehen. Die Nichtwort-Korrektur erfasst demnach all jene Zeichenketten, die nicht als Wörter im Systemlexikon hinterlegt worden sind. Nach diesem Prinzip arbeiten diverse Textverarbeitungsprogramme mit integrierter Rechtschreibkorrektur.[680] Lernfähige Korrekturprogramme können in der Interaktion mit dem Anwender den Bestand des Systemlexikons erweitern, indem neue Wörter explizit aufgenommen werden, die zuvor als unbekannt moniert wurden. Für die Generierung einer wahrscheinlichen Korrektur wird nach ähnlichen Zeichenketten, bzw. „Strings" mithilfe der Stringabstandsfunktion (String Distance Function) gesucht (Approximate String Matching).[681] Systeme zur kontextabhängigen Korrektur betrachten den umgeben-

---

678 Vgl. Göpferich 2007; Reuther, Theofilidis 2000; Lehrndorfer 1996a; Lehrndorfer 1996b; Schwitter 1998; Reuther 2002.
679 Vgl. Jurafsky, Martin 2009, S. 106; Carstensen et al. 2010, S. 555; Göpferich 2000.
680 Vgl. Carstensen et al. 2010, S. 555; Schmidt-Wigger 1998.
681 Vgl. Jurafsky, Martin 2009, S. 106 f.; Carstensen et al. 2010, S. 557; zu String Distance Funtion vgl. Wagner, Fischer 1974; Lowrance, Wagner 1975. Eine weitere Möglichkeit zur Abstandsberechnung zwischen zwei Strings ist die Verwendung von N-Grammen bzw. Trigrammen, vgl. Ukkonen 1992; Mays et al. 1991; Golding, Schabes 1996 beschreiben ein Verfahren, das statistische Methoden kombiniert und so bei Tests von Texten Korrekturergebnisse von bis zu 98 Prozent erreicht, vgl. Carstensen et al. 2010, S. 560. Eine weitere Möglichkeit ist die Bayes-Formel, mit der in einer Evaluation in 87 Prozent der Fälle die richtige Korrektur vorgeschlagen wird, vgl. Jurafsky, Martin 2009, S. 174; Carstensen et al. 2010, S. 559.

den Kontext des Worts, um Fehler zu identifizieren, die durch Tippfehler entstanden sind, jedoch trotzdem ein gültiges Wort ergeben (z. B. „mir" statt „mit"). Untersuchungen nach KUKICH verdeutlichen, dass beispielsweise in englischen Texten zwischen 25 bis 40 Prozent der Tippfehler dennoch gültige Wörter ergeben.[682]

Die statistische Verwendung von Korpora im Zusammenhang mit „N-Grammen" liefern in diesem Zusammenhang weitere Analysemöglichkeiten für die Rechtschreibkorrektur.[683] Mithilfe von N-Grammen können Texte in Fragmente zerlegt werden, um daraus die Vorhersage der nächsten Wortformen aufgrund ihrer statistischen Wahrscheinlichkeit abzuleiten. Mit dieser Funktion finden N-Gramme in vielen Bereichen Verwendung.[684] Die Grundlage für die statistischen Berechnungen bilden umfangreiche Korpora, d. h. die Sammlung von computerlesbaren Texten.[685] Für Korrektursysteme kann die statistische Auswertung der Korpora in Form von N-Grammen bei kontextabhängigen Rechtschreibfehlern Anwendung finden, wie die folgenden Beispiele verdeutlichen:

- *Lesen und beachten Sie die einteilenden (einleitenden) Informationen.*
- *In einigen Ländern gelten abgasrelevante Verschriften (Vorschriften), die vom Baumzustand (Bauzustand) des Fahrzeugs abweichen können.*
- *Steht im Rieselnd (Reiseland) ein Volkswagen Partner zur Verfügung?*

Die aufgeführten Beispiele zeigen Rechtschreib bzw. Tippfehler, die trotzdem ein gültiges Wort ergeben. Durch die statistische Auswertung von Korpora der jeweiligen Textsorte, in diesem Fall Bedienungsanleitungen, könnten Wahrscheinlichkeiten berechnet werden, die das Erkennen und Korrigieren von den im Kontext seltenen Wörtern ermöglichen. Dennoch ist die ausschließliche Verwendung dieses Mechanismus riskant, da auch in technischen Texten seltene bzw. allgemeinsprachliche Wörter auftreten können. Die Verwendung von N-Grammen ist ebenfalls für den Bereich der Spracherkennung bei Wörtern, die in der Aussprache ähnlich klingen, relevant (Noisy Channel Model for Spelling).[686] Ein weiteres Anwendungsgebiet ist die maschinelle Übersetzung, bei der potenzielle Übersetzungsmöglichkeiten hinsichtlich der inhaltlich wahrscheinlichsten Übersetzung ausgewählt werden.[687] Der Einsatz von Korrektursystemen, die in Suchmaschinen eingesetzt werden, stellt eine Herausforderung für die aktuellen Entwicklungen dar. Hierzu werden im Vorfeld gespeicherte Suchanfragen

---

682   Vgl. Kukich 1992, S. 413.
683   Vgl. Jurafsky, Martin 2009, S. 118; Kukich 1992.
684   Vgl. Jurafsky, Martin 2009, S. 117 f.
685   Vgl. Jurafsky, Martin 2009, S. 119 f.
686   Vgl. Jurafsky, Martin 2009, S. 198 zum Thema "Noisy Channel Model for Spelling".
687   Vgl. Jurafsky, Martin 2009, S. 118.

(Query Logs), die durch Benutzereingaben entstehen, ausgewertet, da sich der Einsatz eines statistischen Systemlexikons für die praktische Umsetzung als unzureichend herausgestellt hat.[688]

Durch Grammatikkorrektursysteme werden Grammatikfehler korrigiert, die Kongruenz- oder Wortstellungsfehler beinhalten, z. B. Subjekt und Prädikat, Adjektiv und Substantiv oder Antezedens und Pronomen, falscher Kasus oder Infinitivkonstruktion statt dass-Satz. Die Erkennung solcher Fehlerarten erfolgt erst durch syntaktische Analysen und die Verwendung von morphologischen Verfahren, die Agglutination bzw. Flexion, Derivation und Komposition beschreiben.[689] Für die Erkennung dieser Fehlerarten werden zwei Verfahren verwendet: Constraint Relaxation und Fehlerantizipation (Error Anticipation).[690] Die Grammatikkorrektur ist im Vergleich zu anderen Systemen am komplexesten. CARSTENSEN prognostiziert jedoch in diesem Bereich eine Verbesserung durch den Einsatz effizienter Parser und die ständige Weiterentwicklung der Hardware. Hierbei können die Performance und die Flexibilität der Systeme durch den Einsatz von Hybridsystemen, bei denen semantische Verfahren, manuell geschriebene Grammatiken und statistische Komponenten verknüpft sind, verbessert werden.[691]

Eine Zusatzkomponente, die Controlled Language Checker oft anbieten, ist die integrierte Terminologieextraktion, die neben der Textprüfung bzw. Fehlerkorrektur optional erfolgt und verschiedene Vorteile insbesondere zur Verbesserung des Systems verspricht. Das Ziel von Extraktionsverfahren, die entweder musterbasiert oder durch Prädikat-Argument-Strukturen erfolgen, liegt in der Identifikation von sprachlichen Einheiten, die Relationen ausdrücken. Weiterhin dient die Terminologieextraktion der Bestimmung von Terminologiekandidaten, die in Beziehung zueinanderstehen und für den Aufbau bzw. die Erweiterung einer existierenden Terminologiedatenbank benötigt werden.[692] In dieser Beziehung profitieren im Rahmen der Textprüfung sowohl die Performance von Controlled Language Checker als auch das Terminologiemanagement aufgrund der integrierten Terminologieextraktion. Darüber hinaus kann festgehalten werden, dass die Vorteile und die Übergänge zwischen Terminologieverwaltungssystem und Controlled Language Checker fließend sind und sich dadurch Synergien

---

688 Vgl. Carstensen et al. 2010, S. 556.
689 Vgl. Carstensen et al. 2010, S. 556; hierzu wird die Zwei-Ebenen-Morphologie nach Koskenniemi 1983 auf Basis von Finite-State-Maschinen angewendet.
690 Vgl. Carstensen et al. 2010, S. 560.
691 Vgl. Carstensen et al. 2010, S. 564.
692 Vgl. Carstensen 2010, S. 571; zu Terminologieextraktionssystemen vgl. Cabré Castellví et al. 2001.

ergeben können *(zu Synergiepotenzialen und Interdependenzen der Systeme vgl. Kapitel 4.5.2).*

Für Controlled Language Checker gibt es unterschiedliche Einsatzszenarien: Zum einen kann das Programm jedem Technischen Redakteur zur Verfügung gestellt werden, sodass er dieses Werkzeug selbstständig im Rahmen seiner Dokumentationserstellung einsetzen kann. Denkbar ist auch ein Szenario, bei dem es neben den Redakteuren ein Team für die Qualitätssicherung der Technischen Dokumentation gibt und diese mithilfe eines Controlled Language Checker prüft. Beide Szenarien werfen Vor- und Nachteile auf und müssen an die Anforderungen des Unternehmens angepasst werden. Die allgemeinen Vorteile, die sich durch den Einsatz eines Controlled Language Checker ergeben, werden im Rahmen des Fallbeispiels ausführlich diskutiert und mit verschiedenen Untersuchungsergebnissen untermauert *(vgl. Kapitel 5).*

Für den Einsatz eines Controlled Language Checker müssen im Vorfeld jedoch vielfältige Voraussetzungen erfüllt sein. Hierzu zählen zum einen eine bereits bestehende Terminologiedatenbank, die zur Befüllung des Controlled Language Checker dient, zum anderen die Entwicklung von firmeninternen Schreibkonventionen, gegebenenfalls die Anpassung oder Neugenerierung von Rechtschreib-, Grammatik- und Stilregeln. Weiterhin ergeben sich systemische Voraussetzungen, wie z. B. leistungsfähige Rechner sowie die Schnittstellenerstellung zum Textverarbeitungsprogramm. Nicht zuletzt sind Administratoren für sprachlich-inhaltliche sowie für systemtechnische Themen bzw. Problemfälle erforderlich.

Je nachdem, welches Einsatzszenario etabliert wird, müssen entsprechende Maßnahmen getroffen werden, die sich neben der Systemebene vor allem auf die beteiligten Personen und zu Grunde liegende Prozesse beziehen. Hierzu zählen u. a. die Überzeugungsarbeit gegenüber dem Management, der Technischen Redakteure und Übersetzer sowie die Entwicklung eines Workflows zum operativen Einsatz mit klarer Definition von Zuständigkeiten und Verantwortlichkeiten. Begleitende Schulungsmaßnahmen sind bei der Einführung von neuen Systemen für die Arbeitsweise mit dem System wesentlich. Weiterhin ergeben sich im Zuge der Einführung stetige Prüfmaßnahmen hinsichtlich der Funktionsfähigkeit des Systems und gegebenenfalls die technische sowie sprachlich-inhaltliche Fehlerbehebung in Zusammenarbeit mit dem Systemhersteller.

Diese Maßnahmen und Voraussetzungen können sich je nach Unternehmen und den spezifischen Anforderungen umfassender und detaillierter gestalten. Vor diesem Hintergrund ist es jedoch wichtig, die Einführung eines neuen Systems mit verschiedenen Teilprozessen und Maßnahmen auf Personen-, System- und Prozessebene zu begleiten. Der Aufwand für den erfolgreichen Einsatz des Systems sollte dabei nicht unterschätzt werden *(vgl. Kapitel 4.5).* Dennoch können durch den Einsatz eines Controlled Language Checker Kommunikations- und Informationsflüsse in Bezug auf den Dokumentationserstellungsprozess maßgeblich optimiert werden *(vgl. Fallbeispiel Kapitel 5).*

4.3.2 Authoring-Memory-Systeme

Über den Einsatz von Controlled Language Checker hinaus gibt es mit Authoring-Memory-Systemen eine weitere Möglichkeit für die sprachliche Standardisierung der Technischen Dokumentation. Bei Authoring-Memory-Systemen erfolgt die Übertragung der Funktionen von Translation-Memory-Systemen aus dem Übersetzungsbereich auf die ausgangssprachliche Texterstellung.[693] Durch Authoring-Memory-Systeme können nun auch Technische Redakteure auf bereits erstellte und archivierte Sätze zurückgreifen.[694] Diese Systeme können eine zusätzliche Arbeitserleichterung für den Technischen Redakteur und damit eine effizientere Textproduktion bedeuten. Darüber hinaus wird die syntaktische Konsistenz durch die Wiederverwendung innerhalb der Technischen Dokumentation erhöht. Zu den Vorteilen gegenüber dem alleinigen Einsatz eines Controlled Language Checker zählt die Standardisierung auf Satzebene. Während bei der Korrektur von Fehlern mithilfe eines reinen Korrekturprogramms, Stilfehler in verschiedenen Korrekturvarianten verbessert werden können und der Technische Redakteur letztlich seinen eigenen Schreibstil beibehält, wird der Standardisierungsprozess in der Technischen Redaktion durch ein Authoring-Memory-System verstärkt. Weitere Vorteile von Authoring-Memory-Systemen sind:[695]

- Reduzierung von Inkonsistenzen durch die Wiederverwendung vorhandener Begriffe und Formulierungen,
- Senkung von Fehlerpotenzial durch die integrierte und automatische Vorschlagsfunktion; Technische Redakteure können Schreibkonventionen leichter einhalten,
- Reduzierung des Umfangs von Styleguides durch automatisierte Überprüfung des Authoring-Memory-Systems,
- Reduzierung des Lektoratsaufwands durch automatisierte Prüfung und Vereinheitlichung von Terminologie und Formulierungen,
- Verringerung des Umfangs der Quellinhalte durch Reduzierung der sprachlichen Variantenvielfalt,

---

693 Vgl. Closs 2008.
694 Beispielsweise bietet das Tool „crossAuthor Linguistic" der Firma Congree Language Technologies GmbH zum einen eine Autorenunterstützung in Form der Wiederverwendung bereits erstellter und übersetzter Satzsegmente, zum anderen eine linguistische Prüfung durch das maschinelle Lektorat CLAT, vgl. Congree 2010.
695 Vgl. Closs 2008; Vollmar 2001a.

- Optimierung der Textqualität in Ausgangs- und Zielsprache,
- Kostensenkung für Pflege, Verwaltung und Übersetzung der Inhalte.

Der Einsatz dieser sprachtechnologischen Werkzeuge kann nur bis zu einem gewissen Grad bewertet und mit Vor- und Nachteilen beziffert werden. Je nach Unternehmensanforderung und Umfang der Redaktionsarbeit müssen individuelle Lösungen erörtert werden, die den Erstellungsprozess effizient unterstützen. Bei Authoring-Memory-Systemen, die auf Daten des Translation-Memory-Systems zugreifen, d. h. bereits übersetzte Satzpaare zur Wiederverwendung nutzen, ist nicht nur die Bereinigung der ausgangssprachlichen Datenbasis, sondern zudem die gesonderte Betrachtung der Übersetzungsqualität hinsichtlich der zielsprachlichen Satzsegmente erforderlich. Bislang gibt es nur wenig einsetzbare Werkzeuge, die sich mit der inhaltlich-sprachlichen Bereinigung von Translation-Memory-Systemen befassen und darüber hinaus integriert in der ausgangssprachlichen Dokumentationserstellung Einsatz finden *(vgl. Kapitel 4.2.3)*.[696]

Für die Erarbeitung von praktikablen Prozessstandards unter Berücksichtigung aller relevanten Risiken und Vorteile von Authoring-Memory-Systemen, die auf Translation-Memory-Systeme zugreifen, bedarf es noch tiefer gehender und praxisorientierter Forschungsarbeit. Generell kann jedoch festgehalten werden, dass Authoring-Memory-Systeme für die Unternehmenspraxis einen hohen Mehrwert bzw. neue Wertschöpfungsaspekte darstellen, mit denen die Standardisierung und Optimierung der Technischen Dokumentation verstärkt und erweitert werden kann. Voraussichtlich werden sich in diesem Zusammenhang Unternehmensfusionen und Integrationen ergeben. Besonders hinsichtlich der Systemintegration verschiedener Systemkomponenten, die bisher nur separat eingesetzt wurden, wird es aufgrund von weitflächigeren Einsätzen und bisher ungenutzten Synergien weitere Entwicklungen in diese Richtung geben. So ist denkbar, dass die Technische Redaktion und Übersetzung zukünftig in ihren Aufgabenbereichen noch enger zusammenwachsen, Interdependenzen sichtbarer werden und eine stärkere Vernetzung der einzelnen Bereiche erfolgen wird. Gleichzeitig ist anzunehmen, dass Übersetzer auf Recherchesysteme der ausgangssprachlichen Textproduktion zurückgreifen, um idiomatische Übersetzungen zu erzeugen bzw. inhaltliche Fragen und Recherchen durchzuführen. Gerade

---

696 Beispielsweise „Okapi-Olifant": Open Source TMX-Editor, der für TMX-Previews und Dubletten-Bereinigungen eingesetzt wird; Transclean-Tools wie „Olifant", „Transclean" oder „Errorspy" in der Kombination mit „CLAT" können hier strategisch für die halbautomatisierte Bereinigung von Translation-Memory-Datenbanken sowie zur Qualitätssicherung innerhalb der Übersetzungsprozesse eingesetzt werden, vgl. Sturz 2010; Hecht, Massion 2006; Massion 2008, Hecht 2007; Vollmar 2001b.

in dieser Wechselbeziehung wird es auf Prozessebene in den nächsten Jahren entscheidende Entwicklungen geben, hingehend auf eine ganzheitliche Betrachtung der gesamten Redaktions- und Übersetzungsprozesse sowie ihrer Optimierung hinsichtlich Qualitäts- und Effizienzfaktoren.

4.3.3 Content-Management-Systeme und standardisierte Gleichtexte

Eine weitere Möglichkeit der Qualitätssicherung im Rahmen der Dokumentationserstellung ist die Verwendung von Textmodulen, die im Redaktionssystem abgelegt und für alle Technischen Redakteure im Rahmen eines Content-Management-Systems zur Verfügung stehen. Content-Management-Systeme ermöglichen innerhalb von redaktionellen Prozessen die gemeinschaftliche Erstellung und Verwaltung von Inhalten (Text, Bild, Multimedia), wobei sich der Nutzen aus der Qualität- und Prozesssicherung innerhalb von dynamischen Redaktionsprozessen ableitet.[697] Standardisierung findet hier durch Modularisierung auf Informationsebene statt.[698] Technische Redakteure können bei sich wiederholenden Inhalten bereits vorhandene Informationen in ihr Dokument übernehmen und werden dadurch im Schreibprozess entlastet. Zusätzlich wird hierdurch die Textkonsistenz optimiert *(vgl. Fallbeispiel Kapitel 5)*. Empfehlenswert ist in diesem Bereich z. B. der Einsatz einer „Document Type Definition" (DTD), mit der die Grundstruktur und alle Textelemente festgelegt werden und die standardisierte Erstellung auf Inhalts- und Strukturebene erleichtert wird. Als Arbeitsentlastung für den Technischen Redakteur können Vollständigkeitsprüfungen hiermit automatisch erfolgen.[699]

4.3.4 Statistische Kennzahlenermittlung

Kennzahlen als Quantifizierungsinstrument sind in jüngster Zeit immer weiter in den Fokus verschiedener Institutionen und Unternehmen gerückt. Im Bereich der Technischen Redaktion und Übersetzung nehmen Kennzahlen eine wichtige Rolle ein, um wirtschaftliche Entwicklungen und die Messung von Unternehmenszielen in Zahlen kenntlich zu machen.[700] Die Gesellschaft für Technische Kommunikation e.V. (tekom) hat bereits eine Ausarbeitung über Kennzahlen für die Technische Dokumentation publiziert, in der für verschiedene Aufgaben der Dokumentationsbereiche, von der Erstellung bis zur Übersetzung, konkrete

---

697 Vgl. Ziegler 2005.
698 Zum Beispiel durch die Verwendung von XML-Schema oder DITA.
699 Freisler 2003, S. 61.
700 Vgl. Herwartz, Früh 2008.

Kennzahlen ermittelt werden können.[701] Auch in diesem Bereich können mithilfe von Sprachtechnologien konkrete Ergebnisse erzielt und der Ermittlungsprozess von Kennzahlen beschleunigt werden.[702] Auf dem deutschen Markt gibt es derzeit das Tool „ZertiFAKT" des Instituts der Gesellschaft zur Förderung der Angewandten Informationsforschung e. V. der Universität des Saarlandes (IAI) in Saarbrücken *(vgl. Kapitel 5.3.5).* Ferner ist das Tool „Papyrus" der Firma R.O.M. Logicware Soft- & Hardware GmbH verbreitet, das noch keine Grammatikanalyse beinhaltet, jedoch zusammen mit dem „Duden Korrektor" erworben werden kann.[703] Ein vergleichbares Tool ist „Criterion" der Firma ETS für die englische Sprache, mit dem die automatische Bewertung von Essays, ausgerichtet auf den akademischen Bereich, möglich ist.[704] Hierbei werden computerlinguistische Verfahren angewandt und mithilfe von statistischen Bewertungsschemata eine Beurteilung des Dokuments erzeugt sowie Korrekturmeldungen zu stilistischen, orthographischen oder grammatikalischen Fehlern ausgegeben.[705]

Basis für die Ermittlung von Kennzahlen sind die im Voraus konzipierten Kriterien, die sich im Rahmen dieser Arbeit auf die Qualitätsgüte der Technischen Dokumentation beziehen. Durch statistische Berechnungsverfahren und auf Basis von ausgewählten Dokument-Clustern können Bewertungen auf Basis von Kennzahlen erfolgen.[706] Der Einsatz solcher Systeme ist jedoch gerade in größeren Betrieben mit den Mitarbeitern und dem Betriebsrat abzustimmen, da dies möglicherweise als Leistungskontrolle der Mitarbeiter interpretiert werden kann. Die Gewährleistung der Anonymität und ein erhöhtes Maß an Generalisierung der Kennzahlenergebnisse könnten jedoch den operativen Einsatz ermöglichen. Gerade zur Überzeugung des Managements hinsichtlich Investitionen in weitere qualitätsfördernde Maßnahmen kann die statistische Kennzahlenermittlung notwendige transparente Zahlen liefern, mit denen die Produkt- bzw. Prozessqualität veranschaulicht und gesteuert werden können. Denkbar wäre der Einsatz der statistischen Kennzahlenermittlung nach Abschluss von definierten Teilprozessen, um so die Gesamtqualität schrittweise zu optimieren. Ein solches Werkzeug kann jedoch nicht separat Einsatz finden, sondern sollte auf Basis bereits eingesetzter Sprachtechnologien aufbauen. Auch hier ist ein hohes Maß an Vorarbeit nötig, um den erfolgreichen Einsatz zu realisieren *(vgl. Kapitel 5.3.5).*

---

701   Vgl. Straub et al. 2008.
702   Vgl. Hernandez, Oehmig 2008.
703   Vgl. R.O.M. Logicware Soft- & Hardware GmbH.
704   Vgl. ETS.
705   Vgl. Burstein et al. 2003.
706   Vgl. Reuther 2010.

4.4 Qualitätssicherung im Übersetzungsprozess durch Translation-Memory-Systeme und maschinelle Übersetzung

Mit der Terminologieverwaltung und Autorenunterstützung sind wichtige Voraussetzungen für die inhaltliche und sprachliche Richtigkeit der ausgangssprachlichen Texterstellung gegeben. Die Qualität der ausgangssprachlichen Dokumentation wirkt sich anschließend auf die Qualität der Übersetzungen aus. HALLER verdeutlicht diesen Gedanken im folgenden Zitat:

> „Eine spezialisierte Rechtschreib-, Grammatik- und Terminologiekontrolle garantiert ein fehlerfreies Dokument, das Teile und Arbeitsgänge mit den für das Unternehmen festgelegten Bezeichnungen benennt, Konsistenz- und Stilkontrolle verbessern die Lesbarkeit und Verständlichkeit des Dokuments. In der Folge werden auch erhebliche Erleichterungen und Einsparungen bei der Übersetzung erreicht."[707]

Auch im Übersetzungsprozess können verschiedene Maßnahmen zur Qualitätsplanung und -sicherung vorgenommen werden. Übersetzungen werden in der Regel mithilfe von sprachtechnologischen Anwendungen erstellt, entweder maschinell oder interaktiv bzw. unterstützend. Translation-Memory-Systeme sind unter der Kategorie der interaktiven unterstützenden Übersetzungssysteme einzuordnen und schließen den Übersetzer in seiner Tätigkeit im Gegensatz zur maschinellen Übersetzung ein *(siehe Abb. 4.6)*.

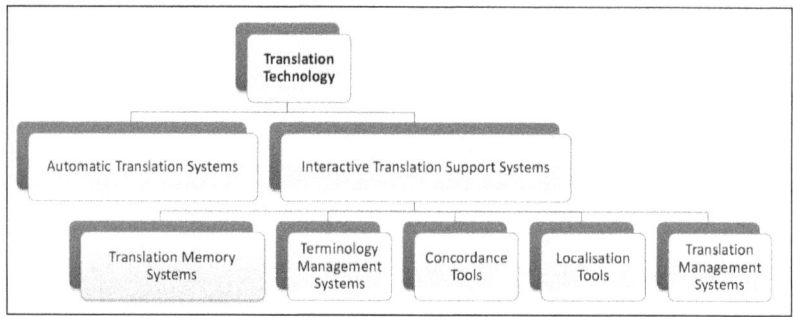

Abb. 4.6: Einordnung der TM-Systeme in den Übersetzungstechnologien[708]

Nach HOFFMANN et al. sind unterschiedliche Optionen für die Übersetzungserstellung in der Unternehmenspraxis gängig:[709]

---

707 Haller 2000, S. 1.
708 Vgl. Lagoudaki 2008, S. 27 zitiert in Guillardeau 2009.
709 Vgl. Hoffmann et al. 2002, S. 164 f.; International Bank for Reconstruction and Development – The World Bank 2004.

1. Die *wirtschaftliche Lösung*, bei der unmittelbar nach der Freigabe die Übersetzung vorgenommen wird. Nachteil hierbei ist, dass sich die Produktion der Dokumentationen verzögert.
2. Die *schnelle Lösung*, bei der die Übersetzer bereits während der Korrekturphase die Arbeit auf Basis des noch nicht freigegebenen Korrekturexemplars beginnen. Hierdurch wird die Zeit der Korrekturläufe und der Freigaben zu einer Rohübersetzung genutzt, da nach der Freigabe nur noch die bis dahin eingepflegten Änderungen nachgearbeitet werden müssen.
3. Die *Stufenlösung*, bei der die Übersetzung erst nach der Freigabe erstellt wird, wobei die ausgangssprachliche Fassung jedoch bereits vorproduziert werden kann, mit dem Nachteil, dass erhöhte Druckkosten und Zusatzaufwand in der Produktionslogistik entstehen.

Der etablierte Einsatz von Sprachtechnologien im Übersetzungsprozess verdeutlicht somit die Notwendigkeit einer maschinellen Unterstützung, um einerseits Effizienz und andererseits Qualität innerhalb der Übersetzungsprozesse zu gewährleisten. Im Folgenden werden die einzelnen Sprachtechnologien, die im Übersetzungsprozess Einsatz finden, näher beleuchtet.

4.4.1 Translation-Memory-Systeme als Wissensspeicher und Unternehmenskapital

LAGOUDAKI liefert eine allgemeine Definition zu Translation-Memory-Systemen und bezeichnet diese als:

> "Software application that includes a repository (most commonly in the form of a database) in which previous translations and their corresponding source texts are stored in a structured and aligned way, so that any new text to translate is searched automatically and matched to the system's available resources in order for the system to be able to suggest a translation (...).".[710]

Generell unterscheidet man zwischen datenbankgestützten Translation-Memory-Systemen und solchen mit Textdateipaaren. *Datenbankgestützte Translation-Memory-Systeme* verwalten Übersetzungseinheiten in Datensätzen, wobei ein Datensatz mindestens eine ausgangssprachliche und die entsprechende zielsprachige Übersetzungseinheit beinhaltet. Nach GÖPFERICH kann jeder Datensatz zusätzliche administrative Angaben umfassen (z. B. Projektnamen, Übersetzungsdatum etc.).[711] Bei *Translation-Memory-Systemen mit Textdateipaaren* werden jeweils eine Datei mit ausgangssprachlichen Übersetzungseinheiten sowie eine Datei mit den entsprechenden zielsprachlichen Übersetzungseinheiten

---

710 Lagoudaki 2008, S. 27 zitiert in Guillardeau 2009.
711 Vgl. Göpferich 2001, S. 9; Haller 2000, S. 1; Zimmermann 2004, S. 477 f.

gespeichert. Die Dateien mit ausgangs- und zielsprachlichen Übersetzungseinheiten werden durchnummeriert, sodass über die Nummerierung die Zuordnung der ausgangs- und zielsprachlichen Übersetzungseinheiten erfolgen kann. Im Rahmen eines Übersetzungsprojekts kann die Anzahl der Dateipaare, die als Übersetzungsspeicher bzw. Referenzmaterial genutzt werden, beliebig variieren.[712]

Die Funktionsweise von Translation-Memory-Systemen liegt im Abgleich von noch nicht übersetzten ausgangssprachlichen Segmenten mit bereits übersetzten und im Translation-Memory-System abgelegten Übersetzungssegmenten. Je nach Übersetzungseinheit kann durch den Vergleich entweder eine völlige Übereinstimmung („100%-Match") oder eine partielle Übereinstimmung („Fuzzy-Match") auftreten. Der Vergleich wird auf Basis von mathematischen Ähnlichkeitsverfahren durchgeführt.[713] Die Kriterien der partiellen Übereinstimmung, d. h. Abzüge in der Übereinstimmung zwischen den Übersetzungseinheiten, können individuell innerhalb des Translation-Memory-Systems eingestellt werden (z. B. kein Abzug bei unterschiedlichen Tags innerhalb der Übersetzungseinheit). Je unterschiedlicher die zu vergleichenden Übersetzungseinheiten sind, desto geringer beziffert sich die Match-Quote im Translation-Memory-System. Somit verlieren bereits angefertigte Übersetzungen nicht an Wert, sondern stehen für alle zukünftig anzufertigenden Übersetzungsaufträge zur Verfügung. Je nach Einstellung können bei der Funktion der automatischen Vorübersetzung 100%-Matches direkt übernommen und für den Übersetzer ausgeblendet werden, sodass nur die tatsächlich neuen Übersetzungseinheiten und Fuzzy-Matches zur Bearbeitung sichtbar sind. Hierdurch ergeben sich einerseits ein effizienterer Übersetzungsprozess und andererseits eine Zeitersparnis bei der Übersetzungserstellung.

Translation-Memory-Systeme benötigen jedoch genauso wie Controlled Language Checker und Authoring-Memory-Systeme eine Vorarbeit in Form einer Datenbefüllung und -bereinigung, um gemäß ihrer Funktionsweise eingesetzt werden zu können. Hierzu werden erstellte Übersetzungen mit ihren entsprechenden ausgangssprachlichen Quelltexten mithilfe eines Alignment-Programms parallelisiert. Die Alignment-Funktion ist in den herkömmlichen Translation-Memory-Systemen als Systemkomponente integriert und zerlegt die Texte in kleinstmögliche Segmente, sodass ein Segment der Quellsprache anschließend einem Segment der Zielsprache gegenübergestellt wird. Individuell einstellbare Segmentierungsregeln können hier festgelegt werden (z. B. Satzen-

---

712   Vgl. Göpferich 2001, S. 9.
713   Vgl. Zimmermann 2004, S. 478; Sturz 2009a; Zerfaß 2005; Massion 2008.

dezeichen als Begrenzung von Segmenten). Bei diesem Vorgang können partiell manuelle Vor- oder Nacharbeiten erforderlich sein (Prä- und Postedition).[714]

Vor dem Hintergrund der Qualitätssicherung wird durch den Einsatz eines Translation-Memory-Systems die Übersetzungsqualität jedoch nur dann gesteigert, wenn das Translation-Memory-System kontinuierlich gepflegt wird und sich somit fehlerhafte Segmente im Zuge des Übersetzungsprozesses nicht multiplizieren. OTTMANN merkt hierzu an, dass auch 100%-Matches geprüft werden müssen, und schlägt daher im Rahmen der Qualitätssicherung ein frühzeitiges Feedback für die Abstimmung sowie die Entwicklung von Qualitätssicherungsprozessen vor. Denkbar wäre hier das Einpflegen in das Master-Memory und damit verbunden ein Prozess für die Integration von Rückläufen in das Translation-Memory-System sowie ein Prozess für die Weiterleitung von neuen Übersetzungen bzw. aktualisierten Translation-Memorys an alle beteiligten Übersetzer.[715]

Der Einsatz eines Translation-Memory-Systems kann weiterhin die Entwicklung einer Corporate Language positiv beeinflussen: Verschiedene Übersetzer, die an einem Projekt arbeiten, greifen durch das Translation-Memory-System auf die gleichen Datenbestände und somit auch Terminologien zu, sodass auf terminologischer Ebene Inkonsistenzen reduziert werden können.[716] Das Translation-Memory-System garantiert somit im Rahmen der Übersetzungsprozesse die Qualität und Konsistenz der Übersetzungen, wobei sich die größten Vorteile bei einem hohen Wiederholungsgrad innerhalb der Texte ergeben.[717]

Durch den Einsatz von Translation-Memory-Systemen ergibt sich mit der Archivierung von translatorischem Wissen im Rahmen des internen Wissensmanagements ferner ein wertvolles Kapital, mit dem in allen Folgeprozessen Übersetzungskosten erheblich reduziert werden können. Gleichzeitig können auf Basis von Translation-Memory-Systemen Qualitätskontrollen durchgeführt werden und hierdurch Rückschlüsse auf die Übersetzungsqualität bestimmter Übersetzer oder aber auch Übersetzungsdienstleister gezogen werden. Folglich sind Translation-Memory-Systeme wichtige Hilfswerkzeuge, um die Wiederverwendung von bereits erstellten Übersetzungen zu gewährleisten. Unternehmen haben die Vorteile dieser Systeme erkannt und berechnen mit Zuhilfenahme der

---

714 Vgl. Zimmermann 2004, S. 478; Sturz 2009b; Lagoudaki 2006; Webb 2000; Seewald-Heeg 2005; Reinke 1999.
715 Vgl. Ottmann 2003; Ottmann 2004.
716 Vgl. Nübel, Seewald-Heeg 1999; Bohn 1999; Pesch 1999; Reinke 1999; Blatt, Freigang 1985, S. 71–79; Willée et al. 2003, S. 263–268; Luckhardt, Zimmermann 1991, S. 9–16; Schwanke 1991, S. 47–67.
717 Vgl. Siderkeviciute 2004.

entsprechenden Match-Quoten die Übersetzungskosten bzw. stellen den Sprachdienstleistern nur tatsächlich neu zu übersetzende Segmente in Rechnung. Durch diese Entwicklung haben sich Translation-Memory-Systeme zu wichtigen monetären Faktoren bzw. zu einem wirtschaftlichen Kapital innerhalb von Unternehmen entwickelt. Gerade im Bereich der Übersetzung ist die operative Tätigkeit ohne sprachtechnologische Anwendungen undenkbar.

Dennoch ist der „blinde" Einsatz von Translation-Memory-Systemen ohne eine parallel geplante Qualitätssicherung kritisch zu betrachten. Gerade im Hinblick auf umfangreiche Translation-Memory-Systeme können sich über die Jahre und in der Zusammenarbeit mit unterschiedlichen Übersetzungsdienstleistern verschiedene sprachliche und inhaltliche Fehler einschleichen. Einmal abgespeicherte und fehlerhafte Segmente finden dann immer wieder im Rahmen der automatischen Vorübersetzung Eingang in die Übersetzungen finden. Hinzu kommen Fehler in den Ausgangstexten, die beispielsweise durch inkonsistente Formulierungen, unterschiedlichen Satzbau oder verschiedene Varianten der Interpunktion als neue Segmente gespeichert werden und somit neue Übersetzungsvorgänge erzeugen.

Fachtexte mit hohem Fachlichkeitsgrad können bereits in der Ausgangssprache schwer verständlich sein, sodass der Übersetzer durch Nachfrageaufwand Zeitverluste innerhalb seiner Arbeitsabläufe erfährt. Hinzu kommt, dass bei Translation-Memory-Systemen in der Regel der ausgangssprachliche Kontext und Kotext für den Übersetzer ausgeblendet sind. Dadurch können für Übersetzer Unklarheiten entstehen. Die Relevanz des Kontexts kann beispielsweise bei der Übersetzung vom Deutschen in das Englische verdeutlicht werden. So kann „Nockenwelle ausbauen" unterschiedlich übersetzt werden, je nachdem ob es sich um eine Überschrift („removing the camshaft") oder um eine Handlungsanweisung („remove the camshaft") handelt.

Ebenfalls sind unpassende Übersetzungen durch falsche Absatzmarken möglich, die durch im Vorfeld erfolgte Segmentierungen verursacht wurden. Weiterhin sind inkonsistente Übersetzungen aufgrund der Projektaufteilung auf verschiedene Übersetzer und zu große Zeitspannen zwischen den beauftragten Übersetzungen als potenzielle Fehlerquellen denkbar. Durch den hohen Zeitdruck, dem auch die Übersetzer ausgeliefert sind, können unbemerkt inhaltliche Fehler (wie z. B. Zahlenfehler) durch die einfache Übernahme ungeprüfter Fuzzy-Matches oder aber durch unbrauchbar gewordene Segmente, die durch den Import/Export zwischen verschiedenen Translation-Memory-Systemen entstehen, unterlaufen. Betrachtet man die historisch gewachsenen Translation-Memory-Systeme, die sich mittlerweile seit 20 Jahren zum festen Bestandteil der Übersetzungsprozesse etabliert haben, kann nur geschätzt werden, wie hoch die Anzahl an inkonsistenter oder veralteter Terminologie sowie unbemerkter inhaltlicher Fehler ohne eine parallel ablaufende Bereinigung zu beziffern ist.[718]

Die Problematik, die sich aufgrund der unbereinigten Translation-Memory-Systeme ergibt, beruht auf der in der Zwischenzeit revidierten Annahme, gleiche Inhalte würden von Technischen Redakteuren auch gleich formuliert. Die praktische Redaktionsarbeit zeigt, dass auch einfache Inhalte von verschiedenen Redakteuren unterschiedlich dargestellt oder mit unterschiedlichen Formulierungen versehen werden. Dies ist ein Auslöser für inhaltlich identische, aber sprachlich divergierende Translation-Memory-Segmente, die im Rahmen des Übersetzungsprozesses dem Übersetzer immer wieder eine zusätzliche Entscheidung abverlangen. Aufgrund dieser Tatsache gibt es trotz der 100%-Match-Übereinstimmung keine phraseologische Konsistenz. Die Inkonsistenz wird bereits in den Ausgangstexten produziert und setzt sich in den Übersetzungen fort. Ohne eine Bereinigung der Translation-Memory-Systeme können, neben der Inkonsistenz auch fehlerhafte Übersetzungen, die einmal als 100%-Match archiviert wurden, bei jeder späteren Übersetzung wiederkehren.

Mittlerweile lassen sich Translation-Memory-Systeme nicht mehr mit vertretbarem manuellen Aufwand bereinigen, sodass sie in Umfang und Volumen weiterwachsen. Den Bereinigungsprozess erst nach erfolgter Übersetzung durchzuführen wäre inadäquat, da hiermit große Zeitverluste einhergehen würden und sich die Ergebnisse der Bereinigung erst auf die nachfolgenden Übersetzungen auswirken würden. Eine parallele Bereinigung des Translation-Memory-Systems während des Übersetzungsprozesses wäre ebenfalls aus Zeitgründen unzweckmäßig, da sich dadurch der Übersetzungsprozess verlangsamen würde. Folglich ermöglicht die Qualitätsplanung innerhalb einer früheren Prozessphase größere Erfolge. Dies erfordert jedoch einen Perspektivenwandel, weg von dem alleinigen Fokus auf den sprachlichen Transferprozessess hin zur Erstellung von qualitativ hochwertigem ausgangssprachlichen Material für einen effizienteren und nachstehenden Übersetzungsprozess.

4.4.2 Maschinelle Übersetzung zur Effizienzsteigerung und Qualitätssicherung

„Die maschinelle Übersetzung ist und bleibt ein wichtiges Desiderat in einer polyglotten Weltgesellschaft."[719]

Der Übersetzungsbedarf ist in den letzten Jahrzehnten im Zuge der Globalisierung stetig gestiegen. Allein zwischen 1980 und 1994 konnte eine Verdopplung

---

718 Vgl. Sturz 2010.
719 Zimmermann 2004, S. 477 f.

der Auftragslage verzeichnet werden.[720] Die Bedeutung der maschinellen Übersetzung für die spezifischen Einsatzbereiche steigt dabei stetig.[721] Die Entwicklungen in den vergangenen Jahrzehnten im Bereich der maschinellen Übersetzung haben dazu geführt, dass gegenwärtig entsprechende Systeme in verschiedenen Institutionen praktischen Einsatz finden. Gerade hinsichtlich exotischer Sprachen oder umfangreicher Textmengen eignen sich maschinelle Übersetzungssysteme für die Erzeugung von Informativübersetzungen, auf deren Basis nach Bedarf weitere humane oder maschinengestützte Übersetzungen vorgenommen werden können. Durch die Verwendung der Terminologiedatenbank zur Befüllung der maschinellen Übersetzung wird die konsistente Anwendung festgelegter Terminologie gewährleistet. Ein weiterer Schritt hinsichtlich einer gesteigerten Effizienz und Qualität wäre die Einbindung von Translation-Memory-Systemen innerhalb der maschinellen Übersetzung. Hierzu bedarf es jedoch noch weiterer Forschungsarbeit im praktischen Unternehmensumfeld.[722]

Die folgende Abbildung gibt einen Überblick der möglichen Ausprägungen von maschineller Übersetzungssysteme bzw. Computer-Aided-Translation-Tools *(siehe Abb. 4.7).*

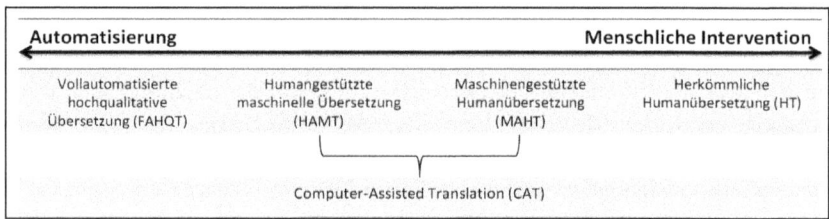

Abb. 4.7: Ausprägung des Einflusses maschineller Übersetzungssysteme[723]

Die Praxis zeigt, dass Humanübersetzungen unentbehrlich sind und Fachkommunikation daher auch in absehbarer Zeit nicht durch maschinelle Systeme ersetzt werden kann. Der erfolgreiche Einsatz maschineller Übersetzungssysteme erfordert ein gewisses Maß an Vorarbeit. Maschinelle Übersetzung hoher Qualität *(HQMT – High Quality Machine Translation)* benötigt in der Regel spezifische Maßnahmen, um qualitativ hochwertige Übersetzungen zu erzeugen. Hierzu zählen die Textgestaltung im Vorfeld (Präedition), die Interaktion während der Übersetzung, und/oder die Nachbereitung einer maschinellen Überset-

---

720 Vgl. Schmitt 1999 zitiert in Sandrini, Mayer 2008, S. 25.
721 Vgl. Sandrini, Mayer 2008, S. 25.
722 Vgl. Zimmermann 2004; Luckhardt, Zimmermann 1991; Zimmermann 2003; Schwanke 1991.
723 Vgl. Hutchins, Somers 1992, S. 148.

zung (Postedition).[724] Darüber hinaus ist die Einbindung einer automatischen Rechtschreibkorrektur für die Quelleingaben sowie die Orientierung an unterschiedlichen Textsorten zu erwägen, um *„die Robustheit gegenüber einem fehlerhaften Input zu steigern."*[725] Weiterhin werden durch aktuelle Forschungen, Synergien zwischen maschineller Übersetzung und Translation-Memorys gebildet.[726] Diese Forderung geht mit der Erweiterung des lexikalischen Inventars und Terminologiebestands als Datenbefüllung des maschinellen Übersetzungssystems einher. Auch in diesem Bereich werden Interdependenzen zwischen den verschiedenen, bislang separat betrachteten Werkzeugen deutlich, deren Synergiepotenziale noch zu erörtern sind.

Dass der Einsatz von maschineller Übersetzung Kostenvorteile in der Unternehmenspraxis bietet, wird durch verschiedene Statistiken berechnet. Laut ZIMMERMANN können nach entsprechender Präedition, d. h. in diesem Falle lexikalischer und textstruktureller Adaption an das entsprechende Fachgebiet, die Kosten für den *„reinen Übersetzungsanteil durch die Verwendung am Markt verfügbarer MT-Systeme (machine translation) je Übersetzungsobjekt mindestens halbiert werden und die Aufwandsersparnis mehr als 50% betragen"*[727]. Abgesehen von der Aufwandsersparnis ergeben sich durch den Einsatz von maschineller Übersetzung weitere Vorteile, die sich weniger in Zahlen bzw. monetären Faktoren bemessen lassen, sondern sich vielmehr auf die Kommunikations- und Informationsflüsse innerhalb des gesamten Dokumentationserstellungsprozesses positiv auswirken. Durch den Einsatz von maschineller Übersetzung kann im Rahmen des internen Wissensmanagements einmal gewonnenes Wissen, wie z. B. terminologisches Wissen, durch den automatisierten Übersetzungsvorgang weiter transferiert werden, sodass auch hier ein Mehrwert im Rahmen der Kommunikations- und Informationsflüsse innerhalb des Dokumentationserstellungsprozesses entsteht. Diese und weitere Vorteile werden im Rahmen des Fallbeispiels näher erörtert und diskutiert *(vgl. Kapitel 5)*.

---

724 Vgl. Zimmermann 2004, S. 477 f.
725 Zimmermann 2004, S. 478.
726 Vgl. Simard, Pierre 2009; Specia et al. 2009.
727 Zimmermann 2004, S. 475.

4.5 Sprachtechnologie als Voraussetzung für Qualitätssicherung im Dokumentationserstellungsprozess

Die in Kapitel 4.1.3 diskutierten und gegenübergestellten Sprachtechnologien mit ihren jeweiligen Einsatzbereichen haben verdeutlicht, dass fast jeder Aufgabenbereich im Rahmen der Technischen Redaktion und Übersetzung durch entsprechende sprachtechnologische Werkzeuge unterstützt werden kann. Der Einsatz von Sprachtechnologie hat sich in einigen Bereichen, wie z. B. der Übersetzung, schon vor 20 Jahren zu einem unentbehrlichen Bestandteil der internen Prozesse etabliert.

In anderen Bereichen, wie der ausgangssprachlichen Dokumentationserstellung, werden Sprachtechnologien immer stärker eingesetzt. Dabei bleiben sie jedoch eine optionale Erweiterung bzw. Unterstützung der humanen Tätigkeiten. In Anbetracht der sich durch den breit gefächerten Einsatz von Sprachtechnologie ergebenden Qualitätsoptimierung, werden zukünftig mehr sprachtechnologische Werkzeuge eingesetzt und im Rahmen des Dokumentationserstellungsprozesses als Voraussetzung für qualitativ hochwertige Dokumentationen und Übersetzungen vermarktet.

Diesbezüglich wird in dieser Arbeit ein Modell aufgestellt, das die Qualitätsoptimierungen durch den Einsatz von Sprachtechnologie auf vier verschiedenen Ebenen vorstellt, mit denen die Determinanten im Rahmen der Qualitätsoptimierung und -sicherung innerhalb redaktioneller Prozesse ganzheitlich betrachtet werden können. Die Determinanten für die Qualitätsoptimierung und -sicherung werden den vier Ebenen Personen-, Dokumentations-, System- und Prozessebene zugeordnet. Somit nähert sich das Modell dem in Kapitel 3.2 vorgestellten Total-Quality-Management-Ansatz, der die ganzheitliche Sicht auf den Faktor Qualität verfolgt. Im Folgenden wird der konkrete Nutzen von Sprachtechnologie bezogen auf die vier Ebenen detailliert erläutert. Ferner werden Interdependenzen zwischen den einzelnen Ebenen dargelegt. Die Annahmen und Hypothesen bzgl. der nachstehenden Qualitätsoptimierungen werden anschließend durch das Fallbeispiel überprüft und untermauert *(vgl. Kapitel 5)*.

4.5.1 Das Vier-Ebenen-Modell: Ganzheitliche Qualitätsoptimierung und -sicherung

Eine ganzheitliche Sicht auf das Qualitätsmanagement im Rahmen der Technischen Dokumentation und Übersetzung stellt sich als nutzbringend für die Umsetzung und Implementierung von Sprachtechnologien in der Unternehmenspraxis heraus. Der Stand der Forschung zeigt zwar, dass die technischen Voraussetzungen und die Praktikabilität von Sprachtechnologien weitgehend erforscht und erprobt sind. Dennoch fehlt es an praktizierbaren Prozessstandards und Handlungsempfehlungen, mit denen auch die peripheren Ebenen, wie beispielsweise die Anwender und Prozesse, involviert werden. Dies öffnet den Blick für die Ansprüche und Bedürfnisse der Zielgruppen und Unternehmen.

Die eingangs beschriebenen Ebenen der Qualitätsoptimierung und -sicherung, anhand derer die Auswirkung durch den Einsatz von sprachtechnologischen Systemen verdeutlicht werden soll, werden nun detailliert betrachtet. Die Personenebene umfasst hierbei alle am Dokumentationsprozess beteiligten Berufsgruppen, während sich die Dokumentationsebene mit der Beschaffenheit des Produkts Technische Dokumentation und den Übersetzungen befasst. Die dritte Ebene, die Systemebene, beschreibt die eingesetzten Systeme, d. h. Redaktionssysteme sowie alle eingesetzten Sprachtechnologien, die für den Dokumentationserstellungsprozess relevant sind. Übergreifend und ganzheitlich gesehen schließt das Modell mit der Prozessebene ab, die alle im Erstellungsprozess Technischer Dokumentation intendierten Teilprozesse und Standards beinhaltet.

Die direkten Anwender der sprachtechnologischen Systeme sind in besonders ausgeprägter Weise von der Qualitätsoptimierung berührt. Auf der *Personenebene* ergibt sich durch die unmittelbare Mensch-Maschine-Interaktion der größte Mehrwert: Durch den Einsatz von Korrektursystemen erleben Anwender einen persönlichen Lerneffekt, werden in ihrer Arbeitshaltung sicherer und in der Verwendung mit ihrem Rohmaterial Sprache sensibilisiert. Die hinzukommende Arbeitserleichterung und Optimierung ihrer Arbeitsweise und -haltung führt zur Motivationssteigerung im Rahmen der Textproduktion *(vgl. Fallbeispiel Kapitel 5)*. Besonders für Ingenieure, die als Technische Redakteure arbeiten, ergibt sich in der Anwendung mit Controlled Language Checker ein besonderer Lerneffekt. Unsicherheiten bei der Formulierung mit dem Resultat von unverständlichen Texten können durch den gezielten Einsatz von Korrektursystemen behoben werden. Als Nebeneffekt werden unsicheren Redakteuren individuelle Schwachstellen hinsichtlich ihrer Texterstellung verdeutlicht und durch Korrekturvorschläge optimiert. Gerade im Hinblick auf die zunehmenden Dokumentationsumfänge und den steigenden Zeitdruck füllt das Korrektursystem die Lücken eines fehlenden und kostenintensiven Humanlektorats und kann die Qualitätsmängel deutlich kompensieren.

Die Lerneffekte durch den Einsatz von Sprachtechnologie können jedoch nicht mit einer umfassenden Ausbildung zum Technischen Redakteur gleichgesetzt werden. Praktische, auf die Bedürfnisse der Redakteure zugeschnittene Workshops und Schulungen können in diesem Bereich zusätzlich eingesetzt werden. Dennoch ist in Anbetracht des ohnehin engen Budgets im Bereich der Technischen Redaktion durch Sprachtechnologie ein Lösungsweg möglich, der die Interessen der Redakteure und des Managements zu einem Konsens führen kann. Unabhängig davon sollte die Einführung eines sprachtechnologischen Werkzeugs stets mit einführenden Schulungen verbunden sein, auch wenn das jeweilige System intuitiv bedienbar ist.[728]

Der Einsatz von Sprachtechnologie auf der *Dokumentationsebene* in Form von Terminologieverwaltungs- und Korrektursystemen kann bei sorgfältiger Vorarbeit in Form von Abstimmungsprozessen mit den beteiligten Bereichen und der Erarbeitung einer kontrollierten Sprache bzw. firmeninternen Schreibkonventionen deutliche Optimierungen hinsichtlich der Textverständlichkeit erzeugen. Mit Textverständlichkeit ist in diesem Bereich die dokumentationsübergreifende, konsistente Verwendung von Terminologie und ein einheitlicher Schreibstil gemeint *(vgl. Kapitel 3.3)*. Im Sinne einer Corporate Language werden durch den Einsatz von Sprachtechnologie auf dieser Ebene relevante Grundlagen gelegt.[729] Gleichzeitig erfolgt durch den Einsatz von Korrektursystemen auch die formelle Bereinigung von Dokumentationen, beispielsweise durch die Korrektur von fehlerhaften Tags oder Bildunterschriften im Textverarbeitungsprogramm *(vgl. Fallbeispiel Kapitel 5)*. Darüber hinaus erfolgt im Zuge der Optimierung der Textverständlichkeit sowie durch die Erarbeitung einer standardisierten Terminologie die Stärkung des internen Wissenstransfers *(vgl. Kapitel 4.2.1)*. Die qualitativen Optimierungen, die auf dieser Ebene entstehen, wirken sich gleichzeitig auf alle weiteren Ebenen aus. Demzufolge können durch den Einsatz von Korrektur- und Terminologieverwaltungssystemen zusätzliche Nebeneffekte auf Personen- und Prozessebene entstehen.

Auf *Systemebene* ergeben sich durch den Einsatz verschiedener Sprachtechnologien vielseitige Interdependenzen. Im Zuge dieser Betrachtung entstehen neue Synergiepotenziale, die sich auf den gesamten Erstellungs- und Übersetzungsprozess positiv auswirken können. Diese Synergien können durch die ganzheitliche Betrachtung in Beziehung zu den anderen Ebenen gesetzt werden, woraus weitere Wertschöpfungspotenziale hervorgehen. Sprachtechnologien werden in Anbetracht des Vier-Ebenen-Modells als Schlüsseltechnologien mit Querschnittsfunktion betrachtet, da sie verschiedene Vorteile für die Dokumentations-, Produkt- und Prozessebene bieten und die konkrete Umsetzung der Qualitätsmaßnahmen erst ermöglichen. Erst durch den weit gefächerten Einsatz dieser Systeme können konkrete Qualitätsoptimierungen sichtbar gemacht und eine effiziente und nachvollziehbare Qualitätssicherung umgesetzt werden. Die

---

728 Im Rahmen der Untersuchungen hat sich die Erstellung eines Newsletters an die Technischen Redakteure mit Ratschlägen zur Texterstellung und -korrektur als sinnvoll erwiesen, vgl. Fallbeispiel Kapitel 5.
729 Vgl. Becher, Villiger 2007; Doppler 2009; Ferrari 2006; Reins 2006; Regenthal 2009.

Voraussetzung für die Qualitätsoptimierung auf dieser Ebene ist die Fähigkeit und Möglichkeit des Systems zur Anbindung weiterer Systeme. Diese Ebene wird zukünftig stärker in das Interessenfeld der Sprachtechnologiehersteller und ihrer Kunden rücken. Unterschiedliche bisher separat betrachtete Werkzeuge oder Systemkomponenten, wie z. B. die Konkordanzsuche innerhalb von Translation-Memory-Systemen oder aber derzeit nur für die Technischen Redakteure entwickelte Werkzeuge, können zukünftig in das Visier von Übersetzern gelangen, wodurch sich ungeahnte Nutzenpotenziale ergeben können *(vgl. Kapitel 4.3.2 und Kapitel 6.3).*

Ganzheitlich betrachtet ergibt sich in der übergeordneten *Prozessebene*, neben der Personenebene, das größte Wertschöpfungspotenzial durch den Einsatz von Sprachtechnologie im Sinne einer Qualitätsoptimierung. Die Prozessebene ist in erster Linie die Basis für alle weiteren Ebenen. Erst auf Basis funktionierender und standardisierter Prozesse können langfristig alle weiteren Ebenen des Modells größtmögliche Wertschöpfung erbringen. Im Rahmen einer Prozessstandardisierung und im Zuge der Einführung von Sprachtechnologien können z. B. verschiedene Kostenarten (z. B. Fehlerbehebungskosten, Kosten zur Fehlervorbeugung) gesenkt und einmal etablierte Prozesse auf weitere Unternehmensbereiche übertragen werden. Für die Etablierung einer Corporate Language beinhaltet diese Ebene eine Schlüsselfunktion: Auf Prozessebene wird das interne und externe Wissensmanagement gestärkt, wodurch Doppelarbeit gerade im Hinblick auf die Beschäftigung unterschiedlicher Dienstleister (Outsourcing) gesenkt oder ganz vermieden werden kann. Darüber hinaus werden mithilfe dieser Vorgehensweise Erstellungskosten durch die Wiederverwendung einmal erstellter ausgangs- oder zielsprachlicher Dokumentationen deutlich reduziert. Übergreifend kann hier also ein deutlicher Mehrwert hinsichtlich einer qualitativen Optimierung der internen Informations- und Kommunikationsflüsse im Rahmen der Redaktionsprozesse konstatiert werden, wodurch der Weg zur Realisierung einer Corporate Language geebnet wird. Das folgende Modell illustriert die Qualitätssicherung auf den vorgestellten vier Ebenen im Rahmen der Technischen Redaktion *(siehe Abb. 4.8).*

Durch den Einsatz von sprachtechnologischen Werkzeugen bilden sich zwischen den Ebenen des Modells Synergien und Interdependenzen. Eine Wechselbeziehung ergibt sich zwischen der Dokumentations- und Personenebene, da Technische Redakteure, Terminologen und Übersetzer ihre Tätigkeit effizienter ausüben können, wenn sie sprachtechnologische Werkzeuge zur Verfügung haben. Im Ergebnis verbessert sich die Qualität der Dokumentationen *(vgl. Kapitel 4.2, Kapitel 4.3 und Kapitel 4.4).* Übergreifend entstehen so Qualitäts- und Effizienz steigernde Prozesse, die sich auf die Technische Dokumentation und Übersetzung (Dokumentationsebene) auswirken. Gleichermaßen wirkt sich im

Zuge dieser Wechselbeziehung auch die Systemebene auf die Personen- und Dokumentationsebene aus. Durch den Einsatz von Sprachtechnologien und die Auswertung der gewonnenen Ergebnisse können Mängel oder Schwächen im Qualifikationsprofil von Übersetzern, Technischen Redakteuren und Terminologen ausgeglichen werden. Beispielsweise können durch den Einsatz von Controlled Language Checker alle drei Berufsgruppen von den Vorteilen der Korrekturen profitieren und hierdurch eine Motivationssteigerung und Optimierung ihrer Arbeitsweise erfahren.

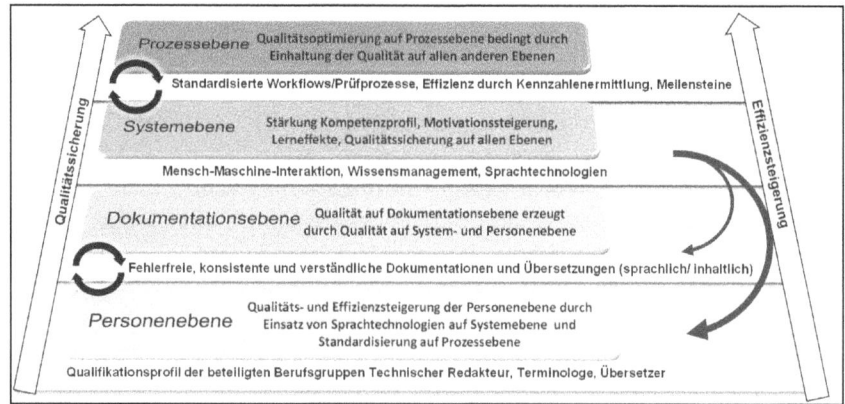

Abb. 4.8: Vier-Ebenen-Modell für ganzheitliche Qualitätssicherung[730]

Weiterhin können die Dokumentationsgüte und die Leistung der beteiligten Berufsgruppen (z. B. Technische Redakteure) durch die statistische Kennzahlenermittlung bewertet werden. Eine weitere Wechselbeziehung ergibt sich aus der Summe der drei Ebenen für die Prozessebene, die durch die Systemebene unterstützt wird. Die Prozessqualität kann durch die Qualitätsoptimierung der Personen-, Dokumentations- und Systemebene Ebenen stabilisiert und optimiert werden. Dabei können Rückschlüsse gezogen werden, inwiefern Qualitätsprüfsteine eingehalten werden oder korrigiert werden müssen. Durch effiziente und qualitativ hochwertige Prozesse können die Qualitätsmaßstäbe auch auf allen drei übrigen Qualitätsebenen eingehalten werden. Die Prozesse sind zugleich Rahmenbedingungen als auch Grundlagen für die Qualitätseinhaltung auf System-, Dokumentations- und Personenebene.

Fällt allerdings die Systemebene aus bzw. wird in diesem Bereich wenig oder gar nicht investiert, wirkt sich dies auf alle drei anderen Ebenen negativ in Form von Qualitätsmängeln aus. Gleichzeitig ist die Qualitätsoptimierung auf

---

730   Eigene Darstellung.

Personenebene für die Qualitätsoptimierung auf der Dokumentationsebene unentbehrlich. Werden hier durch Schulungsmaßnahmen oder durch den Einsatz von Sprachtechnologien, die Qualifikationsprofile der Beteiligten nicht den Anforderungen angepasst, kann die Dokumentationsqualität nur unzureichend erfüllt werden. Dies wirkt sich wiederum in verzögerten Prozesszeiten auf prozessualer Ebene aus. Die folgende Abbildung illustriert Vor- und Nachteile im Rahmen der Qualitätsoptimierung und -sicherung mit unterschiedlichen Gewichtungen innerhalb des Vier-Ebenen-Modells.

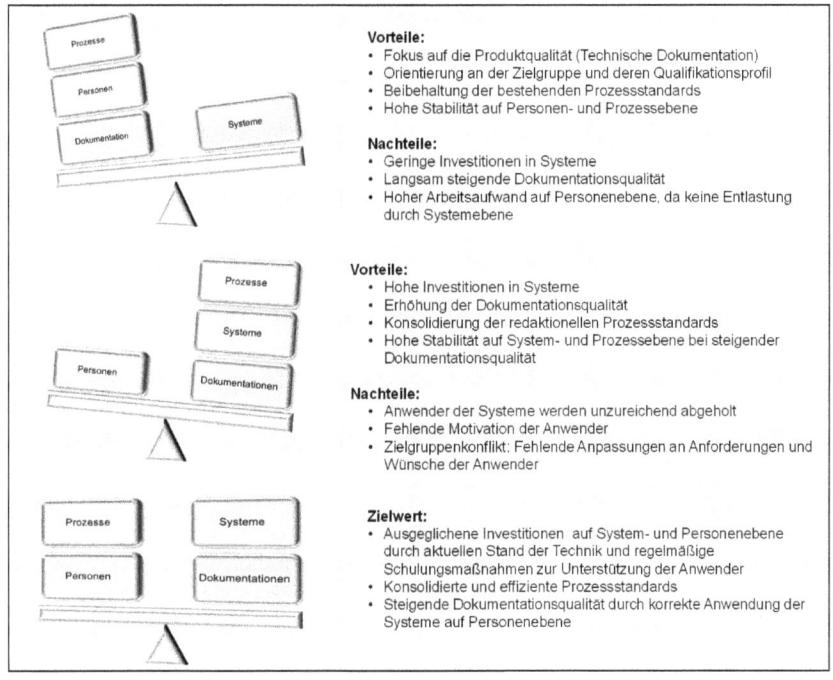

Abb. 4.9: Vor- und Nachteile bei unterschiedlicher Gewichtung innerhalb des Vier-Ebenen-Modells[731]

4.5.2 Synergiepotenziale und Interdependenzen eingesetzter Sprachtechnologien

Die in Kapitel 4.3.1 erläuterten Zusammenhänge zwischen den einzelnen Qualitätsebenen sowie deren wechselseitige Beziehungen können auf Mikroebene

---

731 Eigene Darstellung; vgl. Arandan Yamchi 2011.

detaillierter betrachtet werden. Die Systemebene hat sich vor diesem Hintergrund als Schlüsselebene herausgestellt, ohne die alle weiteren Qualitätsbemühungen nur schwer und ineffizient erfolgen können. Folglich werden nun die Synergiepotenziale und Interdependenzen der eingesetzten Sprachtechnologien auf der Systemebene näher analysiert, um weitere Wertschöpfungspotenziale abzuleiten, die sich auch auf alle anderen Ebenen auswirken können *(siehe Abb. 4.10)*.

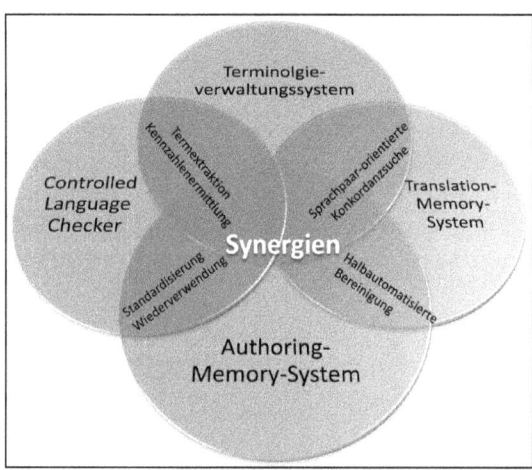

Abb. 4.10: Synergien der sprachtechnologischen Werkzeuge im Rahmen der Dokumentationserstellung[732]

Basis der sprachtechnologischen Anwendungen ist im Rahmen der Technischen Dokumentation zum einen eine befüllte, kontinuierlich gepflegte und erweiterte Terminologiedatenbank, die unter Berücksichtigung der Übersetzungsprozesse multilingual ausgerichtet ist. Diese dient als Befüllung für den Controlled Language Checker und als Nachschlagewerk für alle Beteiligten im Dokumentationserstellungsprozess. Gleichzeitig ergibt sich durch die multilinguale Ausrichtung der Terminologiedatenbank auch eine Schnittstelle für die Übersetzer und das hier eingesetzte Translation-Memory-System. Erst durch die Mitlieferung der Terminologie können Terminologieprüfungen bei der Übersetzung vorgenommen werden und somit standardisierte Vorzugsbenennungen in die Übersetzungen einfließen. Die hier beschriebene Beziehung zwischen Terminologiedatenbank und Translation-Memory-System ist wechselseitig und interdependent. Ferner ergibt sich durch die beschriebene Schnittmenge ein wichtiges

---

732   Eigene Darstellung.

Synergiepotenzial, das in der Unternehmenspraxis stärker beansprucht werden kann. Da die Terminologiedatenbank im Gegensatz zu den übersetzungsbezogenen Sprachtechnologien auf eine stark heterogene Zielgruppe ausgerichtet ist, sind die Inhalte mit besonderer Sorgfalt einzupflegen und bedürfen im Vorfeld stattfindender Abstimmungen.

Sowohl für die ausgangssprachliche Dokumentationserstellung als auch für die Übersetzung ergeben sich durch den Einsatz von Controlled Language Checker und Authoring-Memory-Systemen wertvolle Synergien: Beispielsweise kann mithilfe der Terminologieextraktionskomponente des Controlled Language Checker neue Terminologie extrahiert werden, die im Zuge des regulären Terminologieabstimmungsprozesses manuell noch nicht bearbeitet wurde. Bei jeder Korrekturprüfung und schon bei der Texterstellung können alle relevanten Termini automatisch extrahiert und im Zuge des Abstimmungsprozesses in die Terminologiedatenbank eingepflegt werden. Hiervon profitiert das Terminologiemanagement zum einen operativ, da durch den Einsatz eines Controlled Language Checker die Terminologiedatenbank erweitert wird. Andererseits ergeben sich prozessbezogene Verbesserungen, da die Terminologiegewinnung automatisiert wird und eine halbautomatisierte Prüfung und Korrektur der Terminologie innerhalb der Technischen Dokumentation gewährleistet wird. In Interaktion mit dem Anwender ist folglich die Einhaltung der standardisierten Terminologie und der im Rahmen der Qualitätssicherung festgelegten Schreibkonventionen möglich. Somit ergibt sich auch zwischen Terminologiedatenbank und Controlled Language Checker eine synergetische Wechselbeziehung.

Auch auf der Übersetzerseite entstehen durch den Einsatz eines Controlled Language Checker und eines Authoring-Memory-Systems Vorteile und Synergien, die sich vor allem in der Reduzierung der Segmentvarianten bemerkbar machen können. Konsistentere Ausgangstexte sorgen somit für konsistentere Übersetzungen und dadurch höhere 100%-Matches in den Translation-Memory-Systemen. Dies führt dazu, dass das Translation-Memory-System nicht unnötig mit inhaltlich gleichen, aber sprachlich unterschiedlichen Segmenten gefüllt wird. In der Folge wächst das Translation-Memory-System nicht unkontrolliert weiter, sodass langfristig die Geschwindigkeit des Translation-Memory-Systems nicht beeinträchtigt wird.[733]

Werden zusätzlich durch das Redaktionssystem wiederverwendbare Textbausteine (Gleichtexte) bereitgestellt, ergeben sich für das Translation-Memory-System und die Technische Dokumentation weitere Synergien: Auch hier wird durch die Verwendung von Gleichtexten das Übersetzungsvolumen gesenkt und die Variantenvielfalt der Segmente stark reduziert. Zusätzliche Werkzeuge wie

---

733 Vgl. Untersuchungen von Ditté 2004.

bilingual ausgerichtete Authoring-Memory-Systeme können diese Synergien stark erhöhen und das Wertschöpfungspotenzial sowie die Effizienz der Dokumentationserstellung stärken. Überflüssige Segmente, die durch inkonsistente Terminologie und unterschiedliche Schreibstile erzeugt wurden, werden in dieser Systemkombination reduziert. Folglich verbessern sich die Trefferquoten im Translation-Memory-System und der Übersetzungsprozess wird effizienter.

Weitere Synergien können durch den Einsatz eines Werkzeugs zur Kennzahlenermittlung, das auf Basis eines Controlled Language Checker implementiert wird, unterstützt werden *(vgl. Kapitel 5)*. Die Dokumentationsqualität kann hierdurch bewertbar gemacht und konkrete Schwachpunkte können aufgedeckt werden. Der gesamte Dokumentationserstellungsprozess wird für alle Beteiligte transparent und nachvollziehbar. Weiterhin kann durch die Auswertung der Kennzahlenermittlung auf mögliche Fehlerbilder der Technischen Redakteure geschlossen werden. Beispielsweise kann geprüft werden, ob und in wieweit die korrekte Terminologie in den geprüften Dokumenten verwendet und ob firmeninterne Stilregeln eingehalten werden.

An dieser Stelle ist hervorzuheben, dass systembezogene Synergien insgesamt gefördert werden können, wenn die Bereiche Entwicklung, Übersetzung und Technische Redaktion nicht isoliert, sondern stark vernetzt und im Zuge der Dokumentationserstellung ganzheitlich betrachtet werden. Der wechselseitige Zugriff auf die Systeme durch alle Beteiligten sollte gegebenenfalls ermöglicht werden, um die Transparenz und Informationsflüsse zu optimieren. Eine Optimierung auf Systemebene wäre daher die zentrale Bereitstellung einzelner Systemkomponenten auf einer für alle Beteiligten zugänglichen Plattform, sodass einzelne Systemkomponenten zusammenwachsen können. Ein Beispiel hierfür wäre die Integration der Konkordanzsuche von Übersetzungswerkzeugen für die ausgangssprachliche Texterstellung, um z. B. Rückschlüsse auf die inhaltlich korrekte und kontextbezogene Verwendung von Terminologie zu ziehen. Adäquat hierzu können Authoring-Memory-Systeme gekoppelt an Controlled Language Checker oder aber auch Controlled Language Checker gekoppelt an Translation-Memory-Cleanup-Funktionen erhebliche Wertschöpfungspotenziale in der Prozesskette erzeugen. Auch für die Übersetzerseite sind Werkzeuge sinnvoll, die ähnlich wie Authoring-Memory-Systeme nicht nur ganze übersetzte Satzpaare vorschlagen, wie z. B. bei Translation-Memory-Systemen, sondern während der Übersetzungseingabe Vorschläge aus dem Konkordanz-Corpus generieren. Bei der Eingabe einzelner Wörter könnten bereits Vorschläge, in Form von einzelnen Segmenten, aus dem Corpus ausgegeben werden. Diese Funktion würde wie bei den Technischen Redakteuren auch für Übersetzer einen erheblichen Zeitgewinn sowie eine Arbeitsentlastung bedeuten.

4.5.3 Prämissen für ein erfolgreiches Qualitätsmanagement in der Technischen Dokumentation

Um ein ganzheitliches Qualitätsmanagement zu verwirklichen, ist die Entwicklung von Prozessstandards für die Technische Redaktion sowie die Aufstellung der spezifischen Prämissen im Dokumentationserstellungsprozess erforderlich. Hierfür werden im Folgenden alle relevanten Qualitätskriterien einbezogen, die zum einen für einen qualitativ hochwertigen Erstellungsprozess, zum anderen für die Qualität der Technischen Dokumentation ausschlaggebend sind. Die relevanten Qualitätskriterien hinsichtlich der Textverständlichkeit Technischer Dokumentation wurden bereits im vorgehenden Kapitel ausgearbeitet *(vgl. Kapitel 3.3)* und sind im folgenden Modell auf die Dokumentationsebene anzuwenden. Für die Personen-, System- und Prozessebene müssen jedoch ebenfalls Prämissen definiert werden, die im Anschluss mit Kennzahlen beziffert werden können, um konkrete Ergebnisse in Form von Zahlen, Daten und Fakten im Rahmen des Qualitätssicherungsprozesses zu erhalten.

In den vorangehenden Kapiteln wurden Qualitätsmanagementansätze und Qualitätskriterien im Rahmen der Technischen Dokumentation dargelegt und diskutiert. Oberstes Qualitätskriterium ist hierbei die Verständlichkeit der Technischen Dokumentation, die sich in die lexikalische, syntaktische, semantische und pragmatische Ebene unterteilen lässt. Hierunter fallen jeweils Faktoren, welche die Verständlichkeit der Dokumentationen bestimmen und die in einem Prüfprozess konkret begutachtet werden können. Voraussetzungen hierfür sind jedoch zum einen die Qualifikation der Mitarbeiter (Personenebene) und die Abgrenzung, Definition und Standardisierung der einzelnen Prozessschritte im Rahmen der Dokumentationserstellung (Prozessebene). Auf Basis der nachfolgenden Prämissen wird ein ganzheitlicher Prozessstandard zur Qualitätssicherung abgebildet und erläutert *(vgl. Kapitel 4.5.4)*, mit dem in der Praxis Qualitätskriterien auf Grundlage des produkt- und herstellungsbezogenen Qualitätsmanagementansatzes geprüft und die Qualität der Technischen Dokumentation ermittelt werden können. Grundlage des Modells ist die Hypothese, dass Qualitätssicherung in der Technischen Dokumentation nur durch Sprachstandardisierung und sprachtechnologische Unterstützung möglich ist.

Auf der *Personenebene* wird in dieser Arbeit das Total Quality Management als konzeptuelle Basis herangezogen, nach dem Qualitätsverbesserung als eine unternehmensweite Aufgabe verstanden wird und jeder Mitarbeiter dabei einen Beitrag zur Qualität leistet *(vgl. Kapitel 3.2.1)*. Interfunktionale Zusammenarbeit, Motivation und Qualifikation der Mitarbeiter sind hier ausschlaggebende Faktoren für die Umsetzung der Qualitätsoptimierung. Konkret bedeutet dies, dass die beteiligten Berufsgruppen im Redaktionsprozess (d. h. ausgebildete

Technische Redakteure, Übersetzer und Terminologen) über die notwendigen fachlichen und didaktischen Fähigkeiten verfügen sollten sowie für die Anforderungen qualitativ hochwertiger Dokumentationen sensibilisiert sein müssen *(vgl. Prämisse 2)*. Hier können interne Schulungen und die Unterstützung durch Sprachtechnologien sinnvoll sein, um mögliche Schwachstellen zu kompensieren. Daher wird die Prämisse auf der Personenebene wie folgt formuliert:

Tab. 4.3: Prämissen zur Erfüllung der Hypothese[734]

Hypothese: "Qualitätssicherung in der Technischen Dokumentation durch Sprachtechnologie."	
Ebene	Prämisse
Personenebene	"Exzellentes Qualifikationsprofil der beteiligten Berufsgruppen als Voraussetzung zur Erstellung hochwertiger Dokumentationen; Verantwortung für Qualität liegt bei allen beteiligten Berufsgruppen."
Dokumentationsebene	"Qualitativ hochwertige Dokumentationen durch Fehlerfreiheit, Konsistenz und Verständlichkeit unter Berücksichtigung der lexikalisch/terminologischen, syntaktischen, semantischen und pragmatischen Ebene."
Systemebene	"Gewährleistung der Funktionalität der eingesetzten Systeme zur Erfüllung der Qualitätssicherung auf Personen- und Dokumentationsebene sowie einfache Bedienbarkeit und intelligente Schnittstellenfunktion zu anderen eingesetzten Systemen."
Prozessebene	"Einhaltung der herstellerinternen und prozessseitigen Anforderungen sowie zeitnahe und fristgerechte Dokumentationserstellung unter Einhaltung der internen Prozessstandards."

Prämisse 1: „Exzellentes Qualifikationsprofil der beteiligten Berufsgruppen als Voraussetzung zur Erstellung hochwertiger Dokumentationen und Übersetzungen; Verantwortung für Qualität liegt bei allen beteiligten Berufsgruppen."

Auf der *Dokumentationsebene* greift der objektive und produktbezogene Qualitätsansatz, nach dem Qualität durch objektiv messbare Merkmale festzustellen ist *(vgl. Kapitel 3.2.1)*. Konkret beinhaltet die Qualität der Dokumentation inhaltlich-sprachliche sowie formale Fehlerfreiheit, Konsistenz und Verständlichkeit nach den durch die Verständlichkeitsforschung festgestellten Kriterien in den ausgangs- und zielsprachlichen Texten. Die Prämisse auf Dokumentationsebene lautet daher:

---

734 Eigene Darstellung.

Prämisse 2: „Qualitativ hochwertige Dokumentationen durch Einhaltung objektiv feststellbarer und messbarer Kriterien: Fehlerfreiheit, Konsistenz und Verständlichkeit unter Berücksichtigung der lexikalisch/terminologischen, syntaktischen, semantischen und pragmatischen Ebene."

Die Qualität der *Systemebene* zeichnet sich in erster Linie durch die Ermöglichung und Bereitstellung der Mensch-Maschine-Interaktion durch den Einsatz von Sprachtechnologie innerhalb der Technischen Redaktion und Übersetzung aus. Gleichermaßen finden ausgehend von der Systemebene die Optimierung des Wissensmanagements sowie die Kompensierung von sprachlichen Mängeln in der Technischen Dokumentation und Übersetzung statt. Auf dieser Ebene sind daher Prämissen relevant, die das reibungslose Funktionieren innerhalb der Mensch-Maschine-Interaktion ermöglichen. Darüber hinaus ist diese Ebene als Generator für die Qualitätsoptimierungen der übrigen Ebenen zu betrachten. Im Rahmen der Qualitätskontrolle ist hier die Kennzahlenermittlung durch entsprechende Werkzeuge einzusetzen. Vor diesem Hintergrund greift auf der Systemebene das JURAN-Konzept, mit dem Qualität in diesem Zusammenhang als die Gebrauchstauglichkeit und Leistungsfähigkeit der eingesetzten Systeme definiert wird *(vgl. Kapitel 3.2.1)*. Dabei orientiert sich die Qualitätsoptimierung und -sicherung an den individuellen Bedürfnissen der Zielgruppe und beruht darüber hinaus auf objektiven und nicht-objektiven Gebrauchseigenschaften (Qualität von Produkten und Dienstleistungen als „fittness for use").[735] Hieraus ergibt sich die folgende Prämisse:

Prämisse 3: „Gewährleistung der Funktionalität der eingesetzten Systeme zur Erfüllung der Qualitätssicherung auf Personen- und Dokumentationsebene sowie einfache Bedienbarkeit und intelligente Schnittstellenfunktion zu anderen eingesetzten Systemen."

Ist diese Prämisse erfüllt, wirkt sich dies idealtypisch auf die *Prozessebene* aus. Effizienz und Qualität auf prozessualer Ebene können durch den Einsatz von Sprachtechnologie erzielt und bewahrt werden. Gleichzeitig müssen Standards konzipiert werden, die innerhalb der Dokumentationserstellung als Prüf- oder Meilensteine dienen, und anhand derer man die Prozessqualität schrittweise prüfen und sichern kann. Vor diesem Hintergrund greift hier der herstellungsbezogene Qualitätsansatz, bei dem die Qualität des Produkts durch die Einhaltung der prozessseitigen herstellerinternen Anforderungen bestimmt wird *(vgl. Kapitel 3.2.1)*. Die Umsetzung eines Total Quality Managements im Rahmen der Technischen Redaktion und Übersetzung würde die Qualitätsanforderungen auf der Personen-, Dokumentations- und Systemebene positiv beeinflussen. Folglich lautet die Prämisse auf Prozessebene:

---

735   Vgl. Juran 1986, S. 20; Schwarze 2003, S. 53 f.; Sauter et al. 2010.

Prämisse 4: „Einhaltung der herstellerinternen und prozessseitigen Anforderungen sowie zeitnahe und fristgerechte Dokumentationserstellung unter Einhaltung aller intern definierten Prozessstandards."

Tabelle 4.3 veranschaulicht die Wechselbeziehung der Ebenen und gibt einen Überblick über die erläuterten Prämissen.

Die Prämissen der Ebenen verdeutlichen die verschiedenen Interdependenzen im Rahmen der Qualitätsoptimierung. Werden die Prämissen eingehalten und erfüllt, ergeben sich in Anlehnung an den QTK-Kreis *(vgl. Kapitel 3.2.2)* Optimierungen für die Faktoren Qualität, Kosten und Zeit *(siehe Abb. 4.11)*. Kostenseitig ergeben sich demzufolge die Reduktion von Fehlern, Nacharbeiten, Übersetzungsaufwand und Doppelarbeit. Bezogen auf den Faktor Zeit werden Prozessabläufe in der Dokumentationserstellung und -übersetzung effizienter. Der größte Mehrwert erfolgt jedoch auf der Qualitätsseite durch die Entstehung und Pflege einer Corporate Language und damit einhergehend die optimierte Textverständlichkeit in Ausgangs- und Zieltexten sowie die Fehlerfreiheit und der Rückgang von Nachfragen.[736]

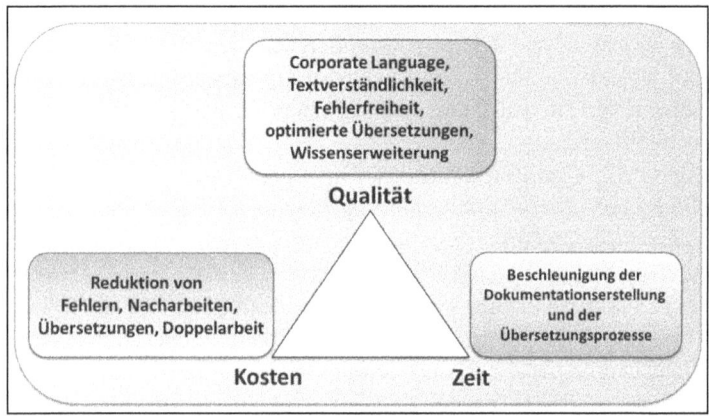

Abb. 4.11: Auswirkungen von Sprachtechnologie auf den QTK-Kreis[737]

4.5.4 Ableitungen von Handlungskonsequenzen – ein ganzheitlicher Prozessstandard

Vor dem Hintergrund der gewonnenen Erkenntnisse müssen nun in konkretisierter Form spezifische Prozessschritte für die unternehmerische Praxis erarbeitet

---

736 Vgl. Pauli 2008; Stelling 2005, S. 190 ff.
737 Eigene Darstellung; vgl. Arandan Yamchi 2011.

werden, die den jeweiligen Anforderungen der Technischen Redaktion und Übersetzung nachkommen. Als Basis für die effiziente und qualitativ hochwertige Dokumentationserstellung ist die saubere Ausgangstextbasis wichtig. Zur Erfüllung der Prämisse auf *Dokumentationsebene* bedeutet dies die Bereitstellung von standardisierter Terminologie, stilistischen, grammatikalischen Regeln sowie die Erarbeitung eines gemeinsamen Datenspeichers mit relevanten und vereinheitlichten Textbausteinen. Die schrittweise Standardisierung ist für die Erarbeitung dieser Basis das entscheidende Kriterium *(siehe Abb. 4.12).*

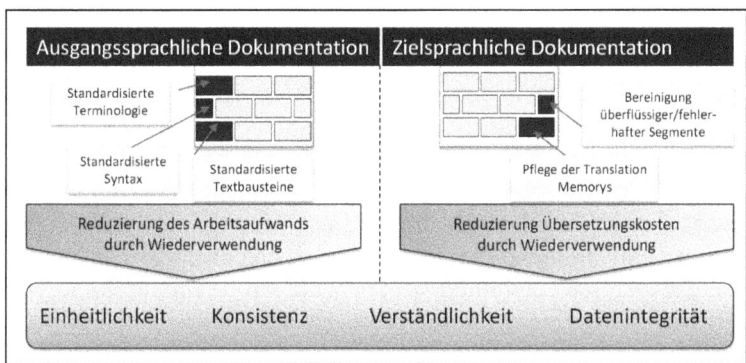

Abb. 4.12: Standardisierungsmaßnahmen auf der Dokumentationsebene[738]

Für die zielsprachlichen Texte werden adäquat Standardisierungen vorgenommen. In Bezug auf die Translation-Memorys bedeutet dies die Bereinigung inkorrekter und überflüssiger Segmente, d. h. die kontinuierliche Evaluation und Pflege des Systems, um Fehlerpotenzial zu minimieren und Doppelarbeit sowie Übersetzungskosten zu reduzieren. Ergebnisse der Standardisierungsmaßnahmen zur Erfüllung der Prämisse auf Dokumentationsebene sind Einheitlichkeit, Konsistenz, Verständlichkeit sowie die Datenintegrität in Ausgangs- und Zielsprachen. Mit dieser Standardisierung im Rahmen der Technischen Dokumentation sowie der Übersetzung sind Grundsteine gelegt, auf deren Basis weitere Sprachtechnologien effektiv eingeführt werden können (z. B. Authoring-Memory-Systeme).

Auf *Personenebene* sind regelmäßige Schulungen, bei denen die Inhalte von Redaktionsleitfäden bzw. Styleguides sowie der Umgang mit Sprachtechnologien vermittelt werden, notwendig. Gerade bei komplexen Produkten, wie beispielsweise Automobilen, sind Redakteure erforderlich, die über die notwendige Expertise bzw. das technische Hintergrundwissen verfügen, um komplizierte

---

[738] Eigene Darstellung.

Reparaturvorgänge für die Erstellung von Werkstattinformationen zu beschreiben. Gerade in diesem Bereich gehen fachliche Voraussetzungen und sprachlich-didaktische Fähigkeiten auseinander, sodass Schreibworkshops und Lehrgänge zum Thema Textverständlichkeit notwendig sind, um die Qualität der Dokumentationen zu sichern. Je nach Umstand ist die Informationsvermittlung auch über den elektronischen Weg, beispielsweise durch einen Newsletter oder ein spezielles Wiki[739], als Ergänzung zu den Schulungen sinnvoll *(vgl. Kapitel 5.4.3)*.

Auf *Systemebene* ist konkret die Kooperation mit dem Systemhersteller eminent wichtig. Vor Ort sollten kompetente Administratoren die technische Umsetzung begleiten. Gerade bei Sprachtechnologien ist nicht nur das linguistische Fachwissen für den reibungslosen Einsatz in der Technischen Redaktion notwendig, sondern ebenfalls die Expertise im informatischen und technischen Bereich. Problembehebungen können durch die Abdeckung beider Wissensbereiche effizient und zeitnah behoben werden.

Eine konkrete Maßnahme für die Erfüllung der Prämissen auf der *Prozessebene* ist die Einführung von Prüfprozessen, anhand derer die Qualität der einzelnen Prozessschritte kontrolliert werden kann, um dadurch frühzeitig Mängel zu identifizieren bzw. einen frühzeitigen Fehlerabstellprozess zu gewährleisten. Im Rahmen der Erkenntnisse dieser Arbeit eignet sich hierzu der PDCA-Zyklus nach DEMING,[740] um die Prozessqualität anhand einzelner Prozessschritte und Meilensteine zu prüfen. Durch iterative Qualitätsbewertungen kann ein frühzeitiger Fehlerabstellprozess etabliert werden, sodass die Qualität schrittweise verbessert wird und Fehlerkosten langfristig gesenkt werden *(vgl. Zehnerregel der Fehlerkosten, Kapitel 3.2.2)*. Kennzahlen, die sich auf die Erstellungszeiten beziehen, reichen hier jedoch nicht aus, um die Qualität der Prozessschritte zu bemessen. Die Dokumentationserstellung sollte auf Prozessebene ganzheitlich betrachtet werden, sodass sich die Prozessschritte auf alle vier Ebenen beziehen und die personellen, produktorientierten und systemischen Qualitätsfaktoren einbezogen werden.

Auf Basis der gewonnenen Erkenntnisse ergibt sich der folgende Prozessstandard zur Operationalisierung hoher Qualitätsstandards im Rahmen der Technischen Redaktion *(siehe Abb. 4.13)*. Im Rahmen der Recherchephase kann durch den Zugriff auf Gleichtexte innerhalb eines eingesetzten Content-Management-Systems sowie die Verwendung von Musterdokumentationen als Basis für die Überarbeitung oder Neuerstellung eine Qualitätssteigerung erzielt werden. Darüber hinaus können themenspezifische Textmodule, die von Techni-

---

739 Online-Enzyklopädie zu einem bestimmten oder fachübergreifenden Themengebiet.
740 Deming 1982, S. 16 ff.; Hänssler 2008, S. 166 f.; Rois 1999, S. 36.

schen Redakteuren gepflegt und aktualisiert werden, innerhalb des Content-Management-Systems zentral zur Verfügung gestellt werden, um Doppelarbeit und Zeitverluste zu reduzieren. Im Rahmen der Textproduktions- und Lektoratsphase können durch Schulungen und Styleguide-Workshops Fehler innerhalb der Texterstellung reduziert und durch den Einsatz eines Controlled Language Checker gekoppelt an ein Authoring-Memory-Programm ein hoher Nutzenwert erzeugt werden. Die im Vorfeld umgesetzte Bereinigung der ausgangssprachlichen Translation-Memory-Segmente und die Abstimmung mit den Übersetzern bei neu erstellten und zu standardisierenden Sätzen zählen zu den wichtigen Voraussetzungen für die erfolgreiche Qualitätssicherung. Weiterhin dient die Terminologieextraktion zur Optimierung der Terminologieprüfung innerhalb des Controlled Language Checker und des Authoring-Memory-Systems. Im Rahmen der Textproduktion können zudem neue Textpassagen, wie beispielsweise Achtungs- und Gefahrenhinweise als Gleichtexte standardisiert, mit dem Rechtswesen abgestimmt und anschließend zentral im Content-Management-System verwaltet werden.

In der Übersetzungsphase kann durch die qualitativ hochwertigen Ausgangstexte mehr Effizienz erzielt werden. Um diesen Aspekt zu verstärken, ist im Vorfeld die zielsprachliche Terminologiearbeit notwendig. Hierbei erfolgt im Rahmen des aufgezeigten Prozessstandards eine Terminologieabstimmung zwischen den Übersetzern und Terminologen. Für die Qualitätsprüfung und -sicherung in den Zieltexten ist der Einsatz eines fremdsprachlichen Controlled Language Checker gekoppelt an ein Translation-Memory-System adäquat zum Textproduktionsprozess sinnvoll. Für die im Vorfeld durchzuführende Bereinigung der Translation-Memory-Systeme ist der Einsatz von Korrekturprogrammen zur teilautomatisierten Bereinigung denkbar *(vgl. Kapitel 4.3.2)*. Die folgende Abbildung veranschaulicht abschließend die notwendigen Schritte im Hinblick auf die Umsetzung einer Corporate Language für die Technische Dokumentation mithilfe von Sprachtechnologie *(siehe Abb. 4.14)*.

Die vorgestellten Anforderungen für die ganzheitliche Qualitätsoptimierung müssen jedoch an die spezifischen Unternehmensanforderungen adaptiert werden. Angelehnt an die firmenspezifischen Redaktions- und Übersetzungsprozesse können hier individuelle Lösungswege erarbeitet werden. Der aufgezeigte Prozessstandard stellt jedoch eine idealtypische Richtlinie dar und kann je nach Unternehmen und Rahmenbedingungen innerhalb der einzelnen Prozessschritte variieren. Die Faktoren Kosten und Zeit spielen im Rahmen der Anpassungen eine erhebliche Rolle.

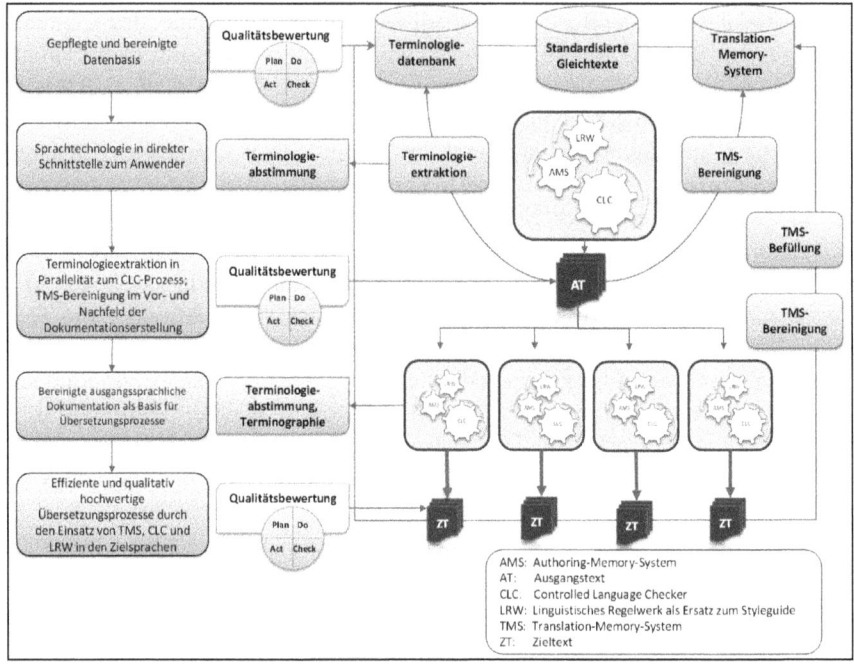

Abb. 4.13: Ganzheitlicher Workflow für die qualitativ hochwertige Dokumentationserstellung und Übersetzung[741]

Nicht jedes Unternehmen ist bereit, hohe Investitionen in vorbeugende Qualitätsmaßnahmen zu tätigen, da mit der Systemanschaffung hohe Kosten verbunden sind. Die Herausforderung liegt in der Überzeugungsarbeit und in Argumentationshilfen, z. B. Kosten-Nutzen-Analysen und Qualitätsanalysen, die im Rahmen der Technischen Redaktion erbracht werden müssen. Das folgende Kapitel stellt diesbezüglich im Rahmen des Fallbeispiels verschiedene Wertschöpfungsfaktoren auf, die als weitere Argumentationshilfen für qualitätsorientierte und sprachtechnologische Investitionen verwendet werden können. Ferner werden durch unterschiedliche Erhebungen aus der Unternehmenspraxis Orientierungswerte vorgestellt, aus denen sich neue Erkenntnisse im Rahmen der ganzheitlichen Qualitätssicherung innerhalb der Technischen Redaktion und Übersetzung ergeben.

---

741 Eigene Darstellung.

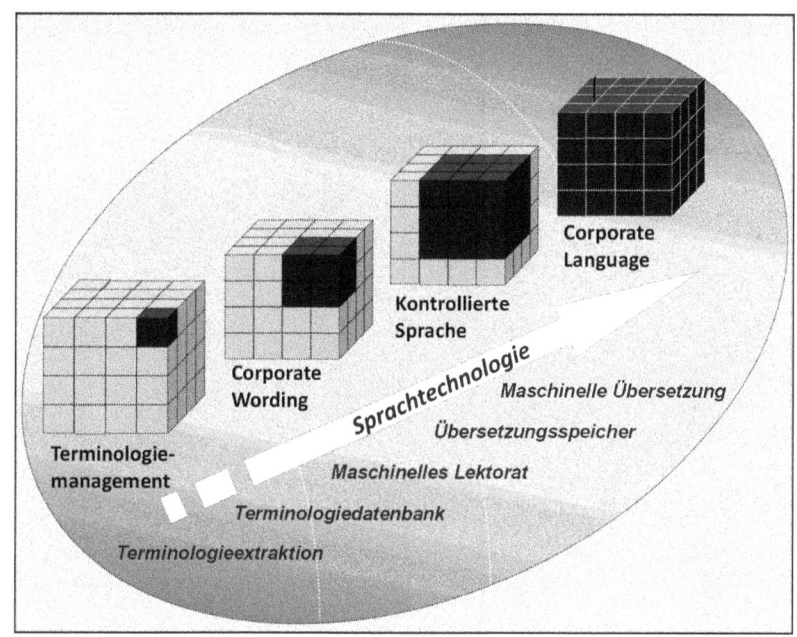

Abb. 4.14: Bausteine der Sprachstandardisierung[742]

---

742 Eigene Darstellung; vgl. Arandan Yamchi 2011.

5 Qualitätsmanagement im Dokumentationserstellungsprozess am Beispiel der Volkswagen „After Sales Technik" (Fallbeispiel)

> „Gerade weil es durch das eigene Erleben verschiedene soziale Wahrheiten gibt, ist es Aufgabe von Theorie und Methodik, nicht Wahrheit zu etablieren, sondern Wahrhaftigkeit von Erhebung und Interpretation zu erreichen."[743]

Die in den vorhergehenden Kapiteln dargestellten sprachtechnologischen Anwendungen stellen essenzielle Voraussetzungen und Faktoren für die Gewährleistung qualitativ hochwertiger Technischer Dokumentation dar. Im Folgenden sollen die im Zuge der Qualitätssteigerung entstehenden Wertschöpfungspotenziale *(vgl. Kapitel 4.5)* durch qualitative und quantitative Untersuchungen analysiert und bewertet werden. Insbesondere wird auf allen Ebenen des Modells erörtert, inwiefern der Einsatz von Sprachtechnologie zur Steigerung der Qualität und der Optimierung der internen und externen Kommunikationsprozesse beiträgt. Vor diesem Hintergrund wird in dieser Arbeit auf die Verbindung von produkt- und herstellerorientierten Qualitätsansätzen Bezug genommen. Auf Prozessebene wird der Fokus verstärkt auf den herstellerorientierten Ansatz gelegt, hingegen auf Textebene, auf den produktbezogenen Qualitätsansatz *(vgl. Kapitel 3.1.2)*. Subjektive Wahrnehmungen und Beurteilungen zur Leistungsgüte kommen in diesem Zusammenhang nur am Rande zum Tragen, wenn es um die Nutzerakzeptanz hinsichtlich der sprachtechnologischen Anwendungen geht.

Die in der Theorie aufgestellten Hypothesen werden im Folgenden auf Validität und Reliabilität geprüft und interpretiert. Die Durchführung der Untersuchung sowie die Interpretation der ausgewerteten Ergebnisse werden durch die Unternehmenssituation und die jeweiligen Anforderungen der Technischen Redaktion und Übersetzung geprägt. Um die Untersuchungsmethoden in den Unternehmenskontext einzuordnen und die Ergebnisse adäquat zu interpretieren, werden in Kapitel 5.2 das Unternehmensumfeld bzw. der Projektträger sowie die Spezifikationen im Bereich der Technischen Redaktion und Übersetzung vorgestellt. Anschließend werden alle im Projektträger eingesetzten Sprachtechnologien vorgestellt.

---

743 Atteslander 1995, S. 9.

5.1 Beschreibung des kausalanalytischen Vorgehens der empirischen Untersuchung

Die empirische Untersuchung hat zum Ziel, die aus der Theorie abgeleiteten Hypothesen durch die Untersuchungen innerhalb der Unternehmenspraxis zu widerlegen bzw. zu bestätigen und dadurch neu zu ordnen. Im Vorfeld der durchgeführten Untersuchungen wurden verschiedene Methoden ausgewählt und für die Ziele des Fallbeispiels zusammengestellt. Hierzu erfolgt in diesem Teil der Untersuchung ein induktiver Syllogismus, bei der die abstrahierende Konklusion auf den Prämissen allgemeiner Erkenntnisse beruht. Aus den Ergebnissen der empirischen Untersuchungen werden folglich Rückschlüsse auf allgemeine Handlungsempfehlungen für die Praxis abgeleitet.

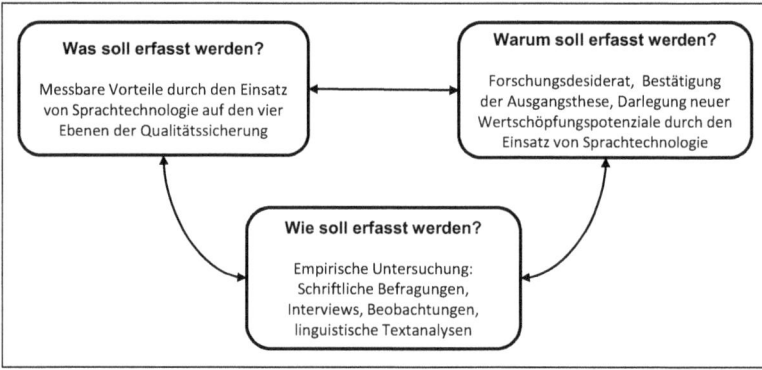

Abb. 5.1: Herleitung der Untersuchungsschwerpunkte[744]

Daraus ergeben sich für die Untersuchung des Fallbeispiels die dreigliedrigen methodologischen Untersuchungsfragen *(siehe Abb. 5.1)*, mit denen das Ziel und die Vorgehensweise der Untersuchungen im Vorfeld konzipiert werden. Bei der Definition des Untersuchungsziels und der Untersuchungsmaterie steht die Erarbeitung von messbaren Vorteilen im Fokus, die sich durch den Einsatz von Sprachtechnologie innerhalb der Personen-, Dokumentations-, System- und Produktebene ergeben *(vgl. Kapitel 4.5.1)*. Die Beweggründe für die Untersuchungen im Rahmen des Fallbeispiels sind zum einen der Abgleich der Theorie und dessen Transfer auf die Praxis, um das Forschungsdesiderat in diesem Bereich abzudecken. Zum anderen soll durch das Fallbeispiel die Ausgangsthese der vorliegenden Arbeit belegt werden. Aus den dargelegten Zielen und Beweg-

---

744 Eigene Darstellung in Anlehnung an Atteslander 1995, S. 11.

gründen wird im Folgenden die konkrete Konzipierung von adäquaten Methoden erläutert, mit denen die Untersuchung durchgeführt wurde. Zur Strukturierung der empirischen Untersuchungen dienen die nachfolgenden Forschungsfragen, welche die Haupt- und Teilziele der Untersuchung verdeutlichen sollen. Die Forschungsfragen, die im empirischen Teil der Arbeit beantwortet werden sollen, lauten wie folgt:

- Können durch den Einsatz von Sprachtechnologie die Qualität der Technischen Dokumentation optimiert, die Arbeitsmotivation der beteiligten Berufsgruppen gesteigert, Synergien auf Systemebene genutzt sowie Prozesse standarisiert und beschleunigt werden?
- Ist die Qualitätssteigerung auf den vier Ebenen der Qualitätsoptimierung messbar und berechenbar?
- Welche konkreten Qualitätssteigerungen können auf den vier Ebenen der Qualitätsoptimierung festgestellt werden?
- Inwiefern können die Untersuchungsergebnisse dazu dienen, einen operativ einsetzbaren Prozessstandard im Rahmen der Technischen Redaktion zu implementieren, der die Risiken der verschiedenen Prozesse minimiert und die Vorteile ausschöpft?

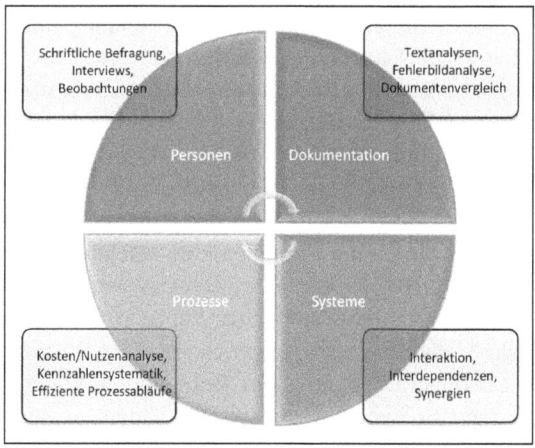

Abb. 5.2: Untersuchungsmethodik im Rahmen des Fallbeispiels[745]

Das Ziel des Fallbeispiels liegt demnach in der Beantwortung der aufgestellten Forschungsfragen. Auf Basis der empirischen Untersuchungen werden anschlie-

---
745 Eigene Darstellung.

ßend verschiedene Handlungsempfehlungen für die Unternehmenspraxis sowie Forschungsdesiderate abgeleitet. Hierbei liegt im Fallbeispiel ein klarer Schwerpunkt auf der Personen- und der Dokumentationsebene sowie der Qualitätsoptimierung im Rahmen dieser Bereiche. Ausgehend von der Personen- und Dokumentationsebene sollen Rückschlüsse auf Qualitätsoptimierungen innerhalb der System- und Prozessebene getroffen werden. Die folgende Abbildung illustriert die im nachfolgenden näher erläuterte Untersuchungsmethodik im Rahmen des Fallbeispiels.

5.1.1 Untersuchungsmethodik auf Personenebene: Qualitative und quantitative Erhebungen

„Die Wissenschaftlichkeit der Befragung liegt in der Kontrolle der sie begleitenden Vorgänge."[746]

Für die Untersuchung der Wertschöpfungspotenziale durch den Einsatz von Sprachtechnologie auf Personenebene werden im Rahmen des Fallbeispiels zum einen schriftliche Befragungen durchgeführt, die sich im Umfang und Fragenvolumen unterscheiden *(vgl. Kapitel 5.4.1 und Kapitel 5.4.4).* Zum anderen werden zur Stützung der Befragungsergebnisse und zur Schärfung der Untersuchungen persönliche Interviews innerhalb von Feedback-Runden und zusätzlich individuelle Beobachtungen durchgeführt *(vgl. Kapitel 5.4.2).*

Als Methode zur Einholung des allgemeinen Meinungsbilds der Anwender von Controlled Language Checker wird aufgrund verschiedener Faktoren die *schriftliche Befragung* als Schwerpunkt der Untersuchungsmethodik gewählt. ATTESLANDER versteht unter Befragung die Kommunikation zwischen zwei oder mehreren Personen, mit der nicht soziales, sondern verbales Verhalten erfasst wird.[747] Durch den Einsatz von Fragen würden ferner Befragte zum Antworten beeinflusst. Jede Frage sei folglich als Stimulus zu begreifen und erst durch diesen Stimulus würden die Befragten zum Nachdenken angeregt, sodass aus latenten Einstellungen Meinungen im Bewusstsein der Befragten entstehen.[748] Die Befragung ist in den empirischen Sozialwissenschaften die am häufigsten angewandte Methode – schätzungsweise werden 90 Prozent aller Daten auf diese Weise gewonnen.[749] Schriftliche Befragungen können zum einen für deskriptive Erkundungsstudien, zum anderen für Untersuchungen zur Hypothesenprüfung eingesetzt werden. Hierbei muss auf die neutrale Formulierung der

---

746 Atteslander 1995, S. 201.
747 Vgl. Atteslander 1995, S. 132.
748 Vgl. Atteslander 1995, S. 148.
749 Vgl. Bortz 1984, S. 163; Bungard 1979.

Fragen geachtet werden, damit der Untersuchungsausgang offenbleibt.[750] Mündliche Befragungen hingegen sind ungefähr dreimal aufwändiger als schriftliche Befragungen.[751]

Ein erheblicher Nachteil schriftlicher Befragungen kann die Lesbarkeit individueller Handschriften sein sowie die allgemein angenommene geringe Rücklaufquote.[752] Da es sich bei den Befragten jedoch um eine homogene und geschlossene Gruppe handelt, die sich täglich mit schriftlichen Texten befasst, ist die schriftliche Befragungsform eine adäquate Methode.[753] Vor diesem Hintergrund wird im Rahmen des Fallbeispiels mit geringem Personalaufwand eine große Zahl der Befragten erreicht, wobei im Vergleich zur mündlichen Befragung der Interviewer als mögliche Fehlerquelle oder Kontrollinstanz entfällt.[754] Die Befragten können ferner durch die Gewährleistung der Anonymität und das unbeobachtete Ausfüllen des Fragebogens ihre Meinungen zur Thematik kommunizieren. Dies begünstigt die Bereitschaft der Befragten, ehrliche Antworten anzugeben und sich mit der Thematik gründlicher auseinanderzusetzen.[755] Die zeitnahe Durchführung und Auswertung der schriftlichen Befragung erweist sich somit als vorteilhaft für den Gang der Untersuchung.

Um die Vorteile der schriftlichen Befragung auszuschöpfen, ist eine umfangreiche Vorarbeit im Sinne einer Konzeptualisierung und Gestaltung des Fragebogens und der allgemeinen Befragungsstrategie wesentlich. Die Durchführung der schriftlichen Befragung bedingt daher eine hohe Strukturierbarkeit der Befragungsinhalte. Bei der Zusammenstellung der Fragen werden in der Mehrheit geschlossene Fragen mit Antwortvorgaben gewählt, die durch die im Verhältnis geringen offenen Fragen aufgelockert werden. Hierdurch wird zum einen die Auswertung der Befragung erleichtert und gleichzeitig mit offenen Fragen an die persönliche Meinung der Befragten appelliert.[756]

Während offene Fragen dem Befragten ermöglichen, seine Antworten selbstständig und frei zu formulieren, werden mit geschlossenen Fragen mögli-

---

750 Zum Problem der Abhängigkeit einer Hypothesenprüfung von der Art des Messinstruments vgl. z. B. Hays, Winkler 1970; Bortz 1984, S. 181; vgl. Shaw, Wright 1967; Robinson et al. 1968; Strauss 1969; Oppenheim 1966; Miller 1970.
751 Vgl. Richter 1970, S. 30.
752 Vgl. Bortz 1984, S. 182.
753 In der Fachliteratur werden die Rücklaufquoten zwischen zehn bis 90 Prozent geschätzt, wobei die Quote umso höher ausfällt, je mehr es sich um homogene Gruppen handelt, die auch im Rahmen ihrer regulären Tätigkeiten mit schriftlichen Texten umgehen, vgl. Atteslander 1995, S. 168; Scheuch 1973, S. 123 ff.; Erbslöh 1972; Bortz 1984, S. 181; Wieken 1974.
754 Vgl. Atteslander 1995, S. 167.
755 Vgl. Bortz 1984, S. 164.
756 Ebenda.

che Antworten vorgelegt, aus denen sich der Befragte die entsprechend zutreffende Antwort auswählt. In der Fachliteratur werden geschlossene Fragetypen unterschieden.[757] So differenziert RICHARDSON beispielsweise zwischen dem Identifikations-, Selektions-/Alternativ- und Ja-Nein-Typ.[758] Bei der Formulierung der geschlossenen Fragen wurden Behauptungen (Statements) ausgewählt, um Positionen, Meinungen und Einstellungen einzuholen. Die Auswahl von Behauptungen wird in der Fachliteratur im Vergleich zur Verwendung von offenen Fragen als besser geeignet eingestuft, da sich mit Behauptungen „*die interessierende Position oder Meinung prononcierter und differenzierter erfassen lässt als mit Fragen, die zum gleichen Inhalt gestellt werden*"[759]. Ferner neigen Befragte dazu, bei offenen Fragen nur kurze oder unvollständige Antworten zu formulieren, aus Angst Rechtschreibfehler oder stilistische Mängel sichtbar zu machen.[760] BORTZ merkt in der Abwägung zwischen Behauptungen und Fragen an:

> „Die Frage ist üblicherweise allgemeiner formuliert und hält das angesprochene Problem prinzipiell offen. Realistische, tatsächlich alltäglich zu hörende Behauptungen sind demgegenüber direkter und veranlassen durch geschickte, ggf. gar provozierende Wortwahl auch zweifelnde, unsichere Befragungspersonen zu eindeutigen Stellungnahmen."[761]

Die sprachlich neutrale Formulierung der Behauptungen stellt hierbei eine Herausforderung dar. Nach Untersuchungen von KREUZ/TITSCHER geht hervor, dass ca. 70 Prozent aller verwendeten Wörter einen wertenden Charakter besitzen.[762] Allein durch die Wortwahl werden somit bestimmte Wertungstendenzen in der angesprochenen Thematik deutlich. Um das Verständnis der Befragten weitgehend sicherzustellen und die fehlenden Erklärungen eines Interviewers zu kompensieren, der bei mündlichen Befragungen anwesend ist, werden die schriftlichen Fragen klar und unmissverständlich formuliert. SCHNELL et al. stellen relevante Regeln und Empfehlungen für die Frageformulierung zusammen, die sich auf die folgenden Faktoren beziehen: einfache Wortwahl, Kürze, Konkretheit (d. h. keine abstrakten Begrifflichkeiten), Vermeidung von Suggestivfragen, Neutralität (d. h. Vermeidung mit negativ/positiv besetzten Wörtern), keine hypothetische Formulierung, Beziehung auf lediglich einen Sachverhalt pro Frage, keine doppelte Negation, Vermeidung von Überforderung (z. B. Berechnung von Prozentzahlen für die Antwort) und letztlich formale Balance

---

757 Vgl. Richardson et al. 1965, S. 146.
758 Vgl. Bortz 1984, S. 181.
759 Bortz 1984, S. 183.
760 Ebenda.
761 Ebenda.
762 Vgl. Kreuz, Titscher 1974.

(d. h. die Beinhaltung aller möglichen Antwortmöglichkeiten).[763] Aufgrund dieser Herausforderungen werden verschiedene Behauptungen zu einem Teilaspekt der zu befragenden Thematik gestellt, die in ihren Formulierungen und intendierten Behauptungen differieren und deren Wertungen sich gegenseitig aufheben.[764]

Für die Bewertung der formulierten Behauptungen wird die *Likert-Skala* zu Grunde gelegt, die ordinal bzw. rangskaliert ist.[765] Die Likert-Skala verwendet Rating-Skalen und ist ein personenorientiertes Messinstrument zur Selbsteinschätzung bzw. Einstellungsmessung, mit der die ablehnende oder befürwortende Einstellung der befragten Person ermittelt werden soll *(siehe Abb. 5.3)*. Innerhalb der Einstellungsmessung zählt die Likert-Skala zu den am häufigsten eingesetzten Verfahren.[766]

	Stimme voll zu	Stimme zu	Teils-teils	Stimme nicht zu	Stimme überhaupt nicht zu
2. Berufsbild Technischer Redakteur	▼	▼	▼	▼	▼
Meine derzeitige Tätigkeit als Redakteur erfüllt mich.	☐	☐	☐	☐	☐

Abb. 5.3: Beispiel für die Likert-Skala aus dem konzipierten Fragebogen[767]

Nach GUTTMANN/SUCHMANN stellt der mittlere Skalenwert einen gravierenden Nachteil für die Auswertung der Befragung dar, da die Interpretation des mittleren Werts bzgl. der jeweiligen Behauptung tatsächlich nur mittelmäßig oder teils-teils zutreffen kann, die Behauptung als irrelevant eingeschätzt oder nicht richtig verstanden wurde.[768] Weiterhin wird angenommen, dass mittlere Skalenwerte im Vergleich zu extremen Skalenwerten vermehrt bei Unsicherheit angekreuzt werden.[769] Mit der Befragung wird zum einen in der Einführungsphase, d. h. nach dreimonatigem Einsatz des Controlled Language Checker, das Meinungsbild der Befragten ermittelt, wodurch die Nutzerakzeptanz gegenüber dem Tool verdeutlicht wird. Aus den Befragungsergebnissen werden ferner Maßnahmen abgeleitet, mit denen der Anpassungs- und Optimierungsbedarf am Controlled Langauge Checker vorgenommen wird. Die Befragungsergebnisse

---

763 Vgl. Schnell et al. 1988, S. 306 f.; Atteslander 1995, S. 192 f.
764 Vgl. Bortz 1984, S. 183.
765 Bewertungsskala, die 1932 von Rensis Likert entwickelt wurde, vgl. Diekmann 2007, S. 240 ff.
766 Vgl. Diekmann 2007, S. 240.
767 Eigene Darstellung.
768 Vgl. Guttman, Suchman 1947.
769 Vgl. Bortz 1984, S. 152; Guttman, Suchman 1947.

werden in Anlehnung an BORG ausgewertet, intern den Führungskräften präsentiert und auf einem zentralen Zugriffsort dokumentiert.[770]

Um die durch den mittleren Skalenwert verursachten Ungenauigkeiten zu klären und tiefer gehendes Feedback zu erhalten, werden im Nachgang der Befragungen mündliche *Interviews* innerhalb von *Feedback-Runden*, als weniger strukturierte Befragungsform, mit den Befragten durchgeführt. Vor diesem Hintergrund werden natürliche Gesprächssituationen durch Projektionsprozesse und Assoziationsfragen geschaffen, in denen die Befragten gefühls- und wertbeladene Themen artikulieren können, die sie aus sozialen oder persönlichen Gründen zurückhalten würden.[771] Die Fachliteratur beurteilt die Gültigkeit dieser indirekten Methoden mit Vorbehalt, da die Bewertung indirekter und projektiver Fragen schwer zu beurteilen ist.[772] Dennoch können diese im Rahmen dieser Arbeit für den Zweck der Ergänzung von direkten und schriftlich strukturierten Fragen verwendet werden.[773]

Ferner werden im Rahmen der Untersuchungen des Fallbeispiels Beobachtungen eingesetzt, um realistische Informationen einzuholen, die mit den Ergebnissen der schriftlichen Befragung abgeglichen werden sollten, um das Gesamtergebnis abzurunden. BORTZ vertritt die Ansicht, *„dass die Methode der systematischen Beobachtung zum Arsenal der empirischen Datenerhebungstechniken gehört, weil sie für bestimmte Fragestellungen den einzigen Zugang zu aussagekräftigen Daten darstellt"*[774] und vermerkt weiter, dass beobachten demnach eine Art der visuellen Wahrnehmung ist, die zielgerichtet und teilweise auch aufdringlich sei:[775]

„Wir sprechen von Beobachtung, wenn aus einem Ablauf von Ereignissen etwas aktiv, also nicht beiläufig, zum Objekt der eigenen Aufmerksamkeit gemacht wird."[776]

Zwar können Beobachtungen nicht als realitätsgetreue Abbildungen der jeweiligen Vorgänge oder Menschen gelten, dennoch stellen sie eine wichtige Ergänzung zur schriftlichen und mündlichen Befragung dar, mit denen die Nachteile

---

770 Vgl. Borg 2003, S. 17.
771 Vgl. Atteslander 1995, S. 184.
772 Vgl. z. B. Untersuchungen von Maccoby, Maccoby 1974, S. 53.
773 Vgl. Atteslander 1995, S. 185.
774 Vgl. Bortz 1984, S. 190.
775 Vgl. Bortz 1984, S. 191; Klix 1971; Lindsay, Norman 1977; zur Wirkung der Einstellung einer Person bei der Wahrnehmung anderer Menschen oder Vorgänge bzgl. der auftretenden Verzerrungseffekte (social perception, person perception) vgl. z. B. Irle 1975; Secord, Backmann 1974.
776 Bortz 1984, S. 191.

der Befragungsarten kompensiert werden.[777] In der Fachliteratur werden die folgenden Beobachtungsformen unterschieden:[778]

- teilnehmende offene oder teilnehmende verdeckte Beobachtungen,
- nicht teilnehmende offene oder nicht teilnehmende verdeckte Beobachtungen.

Im Rahmen des Fallbeispiels werden die *teilnehmende offene Beobachtung* sowie die *nicht teilnehmende offene Beobachtung* gewählt. Teilnehmende Beobachtungen haben den Vorteil, dass der Beobachter als aktiver Teilnehmer Einblicke erhält, die ihm in verdeckter Form nicht möglich wären.[779] Die Herausforderung liegt jedoch darin, mit der offenen Teilnahme den natürlichen Tätigkeitsablauf der beobachteten Teilnehmer unbeeinflusst zu lassen bzw. nicht zu verändern. Die nicht teilnehmende Beobachtung hingegen ermöglicht dem Beobachter einen Fokus auf das zu protokollierende Geschehen.[780] Im Rahmen des Fallbeispiels ist lediglich die offene Beobachtung sinnvoll, da die Zustimmung der Teilnehmer über den Beobachtungsvorgang Voraussetzung ist. Zwar wäre eine verdeckte Beobachtung realitätsnaher, da das Verhalten der Personen sich sonst möglicherweise unnatürlich oder konform der sozialen Erwünschtheit anpasst.[781] Dennoch ist erst durch die offene Teilnahme die Möglichkeit für Rückfragen durch den Beobachter gegeben. Vor diesem Hintergrund werden Interviews mit Technischen Redakteuren durchgeführt sowie im Rahmen der Informationsrückkopplung verschiedene Feedback-Runden mit den Redakteuren einberufen. Davon losgelöst werden Beobachtungen und indirekte Befragungen mit Technischen Redakteuren bei der redaktionellen Tätigkeit mit dem Controlled Language Checker durchgeführt. Somit werden für die vorliegende Untersuchung auf der einen Seite mit Interviews und Beobachtungen eine wenig bis teilstrukturierte mündliche Kommunikationsform und auf der anderen Seite mit der schriftlichen Befragung eine stark strukturierte Kommunikationsform gewählt *(siehe Abb. 5.4).*

---

777 Vgl. Faßnacht 1979 zu Empfehlungen für Beobachtungen und Verhaltensprotokolle.
778 Vgl. Bortz 1984, S. 195 f.
779 Vgl. Bortz 1984, S. 196.
780 Vgl. Bortz 1984, S. 197.
781 Zur Beeinflussbarkeit der beobachteten Personen vgl. Cranach, Frenz 1975, S. 308; Bortz 1984, S. 197.

Kommunikationsform Kommunikationsart	Wenig strukturiert	Teilstrukturiert		Stark strukturiert
mündlich	Typ I • Informelles Gespräch • Experteninterview • Gruppendiskussion	Typ III • Leitfadengespräch • Intensivinterview • Gruppenbefragung • Expertenbefragung	Typ V • Einzelinterview telef. Befragung • Gruppeninterview • Panelbefragung	Typ VII (mündlich und schriftlich kombiniert) • Telefonische Ankündigung des Versandes von Fragebogen • Versand oder Überbringung der schriftl. Fragebogen • Telefonische Kontrolle, evtl. telefonische Ergänzungsbefragung
schriftlich	Typ II • Informelle Anfrage bei Zielgruppen	Typ IV • Expertenbefragung	Typ VI • Postalische Befragung • Persönliche Verteilung und Abholung • Gemeinsames Ausfüllen von Fragebogen • Panelbefragung	

Erfassen qualitativer Aspekte „Interpretieren"

Erfassen quantitativer Aspekte „Messen"

hoch ←——————— Reaktivität ———————→ tief

Abb. 5.4: Typen der Befragung nach ATTESLANDER[782]

5.1.2 Untersuchungsmethodik auf Dokumentationsebene: Linguistische Textanalysen und Bewertung der Textqualität durch quantitative Erhebungen

Für die Untersuchungen zur Beweisführung der Qualitätssicherung auf Dokumentationsebene werden linguistische Textanalysen sowie die Bewertung der Textqualität vor und nach der Prüfung mit dem Controlled Language Checker durchgeführt. Konkrete Textbeispiele in den Kategorien Grammatik, Rechtschreibung, Stil, Konsistenz und Terminologie verdeutlichen die qualitative Optimierung innerhalb der Dokumentationen. Diesbezüglich werden Einzel- und Gesamtbeurteilungsverfahren angewandt. Ein Dokumentationscluster von Reparaturleitfäden aus dem Bereich Technische Werkstattinformation wird anhand der festgelegten Qualitätskriterien ohne linguistisch-maschinelle Prüfung bzw. Korrektur beurteilt. Im Vergleich dazu werden konkrete Beispiele für qualitative Optimierungen durch das maschinelle Lektorat gegenübergestellt.

Anschließend wird für ein vorher definiertes Dokumentationscluster unterschiedlicher Reparaturleitfäden aus dem Bereich Technische Werkstattinformation eine statistische Analyse mit dem Kennzahlenermittlungswerkzeug Zerti-FAKT durchgeführt. Die Qualitätsgüte wird durch ein im Vorfeld konzipiertes Gewichtungsschema ermittelt, das den qualitativen Anforderungen des Bereichs

---

782 Vgl. Atteslander 1995, S. 159.

"After Sales Technik" entspricht *(vgl. Kapitel 5.3.5)*. Die Ergebnisse der Untersuchung verdeutlichen den Einfluss von Sprachtechnologie auf die Produktqualität und ermöglichen die Messbarkeit der Ergebnisse anhand von Kennzahlen. Die Beurteilungskriterien, die für die Ermittlung der Dokumentationsqualität herangezogen werden, erfolgen auf der Basis des linguistischen Regelwerks „UMMT" (Utility Mandate for Management Tasks) des maschinellen Lektorats *(vgl. Kapitel 5.3.2)*. Hierzu zählen die progressive deutsche Rechtschreibung und die im Rahmen des Terminologiemanagementprojekts der Volkswagen AG konzipierten Stilrichtlinien für die Technische Dokumentation *(vgl. Kapitel 5.2)*. Im Zuge der Qualitätssicherung auf Dokumentationsebene wird ein Augenmerk auf weitere beobachtbare Wertschöpfungspotenziale in nachfolgenden redaktionellen Prozessen und der Übersetzung gelegt, die in Kapitel 5.5 diskutiert werden.

5.1.3 Untersuchungsmethodik auf Systemebene: Wertschöpfungs- und Synergiepotenziale

In diesem Abschnitt erfolgt ein Fokus auf die Systemschnittstellen und auf die Frage, welche Synergien sich durch den Einsatz der Sprachtechnologien konkret beobachten lassen bzw. genutzt werden können. Die Untersuchungen beziehen sich auf die Optimierung der Trefferquote in den Translation-Memorys und auf die Reduzierung der Variantenvielfalt in den ausgangssprachlichen Satzsegmenten. Darüber hinaus steht die Terminologieextraktion als Systemkomponente des Controlled Language Checker *(vgl. Kapitel 4.3.1)* im Fokus, wodurch die Terminologiedatenbank weiter aufgebaut und die Terminologiearbeit insgesamt gefördert werden kann. Weiterhin werden Effizienzfaktoren durch die Wiederverwendung von Texten in der Technischen Dokumentation und die systembezogenen Synergien dargestellt. Auf Grundlage der gewonnenen Untersuchungsergebnisse werden Handlungskonsequenzen für die systemtechnische Ebene formuliert, durch die eine optimierte Qualitätssicherung erfolgen kann. Die gewonnenen Ergebnisse dienen als Basis für die Ermittlung von Kennzahlen und der Darstellung des wirtschaftlichen Mehrwerts durch den Einsatz von Sprachtechnologie.

5.1.4 Untersuchungsmethodik auf Prozessebene: Kennzahlensystematik und optimierte Kommunikation

Die aus den durchgeführten Untersuchungen gewonnenen Erkenntnisse werden anschließend als Basis für Qualitätsoptimierungen auf der Prozessebene verwendet. Hierzu werden verschiedene Rückmeldungen aus dem Handel sowie Studien aus dem Bereich „After Sales Technik" herangezogen *(vgl. Kapitel 5.2)*.

Vor diesem Hintergrund werden verschiedene Workflows für den Einsatz von Sprachtechnologie in der Technischen Dokumentation entwickelt. Anschließend werden Kennzahlen für die Technische Dokumentation ermittelt und innerhalb eines Kennzahlensystems zusammengefasst, wodurch die Prozessqualität der Technischen Redaktion gesteuert und kontrolliert werden kann. Die gesammelten Erkenntnisse werden anschließend gegenübergestellt und diskutiert *(vgl. Kapitel 6).*

5.2 Ausgangssituation – Technische Redaktion im Bereich „After Sales Technik"

Die empirischen Untersuchungen wurden in der Volkswagen AG in Wolfsburg im Bereich „After Sales Technik" durchgeführt. Für das bessere Verständnis hinsichtlich der Rahmenbedingungen des Fallbeispiels wird im Folgenden ein Einblick in die unternehmensspezifischen Anforderungen und Rahmenbedingungen gegeben, welche die Durchführung und Methodik der vorliegenden Untersuchungen maßgeblich beeinflusst haben. Von allgemeinen firmenspezifischen Modalitäten wird der Blick auf die Arbeitsbedingungen der Technischen Redaktion gerichtet, innerhalb derer das Fallbeispiel durchgeführt wurde.

5.2.1 Die Volkswagen AG – Vorstellung des Projektträgers

Die Volkswagen AG wurde 1937 mit dem Namen „Gesellschaft zur Vorbereitung des Deutschen Volkswagens mbH" gegründet.[783] Das Unternehmen ist seit 1960 eine Aktiengesellschaft und schließt neun Konzernmarken ein (Volkswagen, Audi, Seat, Skoda, Bentley, Bugatti, Lamborghini, Volkswagen Nutzfahrzeuge und Scania).[784] Mit rund 390.000 Beschäftigten lieferte der Konzern mit einem Zuwachs von ca. 13 Prozent gegenüber dem Vorjahr in 2010 allein 5,4 Millionen Fahrzeuge an Konzernkunden aus.[785] Im Jahr 2010 wurden insgesamt 4,5 Millionen Fahrzeuge bei einem Weltmarktanteil von 7,7 Prozent ausgeliefert.[786] Die Volkswagen AG fertigt pro Arbeitstag 26.000 Fahrzeuge in 21 Ländern und insgesamt 61 Produktionsstätten, die in mehr als 153 Ländern verkauft werden.[787] Das Stammwerk in Wolfsburg beschäftigt rund 50.000 Mitarbeiter und zählt mit einer Fertigungskapazität von mehr als 3.400 Fahrzeugen am Tag

---

783 Vgl. Volkswagen AG 2010b.
784 Ebenda.
785 Ebenda.
786 Vgl. Volkswagen AG 2011a.
787 Ebenda.

als größte zusammenhängende Automobilfabrik der Welt. Das Stammwerk in Wolfsburg produziert die Fahrzeugmodelle: Golf, Golf Plus, Touran und Tiguan, wobei darüber hinaus auch weitere Fahrzeugkomponenten gefertigt werden.[788] Volkswagen vertritt eine kundenorientierte Markenstrategie, bei der „*die richtigen Produkte zu den richtigen Preisen für die Märkte eine starke Basis für ein positives Markenerlebnis des Kunden*"[789] bilden. Die starke Designidentität, der persönliche Kontakt für den Kunden sowie die gelebte Servicekultur und ein 100-prozentiger Kundenfokus in allen Bereichen weltweit werden als Voraussetzungen betrachtet, um Sympathie, Erfolg und Profitabilität für die Marke zu erreichen.[790]

Die Volkswagen AG gliedert sich in elf Organisationseinheiten. In der Organisationseinheit „Vertrieb und Marketing" (V) ist der Unternehmensbereich „After Sales" (VS) angesiedelt, dessen Aufgabe und Zielsetzung die Betreuung der Kunden nach dem Fahrzeugkauf ist. Im Bereich „After Sales" ist die Hauptabteilung „After Sales Technik" (VST) eingeordnet, deren Aufgabe es ist, die Instandsetzung und Instandhaltung von Volkswagen Fahrzeugen entlang der Fahrzeuglebensdauer im Service-Prozess weltweit unter höchster Qualität marktgerecht zu gewährleisten *(siehe Abb. 5.5)*.

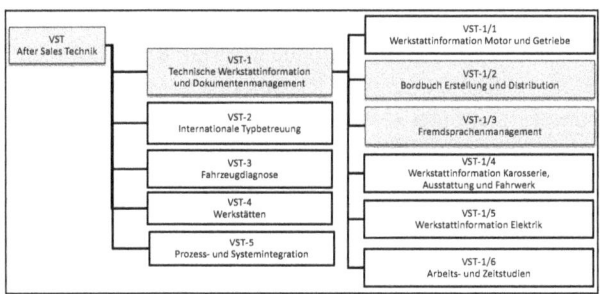

Abb. 5.5: Organigramm VST-1[791]

Vor diesem Hintergrund werden durch die „After Sales Technik" die Bereitstellung marktorientierter Reparaturinformationen gewährleistet. Damit wird das Ziel verfolgt, die Reparaturqualität zu steigern, Wiederholreparaturen zu reduzieren und den Service-Kernprozess zu wahren *(vgl. Kapitel 5.2.5)*. Zu den Teilaufgaben zählen folglich:[792]

---

788 Ebenda.
789 Volkswagen AG 2011b, S. 8.
790 Vgl. Volkswagen AG 2011b, S. 8.
791 Eigene Darstellung.
792 Volkswagen AG 2010a.

- Entwicklung und Erprobung von rationellen Arbeitsverfahren und Abläufen zur Instandhaltung der Fahrzeuge der Marke Volkswagen,
- Erstellung technischer Werkstattinformationen für Vertragspartner und unabhängige Marktbeteiligte zur Sicherstellung der technischen Reparaturqualität im Handel,
- Ermittlung und Bereitstellung von Arbeitszeiten,
- Erstellung und Verfügbarkeit des Bordbuchs,
- Erfüllung von technischen Vorschriften/Gesetzesvorgaben im Rahmen der Service Technik weltweit,
- Fremdsprachenmanagement für alle Infomittel von VS.

Die Technische Redaktion ist innerhalb der Abteilung „After Sales Technik Werkstattinformation und Dokumentenmanagement" (VST-1) strukturiert, deren weitere Aufgaben sich wie folgt zusammensetzen:[793]

- Termingerechte und vollständige Erstellung anwenderfreundlicher technischer Werkstattinformationen (Reparaturleitfäden, Wartungsinformationen, Stromlaufpläne, Arbeitszeiten) in Deutsch und deren darauf folgende Übersetzung,
- Entwicklung und Erprobung von rationellen Arbeitsverfahren und Abläufen zur Instandhaltung der Fahrzeuge der Marke Volkswagen PKW,
- Koordination, Redaktion und Distribution Bordbuch (VW PKW) und Werkstattinformationen (VW PKW) sowie Arbeitszeiten mehrerer Marken weltweit; Rechnungslegung/-prüfung für Werkstatt- und Bordbuchartikel,
- Fremdsprachenmanagement: Übersetzung des Bordbuchs und der Serviceliteratur zur Markteinführung der Fahrzeuge; Übersetzungs- und Dolmetscherleistungen für alle Volkswagen Bereiche,
- Terminologiemanagement und Einsatz von Sprachtechnologien, u. a. das maschinelle Lektorat CLAT.

5.2.2 Informationskomplexität und Rahmenbedingungen der Technischen Redaktion

Im Bereich „After Sales Technik" werden verschiedene Dokumentationsformen erstellt, die jeweils an unterschiedliche Zielgruppen adressiert sind und daher auch unterschiedliche Ziele verfolgen. So impliziert die Unterteilung in Werkstattinformationen (WI) und Kundenliteratur (K3) zwei verschiedene Zielgruppen. Während sich Werkstattinformationen in erster Linie an die Werkstätten

---

793 Ebenda.

richten, ist die Kundenliteratur an den Autokäufer adressiert. Zum einen ist in diesem Zusammenhang die Werkstattinformation als externe Dokumentation, zum anderen als interne Dokumentation zu verstehen, je nachdem ob der Handel als Kunde des Herstellers oder im Sinne des After-Sales-Geschäfts als zugehörige organisatorische Einheit des Herstellers betrachtet wird. Der Bereich der Kundenliteratur, sprich Bedienungsanleitung und Servicepläne, werden jedoch mit dem Kunden als Zielgruppe zur externen Dokumentation gezählt.

Die Rahmenbedingungen der Dokumentationserstellung bestimmen die Art und den Umfang der Implementierung von sprachtechnologischen Werkzeugen. Mit der Eingliederung der Technischen Redaktion in den Unternehmensbereich „After Sales" erfolgt die Dokumentationserstellung für den Werkstattinformations- und Kundenliteraturbereich gegen Ende des Produktentwicklungsprozesses. Bei der Dokumentationserstellung sind die Technischen Redakteure im Rahmen ihrer Informationsrecherche somit auf die bereits in der Technischen Entwicklung erstellten Dokumentationen angewiesen.

Ferner sind die Faktoren Zeit und Budget in dieser Produktentwicklungsphase aufgrund des näher rückenden SOP-Zeitpunkts (Start of Production) stark eingeschränkt. Gleichzeitig steigen Informationsvielfalt und -volumina. Allein im Bereich „After Sales Technik" werden neun von insgesamt 16 Informationsmittel erstellt und gepflegt, die im Anschluss über das Elektronische Service Auskunftssystem (ELSA) dem Handel zur Verfügung gestellt werden *(vgl. Anhang)*. Darüber hinaus stehen den Redakteuren im Rahmen des Dokumentationserstellungsprozesses 17 verschiedene Informationssysteme für die Recherche zur Verfügung.

Durch die steigende Produkt- und Variantenvielfalt ist der Bedarf an Dokumentationen dementsprechend gestiegen, sodass allein im Jahr 2010 mit sechs neuen Fahrzeugmodellen, zwei großen Produktaufwertungen und einem Facelift[794] allein für das Informationsmittel Reparaturleitfaden 336 Baugruppen[795] bearbeitet wurden (davon waren 66 komplett neue Baugruppen, 14 Komplett-Überarbeitungen und 256 Teil-Überarbeitungen). Insgesamt wurden in 2010 im Bereich der Kundenliteratur knapp 3.000 Dokumente und im Bereich Werkstattinformation 11.567 Dokumente erstellt, die jeweils in bis zu 32 Zielsprachen übersetzt wurden.[796]

Der steigende Dokumentationsumfang verdeutlicht die Notwendigkeit einer Systemunterstützung, die den Dokumentationserstellungsprozess begleitet. Über

---

794 Optische Überarbeitung eines Fahrzeugs im Rahmen der Modellpflege.
795 Eine Baugruppe, z. B. 4-Zyl.-Dieselmotor, umfasst mehrerer Reparaturgruppen, z. B. technische Daten, Motor aus- und einbauen, Abgasanlage eines Reparaturleitfadens.
796 Interne Auskunft, LIVAS-Administrator, 23.02.2011.

das von der Volkswagen AG entwickelte Redaktionssystem LIVAS (Literatur-, Informations-, Verarbeitungs- und Abwicklungssystem)[797] werden die Dokumentationsinhalte zentral verwaltet und anschließend zur Übersetzung in über 30 Sprachen freigegeben. Die Anforderungen an die Dokumentation und der Umfang des Arbeitspensums sind manuell bzw. human nicht mehr zu bewältigen. Das Redaktionssystem LIVAS umfasst die Aufgabenbereiche Texterstellung, Illustration, Übersetzung sowie Distribution und ist seit November 1990 (LIVAS 1) mit der Erstellung der Bedienungsanleitung, anschließend im August 1993 durch ein Softwareupgrade (LIVAS 2), seit 2002 produktiv im Einsatz (LIVAS 3).[798] Eine weitere Systemkomponente des Redaktionssystems ist die Multimediale Objektverwaltung (MOVE). Die Volkswagen Werke Wolfsburg, Puebla (Mexiko) und Sao Paulo (Brasilien) sowie die Konzernmarken Audi (Ingolstadt, Deutschland), Seat (Martorell, Spanien) und Skoda (Mlada Boleslav, Tschechien) koordinieren ihre Dokumentationserstellungsprozesse mit diesem Redaktionssystem. Mit der Einführung von LIVAS waren zum einen das markenübergreifende Informationsmanagement, zum anderen ein optimierter Workflow weltweit über alle Standorte sowie Synergien durch das plattformorientierte und crossmediale Informationsmanagement (d. h. unterschiedliche Ausgabeformate: XML, PDF, HTML, etc.) gewährleistet.

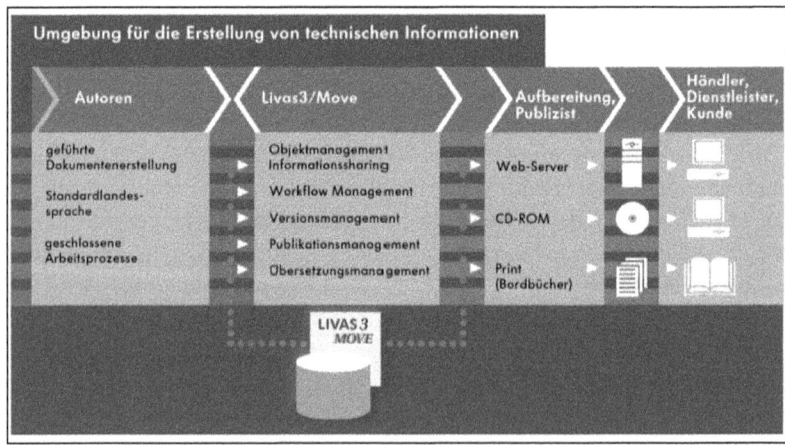

Abb. 5.6: Systemarchitektur des Redaktionssystems LIVAS[799]

---

797 Das Redaktionssystem arbeitet XML-basiert und wird von verschiedenen Marken genutzt.
798 Interne Auskunft, LIVAS-Administrator, 23.02.2011.
799 Ebenda.

Die Dokumentationserstellung erfolgt in einem genormten Datenformat, aus dem über Konverter oder einer Formatierung unterschiedliche Ausgabeformate erzeugt werden.[800] Ferner können die Such- und Abfragemöglichkeit, geführte Dokumentenerstellung, automatische Dateiprüfung und Fertigmeldung, Versionsverfolgung, einheitliche und einmalige Begriffsbezeichnung, elektronische PDF-Weitergabe an die Publikation sowie die Publikation in der Quellsprache zentral erfolgen.[801] Bei diesen Aufgaben unterstützt die Systemarchitektur von LIVAS und MOVE *(siehe Abb. 5.6)*.

5.2.3 Dokumentationserstellung am Beispiel der Werkstattinformation und Kundenliteratur

Die Werkstattinformationen werden von internen und externen Redakteuren in der Abteilung VST-1 erstellt. Anschließend werden die Dokumentationen durch das Redaktionssystem LIVAS verwaltet und im Handel in allen VW-Vertragswerkstätten über das Elektronische Service Auskunftssystem (ELSA) am PC ausgegeben *(siehe Abb. 5.7)*. Der After-Sales-Bereich hat für Rückmeldungen aus dem Handel mit dem „Feedback-Monitor" einen Feedback-Kanal in der Systemwelt des Handels innerhalb der ELSA implementiert. Hierüber können Mechaniker weltweit Rückmeldungen über die Qualität der Informationen geben. Die Feedback-Funktion für die Autohäuser wurde 2004 mit der Systemplattform ElsaWin 3.0 eingeführt. Die einfache Handhabung für alle Beteiligten, der fachliche Support nach den Erfordernissen des Fachbereichs sowie der Entfall von Lizenzkosten für den Handel sind Vorteile, die den durchgängigen Support-Prozess weltweit über alle Marken hinweg ermöglichen.[802]

Die konkrete Dokumentationserstellung erfolgt im „Arbortext Epic Editor" der Firma PTC, mit dem die Erstellung und Bearbeitung von Dokumenten im XML-Format erfolgt. Die „Document Type Definition" (DTD)[803] bedingt dabei das spezifische Verhalten unterschiedlicher XML-Elemente bzw. Tags. Ferner besitzt jedes Informationsmittel im Werkstattinformationsbereich eine individuelle DTD. Durch den Einsatz der DTD erfolgt eine standardisierte Texterstellung hinsichtlich der inhaltlichen Struktur und Gliederung sowie in Bezug auf das Format. Praktisch erfolgt dies durch die Auswahl unterschiedlicher Tags,

---

800 2010 wurde das Dateiformat SGML von XML abgelöst. Unterschiedliche Ausgabeformate, z. B. in ein ELSA-konvertiertes XML, Papier PDF, HTML K3-/WI-View, Print on Demand, Multimedia On Board CD/DVD), interne Auskunft, LIVAS-Administrator, 23.02.2011.
801 Vgl. Volkswagen AG 2001.
802 Interne Auskunft, Verantwortlicher für Prozess- und Systemintegration, 03.02.2011.
803 Die Document Type Definition (DTD) beinhaltet einen Regelsatz, der die Struktur einer bestimmten Dokumentart festlegt.

mit denen beispielsweise Handlungsanweisungen oder Gefahrenhinweise nur an bestimmten Positionen, die durch die DTD festgelegt sind, erstellt werden können.[804] Hierdurch können verschiedene Dokumentationsarten im Epic Editor erstellt und anschließend in verschiedenen Ausgabemedien publiziert werden.

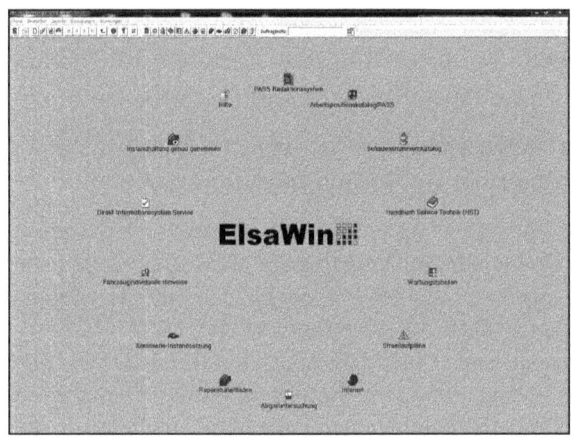

Abb. 5.7: Elektronisches Service Auskunftssystem „ELSA"[805]

Im Bereich Werkstattinformationen (WI) sind die Technischen Redakteure auf eine Baugruppe unabhängig vom Fahrzeugmodell (z. B. Heizung, Lüftung, Klimaanlage, Antriebsaggregat, Getriebe, Karosserie, Elektrik) spezialisiert. Die Redakteure verfügen somit über eine hohe Fachexpertise, die sich auf eine spezielle Baugruppe im Fahrzeug konzentriert. Dabei umfasst die Dokumentationserstellung nicht ausschließlich die Recherche und Textproduktion, sondern auch die Erprobung praktischer Reparaturvorgänge anhand von Nullserienfahrzeugen, die vor Produktionsstart (SOP) in den internen Werkstätten für die Dokumentationserstellung bereitgestellt werden. Die Redakteure müssen in der Lage sein, auch bei fehlenden oder unvollständigen Informationen in der Recherchephase, den Reparaturvorgang am Fahrzeug eigenständig zu erproben und ihn anschließend in Textform zu dokumentieren. Erfahrungswerte aus dem Bereich Werk-

---

804 Der Technische Redakteur wählt im Rahmen der Textproduktion entsprechende Tags aus einer im Epic Editor hinterlegten Liste aus. Die Auswahl der Tags wird dabei von der DTD und dem Epic Editor begrenzt, sodass nur die für die entsprechende Position erlaubten Tags auswählbar sind. Inhalte wie z. B. unveränderbare Textelemente (Bauteil- und Werkzeugbezeichnungen) werden ebenfalls durch das Einfügen von Tags aus einer Liste generiert. Potenzielle Fehlerquellen in der Schreibweise können hierdurch reduziert werden.
805 Screenshot ElsaWin.

stattinformation verdeutlichen, dass die Planungs- und Recherchephase ca. ein Drittel der Gesamtprojektdauer belegen. Dies liegt an der Vielfalt der Informationssysteme, die Technische Redakteure im Rahmen der Recherche verwenden müssen. Die lange Recherchephase führt in der Folge dazu, dass nur wenig Zeit für die Textproduktion eingeplant werden kann.

Die Tätigkeiten des Technischen Redakteurs umfassen somit sowohl geistige als auch körperliche Aufgaben. Hierbei vollzieht sich ein stetiger Wissenstransfer, der die Explizierung impliziten Wissens bedingt. Das Erfahrungswissen, das der Redakteur in diesem spezifischen Bereich besitzt, wird in Form der Dokumentation an die Mechaniker im Handel vermittelt. Durch praktische Anwendung geht das theoretische, gelesene Wissen in die persönliche Handlungsabfolge über *(vgl. Kapitel 2.6)*. Die Tätigkeit des Technischen Redakteurs erfordert daher eine hohe Fachexpertise im Bereich Kfz-Technik, sodass die Redakteure in der Mehrheit einen technischen Hintergrund anstelle einer klassischen Ausbildung zum Technischen Redakteur besitzen *(vgl. Befragungsergebnisse Kapitel 5.4)*.

5.2.4 Informationsqualität und Anwenderfreundlichkeit

In Anbetracht der dargestellten Herausforderungen durch die Systemvielfalt sowie durch die immer weiter steigende Anzahl von Fahrzeugmodellen und -varianten mit entsprechend steigendem Informationsvolumen, wurden verschiedene Maßnahmen getroffen, um die Ausgangssituation zu optimieren. Unter anderem wurden seit 2008 durch einen Beschluss des Top-Managements für den Bereich „After Sales" der Volkswagen AG zwei Mal jährliche Händlerbesuche für alle Mitarbeiter festgelegt. Diese dienen seither dem Zweck, den Blick für die Praxis und für den Handel nicht zu verlieren. Im Vorfeld der Händlerbesuche werden per E-Mail standardisierte Fragebögen an das jeweilige Autohaus versendet. Der Fragebogen umfasst allgemeine Fragen zur Informationsqualität der Werkstattinformationsmittel, zum Optimierungspotenzial im Bereich der Informationsaufbereitung sowie zu allgemeinen Herausforderungen in der täglichen Arbeit *(vgl. Anhang für eine ausführliche Darstellung)*. Die Mitarbeiter der VST, in diesem Fall vornehmlich Technische Redakteure, besuchen im Anschluss das Autohaus und kommen mit den Mechanikern und Serviceberatern sowie Mitarbeitern anderer Funktionen vor Ort ins Gespräch. Die Auswertung der Fragebögen erfolgt intern. Redakteure und Besucher verfassen anschließend Auswertungen und Berichte über ihre Händlerbesuche.

Die Evaluation der Händlerbesuche ergibt, dass wiederholt Rückmeldungen bzgl. unterschiedlich verwendeter Bezeichnungen zum selben Begriff (Synonymie) innerhalb der Dokumentationen auftreten, wodurch Verzögerungen im Arbeitsablauf bei der Reparatur und Nachfragen entstehen. Die Notwendigkeit einer Corporate Language zumindest im Bereich „After Sales" ist somit auch bei der Zielgruppe im Handel erkannt und sensibilisiert. Ebenfalls ist die Notwendigkeit ausgeprägt, eine einheitliche und standardisierte Terminologie über die verschiedenen Informationssysteme hinweg zu etablieren (SAGA, TPI, ELSA, ETKA). Auch hier werden wichtige Ansatzpunkte für die Notwendigkeit einer praktischen und kundenorientierten Terminologiearbeit deutlich. Hohe Investitionen im Grafikbereich, z. B. in Form von DMU-Grafiken[806], können diese Mängel nicht beheben, sondern stellen in der Praxis Nachteile dar, da hierfür die notwendigen technischen Anforderungen in den Werkstätten (Farb- und Laserdrucker) nicht gegeben sind.[807] Des Weiteren werden die massive Informationsflut und die verschiedenen Informationssysteme im Kundendienst kritisiert.

Die Ursachen für die Kritikpunkte aus dem Handel liegen vor allem in der historischen Entwicklung des Bereichs Technische Dokumentation sowie in der fehlenden Standardisierung im Rahmen der Dokumentationserstellung. Die Rückmeldungen verdeutlichen, dass die unidirektionale Kommunikationsrichtung vom Hersteller hin zum Kunden, in diesem Fall zum Handel, in der Praxis kaum eine Rückkopplung erfährt. Vor diesem Hintergrund ist eine verständliche, konsistente und standardisierte Unternehmenssprache, die sich in qualitativ hochwertigen Informationsmitteln manifestiert, relevant. Im Folgenden werden Ursachen und Lösungsmöglichkeiten für die terminologischen Inkonsistenzen sowie die heterogene Textlandschaft erörtert.

5.2.1 Terminologische Inkonsistenzen als Ursache für Prozessbrüche im Service-Kernprozess

Im Bereich „After Sales" werden verschiedene Prozessstandards für die Abläufe im Handel definiert, die den Zugriff auf verschiedene Informationsmittel in den Vertragswerkstätten gewährleisten. Die standardisierten Prozessabläufe sind im Volkswagen Service-Kernprozess dokumentiert und dienen als Maßgabe für alle Servicebetriebe der Volkswagen AG *(siehe Abb. 5.8)*.[808] In der Praxis bedeutet dies, dass den Mechanikern und Serviceleitern im Handel mithilfe von Systemen Informationen bereitgestellt werden, die für die Ausführung der Tätigkeiten erforderlich sind. Die implementierten Prozessstandards für die Abläufe in der Werkstatt dienen zur Stabilisierung der Reparaturvorgänge, zur Absicherung der Servicequalität und somit zur Förderung der Kundenzufriedenheit.[809]

---

806 Digital Mockup ist ein computergestütztes Versuchsmodell.
807 Vgl. Volkswagen AG 2011e.
808 Vgl. Volkswagen AG 2007.
809 Ebenda.

Abb. 5.8: *Volkswagen Service-Kernprozess*[810]

In diesem Zusammenhang spielen die oben genannten Informationsmittel eine wichtige Rolle. In der Abteilung VST-1 werden Informationsmittel mit hohem Fachlichkeitsgrad erstellt. Dies geschieht zum einen in unterschiedlichen Systemen, die wiederum von unterschiedlichen Abteilungen erstellt und gepflegt werden, jedoch gleiche Schnittmengen bzgl. ihrer Informationsinhalte aufweisen. Die ersten Nutzer dieser Informationen sind die Technischen Redakteure, die aus der Vielzahl der Informationsmittel (ETKA, KVS, frühere Dokumentationsversionen etc.) notwendige Informationen für die Dokumentationserstellung recherchieren und anschließend Überarbeitungen oder neue Dokumentationen erstellen. An zweiter Stelle können Redakteure anderer Informationsmittel als Nutzer stehen, die auf die Dokumente und Informationen anderer Redakteure angewiesen sind. An dritter Stelle stehen die Übersetzer, die auf Basis der ausgangssprachlichen Dokumentationen zeitnah zielsprachliche Übersetzungen anfertigen. An vierter Stelle steht der Handel bzw. die VW-Vertragswerkstätten oder freien Werkstätten. Hier wird der Mechaniker und Serviceleiter mit den Informationen über verschiedene Medien konfrontiert (ELSA, GFS, DISS).

Herausforderungen ergeben sich aus diesen Rahmenbedingungen vor allem für den Mechaniker in der Werkstatt, der sich aus der Vielfalt der Recherchemittel seine benötigten Informationen zusammenstellen muss. Durch die fehlende Sprachstandardisierung entstand hier über Jahre eine heterogene Textlandschaft, in der unterschiedliche Terminologien verwendet wurden. Idealerweise würde der Mechaniker eine starke Vernetzung zwischen den einzelnen Informationsmitteln und Systemen erfahren, die sich in ihrem Informationsgehalt ergänzen, kongruent sind und nicht widersprechen. Die Praxis verdeutlicht jedoch das Ge-

---

810 Vgl. Volkswagen AG 2007.

genteil: Aufgrund der Tatsache, dass bei der Erstellung der Informationsmittel unterschiedliche Abteilungen involviert sind, unterscheiden sich die Informationsmittel in ihrer Begriffswelt, sodass jedes Informationsmittel eine eigene Sprache spricht. Folglich stehen sowohl Mechaniker als auch Redakteure einer Begriffsvielfalt gegenüber, die sie erst unter zeitintensivem Nachfrage- und Klärungsaufwand sortieren können. Ist der Redakteur oder Mechaniker hierbei nicht erfolgreich, entstehen Prozessbrüche im Reparaturablauf, die sich allesamt nachteilig für die Faktoren Kundenzufriedenheit, Effizienz und Qualität auswirken.

Beispiele für Prozessbrüche aufgrund von inkonsistenter Terminologie innerhalb eines Informationsmittels oder auch zwischen verschiedenen Informationsmitteln sind aussagekräftige Argumentationsgrundlagen für die Verdeutlichung der Relevanz eines gelebten Terminologiemanagements. Ferner können positive Effekte und Wertschöpfungspotenziale auf organisatorischer Ebene entstehen. Zur Veranschaulichung der terminologischen Heterogenität in den verschiedenen Informationsmitteln dient das Beispiel des „Lenkstockschalters". Im Arbeitspositionskatalog (APOSPro) wird die Benennung „Trägerteil" verwendet, während der Reparaturleitfaden „Grundträger Lenkstockschalter" und der Elektronische Teilekatalog (ETKA) „Schalteraufnahme" beinhaltet. Für einen Begriff bzw. ein Bauteil gibt es folglich drei unterschiedliche Benennungen, die jedoch eine Zielgruppe, nämlich den Mechaniker im Handel, adressieren *(siehe Abb. 5.9)*. Ein weiteres Beispiel ist die Benennung „Schiebedach", die im Elektronischen Teilekatalog als „Glasschiebedachdeckel mit Dichtung" und im Reparaturleitfaden als „Glasdeckel" Verwendung findet *(vgl. Anhang für weitere Beispiele)*. Die folgende Abbildung zeigt den Service-Kernprozess für die Werkstattabläufe mit den relevanten Informationssystemen und dem Störfaktor der inkonsistenten Terminologie.

Nicht nur Synonymie ist eine häufige Ursache für Missverständnisse und Fehlinterpretationen. Die Praxis zeigt auch, dass Homonymie zu unnötigen Nachfragen und dem Verlust von produktiver Arbeitszeit führt. Ein Beispiel hierfür ist die Benennung „Bordnetzsteuergerät J519", das für zwei verschiedene Begriffe steht. Das Steuergerät ist eingebaut im Golf 5, Golf 6 sowie in allen PQ35-Fahrzeugen[811] und fasst zum einen Komfortsteuergeräte (z. B. Diebstahlwarnanlage und Zentralverriegelung) und Bordnetzsteuergeräte zusammen (z. B. Energieüberwachung und Innenleuchten). Die Mutterlistenbezeichnung hierfür lautet „J519" (Stromlaufplan) und wird in allen Informationsmitteln verwen-

---

811 PQ steht für „Plattform Quer". Zu den PQ35-Fahrzeugen zählen u. a. Golf 5, Caddy und Touran.

det.[812] Dabei wird nicht berücksichtigt, dass mit dieser Bezeichnung unterschiedliche Funktionen beschrieben werden. Vor der Reparaturleitfadenerstellung wurde dieses Bordnetzsteuergerät umgangssprachlich „BCM" (Body Control Modul) genannt. Im Konstruktionsdaten-Verwaltungssystem (KVS) lautet die Bezeichnung für diesen Begriff „Stg. Zentralelektr. Diag-ADR".[813]

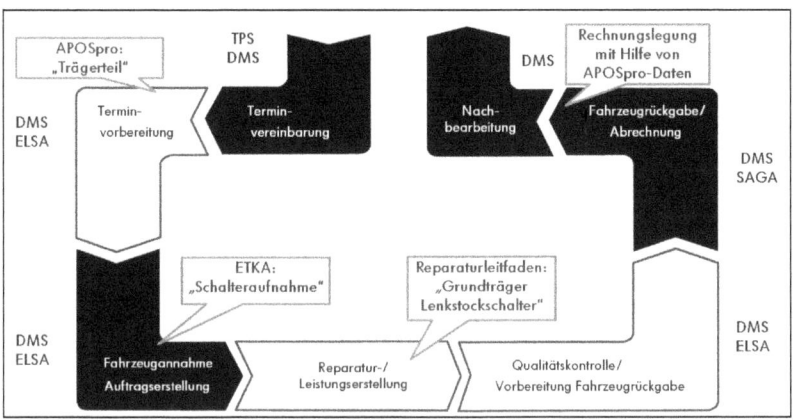

Abb. 5.9: Prozessbrüche durch inkonsistente Terminologie, Beispiel „Lenkstockschalter"[814]

Die Ursachen für die unterschiedlichen Benennungsbildungen liegen zum einen im fehlenden Verständnis für die Relevanz der terminologischen Thematik, zum anderen auch in der historisch gewachsenen Heterogenität der unterschiedlichen Informationsmittel, die in verschiedenen Unternehmensbereichen (z. B. Entwicklung, Qualitätssicherung, Vertrieb) entstehen. So trägt ein Bauteil in der Entwicklung noch die Benennung „Park Distance Control", während sie in der Kundenliteratur „Parkdistanzkontrolle", in der Werkstattinformation „Einparkhilfe" und im Marketing als „Parkpilot" bezeichnet wird.[815] Dies führt zu einer terminologischen Desorganisation und gefährdet das einheitliche Unternehmensbild nach innen und außen.

Trotz der Notwendigkeit einer bereichsübergreifenden Corporate Language, ist eine ganzheitliche Sprachstandardisierung – angefangen bei der Forschung und Entwicklung bis hin zum After-Sales – de facto eine unrealistische Zielvorgabe für einen Weltkonzern. Einzelne Bereiche, wie beispielsweise das Marke-

---

812 Die Mutterlistenbezeichnungen sind die Benennungen der Stromlaufplanlegenden und beinhalten elektrische Bauteile.
813 Interne Auskunft, Technischer Redakteur, Fachgruppe Elektrik, 02.05.2011.
814 Eigene Darstellung.
815 Interne Auskunft, Terminologiemanagement, 11.04.2009.

ting, bevorzugen aus juristischen und verkaufsorientierten Gründen bestimmte Benennungen, die für die Reparaturwerkstatt wiederum zu ungenau sind. Dennoch kann der terminologischen Heterogenität entschieden entgegengewirkt werden, indem sich Vertreter und Verantwortliche möglichst aller Bereiche mit der Relevanz dieser Thematik befassen und einen gemeinsamen Terminologieabstimmungsprozess praktizieren.

Zur Ergänzung der unter Kapitel 5.2 genannten Rückmeldungen aus dem Handel werden im Anhang exemplarisch einige Feedback-Meldungen aufgeführt, welche die Thematik einer inkonsistenten Terminologie und deren notwendiger Standardisierung verdeutlichen *(vgl. Anhang)*. Diese wichtige Rückkopplung in Form einer, wenn auch nur schwachen bidirektionalen Kommunikationsrichtung, kann noch stärker für die Ableitung von Verbesserungsmaßnahmen ausgewertet werden. Ferner können durch die Rückmeldungen aus dem Handel über den Feedback-Monitor Anpassungen in der terminologischen Benennungsbildung erfolgen. So erfüllt die Benennung „Dichtung", die in allen Informationsmitteln konsistent verwendet wurde, zwar aus terminologischer Sicht den Aspekt der Konsistenz bzw. Homogenität, dennoch wünschte sich der Handel in diesem speziellen Fall eine Spezifizierung, um die Eindeutigkeit und Unverwechselbarkeit der Benennung zu gewährleisten (z. B. „Dichtung für Saugrohr").

5.2.6 Heterogener Sprachstil als Ursache für unverständliche und inkonsistente Informationsmittel

Im Rahmen weiterer Untersuchungen im Bereich „After Sales Technik" wurde 2006 eine Gesamtauswertung der Werkstattliteratur aller Volkswagen Marken vorgenommen.[816] Aus dieser Untersuchung wurde deutlich, dass unter den Konzernmarken zwar qualitative Unterschiede vorhanden waren, jedoch die Ursachen der Mängel besonders den Bereich Gliederung und Text betrafen.[817] Im Detail betraf dies die einheitliche Satzstellung, korrekte Verwendung von Formatierungen und Auszeichnungen, korrekte Verwendung von Terminologie sowie die Zensur von Wörtern und Wortgruppen für bestimmte Bereiche. Der Bereich „Sicherheit" (Gefahren- und Achtungstexte) wurde aus Sicht der Technischen Redaktion mit deutlichem Verbesserungspotenzial erfasst, wobei ständig wechselnde Anredeformen, zu lange Sätze, zu viele Sätze im Passiv, falsche Verwendung von Modalwörtern (z. B. können, sollen, dürfen, müssen), häufiger Einsatz von Füll- und Chronologiewörtern (z. B. außerdem, danach, nun, dann,

---

816 Vgl. Volkswagen AG 2006b.
817 Optimierungspotenziale konnten überwiegend im Bereich „Gliederung/Text" eingegrenzt werden.

jetzt), fehlerhafter Einsatz von Abkürzungen und Klammern sowie generell schlechte oder fehlende Zeichensetzung ausschlaggebend waren *(siehe Abb. 5.10)*.[818]

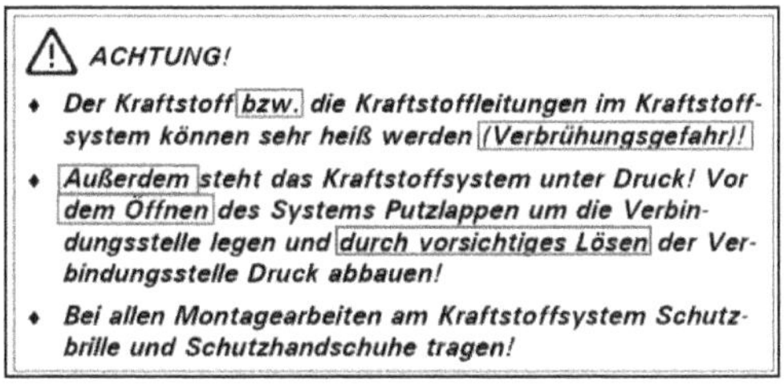

> ⚠ **ACHTUNG!**
> - *Der Kraftstoff* bzw. *die Kraftstoffleitungen im Kraftstoffsystem können sehr heiß werden* (Verbrühungsgefahr)!
> - Außerdem *steht das Kraftstoffsystem unter Druck! Vor* dem Öffnen *des Systems Putzlappen um die Verbindungsstelle legen und* durch vorsichtiges Lösen *der Verbindungsstelle Druck abbauen!*
> - *Bei allen Montagearbeiten am Kraftstoffsystem Schutzbrille und Schutzhandschuhe tragen!*

Abb. 5.10: Beispiel für Mängel im Bereich „Sicherheit"[819]

Die Ursachen für diese Mängel lagen in der fehlenden Standardisierung im Rahmen der Dokumentationserstellung und dem hieraus resultierenden heterogenen Sprachstil der Redakteure. Das Fehlen eines Redaktionshandbuchs oder eines vergleichbaren Regelwerks bot den Redakteuren Freiräume in der sprachlichen Textgestaltung, sodass heterogene Schreibstile entstanden. Weiterhin fehlte jegliche Sensibilisierung hinsichtlich der Verwendung korrekter Terminologie bzw. verständlicher Schriftsprache.

Auf Basis der aufgezeigten Kritikpunkte, die durch die Auswertung der Untersuchungen offensichtlich wurden, konnten Maßnahmen zur Behebung abgeleitet werden. Vor diesem Hintergrund wurde zwischen den Marken Audi und Volkswagen PKW ein Musterleitfaden zur Erstellung von Technischer Dokumentation entwickelt, um der heterogenen Texterstellung entgegenzuwirken. Der Musterleitfaden wurde jedoch nicht im Textproduktionsprozess integriert, sodass die definierten Regeln von den Redakteuren nicht angewendet wurden.[820] Die mangelhafte ausgangssprachliche Textqualität wirkte sich ebenfalls negativ auf die Qualität der Übersetzungen aus. Vermehrte Nachfragen von Übersetzern bei Technischen Redakteuren waren Symptome dieser Qualitätsmängel. Aufgrund dieser Problematik wurde das Projekt „Terminologiemanagement" gegründet, das im Folgenden näher vorgestellt wird und die Basis für alle nachfolgenden Untersuchungen darstellt.

---

818 Vgl. Volkswagen AG 2006b; Volkswagen AG 2001.
819 Beispiel für einen Achtungstext, VW-Reparaturleitfaden.
820 Redakteure sprechen von einem „vergessenen Dokument", interne Auskunft, Technische Redaktion, 12.02.2009.

5.3 Einsatz von Sprachtechnologie in der Volkswagen AG

Das Terminologiemanagementprojekt wurde 2002 begründet. Aus der Zusammenarbeit zwischen den Bereichen „Qualitätsmanagement", „Technische Werkstattinformation", dem Zentralbereich „Entwicklung Technischer Dokumentation" und dem „Vertrieb-Kundendienst Originalteile Audi" wurden die Ziele und Bestrebungen des Terminologiemanagements formuliert. Zu den Zielen des Terminologiemanagementprojekts zählen seither die Vereinheitlichung der Sprache im Bereich „After Sales Technik", um terminologische Inkonsistenzen innerhalb der Informationsmittel zu reduzieren sowie die Erstellung qualitativ hochwertiger Ausgangstexte und Übersetzungen zu sichern. Um die praktische Umsetzung der Ziele zu gewährleisten, wurden eine Terminologiedatenbank, ein maschinelles Übersetzungssystem und ein maschinelles Lektorat eingeführt.

Seit 2005 erfolgte die Zusammenarbeit mit den äquivalenten Bereichen bei Audi und dem Volkswagen Original Teile Center Kassel bzgl. der gemeinsamen Terminologieabstimmung, wodurch ein gemeinsamer und kontinuierlicher Terminologieabstimmungsprozess entwickelt wurde, der bis dato praktiziert wird. Im Zuge der Etablierung des Terminologiemanagementprojekts und verschiedener Umstrukturierungen entstand das Teilprojekt „Maschinelles Lektorat", mit dem die Einführung eines Korrektursystems zur Anwendung einer kontrollierten Sprache umgesetzt wurde. Parallel zu diesen Entwicklungen wurde das Terminologiemanagementprojekt strategisch ausgerichtet. Neue Unternehmensbereiche wurden in die Terminologiemanagementprozesse integriert.

2007 entstand durch die Einführung der Euro-5-Abgasnorm eine neue Dynamik innerhalb des Terminologiemanagementprojekts. Durch die Gesetzgebung verschärfte sich die Wahrnehmung bzgl. der Relevanz von standardisierter Terminologie erheblich. Mit der bis dahin geleisteten Sprachstandardisierung waren wichtige Weichen gelegt worden, die zur erfolgreichen und zeitnahen Umsetzung des Mapping-Prozesses führten *(vgl. Kapitel 5.7)*. Weitere Konzernmarken orientierten sich am Vorgehen der Konzernmutter und wurden hierdurch in die Terminologieprozesse integriert.

Im Jahr 2008 wurde nach umfangreicher Vorarbeit und verschiedenen Pilotphasen das maschinelle Lektorat CLAT (Controlled Language Authoring Technology) produktiv im Bereich Werkstattinformationen eingeführt. Begleitet von verschiedenen Schulungsmaßnahmen konnten die Technischen Redakteure nun selbstständig ihre Dokumentationen prüfen und korrigieren. Im Zuge dieser Maßnahmen wurden die strategischen Ziele und operativen Aufgaben des Terminologiemanagements konsolidiert. Gleichzeitig wurde die Einführung des maschinellen Lektorats für weitere Informationsmittel und Unternehmensbereiche forciert. Seit 2008 sind die Konzerntochter Volkswagen Nutzfahrzeuge (VWN) sowie seit 2009 die Marken Seat und Skoda im Terminologiemanagementprozess integriert und durch den Einsatz des maschinellen Lektorats bei der Erstellung der Werkstattinformationen im Terminologieabstimmungsprozess involviert.

5.3.1 Terminologiemanagement: Aufgaben und Prozesse

Zu den Aufgaben des Terminologiemanagements zählen zum einen die Terminologieextraktion, Benennungsbildung und -abstimmung sowie die Dokumentation der standardisierten Terminologie. Vor diesem Hintergrund setzen sich die Aufgaben des Terminologiemanagements aus strategischen, konzeptuellen und operativen Aspekten zusammen. Darüber hinaus wurden mit der Begründung des Terminologiemanagementprojekts u. a. die folgenden Aufgaben definiert:[821]

- Klassische Terminologiearbeit: Harmonisierung, Standardisierung und Normung der Terminologie der Volkswagen AG (Identifikation, Bereinigung und Zusammenführung der Volkswagen internen Terminologie, zielgruppengerechte Aufbereitung der Terminologiedaten und deren Bereitstellung für Mitarbeiter und externe Personen, z. B. Kunden, Lieferanten, Dienstleister),
- Identifikation und Bündelung terminologierelevanter Abteilungen und deren Einbindung in Workflows,
- Erweiterung und Einbeziehung anderer Bereiche von VW und der Töchter Skoda, Seat, Audi, etc. in den Terminologieentstehungsprozess,
- Aufbau eines Sprachenportals im Intranet: zentrale Anlaufstelle für sprachrelevante Themen im Konzern,
- Einsatz maschineller Übersetzung im Sprachenportal zur Informativübersetzung fremdsprachlicher Texte,
- Einführung eines maschinellen Lektorats zur Verbesserung der Textverständlichkeit zur Unterstützung der Technischen Redakteure.

Für die Terminologieabstimmung und Benennungsbildung in der deutschen Ausgangssprache existieren Prozessstandards, mit denen die Abstimmungsprozeduren zwischen den beteiligten Bereichen und Konzernmarken festgelegt sind *(vgl. Anhang)*. Aus jedem der beteiligten Bereiche können neue Begriffe und Benennungen in die Terminologieabstimmung und -datenbank einfließen. Hauptsächlich zählen hierzu Mutterlistenbezeichnungen[822] aus der Fahrzeugdi-

---

821 Vgl. Volkswagen AG 2010a.
822 Die Mutterlistenbezeichnungen sind die Benennungen aus den Stromlaufplanlegenden und beinhalten elektrische Bauteile.

agnose und den Stromlaufplänen sowie Begriffe aus dem Bereich Werkstattausrüstung, Werkstattinformation und Kundenliteratur. Somit hat das Terminologiemanagement eine Querschnitts- und Schlüsselfunktion, durch die eine bereichs- und markenübergreifende Sprachstandardisierung realisiert werden kann.

Im Hinblick auf den Produktentwicklungsprozess bei Volkswagen erfolgen die Terminologiemanagementprozesse erst in der Serienvorbereitungsphase und kommen somit vergleichsweise erst kurz vor dem Produktionsstart zum Einsatz. Die Erstellung der Kundenliteratur und Werkstattinformationen ist zwischen den Meilensteinen Produktionsversuchsserie (PVS) über die Nullserie (0S) bis zum Produktionsstart (SOP) und dem Beginn der Fahrzeuganlieferung eingeordnet *(siehe Abb. 5.11).* In Relation zum gesamten Produktentwicklungsprozess ist dies eine Zeitspanne, die im Verhältnis gering erscheint.[823]

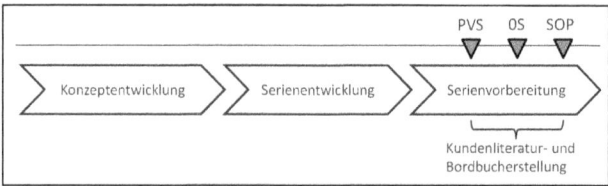

Abb. 5.11: Produktentwicklungsprozess (reduzierte Darstellung)[824]

Diese Konstellation führt die Erforderlichkeit verschiedener Prozessschritte und Abstimmungen mit allen beteiligten Bereichen innerhalb des Terminologiemanagements mit sich. Ausgelöst wird der Terminologieabstimmungsprozess mit dem Eingang eines neu abzustimmenden Benennungsvorschlags, z. B. durch die erfolgte Terminologieextraktion im Rahmen des maschinellen Lektorats *(vgl. Kapitel 5.3)* oder durch die Entwicklung neuer Bauteile und Werkzeuge und das Versenden eines Terminologieabstimmungsformulars. Im Rahmen der anschließenden Terminologieprüfung und -abstimmung wird die Notwendigkeit einer neuen Benennung in Form eines Vorzugsterms oder eines Synonyms unter Einbeziehung der Fachteams bzw. der Auftraggeber und Fachkompetenzen erörtert. Ist die Notwendigkeit zur Aufnahme des neuen Terminus anschließend bestätigt, werden sprachliche Aspekte nach den definierten Benennungsbildungsregeln und den Faktoren „Aussagekraft", „sprachliche Korrektheit" und „Eindeutigkeit der Benennung" im fachlichen Kontext berücksichtigt *(vgl. Anhang).*

---

823   Insgesamt nur 17 Prozent der Gesamtzeit des Produktentwicklungsprozesses, vgl. Volkswagen AG 2006a.
824   Eigene Darstellung in Anlehnung an Volkswagen AG 2006a.

Der in dieser Prozessphase stattfindende Wissensaustausch ist in Anlehnung an die Theorie der Explizierung impliziten Wissens von hoher Relevanz für die Wissensschaffung auf organisatorischer Ebene, die erst durch den fachübergreifenden Austausch (Sozialisation) forciert wird *(vgl. Kapitel 4.2.3).* Im Rahmen der Abstimmungsprozesse wurde 2004 der „Arbeitskreis Terminologie" gegründet, der Vertreter aus den Bereichen „After Sales Technik", „Forschung und Entwicklung" sowie „Marketing" vernetzt und eine Möglichkeit des Austauschs bietet. Weiterhin gibt es Abstimmungsprozesse mit dem Bereich „Marketing", der „Fahrzeugelektrik" und dem „Original Teile Center Kassel".

Nach dem Prüfprozess hinsichtlich der sprachlichen und inhaltlichen Korrektheit der Benennung wird die Benennung in die Terminologiedatenbank aufgenommen und als Vorzugsbenennung oder Synonym mit Definition und weiteren Pflichtfeldern hinterlegt. Die beteiligten Bereiche werden über die neue Terminologie in Kenntnis gesetzt. Die Terminologie wird in das Regelwerk des maschinellen Lektorats importiert. Im Anschluss steht die neue Terminologie innerhalb der Terminologiedatenbank allen Zugriffsberechtigten zur Verfügung und wird darüber hinaus bei der Terminologieprüfung des maschinellen Lektorats berücksichtigt. Ferner wird die ausgangssprachliche und abgestimmte Terminologie von Übersetzern in zielsprachliche Entsprechungen übersetzt.

Für die Harmonisierung und Standardisierung der Volkswagen Terminologie im Bereich „After Sales" wird eine multilinguale Terminologieverwaltung genutzt. Diese trägt maßgeblich zur konsistenten, verständlichen Dokumentationserstellung und -übersetzung bei. Als Nachschlagewerk für Übersetzer und Technische Redakteure unterschiedlicher Unternehmensbereiche ist die Terminologiedatenbank konzernweit und zentral über das Sprachenportal im Volkswagen Intranet verfügbar. Somit setzt der Bereich „After Sales Technik" die systematische und präskriptive Form der Terminologiearbeit um.[825]

Zur Verwaltung und Pflege der After-Sales-Terminologie wird das Terminologieverwaltungssystem „MultiTerm 2007" der Firma SDL Trados Technologies eingesetzt. Die Datenbank ist multilingual in über 20 Sprachen ausgerichtet und wird in der Ausgangssprache Deutsch zentral durch das After-Sales-Terminologiemanagement gepflegt. Das Terminologieverwaltungssystem ermöglicht eine kundenspezifische Datenbankdefinition. Dadurch kann die Terminologie den entsprechenden Fachgebieten, Projekten und Verwendungen zugeordnet werden. Die Terminologie wird im Rahmen der Terminologiearbeit abteilungs- und anwenderspezifisch gekennzeichnet, sodass jeder terminologische Eintrag Informationen über die legitime Verwendung (z. B. erlaubt, nicht erlaubt, bevorzugt) für unterschiedliche Konzernmarken und Bereiche sowie für

---

825 Vgl. Schmitz 2004b.

das jeweilige Fachgebiet beinhaltet. Neben grammatikalischen Angaben (Wortart, Genus, Numerus) vermitteln darüber hinaus Definitionen, Kontext- und Quellenangaben die notwendigen Informationen hinsichtlich der Begriffsinhalte und sorgen für ein optimiertes Verständnis auf der Nutzerseite. Die folgende Abbildung veranschaulicht einen terminologischen Eintrag aus der Terminologiedatenbank.

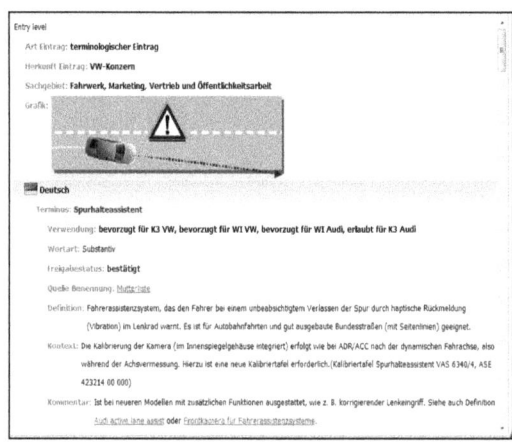

Abb. 5.12: Beispiel eines terminologischen Eintrags[826]

Für die Übersetzung und Pflege der fremdsprachigen Terminologien übernehmen muttersprachliche Übersetzer die fremdsprachige Terminologiearbeit, sodass die Datenbank in über 30 Sprachen gepflegt wird. Die Datenbankstruktur orientiert sich nach ISO 12620:1999 „Computer applications in terminology – data categories", wobei die VST-Terminologiedatenbank begriffsorientiert ausgerichtet ist. Neben obligatorischen Feldern können auch fakultative Felder wie etwa Abbildungen oder Multimediadaten ausgefüllt werden. Der Datenbankkatalog bietet neben dem terminologischen Eintrag noch vier weitere Eintragsarten an: phraseologischer Eintrag, Mutterlisteneintrag, Geräte- und Werkzeuglisteneintrag sowie bibliografischer Eintrag. Die verschiedenen Eintragsarten ermöglichen dem Nutzer das gezielte Filtern nach terminologischen Einträgen. So kann sich der Redakteur beispielsweise bei Bedarf ausschließlich Mutterlisteneinträge anzeigen lassen. Jede Eintragsart hat zur Datenstrukturierung ein spezifisches Eingabemodell, das sich aus obligatorischen und fakultativen Feldern zusammensetzt. Jedes Eingabemodell in der VST-Terminologiedatenbank beinhaltet darüber hinaus Verwaltungs- und bibliografische Informationen.

---

826 Screenshot VST-Terminologiedatenbank.

Abgesehen von den berechtigten Terminologen haben nur ausgewählte Übersetzer Schreibrechte innerhalb der Terminologiedatenbank. Redakteure und andere Nutzer verfügen über Leserechte und rufen die Terminologiedatenbank über das Intranet auf. Derzeit beinhaltet die Datenbank ca. 20.000 terminologische Einträge, wobei Synonyme, Polyseme etc. als eigenständige Einträge kalkuliert werden.[827] Die folgende Abbildung gibt einen Überblick hinsichtlich der verschiedenen Eintragsarten und der Zugehörigkeit der terminologischen Einträge innerhalb der Terminologiedatenbank.

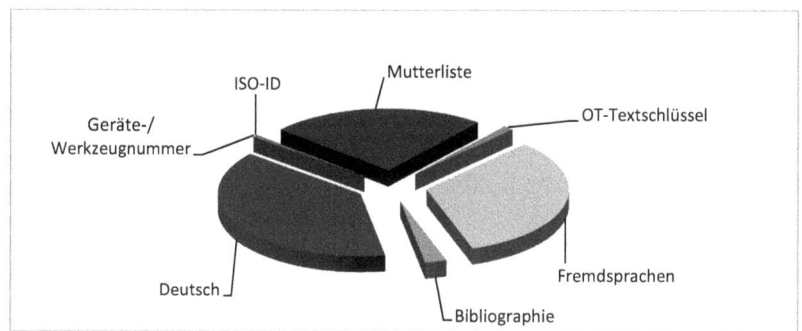

Abb. 5.13: Inhalte der Terminologiedatenbank[828]

Neben der VST-Terminologiedatenbank, existieren für die Unternehmensbereiche Forschung und Entwicklung jeweils zusätzliche und separat zu betrachtende Terminologiedatenbanken. Diese verschiedenen Datenbanken können jedoch bei der terminologischen Recherche im Sprachenportal über die Filtermechanismen parallel durchsucht werden. Diese verfolgen die deskriptive Terminologiearbeit und sind übersetzungsorientiert. Die Terminologiedatenbank und die maschinelle Übersetzung *(vgl. Kapitel 5.3.4)* können über das Volkswagen Sprachenportal aufgerufen und verwendet werden *(vgl. Anhang)*. Das maschinelle Lektorat hingegen ist eine Redakteurslösung, die bisher nur für eine bestimmte und im Vorfeld eingewiesene Zielgruppe am jeweiligen Arbeitsplatz eingerichtet ist *(vgl. Kapitel 5.3.2)*.

---

827 Interne Auskunft, Terminologiemanagement, Stand: Januar 2011.
828 Eigene Darstellung auf Basis interner Auskunft, Terminologiemanagement, Stand: Januar 2011.

5.3.2 Maschinelles Lektorat im Dokumentationserstellungsprozess

Das Terminologieverwaltungssystem stellt eine wichtige Basis für alle weiteren Qualitätsaspekte im Rahmen der Dokumentationserstellung dar. Dennoch erfüllt der alleinige Einsatz eines Terminologieverwaltungssystems nicht automatisch die Umsetzung einer kontrollierten Sprache. Der Arbeitsaufwand, den ein Redakteur bei der Dokumentationserstellung tätigen müsste, indem er bei jedem Terminus die intern definierte Verwendung in der Terminologiedatenbank prüft, wäre eine zusätzliche zeitliche Belastung. Vor diesem Hintergrund wurde im Zuge der Konsolidierung des Terminologiemanagements ein maschinelles Lektorat eingeführt *(vgl. Kapitel 5.3)*. Als zusätzliche Unterstützung der Sprachstandardisierung war der Einsatz eines maschinellen Lektorats mit integrierter Terminologieextraktion und -prüfung eine erforderliche Maßnahme, um die Verständlichkeit, sprachliche Konsistenz und Einheitlichkeit der Dokumentationen zu sichern.

Bei dem in dieser Arbeit untersuchten und bei Volkswagen eingesetzten Korrektursystem handelt es sich um das maschinelle Lektorat CLAT (Controlled Language Authoring Technology) des Instituts der Gesellschaft zur Förderung der Angewandten Informationsforschung e. V. der Universität des Saarlandes (IAI) in Saarbrücken. Vorgänger dieses Systems war das IAI-Projekt MULTILINT – das erste Produkt zur Sprachkontrolle in der Technischen Dokumentation.[829] Das maschinelle Lektorat CLAT ist ein konfiguriertes Softwarepaket aus verschiedenen Komponenten, die je nach Kundenanforderungen adaptiert werden können. CLAT setzt sich aus mehreren Komponenten und linguistischen Wissensquellen, der so genannten „Linguistic Engine" (LE), zusammen, die in der Programmiersprache C implementiert und das Ergebnis *„hunderter Mannjahre computerlinguistischer Forschung und Entwicklung"*[830] ist. Zu den linguistischen Kernprozessen zählen:[831]

- „lesen": der morphologische Analyseprozess, mit dem die Worterkennung und Satzgrenzen erfasst werden. Die morphologische Analyse basiert auf sprachspezifischen Regeln und lexikalischem Wissen bzgl. der Flexion, Derivation und Wortzusammensetzung.

---

829 Vgl. IAI 2011b.
830 Vgl. IAI 2005, S. 6 f.; die Benutzeroberfläche und die Datenaufbereitungskomponente sind hingegen in der Programmiersprache Java implementiert; IAI 2011a.
831 Vgl. IAI 2005, S. 6 f.

- „komplett": hiermit werden bestimmte Ausdrücke (z. B. „ein- und ausbauen") innerhalb der Wörter ersetzt, die eigentlich zusammen gelesen werden („einbauen und ausbauen").
- „korrigiere": berechnet die möglichen Korrekturvorschläge bzgl. falsch geschriebener Wörter.
- „fred": hierbei werden verschiedene Regeln und die terminologische Wissensbasis angewendet, um Terminologie-, Grammatik- und Stilregeln zu prüfen.

Die aufgelisteten linguistischen Prozesse werden durch die Prozesse „spserver" und „morphcheck" kontrolliert und geleitet. Der spserver-Prozess stellt die Schnittstelle der Linguistic Engine und des CLAT-Servers dar. Der morphcheck-Prozess schließt die linguistischen Einzelprozesse ab. All diese Prozesse bilden die Architektur der Linguistic Engine *(siehe Abb. 5.14)*.[832]

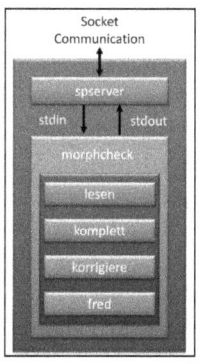

Abb. 5.14: Bestandteile der Linguistic Engine von CLAT[833]

Die linguistischen Analysekomponenten setzen sich aus der morphologischen und syntaktischen Analyse zusammen, die auf dem System „MPRO" basieren.[834] Über das System MPRO wird für das Deutsche und seine morphologische Analyse, linguistisches Wissen in Form von Morphemen, Allomorphen, Kombinations- und Verbotsregeln gespeichert. Etwa 30.000 Morpheme sind notwendig, um eine Abdeckung zu erzielen.[835] Über die syntaktische Analyse

---

832 Ebenda.
833 Vgl. IAI 2009.
834 MPRO steht für morphologisches Programm, vgl. Maas 1996. Die Analyse mit MPRO untersucht natürlichsprachliche Texte in ihren morphologischen und syntaktischen Strukturen.
835 Vgl. Haller 2000, S. 253.

werden Worte ihrer jeweiligen grammatischen Kategorie und Funktion zugeordnet und zusammengehörige Wortgruppen identifiziert. Diese erfolgt in aufeinander folgenden Schritten und besteht aus der Beschreibung grammatikalisch korrekter Strukturen sowie den Algorithmen für Analyse und Synthese. Hierbei wurden speziell Formulierungen behandelt, die vor dem Hintergrund der Technischen Dokumentation relevant sind (Telegrammstil, verblose Konstruktionen etc.).[836]

Im Rahmen der Technischen Redaktion dient das maschinelle Lektorat als unterstützendes Werkzeug hauptsächlich Technischen Redakteuren zur Einhaltung der firmenspezifischen Schreibkonventionen sowie zur Überprüfung der Grammatik und Rechtschreibung. Hierzu stehen verschiedene Prüfkategorien zur Verfügung, die individuell aktiviert bzw. deaktiviert werden können: Rechtschreibung, Grammatik, Stil, Terminologie, Abkürzung und Konsistenz *(siehe Abb. 5.15)*. Neben den Prüfkategorien kann eine „Termkandidatenprüfung" bzw. Terminologieextraktion des zu prüfenden Dokuments vorgenommen werden.

Die verschiedenen Prüfoptionen werden durch eine morphologische und syntaktische Analyse des Texts durchgeführt, wobei mit der morphologischen Analyse Wörter in Bezug auf ihre Flexion, Derivation und Komposition untersucht werden. Die Rechtschreibprüfung basiert auf Grundlage der Rechtschreibreform und kann je nach firmenspezifischen Anforderungen auf die progressive oder konservative Rechtschreibung ausgerichtet werden. Die Grammatikprüfung folgt den allgemeinsprachlichen und firmenspezifischen Regeln.[837] Durch die syntaktische Analyse, die in verschiedenen Phasen abläuft, werden Texte auf grammatikalisch korrekte Strukturen überprüft. Zunächst werden Homografien (Wortgleichheiten) anhand von Tabellen oder durch die Durchführung einer flachen syntaktischen Analyse mit Nominalgruppen und syntaktischen Strukturen entfernt. Durch Zuhilfenahme von speziellen Analyseregeln werden gängige Fehler berücksichtigt und gelockerte Einschränkungen angewendet, um syntaktische Fehler anzuzeigen.[838] Nach Aussagen des Herstellers und aufgrund der weiteren Analysen im Rahmen der vorliegenden Arbeit ist CLAT *„ein mächtiges Werkzeug für die Qualitätssicherungsprozesse im Hinblick auf sprachliche Korrektheit"*.[839]

---

836 Vgl. Haller 2000, S. 254.
837 Vgl. IAI 2011a.
838 Vgl. Haller 1996, S. 3 f.
839 Vgl. IAI 2011b.

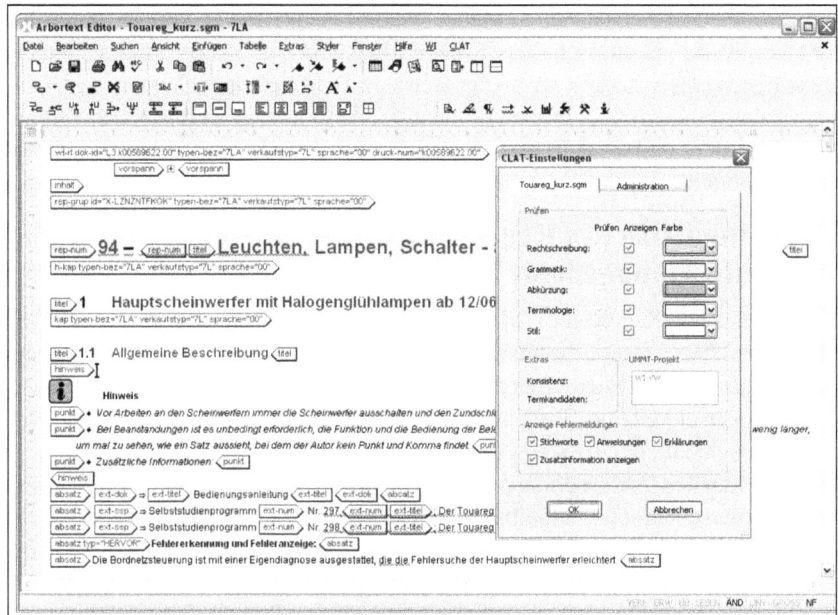

Abb. 5.15: *CLAT-Einstellungen innerhalb des Textverarbeitungsprogramms*[840]

Die im Hintergrund ablaufenden Analysen sind für den CLAT-Anwender nicht sichtbar. Die Interaktion des Anwenders mit dem maschinellen Lektorat erfolgt nach der Texterstellung. Nach erfolgter Prüfung werden alle Textpassagen farblich markiert, die nicht konform der Schreibkonventionen bzw. Rechtschreib- und Grammatikvorgaben sind. Der Redakteur erhält zu jeder markierten Textstelle zusätzliche Hinweise zum jeweiligen Fehler, erklärende Beispiele zur jeweiligen Fehlermeldung sowie je nach Fehlerart auch konkrete Korrekturvorschläge, die er direkt in seinen Text übernehmen kann. Markierte Fehlerstellen können in dieser Interaktion optional korrigiert oder je nach Kontext ignoriert werden.

Abhängig vom Umfang, in dem das maschinelle Lektorat in der Technischen Dokumentation eingesetzt wird, ergeben sich verschiedene Vorteile für die Dokumentationserstellung und -übersetzung. So können durch den Einsatz des maschinellen Lektorats Ausgangstexte hinsichtlich linguistischer, terminologischer und inhaltlicher Korrektheit optimiert und Übersetzungsprozesse, ob maschinell *(Maschine Translation)* oder maschinengestützt *(Computer Aided*

---

840 Screenshot CLAT-In EPIC.

Translation, CAT) effizienter gestaltet werden.[841] Weiterhin können durch die Erstellung von Fehlerprotokollen, Erkenntnisse über die Dokumentationsqualität gewonnen werden, sodass wertvolle Beiträge zur Qualitätssicherung und Effizienz geleistet werden.[842] Diese und weitere Vorteile werden durch das Fallbeispiel untersucht und anschließend in Anlehnung an das zuvor vorgestellte Vier-Ebenen-Modell diskutiert *(vgl. Kapitel 5.4)*.

5.3.3 Linguistisches Regelwerk UMMT (Utility for Mandate Management Tasks)

Das linguistische Regelwerk UMMT ist eine Systemkomponente von CLAT, die dazu dient, Projekte und linguistische Ressourcen für das Unternehmen anzupassen und zu verwalten. Benutzer und Benutzergruppen können durch das UMMT unterschiedlichen Projekten zugeordnet werden. Somit ist gewährleistet, dass unterschiedliche Abteilungen mit spezifischen Projekten arbeiten, die an ihre individuellen Anforderungen und Wünsche angepasst sind. Beispielsweise können unterschiedliche Schreibstile und Terminologieverwendungen durch die Konfiguration der UMMT-Projekte umgesetzt werden. In einem Konzern mit verschiedenen Konzernmarken kann somit jede Marke ihren individuellen sprachlichen Fingerabdruck beibehalten und eigene Regeln formulieren, dabei aber innerhalb der eigenen kontrollierten Sprache konsistent und verständlich bleiben. Innerhalb eines UMMT-Projekts kann weiterhin das linguistische Regelwerk den projektspezifischen Anforderungen angepasst werden *(siehe Abb. 5.16)*. Alle Prüfungen in CLAT basieren auf den im UMMT verwalteten Regeln. Beispielsweise können bei Stilregeln Schwellenwerte verändert werden, z. B. die zulässige Satzlänge bei über 24 Wörtern pro Satz. Zudem können prinzipiell alle Regeln deaktiviert oder aktiviert werden. Bei der Deaktivierung von Regeln werden Interdependenzen mit anderen Regeln aufgezeigt, die sich auf das Systemverhalten unzweckmäßig auswirken können.[843]

Weiterhin können mit dem UMMT im Terminologiebereich Vorzugsterme, erlaubte oder Negativterme definiert und ihre Hinterlegungsoptionen bestimmt werden. Im Benutzerwörterbuch können Produktnamen oder firmenspezifische Abkürzungen hinterlegt werden, die von der CLAT-Prüfung ausgenommen werden sollen. Ferner kann festgelegt werden, welche Wörter bei der Prüfung von Terminologie und Konsistenz als Synonyme gelten sollen. Weiterhin können Strukturinformationen für die Dokumentationsbearbeitung ausgewählt werden. Darüber hinaus kann die Informationstiefe der Benutzerkommunikation

---

841 Vgl. Haller 1996.
842 Vgl. IAI 2011a.
843 Vgl. IAI 2009.

fixiert werden, wie z. B. die Anzeige der Beispiele zur Fehlererklärung und die Wahl der Beispielkategorie.

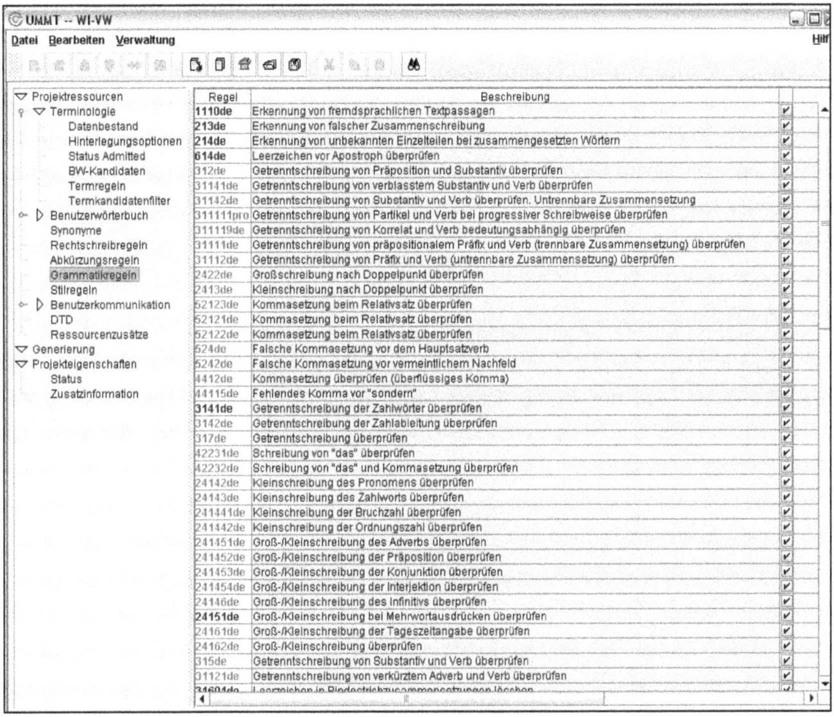

Abb. 5.16: Bedienoberfläche UMMT „Grammatikregeln"[844]

Aufgrund der sensiblen Einstellungsmöglichkeiten sollte das UMMT in der Regel nur von einem kleinen Anwenderkreis bzw. von Administratoren mit Schreibrechten verwaltet und gepflegt werden. Auch die Aktualisierung des UMMT, beispielsweise durch das Aufnehmen neuer Terminologie oder durch die Anpassung von Regeln, erfolgt lediglich durch die Administratoren. Aus dieser Perspektive betrachtet handelt es sich beim UMMT nicht um ein Werkzeug für Redakteure, sondern um ein Verwaltungs- und Koordinierungsinstrument für Administratoren.

---

844 Screenshot aus dem UMMT.

5.3.4 Maschinelle Übersetzung

Die maschinelle Übersetzung ist seit 2002 in der Abteilung VST-1 eingeführt und derzeit für alle VW-Mitarbeiter über das Intranet nutzbar. Die maschinelle Übersetzung wurde mit dem vordergründigen Ziel eingeführt, Volkswagen Mitarbeitern, die für eigene Übersetzungen üblicherweise Wörterbücher zur Hilfe nehmen, eine Möglichkeit zu bieten, effizient Übersetzungen vorzunehmen. Gleichzeitig sollte durch die interne maschinelle Übersetzung ein sicherer Datentransfer von vertraulichen Informationen gewährleistet werden. Die Nutzung von anderen frei verfügbaren Tools, wie z. B. „Google Sprachtools", stellte ein großes Risiko für die Datensicherheit hinsichtlich interner, schutzbedürftiger Inhalte dar, sodass den Mitarbeitern seit der Einführung der maschinellen Übersetzung keine weiteren Websites für die maschinelle Übersetzung zur Verfügung stehen. Für die angebotenen Sprachpaare Deutsch, Russisch, Spanisch, Französisch und Englisch wird ein regelbasiertes System *(rule-based machine tranlsation, RBMT)* der Firma Lucy Software and Services GmbH eingesetzt *(siehe Abb. 5.17)*.[845] Die maschinelle Übersetzung greift dabei auf den terminologischen Bestand der VST-Terminologiedatenbank zu.

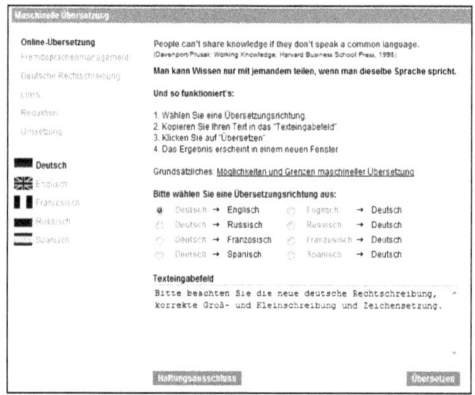

Abb. 5.17: Maschinelle Übersetzung im Volkswagen Sprachenportal[846]

Pro Arbeitstag fallen derzeit ca. 10.000 Übersetzungen an, umgerechnet entspricht dies ca. 2.000 DIN-A4-Seiten, darunter sowohl Geschäftsbriefe als auch einzelne Sätze.[847] Umgerechnet sind dies ca. 1.500 Standardseiten, die pro Ar-

---

845 Interne Auskunft, Fremdsprachenmanagement, 28.10.2010.
846 Screenshot Volkswagen Sprachenportal, maschinelle Übersetzung.
847 Interne Auskunft, Fremdsprachenmanagement, 28.10.2010.

beitstag maschinell übersetzt werden.[848] Vor dem Hintergrund der steigenden Übersetzungsaufträge innerhalb der Konzernwelt ist der Zeitgewinn durch effizient gestaltete Übersetzungsprozesse von hoher Relevanz. Pro Jahr werden ca. 30.000 Humanübersetzungen in bis zu 40 Sprachen sowie ca. 1.200 Dolmetschereinsätze beauftragt.[849] Ein Forschungsdesiderat, mit dem weitere Synergien und somit die Systemqualität der maschinellen Übersetzung optimiert werden kann, stellt die Verknüpfung von Translation-Memorys mit den Ergebnissen der maschinellen Übersetzung dar. In diesem Zusammenhang kann die Systemperformance der maschinellen Übersetzung durch die Unterstützung der Translation-Memory-Trefferquoten verbessert werden. Einen praktischen Ansatz hierfür bietet die Firma Across Systems GmbH *(siehe Abb. 5.18)* innerhalb des across Language Servers, bei dem die maschinelle Übersetzung in der humanen Übersetzung von Translation-Memory-Segmenten eingesetzt wird, für die es keine Entsprechungen in den Translation-Memorys gibt. Verknüpft mit einer anschließenden Nachbearbeitung durch einen Fachübersetzer kann ein entscheidender Zeitaufwand im Übersetzungsprozess reduziert werden. Der Einsatz solcher Szenarien benötigt jedoch praxisorientierte Forschungsarbeit sowie quantitative und qualitative Untersuchungen.

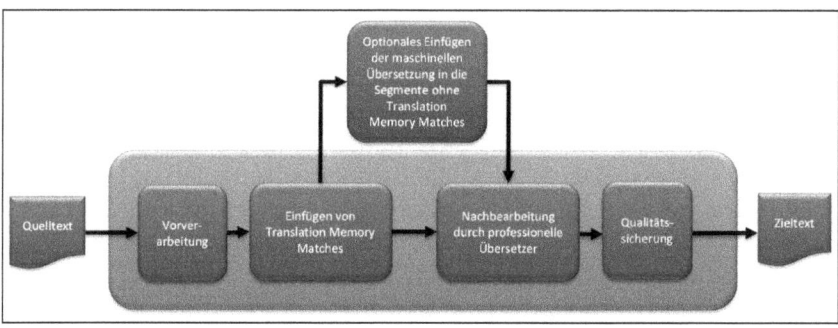

Abb. 5.18: Integration maschineller Übersetzung[850]

5.3.5 Kennzahlenermittlung für die Technische Dokumentation mit ZertiFAKT

Im Zuge der effizienten Prozessgestaltung innerhalb der Technischen Redaktion werden Kennzahlen immer mehr im Wirkungsbereich der Qualitätsoptimierung

---

848 Interne Auskunft, Fremdsprachenmanagement, 15.03.2011.
849 Interne Auskunft, Fremdsprachenmanagement, 15.03.2011.
850 Vgl. Across Systems GmbH.

und Effizienzsteigerung einbezogen. Kennzahlen stellen in diesem Zusammenhang ein wichtiges Instrumentarium dar, um Erfolge und Mängel innerhalb der Prozessschritte zu berechnen und diese gegenüber dem Management transparent zu kommunizieren. Laut WALTER leisten betriebswirtschaftliche Steuerungsinstrumente (hierzu werden Kennzahlen bzw. Kennzahlensysteme gezählt) Wettbewerbsvorteile im unternehmensinternen Bereich, bevor diese nach außen sichtbar werden.[851] Kennzahlen sind quantitative, betriebliche Informationen, mit deren Hilfe unübersichtliche, unstrukturierte Datenmengen und Zusammenhänge in komprimierter Form dargestellt werden können.[852] Somit beinhalten Kennzahlen zwei zentrale Aspekte: zum einen die Zweckmäßigkeit im Hinblick auf ihren Informationsgehalt, zum anderen den Nutzen für das Management.[853] Grundsätzlich werden in der Fachliteratur Kennzahlen nach statistisch-methodischen, inhaltlichen und zeitlichen Kriterien differenziert.[854] Verschiedene, sich ergänzende Kennzahlen werden innerhalb eines Kennzahlensystems in ihrer Beziehung zueinander zusammengefasst.[855] Diese Zusammenstellung ist auf ein übergeordnetes Ziel, wie beispielsweise die Rentabilität oder den Return on Invest (ROI) ausgerichtet.[856] Vor diesem Hintergrund gibt es in der Fachliteratur verschiedene Kennzahlensysteme. Das *Du-Pont-Kennzahlsystem* gehört zu den populärsten und ältesten Systemen, mit dem zeitnah die Unternehmensentwicklung und die bilanzielle Lage dargestellt werden kann.[857] Innerhalb des Kennzahlensystems werden alle Kennzahlen zu einer Kennzahlenpyramide verknüpft, wobei der ROI als Zielwert innerhalb des Kennzahlensystems aufgestellt wird. Ziel ist folglich nicht eine absolute Gewinnmaximierung, sondern die Maximierung einer relativen Größe.[858] Vor diesem Hintergrund ist das Du-Pont-Kennzahlensystem zum einen als Kontrollinstrument zu begreifen, bei dem die Identifikation von Einflussfaktoren auf den ROI vorgenommen wird. Zum anderen ist es als Planungsinstrument bzgl. der Budgetrechnung einsetzbar.[859]

---

851 Vgl. Walter 2006, S. 59.
852 Vgl. Schneider, Henning 2008, S. 168; Stephan 2006, S. 7.
853 Vgl. Straub et al. 2008, S. 19.
854 Vgl. Schneider 2008, S. 168 f.; statistisch-methodische Kriterien sind Grund- bzw. Absolutzahlen, z. B. Absatz, Gesamtumsatz, Gewinn, durchschnittlicher Tagesumsatz; inhaltliche Kriterien sind Mengengrößen, z. B. Absatz, Mitarbeiterzahl, Zahl der Filialen; zeitliche Kriterien sind Zustandskennzahlen, z. B. Mitarbeiterzahl zu einem spezifischen Zeitpunkt.
855 Vgl. Staehle 1969, S. 69; Stephan 2006, S. 11.
856 Vgl. Schneider, Henning 2008, S. 168 f.
857 Vgl. Treasurer's Department E.I. Du Pont de Nemours and Company 1959, S. 3 ff.; Stephan 2006, S. 20.
858 Vgl. Stephan 2006, S. 20; Staehle 1969, S. 69.
859 Vgl. Stephan 2006, S. 21; Piontek 2005, S. 354; Staehle 1969, S. 71.

Ein weiteres etabliertes Kennzahlensystem ist die *Balanced Scorecard*, die durch verschiedene Forschungsarbeiten in ihrer Praktikabilität untersucht wurde und bereits in der Unternehmenspraxis Einsatz findet.[860] Die Anfang der 1990er Jahre von KAPLAN/NORTON[861] entwickelte Balanced Scorecard ist ein Kennzahlensystem, mit dem zum einen Prozess- und zum anderen Ergebnisperspektiven vernetzt werden. Darüber hinaus können wenige, jedoch bestimmte Kennzahlen flexibel und effizient gesteuert werden.[862] Im Vergleich zu traditionellen, finanziellen Kennzahlen werden im Rahmen der Balanced Scorecard Kunden- und interne Prozessperspektiven sowie Lern- und Entwicklungsperspektiven hinzugefügt, wodurch Ergebniskennzahlen mit Leistungstreibern ergänzt werden.[863]

Im Rahmen der Technischen Redaktion ist die systematische Einführung von Kennzahlen, die speziell auf die Zielvorgaben und Schwellenwerte der unternehmerischen Rahmenbedingungen ausgerichtet sind, notwendig, um die Steigerung der Prozessqualität zu erzielen. Hierzu zählen zum einen Daten über den Wiederverwendungsgrad von Inhalten oder über Änderungshäufigkeiten und den damit verbundenen Aufwand (Soll-Ist-Vergleich, Ziel-Ist-Vergleich).[864] Durch den Einsatz von Kennzahlen ist die objektive Überprüfung von Daten und Ergebnissen im Rahmen der Technischen Dokumentationserstellung möglich. Demzufolge kommt der objektive Qualitätsansatz sowie der produkt- und herstellungsbezogene Qualitätsmanagementansatz zum Tragen *(vgl. Kapitel 3.1 und Kapitel 3.2)*. Analog zur Produktentwicklung, die einem praktizierten Regelkreislauf unterliegt,[865] ist für die Effizienz- und Qualitätssteigerung im Rahmen der Dokumentationserstellung ein Kennzahlensystem zu implementieren, um Prozesse nachhaltig zu optimieren. Ferner können Entwicklungen über einen bestimmten Zeitraum dargestellt werden und Entscheidungsgrundlagen beispielsweise für weitere Investitionen innerhalb der vier Ebenen der Qualitätssicherung *(vgl. Kapitel 4.6.1)* aufseiten des Managements abgebildet werden. Gleichzeitig wird mithilfe von Kennzahlen der Soll- und Ist-Zustand bestimmter Zielwerte und Ergebnisse mit konkreten Zahlen betitelt und somit für das Management greifbar.[866] Ziel der Kennzahlen ist es daher, den Wertbeitrag der technischen Kommunikation auf der Managementebene zu beziffern bzw. zu belegen, die Prozesse und Störungen innerhalb der Dokumentationserstellung zu

---

860 Vgl. Schneider, Henning 2008, S. 51 f.
861 Vgl. Kaplan, Norton 1992.
862 Vgl. Schneider, Henning 2008, S. 52 ff.
863 Vgl. Gabler 2010; Kaplan, Norton 1996; Kaplan, Norton 1992.
864 Vgl. Straub et al. 2008, S. 79.
865 Vgl. Grosse et al. 1982.
866 Vgl. Straub et al. 2008, S. 21.

steuern sowie Analogien hinsichtlich der Leistung von Dienstleistern zu erzeugen.[867] Diesen Aspekt unterstreicht die Gesellschaft für Technische Kommunikation e.V. wie folgt:

> „Aus Zahlen werden Informationen und dies geschieht (...) schlicht dadurch, dass in ihnen relevante bedeutungsvolle Unterschiede gesehen werden. Dieses Prinzip der Informationserzeugung zeigt, dass die Bedeutung und damit die Wirksamkeit von Zahlen erst durch die Kommunikation geschaffen wird."[868]

Im Rahmen dieser Arbeit wird ein Augenmerk auf ZertiFAKT gelegt. ZertiFAKT ist ein statistisches Werkzeug zur Kennzahlenermittlung in der Technischen Dokumentation, das vom Institut der Gesellschaft zur Förderung der Angewandten Informationsforschung e. V. der Universität des Saarlandes (IAI) in Saarbrücken entwickelt wurde. Das Werkzeug ist als Ergänzung zum maschinellen Lektorat CLAT zu begreifen und unterstützt die Durchführung verschiedener qualitätsbezogener Aufgaben:[869]

- Begutachtung und Bewertung von Dokumenten: Durch eine regelmäßige Bewertung des Dokumentbestands lassen sich Zahlen zur Qualitätssicherung ermitteln.
- Freigabeprüfung im Redaktionsprozess: Ein über ein Gewichtungsschema festgelegter Schwellenwert darf nicht überschritten werden, damit das Dokument freigegeben werden kann.
- CLAT-Regelevaluierung: Der CLAT-Administrator kann anhand der Fehlerübersicht bestehende Regelkonfigurationen überprüfen und optimieren.

Auf Basis von individuell anpassbaren Gewichtungsschemata, die für jede Fehlerkategorie und für die entsprechenden Fehlercodes Fehlerpunkte vergibt, werden die statistischen Auswertungen bzgl. der Dokumentationsqualität durchgeführt. Zur Ermittlung der Textqualität werden innerhalb des Werkzeugs ZertiFAKT „*statistische Verfahren auf der Basis von individuell konfigurierbaren Gewichtungsschemata*" verwendet.[870]

Das konfigurierte Gewichtungsschema kann anschließend auf einzelne oder auf mehrere mit CLATgeprüfte Dokumente angewandt werden, die zu einem Datenset zusammengefasst wurden *(siehe Abb. 5.19)*. Zur Berechnung der durch ZertiFAKT ermittelten Bewertung werden die Häufigkeiten der Fehler mit den festgelegten Fehlergewichten, die auf den Ebenen der Fehlerart, Fehlergruppe

---

867 Vgl. Straub et al. 2008, S. 17.
868 Vgl. Grosse et al. 1982.
869 Vgl. IAI 2010.
870 IAI 2010.

sowie des Fehlercodes variiert werden können, multipliziert und in Relation zur Wortanzahl der Dokumente gesetzt. Folglich ergibt sich der Ergebniswert zum einen auf Grundlage der entsprechenden Bewertungsskala, zum anderen aus der Gesamtbewertung des Datensets sowie aus den Dokumenten im Einzelnen. Hierbei setzt sich das absolute Gewicht eines einzelnen Fehlercodes aus den Gewichten aller drei dem Fehlercode zugeordneten Ebenen zusammen.[871]

Nr.	Absätze	Sätze	Wörter	Zeichen	Qualität (gut)	Einzelnote	Dokument
1	5128	5789	35261	284424		gut	C:\Programme\IAI\CLAT\client\Output\Kopie10out.xml
2	5008	5571	36388	292498		sehr gut	C:\Programme\IAI\CLAT\client\Output\Kopie1out.xml
3	5447	6058	37570	310813		sehr gut	C:\Programme\IAI\CLAT\client\Output\Kopie2out.xml
4	5221	5760	34883	281810		sehr gut	C:\Programme\IAI\CLAT\client\Output\Kopie3out.xml
5	3474	3807	22578	183108		gut	C:\Programme\IAI\CLAT\client\Output\Kopie4out.xml
6	2981	3274	20418	162566		mangelhaft	C:\Programme\IAI\CLAT\client\Output\Kopie5out.xml
7	5158	5671	35610	285891		ausreichend	C:\Programme\IAI\CLAT\client\Output\Kopie6out.xml
8	5205	5777	38781	308999		sehr gut	C:\Programme\IAI\CLAT\client\Output\Kopie7out.xml
9	3111	3470	20488	169286		gut	C:\Programme\IAI\CLAT\client\Output\Kopie8out.xml
10	3818	4220	24550	199331		sehr gut	C:\Programme\IAI\CLAT\client\Output\Kopie9out.xml

Abb. 5.19: Ergebnisansicht bewerteter Dokumente mit ZertiFAKT[872]

Aus den Ergebnissen der ZertiFAKT-Analyse können neben der Angabe der Dokumentationsqualität auch ein möglicher Schulungsbedarf der Anwender abgeleitet werden. Gleichzeitig können Schwachpunkte der Textproduktion, beispielsweise in der Anwendung von Stilregeln bzgl. der Verwendung von langen, verschachtelten Sätzen, erkannt werden und gezielt auf diese Punkte hingehend Schulungen angeboten werden. Umgekehrt können jedoch auch aufgrund der hohen Fehleranzahl hinsichtlich eines bestimmten Fehlertyps Rückschlüsse auf potenzielle Bugs im maschinellen Lektorat CLAT geschlossen und anschließend überprüft werden.

Vor diesem Hintergrund ist das Werkzeug vielseitig einsetzbar und eine sinnvolle Ergänzung zum maschinellen Lektorat. Dennoch sollte idealerweise nur ein kleiner Personenkreis über die Anwendung dieses Werkzeugs verfügen. Mögliche Einsetzungsszenarien wären beispielsweise die stichprobenartige Qualitätsüberprüfung der Dokumentationen oder der Einsatz im Rahmen von Abnahmetests neuer CLAT-Versionen, um die Effizienz von Fehlermeldungen zu überprüfen und mögliches Fehlverhalten auszuschließen. Darüber hinaus ist ZertiFAKT bei der Ermittlung von Kennzahlen in der Technischen Redaktion einsetzbar. Kritisch bleibt jedoch die Kontrollmöglichkeit der Technischen Redakteure durch den Einsatz von ZertiFAKT. Gerade in Unternehmen mit einem ak-

---

871 Vgl. IAI 2010.
872 Screenshot ZertiFAKT-Analyse.

tiven Betriebsrat kann die operative Einführung eines derartigen Vorgehens verhindert oder erschwert werden, da das Werkzeug zur Leistungsbewertung oder Kontrolle der Mitarbeiter missbraucht werden könnte. Daher sollten für den Einsatz von ZertiFAKT die verwendeten Datenmengen anonymisiert werden, sodass keine Rückschlüsse auf den jeweiligen Technischen Redakteur gezogen werden können. Mit der stetigen Auslagerung von Tätigkeitsfeldern an externe Dienstleister und Fachkräfte werden jedoch zukünftig Werkzeuge zur Qualitätsbeurteilung immer stärker eingesetzt, um beispielsweise die Qualität externer Dienstleister oder die Leistung neuer Vertragspartner zu evaluieren. Von einer Lockerung der derzeitigen Hemmnisse ist vor diesem Hintergrund auszugehen.

5.4 Qualitätssicherung auf Personenebene durch den Einsatz des maschinellen Lektorats CLAT

Für die praktische Implementierung des maschinellen Lektorats im Bereich „After Sales Technik" wurde im Vorfeld der CLAT-Einführung eine sechsmonatige Pilotphase mit sechs stellvertretenden Redakteuren für die Fachgruppen der Werkstattinformationen durchgeführt. Die Pilotphase hatte das Ziel, eine hohe Systemakzeptanz zu schaffen und die involvierten Redakteure als Multiplikatoren innerhalb der Technischen Redaktion zu nutzen. Der so entstehende Neugier-Motivationseffekt[873] bei den involvierten Redakteuren wirkte sich auch auf die Akzeptanz der anderen Redakteure aus, deren Interesse an dem neuen System dadurch geweckt wurde.[874] Die Erkenntnisse aus der praktischen Arbeit innerhalb der Pilotphase flossen in systemtechnische Verbesserungen ein. Nach durchgeführter Pilotphase und systemtechnischen Anpassungen waren die Voraussetzungen für die praktische und weitflächige Implementierung des maschinellen Lektorats gegeben. Das Management traf zu Beginn jedoch bewusst keine top-down Entscheidung, mit der die CLAT-Anwendung als obligatorischer Arbeitsschritt im Rahmen der Dokumentationserstellung vorgesehen wäre. Vielmehr sollte das maschinelle Lektorat im Vorfeld ausführlich von den Redakteuren getestet und erst bei hoher Akzeptanz verbindlich eingeführt werden. Nach einer dreimonatigen Einführungsphase, umfassenden Schulungsmaßnahmen und persönlichen Rücksprachen mit den Anwendern wurde die erste schriftliche Befragung durchgeführt, um die Systemakzeptanz der Anwender zu evaluieren. Unter Berücksichtigung der Befragungsergebnisse wurde anschließend der

---

873 Vgl. Berlyne 1960.
874 In der Pilotphase haben sechs ausgewählte Autoren aus der Abteilung VST-1 im ersten Halbjahr 2007 die Systeme (CLAT und acrocheck) im praktischen Einsatz evaluiert.

CLAT-Einsatz im Rahmen der Werkstattinformationserstellung durch das Management forciert.

Vor diesem Hintergrund wurden zur Untersuchung der Personenebene Technische Redakteure, die mit dem maschinellen Lektorat CLAT arbeiteten, per Fragebogen befragt. Die schriftliche Befragung wurde zu Beginn der CLAT-Einführung und ein weiteres Mal nach zwei jährigem CLAT-Einsatz durchgeführt. Befragt wurden innerhalb des ersten Durchlaufs interne Technische Redakteure, die im Volkswagen Werk Wolfsburg tätig waren. In der zweiten Befragungswelle wurden neben den internen Technischen Redakteuren alle externen Dienstleister, die an unterschiedlichen Standorten mit CLAT arbeiteten, befragt. Die Rückmeldungen der Anwender aus den Feedback-Runden sowie die Wahrnehmung durch die teilnehmende offene Beobachtung verdeutlichen das Ergebnisbild, das im Folgenden dargestellt und im Abgleich zur Hypothese diskutiert wird.

5.4.1 Phase I: CLAT-Einführung – schriftliche Befragung und Ergebnisse

„Fragen werden wissenschaftlich nur sinnvoll, wenn sie theoriebezogen angewendet werden. Antworten können nur sinngebend ausgewertet werden, wenn die soziale Situation Interview im Wesentlichen systematischer Kontrolle unterliegt."[875]

Grundlage für die Befragung stellte die aus den bisher erfolgten Annahmen und Untersuchungen dieser Arbeit abgeleitete These *(Qualitätssicherung durch den Einsatz von Sprachtechnologie)*. Konkret bezogen auf das Fallbeispiel und die Personenebene wurde folglich die Hypothese abgeleitet: *Durch den Einsatz von Sprachtechnologie wird das Kompetenzprofil der Anwender durch persönliche Lerneffekte optimiert und hierdurch die Arbeitsmotivation gesteigert.* Dadurch erfolgen Wertschöpfungspotenziale und Qualitätsoptimierungen auf der Personen-, Dokumentations-, System- und Prozessebene. Die folgende Abbildung veranschaulicht das Hypothesengerüst, das der Konstruktion des Fragebogens zu Grunde liegt und stellt die unterschiedlichen Teilaspekte der Qualitätsoptimierung sowie deren Beziehungen untereinander dar *(siehe Abb. 5.20)*. Darüber hinaus werden verschiedene Detailaussagen hinsichtlich der im Vorfeld angenommenen Thesen und deren Belegung bzw. Widerlegung durch die Befragungsergebnisse abgeleitet. Diese Detailaussagen wurden systematisch durch verschiedene Fragen abgedeckt und anschließend in der Befragungsauswertung analysiert.

---

875   Atteslander 1995, S. 202.

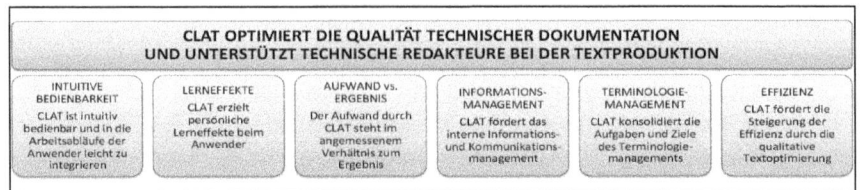

Abb. 5.20: Hypothesenkonstrukt als Basis für die empirische Untersuchung[876]

Das primäre Ziel der ersten Befragung liegt somit in der Ermittlung der allgemeinen Akzeptanz des maschinellen Lektorats CLAT bei den Anwendern und darüber hinaus im Erkenntnisgewinn hinsichtlich konkreter Hinweise in Bezug auf die Arbeitsweise mit dem maschinellen Lektorat sowie der Motivation der Anwender. Der Umfang der ersten schriftlichen Befragung wurde bewusst prägnant gehalten, da sich CLAT zum Befragungszeitpunkt erst drei Monate produktiv im Einsatz befand und die Befragung allgemeiner Faktoren im Vordergrund stand. Bei der Zusammenstellung der Fragen wurden die folgenden Themenpunkte berücksichtigt:

- Bewertung der Bedienbarkeit von CLAT,
- Einschätzung des mit CLAT verbundenen Mehraufwands,
- Lerneffekte der Anwender durch das Arbeiten mit CLAT,
- Umgang mit Korrektur- und Fehlermeldungen,
- Hintergrund und Alter der Befragten.

Hierbei wurde auf die logische Abfolge von Frageblöcken geachtet, die sich aus dem Untersuchungsgegenstand, den Forschungszielen und den theoretischen Forschungsregeln zusammenstellten. In Anlehnung an RICHARDSON et al. wurden Interesse weckende Fragen vorangestellt, um die Antwortbereitschaft und Offenheit für die weniger interessanten oder heiklen Fragen bzw. Fragen mit erforderlicher Überlegung zu steuern.[877] Nach dem von WELLENREUTHER konzipierten Schema für das Erstellen eines Fragebogens, erfolgte eine Orientierung und Anlehnung in der Konzeptphase der Fragebogengestaltung.[878] Insgesamt wurden zehn Themenblöcke konzipiert, die sich, angefangen mit allgemeinen Angaben zur Person, dem beruflichen Hintergrund und Alter über die individuelle Arbeitsweise mit dem maschinellen Lektorat und der Einschätzung des persönlichen Lerneffekts bis hin zu Optimierungspotenzialen von CLAT erstreckten.

---

876 Eigene Darstellung.
877 Vgl. Richardson et al. 1965, S. 43.
878 Vgl. Wellenreuther 1982, S. 179; Atteslander 1995, S. 197.

Offene und geschlossene Fragen im Wechsel, beinhaltete der Fragebogen 26 Fragen. Weiterhin wurde dem Fragebogen die Likert-Skala zu Grunde gelegt *(vgl. Kapitel 5.1.1)*. Im Vorfeld der Durchführung wurden Pretests mit verschiedenen Versuchspersonen durchgeführt und anschließend formale und inhaltliche Anpassungen an den Fragebogen vorgenommen. Pretests werden in der Fachliteratur als besonders relevant deklariert, um sprachliche und inhaltliche Unklarheiten auszuräumen und um die durchschnittliche Bearbeitungszeit zu beziffern.[879] Aufgrund interner Rahmenbedingungen wurde der Fragebogen im Vorfeld mit dem Management und anschließend dem Betriebsrat sowie der internen Datenschutzkommission abgestimmt. Dem Fragebogen war ein vom Management abgezeichnetes Anschreiben an alle Teilnehmer vorausgegangen,[880] um den persönlichen Mehrwert durch die Teilnahme an der Befragung darzustellen und die Rücklaufquote zu erhöhen. Die Teilnahme an der schriftlichen Befragung war anonym und freiwillig. Persönliche Daten durften aufgrund der Anforderungen der Datenschutzkommission und des Betriebsrats nicht abgefragt werden. Die Fragebögen wurden in ausgedruckter Form über die entsprechenden Führungskräfte an die Befragten weitergeleitet. Die Rücksendung der Fragebögen erfolgte postalisch. Um die Rücklaufquote zu verbessern, wurden beschriftete Briefumschläge mitgeliefert, die über den internen Postweg zurückgesandt wurden.

An der ersten CLAT-User-Befragung nahmen insgesamt 15 von 16 internen Redakteuren teil, was einer Rücklaufquote von ca. 94 Prozent entspricht. Zu diesem Zeitpunkt war CLAT produktiv seit drei Monaten im Einsatz. Für eine detailliertere Darstellung der Ergebnisse wurden die gewonnen Befragungsergebnisse mit den Faktoren Alter, Routine bzw. CLAT-Arbeitsaufwand korreliert. Hierbei wurde die Feingliederung innerhalb der positiven und negativen Zustimmungsmöglichkeiten zusammengefasst.[881] Die Ergebnisse werden im Folgenden in Auszügen vorgestellt *(vgl. Anhang für eine vollständige Darstellung)*.

Zu den *allgemeinen Angaben der Befragten* ist anzumerken, dass der Altersdurchschnitt der Befragten im Jahr 2009 bei 46 Jahren liegt. Während die Hälfte der Befragten erst seit der Produktivschaltung mit CLAT arbeitet, ist ca. ein Viertel der Befragten seit der Pilotphase involviert und arbeitet somit zum Befragungszeitpunkt bereits seit ca. einem Jahr mit CLAT.

---

879 Vgl. Tränkle 1983; Bortz 1984, S. 184.
880 Vgl. Richter 1970, S. 148 f.; Roberts et al. 1978; für Empfehlungen bzgl. begleitendes Anschreiben zur Befragung vgl. Wieken 1974; Atteslander 1995, S. 168.
881 Die Angaben aus den Zustimmungsflächen „stimme voll zu" wurden zu den Angaben unter „stimme zu" addiert. Adäquat hierzu wurde auch mit den negativen Zustimmungsflächen „stimme überhaupt nicht zu" und „stimme nicht zu" verfahren.

Die Befragung verdeutlicht, dass die Einarbeitung in CLAT anfangs mit *Arbeitsaufwand* für die Anwender verbunden ist. Die Ergebnisse divergieren sehr stark. So geben vermehrt ältere Anwender an, zu Beginn der CLAT-Einführung Schwierigkeiten mit der Integration in ihren regulären Arbeitsablauf zu haben *(siehe Abb. 5.21)*.

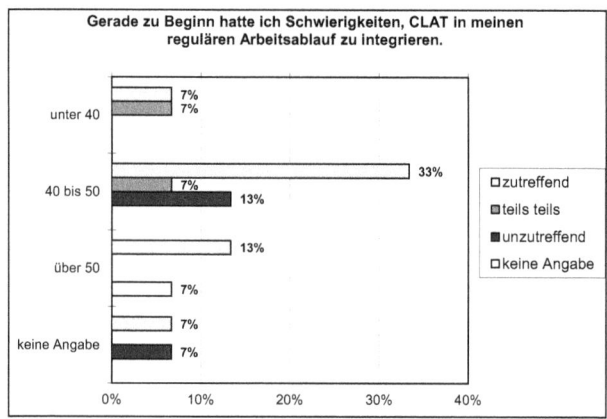

Abb. 5.21: Arbeitsaufwand mit CLAT[882]

Diese Feststellung wird bestärkt, da 73 Prozent der Befragten angeben, durch die CLAT-Prüfung eine Erhöhung des Mehraufwands zu erleben, die sich jedoch bei mehrmaliger CLAT-Anwendung wieder reduziert. Der hohe Einarbeitungsaufwand ist somit zum einen durch das demografische Bild der Befragten und die damit abnehmende Technikaffinität zu erklären. Zum anderen stellt CLAT jedoch neben den anderen 17 IT-Systemen für die Mehrzahl der Redakteure eine weitere Herausforderung und zusätzliche Belastung dar. Dies korrespondiert mit den allgemeinen Herausforderungen an das Qualifikationsprofil des Technischen Redakteurs und den generellen Faktoren Zeitdruck, Systemvielfalt und Informationsflut *(vgl. Kapitel 2.5.2 und Kapitel 5.2)*.

Über die Hälfte der Befragten (66 Prozent) gibt an, *CLAT-Fehlermeldungen* vor der Korrektur gründlich zu lesen. Den Befragungsergebnissen zufolge stellt dennoch das Bearbeiten von Stilfehlern für die Redakteure eine Herausforderung dar. Ursachen dafür können darauf zurückgeführt werden, dass CLAT bei Stilfehlern keine konkreten Verbesserungsvorschläge generiert und der Redakteur in der Konsequenz die Korrekturen selber gestalten muss. Damit sind zusätzlicher Zeitaufwand, aber auch die Sensibilisierung für das sprachliche Aus-

---

882 Eigene Darstellung.

drucksvermögen der Redakteure verbunden. Zusätzlich stellt der Text der Fehlerbeschreibung im CLAT-Navigator eine Verständnisproblematik aufgrund der linguistischen Fachbenennungen dar *(vgl. Kapitel 5.4.4)*, sodass die Motivation zur Bearbeitung der Stilfehler zunehmend sinkt.

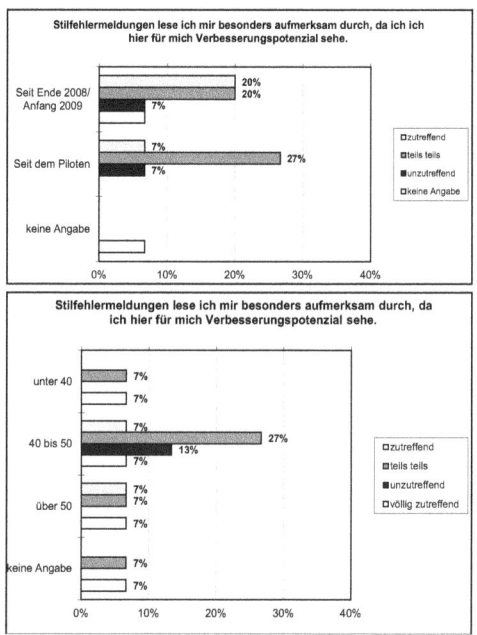

Abb. 5.22: *Verbesserungspotenzial mit CLAT in Korrelation mit den Faktoren „Anwendungsdauer" und „Alter"*[883]

Die Korrelation mit dem Faktor der CLAT-Anwendungsdauer zum Zeitpunkt der Befragung verdeutlicht, dass das persönliche Verbesserungspotenzial gerade zu Beginn der CLAT-Anwendung für die Anwender am größten ist. Diese Beobachtung ist darauf zurückzuführen, dass der Lerneffekt und das bemerkbare Verbesserungspotenzial bzgl. des eigenen Schreibstils gerade zu Beginn am deutlichsten sind und mit zunehmender Routine abnehmen *(siehe Abb. 5.22)*.

Die Mehrzahl der Befragten (60 Prozent) geben an, mit CLAT einen *persönlichen Lerneffekt* zu erleben. Hierbei leistet der Aspekt des arbeitsplatzintegrierten Lernens einen wichtigen Beitrag *(vgl. Kapitel 5.4.5)*. An dieser Stelle ist anzumerken, dass unabhängig von der Anwendungsdauer die Verteilung der Zustimmung bzgl. des Lerneffekts unter den Befragten fast identisch ist *(siehe*

---

883   Eigene Darstellung.

Abb. 5.23). Unter den Neueinsteigern ist eine auffällig hohe Zahl von teils-teils-Antworten (20 Prozent) zu beobachten. Dies könnte zum einen auf eine mögliche Unsicherheit der Redakteure hinsichtlich der Einschätzung ihrer eigenen Lerneffekte gedeutet werden. Zum anderen ist denkbar, dass aufgrund der kurzen Einarbeitungszeit mit CLAT noch keine einschlägigen Aussagen bzgl. persönlicher Lerneffekte getroffen werden können.

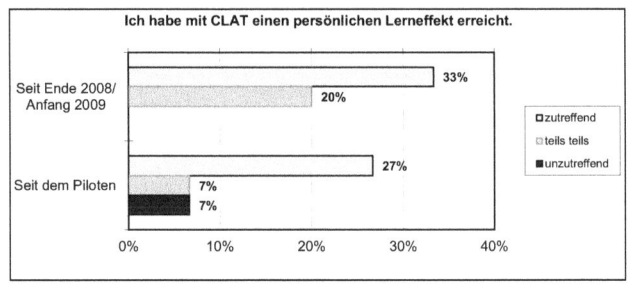

Abb. 5.23: Einschätzung des persönlichen Lerneffekts mit CLAT in Korrelation mit dem Faktor „Anwendungsdauer"[884]

Die Ergebnisse der Befragung in puncto *Informationsmanagement* und im Austausch mit den Kollegen sind Indikatoren für die Vernetzung der Befragten untereinander und das damit zusammenhängende Problemlösen. Die Auswertung zeigt, dass die Befragten sich gegenseitig nur geringfügig über CLAT austauschen und somit keine Sozialisation im Sinne einer Wissensgenerierung stattfindet. So geben nur 33 Prozent der Befragten an, sich mit ihren Kollegen ausreichend über die Arbeit mit CLAT auszutauschen. Diese Erkenntnis ist alarmierend und spiegelt den enormen Zeitdruck und Stress wider, den Technische Redakteure im Rahmen ihrer Dokumentationserstellung durchleben. Gleichzeitig kann dieses Ergebnis auch auf eine schwach ausgeprägte Teamzugehörigkeit und ein passives Kommunikationsverhalten innerhalb der Fachgruppen deuten.

Aus den Befragungsergebnissen geht hervor, dass ein Großteil der Redakteure CLAT als ein sinnvolles Korrekturprogramm betrachtet. Trotz der Angaben zum zusätzlichen Arbeitsaufwand durch CLAT, steht der Aufwand durch CLAT in angemessenem Verhältnis zum Ergebnis, wodurch die Legitimation und *Akzeptanz von CLAT* bestärkt wird. Eine zunehmende Sicherheit bzgl. der CLAT-Ergebnisse und der Fehlerfreiheit der Dokumente zeigt sich im Vergleich zu den Ergebnissen der zweiten schriftlichen Befragung im Jahr 2010 *(vgl. Kapitel 5.4.4).* Die Mehrzahl der Befragten gibt an, dass die CLAT-Prüfung bereits nach drei Monaten zu einem wesentlichen Bestandteil der Dokumentationser-

---
884 Eigene Darstellung.

stellung geworden sei. Verbesserungsvorschläge betreffen hauptsächlich systemtechnische Anpassungen, wie etwa erklärende Beispiele zu Fehlermeldungen, Satzendezeichen bei Querverweisen, Fehlermeldungen zu Mutterlistenbezeichnungen, Fehlermeldungen zu Abkürzungen, aber auch die allgemeine Kommunikation mit den Redakteuren *(vgl. Anhang für eine ausführliche Darstellung).*

5.4.2 Phase II: Ein Jahr CLAT – Feedback-Runden und Beobachtungen

Zum Abgleich der Meinungsumfrage mit der praktischen Arbeitsweise der Redakteure und zur Präzisierung des Meinungsbilds wurden Feedback-Runden und persönliche Beobachtungen vorgenommen, um den Umgang, die Arbeitsweise und Motivation hinsichtlich des maschinellen Lektorats CLAT zu untersuchen.

Die *Feedback-Runden* wurden nach einjähriger CLAT-Einführung und der Auswertung der ersten schriftlichen Befragung quartalsweise und auf freiwilliger Basis mit allen Redakteuren geführt, um die Nutzerakzeptanz und Motivation bzgl. CLAT aufzunehmen. Innerhalb dieser offenen Gesprächsrunden wurden CLAT-relevante Themen diskutiert und die persönlichen Meinungsbilder der Redakteure festgehalten. Bereichernd waren diesbezüglich die Sozialisations- und Kombinationsphasen in Anlehnung an das Wissensmanagementmodell nach NONAKA/TAKEUCHI,[885] bei denen durch den Austausch mit anderen Redakteuren neues Wissen generiert, kollektiviert und anschließend innerhalb bestehender Wissenslandschaften neu verknüpft wurde (internes Laufwerk, Redaktionsleitfaden, CLAT-Newsletter, *vgl. Kapitel 5.4.3).* Die Kernaussagen aus den Feedback-Runden sind im Folgenden komprimiert zusammengefasst und spiegeln zum einen die hohe Nutzerakzeptanz sowie die intensive Auseinandersetzung der Anwender mit dem maschinellen Lektorat CLAT wider *(vgl. Anhang für eine detaillierte Darstellung)*:

- Erhebliche Mehrbelastung während der Dokumentationserstellung durch CLAT. Aufwand zu Beginn groß, mit der Zeit jedoch immer geringer, da wiederholende Textpassagen aus Vorgängerversionen bereits mit CLAT geprüft sind.
- Erheblicher Mehraufwand bei Überarbeitung alter Texte, gemäßigter Aufwand bei Neuerstellung.
- CLAT als Hilfe und Unterstützung bei der Beseitigung von umgangssprachlichen Fehlern, eingeschliffener Wortwahl, Grammatik- und Recht-

---

885 Vgl. Nonaka, Takeuchi 1997.

schreibfehler. „Man erlernt die deutsche Sprache nochmal und wird auf den neusten Stand gebracht".
- Verbesserung der Qualität in der Technischen Dokumentation, Reduzierung von eventuellen Korrekturkosten und somit auch Sicherung der Arbeitsplätze.
- CLAT als unverzichtbare Ergänzung des bestehenden Redaktionssystems.
- Rückmeldungen der Übersetzer bzgl. der Ausgangstexte sollten an alle Redakteure weitergeleitet und die Vereinbarungen bzgl. der Verwendung von Terminologie zentral dokumentiert werden. Daraus sollte dann abgeleitet werden, wie übersetzungsgerechtes Schreiben in der Praxis aussieht.
- Stilprüfung ist besonders schwierig. Die Struktur der Reparaturleitfäden wird immer ähnlicher durch CLAT und dadurch wird ein besseres Leseverständnis erzeugt.

Die Ergebnisse der Feedback-Runden unterstreichen die in der ersten Befragung gewonnen Erkenntnisse: Zum einen wird die Wertschätzung für das Werkzeug CLAT und die damit verbundene Fehlerbereinigung innerhalb der Dokumentation deutlich. Zum anderen kommt der Mehraufwand gerade zu Beginn der CLAT-Einführung, abhängig von der Überarbeitung bzw. Neuerstellung von Textpassagen, zum Ausdruck.

Bei der Durchführung der *Beobachtungen* wurden in Anlehnung an BORTZ auf strenge Beobachtungsrichtlinien verzichtet, um die Aufmerksamkeit nicht auf bestimmte Details zu fokussieren, die im Nachgang für die Beobachtung irrelevant sind.[886] Die Beobachtungen wurden anhand von zwei Versuchspersonen (Technische Redakteure) durchgeführt und stellen zwei Anwendungssituationen mit CLAT dar: *erste CLAT-Prüfung vs. routinierte CLAT-Prüfung.*

In Bezug auf die persönlichen Beobachtungen konnten in Ergänzung weitere Erkenntnisse gewonnen werden. In einer *ersten Beobachtung* wurden Technische Redakteure bei der erstmaligen CLAT-Anwendung beobachtet. Vor diesem Hintergrund waren erkennbare Lerneffekte während des Arbeitens mit CLAT sowie eine mögliche Motivationssteigerung bei den Anwendern relevante Untersuchungspunkte für die Beobachtungen. Ferner waren das intuitive Erschließen des maschinellen Lektorats, der Zeit- und Arbeitsaufwand, die eventuelle Veränderung der Arbeitsweise bei der Dokumentationserstellung sowie positiv bestärkende Situationen durch das Arbeiten mit CLAT wichtige Teilaspekte der Beobachtung.

Der Redakteur hatte einige Monate im Vorfeld der Dokumentationserstellung eine einstündige interne Schulung und Einführung zum maschinellen Lek-

---
886 Vgl. Bortz 1984, S. 199.

torat CLAT erhalten. Es folgte eine kurze Erläuterung der Bedienungsoberfläche von CLAT durch die Autorin. Da es sich um eine Überarbeitung eines Reparaturleitfadens handelte, galten die VW-internen Regeln, bei denen das gesamte Dokument mit den Kategorien „Rechtschreibung", „Grammatik" und „Terminologie" geprüft werden sollte und alle neuen Textbausteine, in diesem Fall alle das Modell CC 2010 betreffenden Texte zusätzlich mit der Prüfkategorie „Stil" geprüft werden sollte.

Nach Durchführung der CLAT-Prüfung wurde der Redakteur durch die Fehlerstellen seines Dokuments geführt. Die Fehlermeldungen bewirkten, dass der Redakteur sich den betreffenden Satz noch einmal genau durchlas. Bei vorzunehmenden Änderungen, wie Stilverbesserungen oder Grammatikkorrekturen überlegte der Redakteur darüber hinaus auch, ob dieser Satz notwendig, verständlich und optimierbar war. In solchen Fällen entfernte der Redakteur den entsprechenden fehlerhaften Satz, da er der Meinung war, dass dort redundante Informationen enthalten waren oder der Mechaniker im Handel diese Informationen zur Ausführung dieses Reparaturschritts nicht benötigen würde. Das Entfernen von redundanten Sätzen geschah in der Regel in Absprache mit Arbeitskollegen. Die Redakteure tauschten sich konkret über diesen Sachverhalt aus und kamen zu einer nachvollziehbaren Entscheidung, die in die Korrekturen übernommen wurde.

Weiterhin prüfte der Redakteur bei sprachlichen Änderungen stets die inhaltliche Seite des zu korrigierenden Satzes. Bei der genauen Durchsicht des Reparaturleitfadens wurde der Redakteur auf fehlerhafte Tags und Handlungsanweisungen aufmerksam, die er anschließend zu seiner Zufriedenheit korrigieren konnte. Einmal korrigierte Segmente wurden an allen weiteren Stellen im Dokument eingesetzt, d. h. kopiert und ersetzt. Gleichzeitig öffnete der Redakteur andere (ältere) Versionen seines Reparaturleitfadens und verglich die verwendeten Formulierungen. Durch dieses Vorgehen wurden alte Segmente, die korrekt und sprachlich sauber waren, im neuen Dokument wiederverwendet. Eine linguistische Durchgängigkeit und Konsistenz innerhalb der Dokumentation konnte auf diese Weise umgesetzt werden.

Weiterhin stellte sich nach kurzer Zeit (ca. 40 Minuten) ein routinierter Umgang mit den Fehlermeldungen ein. Dennoch zeigte sich, dass gerade in der Anfangsphase eine zusätzliche persönliche Unterstützung durch einen erfahrenen CLAT-Nutzer erforderlich war, wodurch das Arbeitsergebnis sowie die Akzeptanz beim Technischen Redakteur hinsichtlich einer neuen Software deutlich optimiert werden konnte. Stilfehlermeldungen, die eine Umstellung, Aufteilung oder Neuschreibung des Satzes erforderten, waren zeitintensiver in der Bearbeitung und Korrektur als vergleichsweise Rechtschreib- und Grammatikkorrekturen. Die Terminologiefehler wurden immer in Abhängigkeit des jeweiligen Kon-

237

texts korrigiert. Hierbei vollzog sich ein Perspektivenwechsel, da nicht das maschinelle Lektorat, sondern der Redakteur hinsichtlich seiner Expertise gefragt war. Diese Art der Fehlerkorrektur, basierend auf den inhaltlichen und fachlichen Kenntnissen des Redakteurs, konnte zu den positiv bestärkenden und motivierenden Aspekten der CLAT-Prüfung gezählt werden. Der Redakteur erlebte die Korrekturen als selbstbestimmte Arbeitsschritte. In diesem Zusammenhang wurde durch das maschinelle Lektorat das Gefühl einer externen Kontrolle gemindert, indem der Anwender mit der Bereinigung seiner Fehlerstellen selbstständig beschäftigt war. Ferner sorgten das strukturierte und systematische Arbeiten mit CLAT und der hieraus ableitbare sprachliche Lerneffekt für zusätzliche positive Stimulanz.

Bei den Beobachtungen wurde ferner deutlich, dass der Redakteur zwar zu Beginn Schwierigkeiten bei der Korrektur von Stilfehlern äußerte, was sich in zeitintensiven Überlegungen beobachten ließ. Nach erfolgreicher Korrektur von Stilfehlern, nahm der zeitliche Aufwand für das Verständnis der Fehlerstellen und der notwendigen Korrekturen jedoch immer weiter ab, sodass die Bearbeitung weiterer Stilfehler geringfügige Hindernisse darstellte und der Redakteur vermehrt das Gefühl äußerte, die Ursache für die jeweilige Fehlermeldung zu kennen. In der Folge korrigierte er den jeweiligen Satz gezielt. So wurde mit fortschreitendem Korrekturdurchlauf das Verständnis für die Fehlermeldungen und die notwendigen Korrekturen verbessert.

Der Redakteur zeigte weiterhin im Zuge der CLAT-Anwendung eine gesteigerte Sicherheit bzgl. seiner Arbeitsweise, die durch die Korrekturen und das neue Verständnis von sprachlicher Korrektheit hervorgerufen wurden (*vgl. Beispiele für die Optimierung der Dokumentationen in Kapitel 5.5*). Insgesamt betrug der zeitliche Aufwand für die erste CLAT-Prüfung und Korrektur acht Arbeitsstunden. Diese durch CLAT unterstützte und bedingte Arbeitsweise führte nach diesen Beobachtungen folgende Vorteile mit sich:

- Dokumentübergreifende sprachliche und inhaltliche Konsistenz,
- Textreduzierung durch Reduzierung von redundanten Informationen,
- sprachlich und inhaltlich vereinfachte, prägnante Texte,
- sprachlicher Lerneffekt der Anwender,
- sinnvolle Überarbeitung des Dokuments.

Im Rahmen der *zweiten Beobachtung* wurde ein erfahrener CLAT-Anwender bei der CLAT-Prüfung und Korrektur beobachtet. Hierbei stellte sich die frühzeitige Bekanntgabe von Stilrichtlinien als ausschlaggebender Erfolgsfaktor für die Sicherheit im Schreibprozess des Technischen Redakteurs heraus. Der Redakteur hatte die Aufgabe einen alten Leitfaden zu überarbeiten, wobei ihm bekannt war, dass die direkte Anrede mit „Sie" zu vermeiden war. Aus diesem

Grund achtete der Redakteur von vornherein darauf, die direkte Anrede bei neuen Textpassagen zu umgehen, um hinterher weniger Korrekturaufwand durch CLAT zu erzeugen. Die CLAT-Prüfung gestaltete sich durch die Kompetenz des Redakteurs effizient, sodass die Einarbeitung der Korrekturen lediglich ca. eine Stunde in Anspruch nahm.

Der Redakteur arbeitete selbstbestimmt und sicher alle notwendigen Korrekturen in sein Dokument ein. Dabei äußerte er den Wunsch, dass wiederholte Fehlerbilder (z. B. „Genitiv -es zu -s") auch mit Korrekturvorschlägen im CLAT-Navigator erscheinen sollten, sodass analog zu Rechtschreibfehlern eine Übernahme der Korrekturvorschläge möglich wäre. Diese Anforderung lässt auf das Bedürfnis einer effizienteren Arbeitsweise schließen. Die Erkenntnisse aus der ersten Beobachtung, die verdeutlichten, dass die Bearbeitung mit CLAT zur Reduzierung des Textvolumens führt, bestätigten sich auch bei dieser Beobachtung. Insbesondere die Bearbeitung von Stilfehlern führte zur Textreduzierung, was auf die Vermeidung von langen, verschachtelten Sätzen zurückzuführen ist.

Weiterhin hinterfragte der Redakteur im Rahmen der CLAT-Korrektur, ob gewisse Einschübe, die durch CLAT konstatiert wurden, inhaltlich notwendig waren. Anschließend reduzierte der Technische Redakteur den Satz auf die inhaltlich notwendigen Bestandteile. Hierdurch veränderte sich der alte, eher ausschweifende und komplexe Schreibstil des Redakteurs zu einem durch CLAT festgelegten, prägnanten und den internen Richtlinien entsprechenden Stil. Zusammenfassend kann festgehalten werden, dass sich mit der mehrmaligen CLAT-Prüfung ein routiniertes Bearbeiten von Fehlern und eine effiziente Korrektur der Dokumente einstellen. Diese Beobachtung ist kongruent mit den Befragungsergebnissen der ersten und zweiten Befragung *(vgl. Kapitel 5.4.1 und Kapitel 5.4.4, Stichwort: „persönlicher Lerneffekt" und „Mehraufwand durch CLAT").*

5.4.3 Optimierung des Informationsmanagements: CLAT-Newsletter

Eine wichtige Erkenntnis, die aus den Untersuchungsergebnissen hervorgeht, liegt im mangelnden und unstrukturierten Informationsfluss innerhalb der Technischen Redaktion, der die Akzeptanz von CLAT bei den Anwendern beeinflusste *(vgl. Kapitel 5.4.5).*[887] Vor dem Hintergrund dieser Feststellungen wurde im Rahmen dieser Arbeit ein neues Informationsmedium konzipiert, um die Bedürfnisse der Redakteure hinsichtlich sprachlicher Sensibilisierung bereitzustellen und um das Informationsmanagement zu optimieren. Der CLAT-Newsletter wurde im Juli 2009 eingeführt und erscheint seither in monatlichem Rhythmus.

---
887 Vgl. Innovationsakzeptanz und Diffusionstheorie nach Rogers 2003.

Inhalte des Newsletters sind aktuelle Themen, die den Redaktionsprozess, CLAT oder die Terminologiearbeit betreffen. Weiterhin werden Empfehlungen bzgl. der Vorgehensweise bei der CLAT-Prüfung, Erklärungen zu spezifischen CLAT-Fehlermeldungen sowie Sprachtipps und Erläuterungen von Rechtschreib- und Grammatikregeln bekanntgegeben.

Der Adressatenkreis des CLAT-Newsletters erstreckt sich hierbei von den internen und externen Redakteuren über das Management von verschiedenen Konzernmarken und interessierten Unternehmensbereichen bis hin zum CLAT-Hersteller IAI und der Firma Congree Language Technologies GmbH. Die CLAT-Newsletter werden über eine Mailingliste versendet und anschließend zentral in einem öffentlichen Redaktionslaufwerk archiviert, der allen zugangsberechtigten Abteilungen zur Verfügung steht. Die Reaktionen der Zielgruppen machten sich an interessierten Rückfragen zur CLAT-Thematik bemerkbar. Ferner nutzten Technische Redakteure das neue Kommunikationsmedium, um auf aktuelle Themen und Probleme in der redaktionellen Arbeit hinzuweisen. Ferner wurde der Adressatenkreis durch neue Konzernmarken erweitert, die ihrerseits einen zentralen und standortübergreifenden Zugriff auf die CLAT-Newsletter sowie deren Sammlung zu einem verbindlichen Nachschlagewerk für alle Märkte vorschlugen.

5.4.4 Phase III: Zwei Jahre CLAT – Befragungsergebnisse

Zur Beobachtung der Entwicklungstendenz im Rahmen der Nutzerakzeptanz bzgl. CLAT wurde eine weitere schriftliche Befragung nach insgesamt zwei Jahren CLAT-Einführung durchgeführt. Ziel war ebenfalls die Ausgangsthese zu bestärken *(durch das maschinelle Lektorat CLAT werden die Technischen Redakteure bei der Dokumentationserstellung unterstützt und die Technischen Dokumentationen sprachlich optimiert)* und weitere Teilaspekte und Wertschöpfungsfaktoren aufzuzeigen, die sich durch den CLAT-Einsatz ergeben. Hierzu wurden insgesamt 15 Themenblöcke konzipiert, die sich, angefangen mit allgemeinen Angaben zur Person, dem beruflichen Hintergrund und Alter über die individuelle Arbeitsweise mit dem maschinellen Lektorat und der Einschätzung des persönlichen Lerneffekts bis hin zu Optimierungspotenzialen des Programms erstreckten. Mit ca. drei bis sieben Fragen pro Themenblock umfasste der Fragebogen insgesamt 83 Fragen. Die Durchführung der Befragung erfolgte analog zur ersten Befragung *(vgl. Kapitel 5.4.1)*. Der Zeitraum für die Befragung und Auswertung der Ergebnisse betrug insgesamt vier Monate (Juni bis September 2010). Befragt wurden in einem ersten Durchlauf (Juni 2010) interne Technische Redakteure und externe Dienstleister, die im Werk Wolfsburg tätig waren. In einer zweiten Befragungswelle (August 2010) wurden alle externen Dienstleister, die mit dem maschinellen Lektorat CLAT an unterschiedlichen

Standorten Deutschlands arbeiteten befragt. Insgesamt nahmen 25 Technische Redakteure an der Befragung teil. Im Folgenden werden die Kernaussagen der Ergebnisse zusammengefasst *(vgl. Anhang für eine detaillierte Darstellung der Befragungsergebnisse).*

Der erste Themenblock „*Angaben zur Person*" diente der Erstellung des Personenbilds, der beruflichen Hintergründe sowie der Angabe der Dauer, innerhalb derer die jeweilige Tätigkeit bereits ausgeführt bzw. mit CLAT gearbeitet wurde. Die Ergebnisse der Befragung ergeben, dass 68 Prozent der Befragten ihre Tätigkeit seit über sechs Jahren ausführt, wobei der Altersdurchschnitt bei 41 Jahren liegt. Zum beruflichen Hintergrund ist zu vermerken, dass bis auf 20 Prozent Quereinsteiger und vier Prozent ausgebildete Technische Redakteure, der Großteil der Befragten einen technischen Hintergrund aufweist (76 Prozent). Dazu zählen in der Regel ehemalige KFZ-Mechaniker und -Meister, Maschinenbauer und KFZ-Elektriker. Der Großteil der Befragten (76 Prozent) arbeitet dabei bereits seit mehr als einem Jahr mit dem maschinellen Lektorat CLAT.

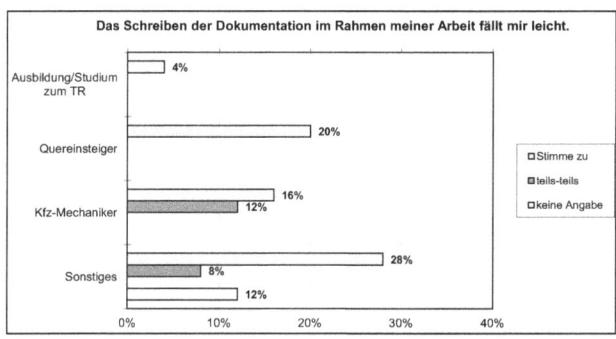

Abb. 5.24: Bewertung des persönlichen Schreibprozesses[888]

Die Konzipierung des Themenblocks „*Berufsbild – Technischer Redakteur*" diente der Ermittlung der allgemeinen Zufriedenheit der Befragten mit ihrer Tätigkeit als Technischer Redakteur sowie der persönlichen Selbsteinschätzung hinsichtlich der Schreibkompetenz. Den Befragungsergebnissen zufolge ist die Mehrzahl der Befragten im Rahmen ihrer Tätigkeit als Redakteur beruflich erfüllt (88 Prozent). Viele geben ferner an, dass die vielseitig ausgerichtete Tätigkeit („schreiben" und „schrauben") besonders reizvoll ist (84 Prozent). Die Bewertung des persönlichen Schreibprozesses verdeutlicht hingegen die Unsicherheit in Bezug auf die Einschätzung der eigenen Schreibkompetenz und den Mangel an Sensibilisierung für die Schriftsprache *(siehe Abb. 5.24).* Darüber

---

888   Eigene Darstellung.

hinaus erachtet die Mehrheit der Befragten zusätzliche Maßnahmen und Workshops für die Vertiefung der Schreibfertigkeiten als notwendig.

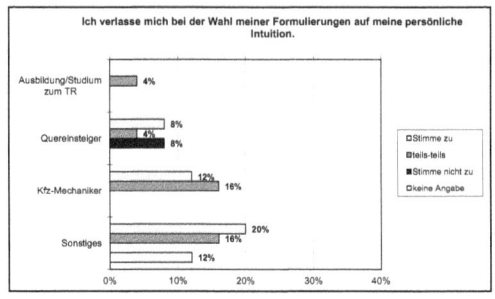

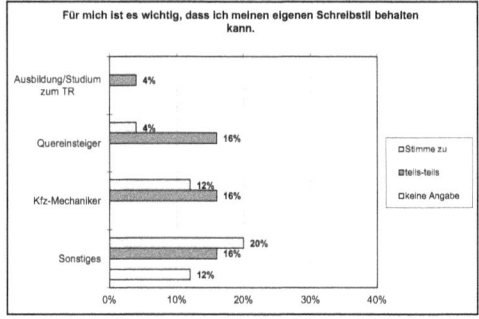

Abb. 5.25: Persönliche Einschätzung des Schreibstils[889]

Die Erhaltung des eigenen Schreibstils erachten immerhin 36 Prozent der Befragten für wichtig, wobei 52 Prozent hierzu nur vage Aussagen im teils-teils-Bereich tätigen. Bezogen auf den Hintergrund der Befragten bekräftigen auffallend CLAT-Anwender mit technischem Hintergrund diese Aussage, während sich Quereinsteiger und studierte Technische Redakteure im teils-teils-Bereich bewegen. Dies ist darauf zurückzuführen, dass Befragte mit einem technischen Hintergrund die Auswirkungen unterschiedlicher Schreibstile und die Relevanz konsistenter und standardisierter Sprache unterschätzen. Vermutlich interpretieren die Befragten die Beibehaltung ihres eigenen Schreibstils mit Selbstbestimmtheit und Autonomie. Drastisch ausgedrückt fehlt ihnen die Einsicht, dass Technische Dokumentation gemäß definierten Standards erstellt werden muss und nicht auf Basis des eigenen Schreibstils. Diese Arbeitshaltung wird mit den

---

889 Eigene Darstellung.

Ergebnissen zur Frage, ob sich die Befragten bei der Formulierungswahl auf ihre persönliche Intuition verlassen, verdeutlicht *(siehe Abb. 5.25)*.

Innerhalb des Frageblocks „*Zufriedenheit mit CLAT*" sollten die Akzeptanz und Zufriedenheit der Befragten gegenüber CLAT abgedeckt werden. Die Mehrzahl der Befragten bestätigt, gerne mit CLAT zu arbeiten (52 Prozent) und ist über die Einführung von CLAT sehr erfreut (64 Prozent). Weiterhin sind 72 Prozent der Befragten der Meinung, mit CLAT ein sinnvolles Korrekturprogramm für ihre Dokumentationen erhalten zu haben. Diese Erkenntnis verstärkt sich, da 44 Prozent der Befragten angeben, sich durch CLAT im Schreibprozess zunehmend sicherer zu fühlen. 40 Prozent der Befragten geben hier die neutrale teils-teils-Antwortmöglichkeit an, was auf eine allgemeine Unsicherheit der Befragten im Schreibprozess oder auf eine Verunsicherung durch die Fehleranzahl ihrer Dokumente zurückgeführt werden kann.

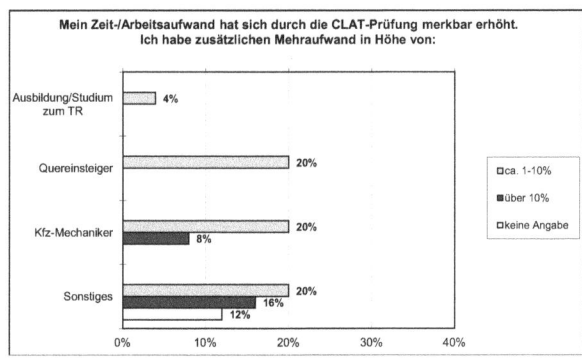

Abb. 5.26: Zeit-/Arbeitsaufwand durch CLAT[890]

Im vierten Themenblock „*Zeit- und Arbeitsaufwand vs. Ergebnis*" sollte eine persönliche Einschätzung der Befragten hinsichtlich des mit CLAT verbundenen Arbeitsaufwands erfolgen. Hierunter fallen u. a. Stellungnahmen zum Grad der Routine und der damit verbundenen Aufwandsreduzierung durch die CLAT-Prüfung und -Korrektur. Die knappe Mehrheit der Befragten (40 Prozent) stimmt der Aussage zu, dass das Ergebnis der CLAT-Prüfung in angemessenem Verhältnis zum Zeit- und Arbeitsaufwand steht. 52 Prozent der Befragten geben an, den Zeit- und Arbeitsaufwand gerne in Kauf zu nehmen, um ein gutes CLAT-Ergebnis zu erzielen. Dies lässt auf das Bewusstsein der CLAT-Anwender für die Relevanz qualitativ hochwertiger Dokumentationen schließen. Ferner gibt ein Großteil der Befragten an (48 Prozent), keine Schwierigkeiten zu

---

890 Eigene Darstellung.

haben, CLAT in seine Arbeitsabläufe zu integrieren und inzwischen bei der CLAT-Prüfung ein routiniertes Vorgehen entwickelt zu haben (60 Prozent). Hier stimmen 84 Prozent der Befragten zu, dass eine reduzierte Fehleranzahl in den Dokumenten zu verzeichnen ist. Den Zeit- und Arbeitsaufwand durch die CLAT-Prüfung bemessen ca. 40 Prozent der Redakteure mit sechs bis zehn Prozent mehr Arbeitsaufwand *(siehe Abb. 5.26)*. Die Ergebnisse zum Zeit- und Arbeitsaufwand in Korrelation mit dem Hintergrund der Befragten können auf das allgemeine Verständnis für linguistische Zusammenhänge zurückgeführt werden. Demnach weisen Befragte mit einem technischen Hintergrund ohne redaktionelle Ausbildung Defizite in ihrer sprachlichen Kompetenz auf.

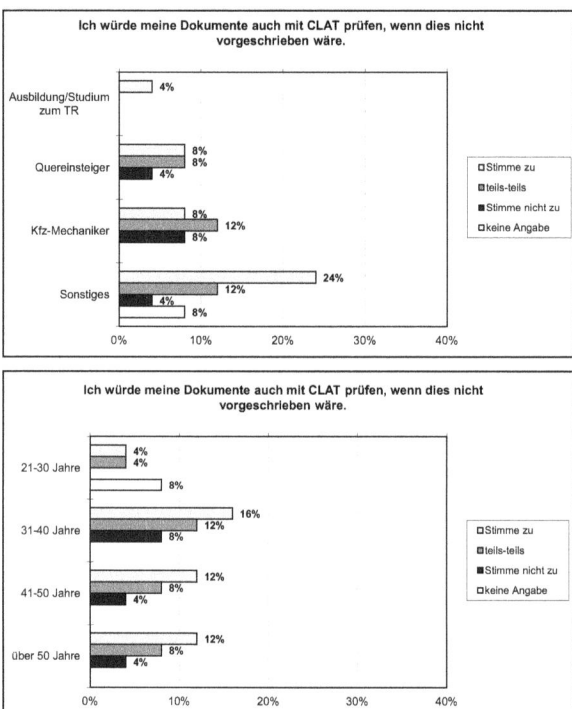

Abb. 5.27: *Motivation der CLAT-Anwender in Korrelation mit den Faktoren „Alter" und „Hintergrund"*[891]

Die *Motivation und Arbeitsweise* der Redakteure wurde im fünften Frageblock abgefragt, aus dem herausgehen sollte, inwiefern die CLAT-Prüfung aus

---

891 Eigene Darstellung.

eigener Motivation erfolgt *(vgl. Kapitel 5.4.5)*. Hierbei bestätigen 36 Prozent der Befragten, dass sie das Ergebnis motiviert, ihre Dokumente mit CLAT zu prüfen, wobei der Großteil der Befragten diesbezüglich unentschlossen bleibt (52 Prozent teils-teils). Dies ist möglicherweise auf das hohe Fehlerpotenzial und eine damit einhergehende Demotivation zurückzuführen. Ebenfalls knapp einstimmig geben die Befragten an, das Arbeiten mit CLAT gehe leicht von der Hand (64 Prozent) und koste sie keine zusätzliche Überwindung und Motivation (68 Prozent). Weiterhin stellt sich ein überwiegendes, fast einstimmiges Verständnis bzgl. einer größeren Sicherheit bei der Dokumentationsfreigabe nach erfolgter CLAT-Prüfung ein (72 Prozent). Eine hohe Motivation der Befragten ist durch die Ergebnisse der Frage, ob die Redakteure das Programm auch nutzen würden, wenn dies nicht vorgeschrieben wäre, zu vermerken *(siehe Abb. 5.27)*.

Weiterhin wurden die mögliche Optimierung der sprachlichen Kompetenz und die beobachtbare qualitative Optimierung der Dokumentation im Fragenkomplex „*Sprachliche Kompetenz*" abgefragt. Knapp die Hälfte der Befragten (48 Prozent) gibt an, dass sich ihre Aufmerksamkeit bzgl. der deutschen Rechtschreibung durch CLAT verstärkt und sich ihr Schreibstil durch die Korrekturvorschläge verbessert hat (48 Prozent). Ferner geben 60 Prozent der Befragten an, ohne CLAT Fehler in ihren Dokumentationen übersehen zu haben. Diese Aussage ist im Vergleich zur ersten Befragung stärker ausgefallen, bei der nur 27 Prozent der Befragten zustimmten, ohne CLAT Fehler zu übersehen *(vgl. Kapitel 5.4.1)*. Eine deutliche Verbesserung der sprachlichen Kompetenz merken nur 24 Prozent der befragten Teilnehmer. Die Korrelation mit dem Hintergrund der Befragten verdeutlicht, dass Redakteure mit vorwiegend technischem Hintergrund nur in geringem Umfang eine Verbesserung ihrer sprachlichen Kompetenz feststellen, während Quereinsteiger und ausgebildete Redakteure diese Beobachtung fast einstimmig bejahen. Dieses Ergebnis lässt auf die fehlende sprachliche Sensibilisierung von Redakteuren mit technischem Hintergrund schließen. Ferner wird in der Korrelation mit dem Faktor „CLAT-Anwendungsdauer" deutlich, dass sich Optimierungen der sprachlichen Kompetenz bei den Befragten erst mittelfristig, d. h. nach ca. einem Jahr, bemerkbar machen *(siehe Abb. 5.28)*.

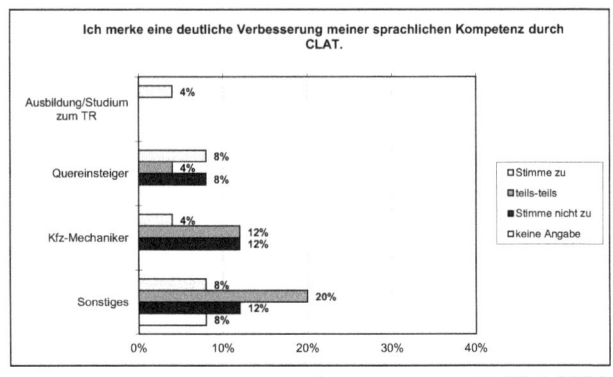

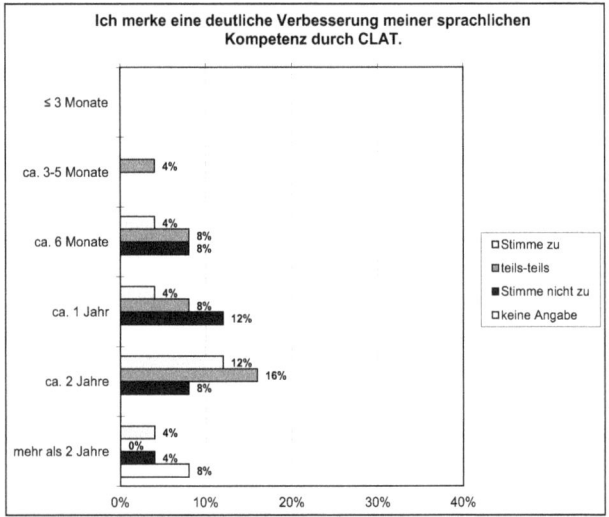

Abb. 5.28: Einschätzung der Sprachkompetenz in Korrelation mit den Faktoren „Hintergrund" und „Anwendungsdauer"[892]

Der folgende Fragekomplex „Betreuung, Schulung, Informationsaustausch" diente der Ermittlung der Zufriedenheit des Schulungskonzepts und einer eventuellen Optimierung aufgrund von Informationsmängeln. Die Ergebnisse verdeutlichen, dass der Großteil der Befragten mit der Einführung und Schulung (44 Prozent) sowie mit der Betreuung (72 Prozent) durch das CLAT-Team zufrieden ist. Die Korrelation mit dem Arbeitgeber verdeutlicht, dass die Betreuung externer Dienstleister aufgrund der räumlichen Trennung (verteilte Standorte außerhalb des Volkswagen Werks) noch zu optimieren ist *(siehe Abb. 5.29)*.

---

892   Eigene Darstellung.

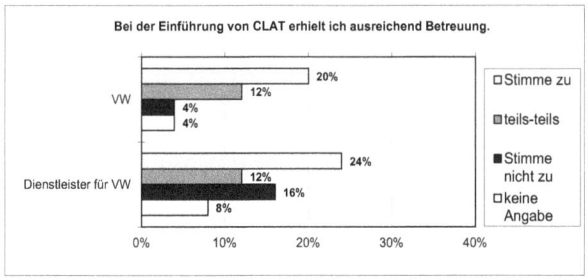

Abb. 5.29: Bewertung der Betreuung durch das CLAT-Team[893]

Zwölf Prozent der Befragten wünschen sich mehr Unterstützung bei der Arbeit mit CLAT. Diese Aussage wird ausschließlich von Quereinsteigern getätigt, was darauf zurückzuführen ist, dass diese Anwendergruppe bei der Einführung eines neuen Systems eher Schwierigkeiten wahrnimmt und daher zusätzliche Unterstützung benötigt. Die Mehrheit der Befragten gibt an, ausreichend Informationen zur Verfügung zu haben, um mit CLAT zu arbeiten (63 Prozent). Ferner gibt eine vergleichsweise kleine Zahl der Befragten an, dass CLAT sie zu einem erhöhten Austausch mit den Kollegen animiere (28 Prozent) und sich dadurch das Verständnis über CLAT verbessere (24 Prozent).

Im Frageblock „*CLAT-Newsletter*" sollte die Informationsvermittlung hinsichtlich CLAT-relevanter Themen durch den CLAT-Newsletter abgefragt werden. Hierbei geben 96 Prozent der Befragten an, den CLAT-Newsletter zu kennen und bewerten die Informationsvermittlung über den Newsletter positiv (84 Prozent). Die Ergebnisse zu dieser Thematik verdeutlichen, dass die Befragten zusätzliche Informationen zum Thema Technische Dokumentation und CLAT benötigen. Die einschlägige Zustimmung zur Bekanntheit des CLAT-Newsletters verdeutlicht gleichzeitig das praktikable Format und die Beliebtheit des Mediums unter den CLAT-Anwendern.

Mit dem Fragenkomplex „*Terminologie und Termkandidaten*" sollte der Einfluss von CLAT auf die terminologische Konsistenz innerhalb der Dokumentationen abgefragt werden. Knapp die Hälfte der Befragten (48 Prozent) gibt an, durch CLAT eine erhöhte Konsistenz und Einheitlichkeit ihrer Texte wahrzunehmen und nun ein Werkzeug erhalten zu haben, mit dem sie die intern festgelegte Terminologie sicher anwenden kann (52 Prozent). Dabei gibt die Mehrheit (76 Prozent) an, die Vorteile der Verwendung von einheitlicher Terminologie zu kennen und dass sich ihre Aufmerksamkeit bzgl. einer einheitlichen Terminologie durch CLAT verstärkt hat (56 Prozent). Ferner geben 64 Prozent an, die

---

893   Eigene Darstellung.

Terminologiedatenbank erst mit der Einführung von CLAT kennen gelernt zu haben. Folglich trägt das maschinelle Lektorat einen erheblichen Teil für die Sensibilisierung hinsichtlich der Relevanz und der praktischen Verwendung von konsistenter Terminologie in der Technischen Dokumentation bei.

Weiterhin sollten unter dem Bereich „*Bearbeitung von Fehlermeldungen*", die Arbeitsweise mit dem maschinellen Lektorat CLAT abgefragt und der Umgang mit Fehlermeldungen sowie deren Verständlichkeit erörtert werden. In der Korrelation mit dem Faktor „Hintergrund" wird erneut deutlich, dass vor allem Redakteure mit technischem Hintergrund vermehrt Verständnisprobleme bei der Bearbeitung von Fehlermeldungen aufweisen *(siehe Abb. 5.30)*. Fast einstimmig (84 Prozent) geben die Befragten an, dass sie die selbstständige Entscheidung und Bearbeitung hinsichtlich der CLAT-Korrekturen als positiv bewerten. Hohe Motivation geht ferner aus den Ergebnissen der Frage hervor, ob die Befragten trotz des Zeitaufwands alle Fehler bereinigen. Hier geben 72 Prozent der Befragten an, alle Fehler zu bereinigen, auch wenn hiermit zusätzlicher Zeitaufwand verbunden ist.

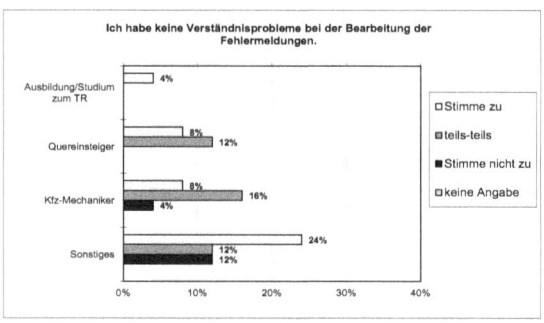

Abb. 5.30: Bearbeitung von Fehlermeldungen[894]

Der *Mehrwert durch CLAT* wurde anschließend durch eine Einschätzung bzgl. reduzierter Fehlerquoten innerhalb der Dokumentationen und der reduzierten Nachfragen von Übersetzern seit der CLAT-Einführung erfragt. Die Mehrheit der Befragten (80 Prozent) gibt an, dass die Fehleranzahl und somit der Arbeitsaufwand bei bereits mit CLAT geprüften Dokumenten merkbar geringer ist. 24 Prozent der Befragten würden sich den Einsatz von CLAT bei der Erstellung anderer Texte, z. B. E-Mails, wünschen. Ein Drittel der Befragten (32 Prozent) gibt ferner an, dass die Rückfragen von Übersetzern zu ihren Dokumentationen seit der CLAT-Einführung merkbar zurückgegangen sind.

---

894 Eigene Darstellung.

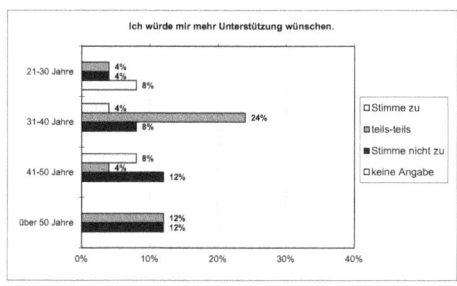

Abb. 5.31: Bewertung des Lerneffekts durch CLAT in Korrelation mit den Faktoren „Anwendungsdauer" und „Hintergrund"[895]

Der folgende Fragenkomplex „*Persönlicher Lerneffekt*" diente zur Rekapitulation, inwiefern durch die Arbeit mit CLAT sprachliche oder anderweitige persönliche Lerneffekte für die Befragten erkennbar sind. Die abschließenden Fragenkomplexe setzen sich wechselseitig aus offenen und geschlossenen Fragen bzw. Behauptungen zusammen, die sich auf die Verbesserung des Tools und eine mögliche Optimierung der Betreuung beziehen. 56 Prozent der Befragten geben an, mit CLAT einen persönlichen Lerneffekt erfahren zu haben, wobei die Mehrheit der Befragten konstatiert, dass der Lerneffekt größer wäre, wenn sie sich für die CLAT-Prüfung mehr Zeit einräumen könnten. Die Lernbereitschaft der Befragten wird durch den Wunsch verstärkt, einen weiteren Mehrwert aus CLAT abzuleiten, um dadurch einen größeren Lerneffekt zu erzielen *(siehe Abb. 5.31)*. Zur Erhöhung des Lerneffekts schlagen die Befragten eine Anpassung der Stilfehlermeldungstexte vor sowie deren Erläuterungen anhand von mehreren und praxisnahen Beispielen. Die Fehlermeldungstexte sollten vor diesem Hintergrund verständlicher und einfacher formuliert werden.

Als *Verbesserungsvorschläge* geben die Befragten die regelmäßige Wiederholung von Schulungsrunden sowie die Optimierung der Verständlichkeit von

---

895 Eigene Darstellung.

Fehlermeldungen an. Ferner werden die Kontinuität der CLAT-Newsletter sowie die systemtechnische Schnittstelle zur Terminologiedatenbank gefordert. Weiterhin wünschen sich die Redakteure, dass CLAT beim Schreiben interaktiv Fehler aufzeigt und unberechtigte Fehlermeldungen reduziert werden. Optimierungspotenzial sehen die Befragten ferner in der Erkennung von Abkürzungen und Motorkennbuchstaben, in der Terminologiearbeit im Allgemeinen, u. a. auch in der Abstimmung der Begrifflichkeiten mit den Redakteuren. Darüber hinaus besteht seitens der Befragten der Bedarf, CLAT in weitere Informationsmittel zu implementieren sowie einen verbindlichen Redaktionsleitfadens inklusive aller CLAT-Regeln zu erstellen.

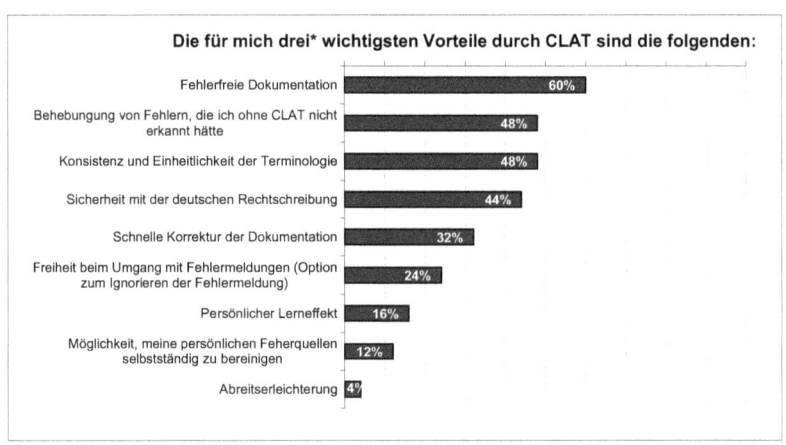

Abb. 5.32: Vorteile für die Dokumentationserstellung durch CLAT-Anwendung[896]

Der Fragebogen schließt mit dem Bereich „*Vorteile durch CLAT*", bei dem die Redakteure unter neun verschiedenen Vorteilen, drei Aspekte auswählen sollten, die sie persönlich am aussagekräftigsten empfinden. Unter den Vorteilen sind Punkte wie etwa die fehlerfreie Dokumentation, der persönliche Lerneffekt und die Konsistenz der Terminologie aufgeführt. Den Auswertungen zufolge ist die fehlerfreie Dokumentation als größter Vorteil zu betrachten, der für die Redakteure aus der Arbeit mit CLAT hervorgeht *(siehe Abb. 5.32)*.

---

896 Eigene Darstellung.

5.4.5 Diskussion der Ergebnisse – Einflussnahme von Sprachtechnologie auf die Arbeitsmotivation der Anwender

Die Ergebnisse der Befragungen und Beobachtungen verdeutlichen verschiedene Wertschöpfungspotenziale, die durch den Einsatz von Sprachtechnologie innerhalb der Personenebene entstehen können. In diesem Zusammenhang werden Motivations- und Selbstbestimmungstheorien aus den Bereichen der Kognitionspschologie, Arbeits- und pädagogischen Psychologie als Hilfestellung verwendet, um Erklärungen für die beobachteten Untersuchungsergebnisse und für das durch die Befragungen festgestellte Nutzerverhalten der Redakteure abzuleiten. Hierbei wird in der nachfolgenden Diskussion ein Augenmerk auf die Nutzerakzeptanz, die intrinsische Motivation sowie die Selbstbestimmung und das Autonomieempfinden der Anwender gelegt. Zum anderen wird die Möglichkeit des arbeitsplatzintegrierten Lernens als Erfolgsfaktor interpretiert, mit dem die Qualitätssicherung der Dokumentationen und die Qualifikationsprofile der Anwender optimiert werden kann.

Nutzerakzeptanz als Voraussetzung für die Qualitätssicherung auf Personenebene

Der Erfolg einer neuen Software-Implementierung hängt neben systemtechnischen Faktoren vor allem von der Nutzerakzeptanz ab. Die Nutzerakzeptanz steigt, wenn die Software nicht als Hindernis, sondern als geeignetes Werkzeug für bestimmte Arbeitsprozesse bewertet wird. Erfolgsfördernde Faktoren für die Nutzerakzeptanz sind laut KRAEMER u. a. die nahtlose Integration der Software innerhalb von Arbeitsprozessen, die Qualifikation der Anwender als Voraussetzung für das Verständnis der Funktionalitäten der Software sowie die Bereitstellung notwendiger Hilfestellungen, damit der Anwender die entsprechenden Arbeitsschritte umsetzen kann.[897] Die erfolgreiche Implementierung eines umfassenden Korrektursystems, wie das maschinelle Lektorat CLAT, stellt für die Nutzerakzeptanz eine sensible Situation dar. Verschiedene motivationale Aspekte spielen bei der Realisierung der erfolgreichen Systemakzeptanz eine relevante Rolle. Die Ergebnisse der Untersuchungen auf Personenebene verdeutlichen die hohe Nutzerakzeptanz gegenüber dem maschinellen Lektorat und daraus resultierend die hohe Lernbereitschaft sowie die erlebbaren Lerneffekte in der praktischen Anwendung mit CLAT.

---

897 Vgl. Kraemer 2009, S. 24.

In der Fachliteratur wird die Einführung von Innovationen mithilfe von theoretischen Modellen untermauert.[898] Die Diffusionstheorie nach ROGERS beschreibt den „Innovation-Decision-Process" eines Individuums bzgl. der Akzeptanz einer Innovation nicht als ein unmittelbares Handeln oder Entscheiden, sondern als einen Prozess, der sich über einen bestimmten Zeitraum vollzieht und dabei die Abfolge spezifischer Handlungen und Teilentscheidungen umfasst.[899] ROGERS unterteilt den Prozess der Annahme und Akzeptanz von Innovationen in fünf Phasen *(siehe Abb. 5.33)* und definiert den Diffusionsprozess wie folgt:

"Diffusion is the process by which an innovation is communicated through certain channels over time among the members of a social system. It is a special type of communication, in that the messages are concerned with new idea (…). Diffusion is a kind of social change, defined as the process by which alteration occurs in the structure and function of a social system."[900]

Die erste Phase *Kenntnisnahme* (Knowledge) bezeichnet die aktive oder passive Kenntnisnahme des Individuums oder der entscheidungsbefugten Fachgruppe mit der Innovation sowie seiner grundlegenden Funktionalitäten. In der *Überzeugungsphase* (Persuation) hingegen bildet das Individuum oder die entscheidungsbefugte Fachgruppe eine positive oder negative Einstellung gegenüber der Innovation. Anschließend erfolgen Handlungen, die in der *Entscheidungsphase* (Decision) die Adoption bzw. Ablehnung der Innovation auslösen. In der vierten Phase *Implementierung* (Implementation) geht es um die konkrete Anwendung der Innovation durch das Individuum oder die verantwortliche Fachgruppe. Abschließend erfolgt mit der *Bestätigungsphase* (Confirmation) die Verstärkung/Adoption oder Umkehrung/Ablehnung der bereits getroffenen Entscheidung bzgl. der Innovation.[901]

Jede der Phasen kann durch gezielte Kommunikationskanäle und informative Maßnahmen verstärkt werden. Die Phasen der Kenntnisnahme, Überzeugung und Entscheidung können gezielt durch Massenkommunikation unterstützt werden. Die Innovationsakzeptanz kann ferner durch die gezielte Informationsvermittlung an Meinungsführer (Innovatoren) verstärkt werden, die anschließend als Multiplikatoren dienen.[902] Weitere Kommunikationskanäle für die Implementierungs- und Bestätigungsphase können die Bereitstellung einer Hotline,

---

898   Zum Beispiel Bass-Diffusionsmodell, vgl. Norton, Bass 1987.
899   Vgl. Rogers 2003, S. 162.
900   Rogers 2003, S. 11.
901   Vgl. Rogers 2003, S. 161; Ellsworth 2000; Königstorfer 2008, S. 20 ff.; Rogers 2003, S. 189 ff. folgt hier den Erkenntnissen aus der Theorie der kognitiven Dissonanz nach Festinger 1957.
902   Vgl. Fantapié Altobelli 1991, S. 28 ff.

die Betreuung durch Experten sein – im Fallbeispiel Feedback-Runden und Informationsvermittlung durch den CLAT-Newsletter *(vgl. Kapitel 5.4.3)*.[903]

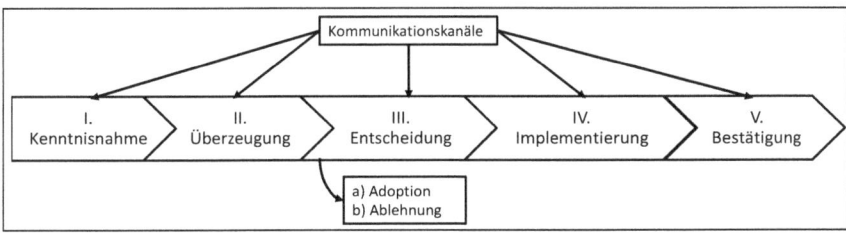

Abb. 5.33: Fünf-Phasen-Modell nach ROGERS[904]

Das systematische Modell nach ROGERS beschreibt die ausschlaggebenden Aspekte innerhalb von Veränderungsprozessen, wobei die Innovation das vorbestimmte Ziel abbildet. Hierbei stehen die einzelnen Prozessphasen in Wechselbeziehung zueinander und bieten eine Möglichkeit, die Akzeptanz und Annahme einer Innovation zu steuern.[905] ELLSWORTH beschreibt den Nutzen und Beitrag dieses Diffusionsmodells wie folgt:

"Practitioners are likely to find this perspective of the greatest use if they are engaged in the actual development of the innovation or if they are deciding whether (or how) to adapt the innovation to meet local requirements (…). Rogers' framework can be useful in determining how it is to be presented to its intended adopters."[906]

In Anlehnung an das Diffusionsmodell nach ROGERS werden im Rahmen der Ergebnisdiskussion, Rückschlüsse auf das Nutzerverhalten und die Akzeptanz gegenüber dem maschinellen Lektorat CLAT hergeleitet. ROGERS führt an, dass sich bei der Einführung von Innovationen verschiedene Gruppierungen bilden, die sich durch ihr Nutzerverhalten unterscheiden. Dem entsprechend gibt es die „Innovatoren" (*innovators, risk takers)*, die „frühen Adaptoren" *(early adopters, hedgers)*, die „frühe Mehrheit" *(early majority, waiters)*, die „späte Mehrheit" *(late majority, skeptics)* und schließlich die „Nachzügler" *(late adopters, slowpokes)*.[907] Innerhalb dieser Typisierung kommt den Innovatoren eine Schlüsselrolle zu, da diese Innovationen ohne Vorbehalte übernehmen und somit als Multiplikatoren und Meinungsführer fungieren. Die folgende Abbildung

---

903 Vgl. Hesse 1987, S. 106 ff.
904 Vgl. Rogers 2003, S. 170.
905 Vgl. Rogers 2003, S. 162 ff.
906 Ellsworth 2000, S. 40.
907 Vgl. Rogers 2003, S. 22 ff.

verdeutlicht die Innovationsakzeptanz und Adoption in Bezug auf die Klassifikation nach ROGERS in Korrelation mit dem Zeitfaktor *(siehe Abb. 5.34).*

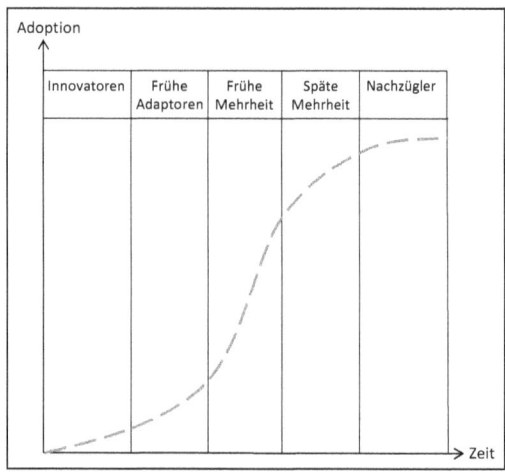

Abb. 5.34: Diffusionskurve nach ROGERS[908]

Vor diesem Hintergrund lassen sich aus den Ergebnissen und Korrelationen der Befragungen die Mehrheit der jüngeren Redakteure (30-40 Jahre) aus der Gruppe „Quereinsteiger" und „studierte Technische Redakteure" bei der CLAT-Einführung als Innovatoren identifizieren, die insgesamt eine höhere Technikaffinität und somit auch Flexibilität bei der Adoption von Innovationen zeigen. In der Folge sind besonders unter der Gruppe der Nachzügler ältere Redakteure aufzufinden, die bei der Anwendung von CLAT Schwierigkeiten aufweisen. Folglich bedeutet dies für die Einführung von Sprachtechnologie und für die erfolgreiche Qualitätssicherung auf personeller Ebene, Innovatoren (in diesem Fall junge, technikaffine Redakteure mit unterschiedlichem Hintergrund) zu identifizieren und diese als Multiplikatoren und Meinungsführer bei der Einführung neuer Systeme einzusetzen. Folglich hängt die Akzeptanz von CLAT von dem Faktor „Hintergrund" der Redakteure ab: Die Textproduktion wird zwar als wertgeschätzte Tätigkeit neben der praktischen Arbeit am Fahrzeug wahrgenommen, dennoch zeigen die Ergebnisse, dass gerade Redakteure mit technischem Hintergrund durch die Arbeit mit CLAT vergleichsweise eine geringe Optimierung der Schreibkompetenz wahrnehmen und somit auch den Mehrwert des maschinellen Lektorats nicht in Gänze begreifen. Hieraus sind für die An-

---

908   Vgl. Rogers 2003.

wendergruppe mit überwiegend technischem Hintergrund Maßnahmen in Form von Schreibworkshops und Schulungen vorzunehmen.

Intrinsische Motivation als Erfolgsfaktor für Systemakzeptanz und Qualitätssicherung

Die Motivation der Mitarbeiter ist sowohl für den Erfolg und die Wettbewerbsfähigkeit des Unternehmens als auch für die Akzeptanz neuer Innovationen von entscheidender Bedeutung. Verschiedene Wissenschaftszweige haben die Einflussnahme von motivationalen Aspekten auf die Leistungsfähigkeit von Individuen untersucht und vertreten unterschiedliche Meinungen.[909] Die Ansätze der Fachliteratur können zum einen unterteilt werden in Inhaltstheorien, die sich mit der Art, dem Inhalt und der Wirkung der Bedürfnisse von Individuen befassen. Zum anderen beschäftigen sich Prozesstheorien mit der Frage, wie Motivation entsteht und auf das Verhalten der Individuen wirkt.[910]

Die Modelle der Motivationstheorien wurden in der Fachliteratur seither immer weiter differenziert.[911] Elementar ist für die Belange des Fallbeispiels und für das Verständnis von motivationalen Handlungen bzw. Verhaltensweisen die Unterscheidung zwischen intrinsischer und extrinsischer Motivation.[912] Nach DECI/RYAN können intrinsisch motivierte Verhaltensweisen als interessenbestimmte Handlungen definiert werden, deren Aufrechterhaltung keine vom Handlungsgeschehen externen Reize, z. B. in Form einer positiven oder negati-

---

909   In den 1950er Jahren verdeutlichte Skinner, dass beispielsweise individuelles Lernen u. a. durch die positive und negative Verstärkung im sozialen Umfeld erfolgt, vgl. Behaviorismus, Skinner 1973. Mit der Entwicklung der motivationalen Prozesstheorien in den 1960er und 1970er Jahren nach Porter, Lawler 1968 richtet sich die Motivation des Individuums nach dem Wert der erwarteten Belohnung. Kommen äußere und innere Belohnungen hinzu, steigt die Zufriedenheit, aus der wiederum ein erneuter Leistungsanstieg erfolgt, vgl. Heckhausen 2003, S. 185 ff.; Pelz 2004.
910   Vgl. Drumm 2008, S. 471; zu den Inhaltstheorien zählen die „Theorie der Bedürfnishierarchie" nach Maslow 1943, S. 6–24 und die „ERG-Theorie" nach Alderfer 1972 sowie die „Zwei-Faktoren-Theorie" nach Herzberg et al. 1959 und die „Motivationstheorie" nach McClelland 1987; zu den Prozesstheorien zählen die „SIR-Theorien", die „Gleichgewichtstheorien", die „Motivationstheorie" nach Porter, Lawler 1968 sowie das erweiterte „Motivationsmodell" nach Heckhausen 2003, S. 466 ff.
911   Nach Heckhausen 2003, S. 455 ff. lassen sich sechs unterschiedliche Kriterien benennen, mit denen intrinsische Motivationsaspekte weiter differenziert werden können, hierzu zählen: Triebe ohne Triebreduktion, Zweckfreiheit, Optimalniveau von Aktivation und Inkongruenz, Selbstbestimmung, freudiges Aufgeben in einer Handlung und Gleichthematik (Endogenität) von Handlung und Handlungsziel.
912   Vgl. Deci, Ryan 1993, S. 226; Renninger et al. 1992.

ven Bestärkung, erfordert.[913] Intrinsische Motivation wird deutlich im Bestreben, eine Aufgabe vollständig zu beherrschen, bei der sich „*Neugier, Exploration, Spontaneität und Interesse an den unmittelbaren Gegebenheiten der Umwelt*"[914] bemerkbar machen. Unter extrinsischer Motivation werden hingegen Tätigkeiten gezählt, die für eine positive oder negative Bestärkung ausgeübt werden. Extrinsische Motivation ist folglich durch zusätzliche externe Reize bestimmt und wird in Verhaltensweisen sichtbar, die eine von der eigentlichen Tätigkeit trennbare, instrumentelle Absicht verfolgen (z. B. Gehaltserhöhung oder Androhung von negativen Veränderungen, z. B. Versetzung). Extrinsische Verhaltensweisen werden im Gegensatz zu intrinsischen Verhaltensweisen erst durch eine Aufforderung in Gang gesetzt, dessen Befolgung eine (positive) Bestärkung oder dessen Vermeidung eine negative Bestärkung impliziert.[915] Verfahrensweisen zur Erfassung der intrinsischen Motivation sind zum einen die Zeitdauer frei gewählter Aktivitäten und Auswertungen über das Ausmaß von Interesse und Freude bei der Tätigkeit.[916]

Vor diesem Hintergrund ist aus Untersuchungsergebnissen auf Personenebene die hohe intrinsische Motivation der Befragten als Ursache für die Lernbereitschaft und Systemakzeptanz abzuleiten. Die Befragten nehmen zusätzlichen Zeit- und Arbeitsaufwand in Kauf, um mit CLAT zu arbeiten und zeigen die Bereitschaft, auch ohne Managemententscheidung mit CLAT arbeiten zu wollen. Die Anwendung des maschinellen Lektorats CLAT wurde zu Beginn durch das Management nicht als obligatorischer Arbeitsschritt innerhalb der Dokumentationserstellung definiert *(vgl. Kapitel 5.4.1)*. Die intuitive Bedienbarkeit von CLAT und der erkennbare Mehrwert durch die CLAT-Prüfung fördern die Nutzerakzeptanz, die wiederum erst durch die hohe intrinsische Motivation der Anwender geprägt ist. Daraus folgt, dass das Vorhandensein einer hohen intrinsischen Motivation bei den Anwendern als Voraussetzung für die erfolgreiche Implementierung von CLAT betrachtet werden kann. DECI/RYAN merken hierzu an:

> „Menschen gelten dann als motiviert, wenn sie etwas erreichen wollen – wenn sie mit dem Verhalten einen bestimmten Zweck verfolgen. Die Intention zielt auf einen zukünftigen Zustand, gleichgültig ob er wenige Sekunden oder mehrere Jahre entfernt liegt. Dazu gehört auch die Bereitschaft, ein Mittel einzusetzen, das den gewünschten Zustand herbeiführt."[917]

---

913 Vgl. Deci, Ryan 1993, S. 225; Deci 1975; Deci 1992.
914 Deci, Ryan 1993, S. 225; vgl. Piaget 1971; White 1959.
915 Vgl. Deci, Ryan 1993, S. 225.
916 Ebenda.
917 Deci, Ryan 1993, S. 224.

Vor dem Hintergrund des Fallbeispiels kann das maschinelle Lektorat CLAT in Analogie zum erwähnten „Mittel zum Zweck" im Zitat nach DECI/RYAN deklariert werden. Die intrinsische Motivation und Bereitschaft zur CLAT-Anwendung seitens der Redakteure wurde durch die Ergebnisse der Befragung verdeutlicht.

Selbstbestimmung und Autonomieempfinden als Schlüssel für die Qualitätssicherung

In Anlehnung an das Modell der Bedürfnispyramide nach MASLOW leiten DECI/ RYAN drei universelle psychische Grundbedürfnisse des Menschen ab, die das Streben nach persönlicher Entwicklung und persönlichem Wohlbefinden antreiben.[918] Die Bedürfnisse sind: Autonomie, Kompetenz und soziale Eingebundenheit.[919] Nach DECI/ RYAN wird intrinsische Motivation durch die Erfüllung der drei genannten Bedürfnisse erzeugt. Hierdurch werden u. a. Kreativität, kognitive Flexibilität und psychologische Gesundheit hervorgerufen.[920] Dabei verstehen DECI/RYAN unter selbstbestimmten oder autonomen Handlungen diejenigen Handlungen, die als frei gewählt erlebt werden. Als kontrollierte Handlungen bezeichnen sie diejenigen Handlungen, die als aufgezwungen erlebt werden.[921] Nach DECI/RYAN ist im Rahmen der Selbstbestimmungstheorie die intrinsische Motivation die „*wesentliche Grundlage für den Erwerb kognitiver Fähigkeiten*", die gleichzeitig die Persönlichkeitsentwicklung leitet *(self, self-concept)*.[922]

Vor dem Hintergrund der Selbstbestimmungstheorie wird die Funktionalität von CLAT zweifach relevant. Zum einen ermöglicht CLAT die Erhaltung der Autonomie des Anwenders, der selbstbestimmt entscheidet, welche Korrekturvorschläge er übernehmen bzw. ignorieren will. Ferner ist der Redakteur in seiner Entscheidungskompetenz bei der Bearbeitung von CLAT-Korrekturen gefragt und gefordert. Somit sind die Faktoren Autonomie und Kompetenz durch das Arbeiten mit CLAT erfüllt. Gleichzeitig entstehen erst durch die Erfüllung von Autonomie, Kompetenz und sozialer Eingebundenheit intrinsische Verhaltensweisen und Motivation, aus denen die Nutzerakzeptanz und Zufriedenheit mit CLAT hervorgehen.[923] Wissenschaftlichen Studien zufolge wirkt sich selbstbestimmtes Lernen positiv auf die intrinsische Motivation aus, was folg-

---

918 Vgl. Maslow 1943, S. 370 ff.; Deci, Ryan 1985.
919 Kasser 2004 ergänzt das Bedürfnis nach Sicherheit in Anlehnung an Maslow 1943.
920 Vgl. Heckhausen 2003, S. 457; Deci, Ryan 1987.
921 Deci, Ryan 1993, S. 225.
922 Deci, Ryan 1993, S. 235.
923 Vgl. Heckhausen 2003, S. 457; Deci, Ryan 1987.

lich zu optimierten Lernergebnissen führt.[924] DECI/RYAN bekräftigen, dass intrinsisch motivierte Handlungen den „*Prototyp selbstbestimmten Verhaltens*" [925] repräsentieren:

> „Das Individuum fühlt sich frei in der Auswahl und Durchführung seines Tuns. Das Handeln stimmt mit der eigenen Auffassung von sich selbst überein. Die intrinsische Motivation erklärt, warum Personen frei von äußerem Druck und inneren Zwängen nach einer Tätigkeit streben, in der sie engagiert tun können, was sie interessiert."[926]

Mit der Selbstbestimmungstheorie werden folglich intrinsisches und extrinsisches Verhalten weiter differenziert. Nach GROLNICK/RYAN wird die Motivation zur Tiefenverarbeitung des Lernstoffs durch Lernumgebungen unterstützt, die selbstbestimmtes/autonomes Lernen ermöglichen. In der Folge wird der Erwerb eines stärker integrierten Wissens und eines vergleichsweise höheren Kompetenzgrads gefördert.[927] Ferner wird die Förderung der selbstbestimmenden Motivation durch eine Umgebung unterstützt, in der u. a. die Autonomiebestrebungen des Lernens begünstigt und die Erfahrung individueller Kompetenz ermöglicht werden.[928] Abschließend ist festzuhalten, dass die Möglichkeit mit CLAT, Korrekturen frei wählen zu können, als „Eckpfeiler"[929] der selbstbestimmten und autonomen Entwicklung betrachtet werden kann. Die von den Redakteuren erklärten Lerneffekte durch die CLAT-Anwendung lassen sich somit vor dem Hintergrund der Selbstbestimmungstheorie erklären, mit denen die Grundbedürfnisse der Befragten nach Autonomie, Kompetenz und sozialer Eingebundenheit erfüllt werden.

Arbeitsplatzintegriertes Lernen mit CLAT als Generator der Wissenserweiterung

Die Befragungs- und Beobachtungsergebnisse verdeutlichen zum einen die hohe Nutzerakzeptanz, zeigen jedoch auch auf, dass CLAT ein intuitiv bedienbares Werkzeug ist, das sich in die gewohnte Arbeitsumgebung der Anwender einbinden lässt. Demzufolge liegt ein wichtiger Aspekt bzgl. der erfolgreichen Nutzerakzeptanz in der Möglichkeit des arbeitsplatzintegrierten Lernens. Der hohe Zeitdruck, dem die Anwender in der täglichen Arbeit ausgesetzt sind, erschwert allein aus zeitlichen Gründen externe Weiterbildungsmaßnahmen und Wissens-

---

924 Vgl. Grolnick, Ryan 1987; Grolnick et al. 1991.
925 Vgl. Deci, Ryan 1993, S. 226.
926 Ebenda.
927 Vgl. Grolnick et al. 1991; Deci, Ryan 1993, S. 234.
928 Deci, Ryan 1993, S. 236.
929 Ebenda.

erweiterungen.[930] CLAT kann vor diesem Hintergrund als eine Lernsoftware interpretiert werden, die es dem Anwender ermöglicht, parallel zu den routinierten Arbeitsschritten wertvolle Lernprozesse zu durchlaufen. Vor dem Hintergrund der Mitarbeiterqualifizierung stellt CLAT einen Wettbewerbsfaktor dar, mit dem Wertschöpfungspotenziale effizient und qualitätsorientiert generiert werden können.

CLAT verknüpft Lernprozesse mit praktischem Arbeiten und ist systemtechnisch und prozessorientiert in die Arbeitsschritte des Technischen Redakteurs integriert. Ferner bietet CLAT dem Anwender am gewohnten Arbeitsplatz und lokal dort notwendige Unterstützung, wo Optimierungspotenziale in Form von sprachlichen Korrekturen vorhanden sind. Zusätzlicher Zeitaufwand und Ortswechsel in Schulungsräume entfallen hierbei und erleichtern die Umsetzung der Lernprozesse. Ferner unterstützt CLAT den Anwender durch Erklärungstexte zu Fehlermeldungen, kontextsensitive Beispieltexte, Korrekturvorschläge und schließlich durch die integrierte Online-Hilfe. Denkbar wäre in diesem Zusammenhang die Integration von aufrufbaren Lerneinheiten für Redakteure, beispielsweise zum Thema übersetzungsgerechtes und verständliches Schreiben sowie zur Relevanz firmeninterner Terminologie, um den Lerneffekt zu erhöhen.

Darüber hinaus stellt CLAT das explizite linguistische Wissen allen Anwendern gleichermaßen zur Verfügung. Jeder Redakteur arbeitet mit denselben Stil-, Rechtschreib-, Grammatik- und Terminologieregeln, sodass Wissen insgesamt kollektiviert wird. KRAEMER betont vor diesem Hintergrund die Relevanz der Förderung von kollektiver Intelligenz, da jeder Mitarbeiter über individuelles Wissen und Erfahrungswerte verfügt und diese bei systemtechnischem Austausch Synergien fördern können.[931] Im Rahmen der CLAT-Einführung wurden daher regelmäßig Feedback-Runden durchgeführt, um die Erfahrungen der Anwender zu sammeln und anschließend an alle Redakteure weiterzugeben. Wissen wurde auf diese Weise expliziert, transferiert und anschließend kollektiviert *(vgl. Kapitel 4.2.3)*. CLAT animiert als Lerntechnologie seine Anwender zu einem erhöhten Informationsaustausch und zur kontinuierlichen Optimierung

---

930 Erfahrungswerte zeigen, dass die Technischen Redakteure allein für die Recherche der benötigten Informationen zwei Drittel ihrer Arbeitszeit benötigen, sodass für die konkrete Textproduktion nur ein Drittel der Zeit übrig bleibt.
931 Vgl. Kraemer 2009, S. 25.

der eigenen und kollektiven Arbeitsprozesse sowie Systemleistungen. Folglich kann von einer lernenden Organisation gesprochen werden, die auf innere und äußere Reize reagiert und in der Konsequenz vielseitiges Wachstum und Wettbewerbsvorteile erlebt.[932]

5.5 Qualitätsoptimierung und -sicherung auf Dokumentationsebene

Bei der Untersuchung auf Dokumentationsebene sollten qualitative Optimierungen in Bezug auf das Produkt Technische Dokumentation belegt werden *(vgl. Kapitel 4.5.3)*. Welchen Effekt die CLAT-Prüfung und die anschließend vorgenommenen Korrekturen auf die Dokumentationsqualität bewirken, wurde im Rahmen einer linguistischen Textanalyse untersucht. Hierzu wurde ein komplexer Reparaturleitfaden mit dem maschinellen Lektorat CLAT geprüft. Die Ergebnisse der CLAT-Prüfung und die vom Redakteur vorgenommenen Korrekturen wurden anschließend gegenübergestellt und evaluiert. Die von CLAT generierten Verbesserungsvorschläge und der Vorher-Nachher-Effekt der Dokumentation werden im Folgenden anhand von repräsentativen Textbeispielen verdeutlicht. Im Rahmen dieser Untersuchung wird der Einfluss von Sprachtechnologie auf die Dokumentationsqualität mithilfe der Bausteine des Qualitätsmanagements hervorgehoben *(vgl. Kapitel 3.2)*.

5.5.1 Ergebnisse der CLAT-Prüfung: VW-Reparaturleitfaden

Die Untersuchung erfolgte im Rahmen der Dokumentationserstellung für den VW-Reparaturleitfaden „Kraftübertragung, automatisches Getriebe 09G-6 Gang: Modelle CC 2010, Golf 2004, Golf 2009, Golf Plus 2005, Passat 2006, Passat CC 2009, Touran 2003". Bei diesem Dokumenttyp handelt es sich um eine „Kombigruppe", bei der in einem fahrzeugmodellübergreifenden Hauptdokument alle Modelle mit dem gleichen eingebauten Getriebe zusammengefasst sind. Die Zusammenfassung mehrerer Fahrzeugmodelle in einem Dokument hat bei der Überarbeitung durch den Technischen Redakteur erhebliche Vorteile. Kommen mit der Entwicklung neuer Technologien neue Getriebe oder Funktionen hinzu, können diese zentral in der Kombigruppe fahrzeugübergreifend gepflegt werden. Gleichzeitig bedeutet diese Vorgehensweise jedoch einen immer

---

[932] Vgl. Nonaka, Takeuchi 1997; Reinhardt, Schweicker 1995; Frieling, Reuther 1993; Senge 2008.

weiter steigenden Seitenumfang der entsprechenden Kombigruppe. Einige Kombigruppen haben bereits einen Umfang von über 500 Seiten.[933]

Bei der Dokumentationsanalyse verdeutlicht die CLAT-Prüfstatistik den linguistischen Fehlerschwerpunkt des Reparaturleitfadens. Die Kategorien Terminologie und Stil, gefolgt von Grammatik und Rechtschreibung beinhalten die höchsten Fehlerpotenziale. Anzumerken ist hierbei, dass die Höhe der Fehlerzahl auf Wiederholungsfehler zurückzuführen ist, die in der Statistik summiert wurden *(siehe Abb. 5.35).*

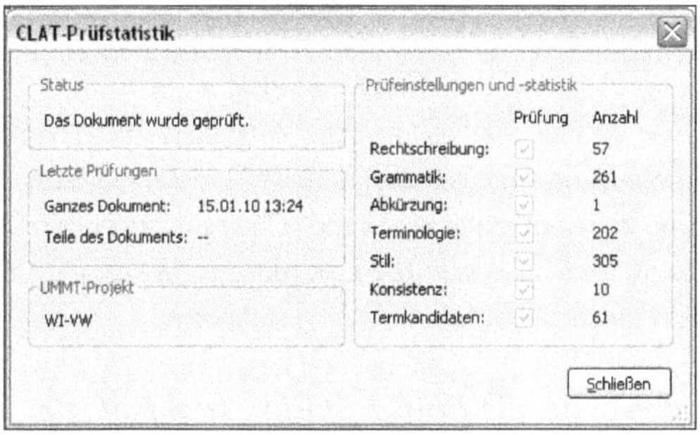

Abb. 5.35: CLAT-Prüfstatistik für VW-Reparaturleitfaden[934]

Zum einen wird aus der Anzahl der Terminologiefehler die bisher fehlende Terminologiekontrolle bzw. terminologische Konsistenz innerhalb des Reparaturleitfadens ersichtlich. Zum anderen verdeutlichen die Ergebnisse der CLAT-Prüfung die Notwendigkeit einer Rechtschreib- und Grammatikprüfung, die über das reguläre Angebot in Textverarbeitungsprogrammen wie „Arbortext Epic Editor" oder „Microsoft Word" hinausgehen. In diesem Zusammenhang heben die Befragungsergebnisse hervor, dass erst mit dem maschinellen Lektorat das Bewusstsein für eine einheitliche Terminologie geschaffen wurden *(vgl. Kapitel 5.4.4).* Die Ergebnisse der Prüfkategorie „Stil" verdeutlichen ferner, dass sich die Annahmen bzgl. der fehlenden sprachlichen Sensibilisierung der Redakteure im fehlerhaften Schreibstil niederschlagen. Zur Verdeutlichung der qualitativen Optimierung auf der Dokumentationsebene werden im Folgenden pro Fehlerkategorie repräsentative Beispiele zusammengestellt, anhand derer die Qualitätsoptimierungen auf Dokumentationsebene dargelegt werden sollen. Diese werden zur besseren Übersicht in lexikalische, syntaktische, semantische und pragmatische Qualitätsverbesserungen unterteilt *(vgl. Anhang für eine vollständige Übersicht der Fehlerkategorien).*

---

933 Interne Auskunft, Technischer Redakteur, 15.03.2011.
934 Screenshot CLAT-Prüfstatistik.

Korrekturen auf lexikalischer Ebene durch die *Prüfkategorie „Abkürzungen"* treten verhältnismäßig selten auf. Im Laufe der Pflege des Benutzerwörterbuchs im linguistischen Regelwerk UMMT, wurde eine Vielzahl von Eigennamen und Abkürzungen aufgenommen, die von der CLAT-Prüfung ausgeklammert werden *(siehe Abb. 5.1)*. Die unberechtigte Verwendung von Abkürzungen wird durch die Hinterlegung dieser als Negativterme bzw. nicht erlaubte Synonyme in der Terminologiedatenbank und im UMMT gewährleistet.

Tab. 5.1: Beispiel Fehlerkategorie „Abkürzung"[935]

Quelltext	Korrekturvorschlag CLAT	Korrektur
TFSI	Abkürzung acronym: Abkürzung überprüfen. Prüfen Sie, ob die Abkürzung eindeutig und gebräuchlich ist oder ob die Abkürzung an zentraler Stelle im Text ausgeschrieben ist. Die Abkürzung ist unbekannt.	TFSI Abgleich mit Terminologiedatenbank: TFSI = Vorzugsterm Über Informationsfeld „Zusatzinformationen" in der CLAT-Navigator sofort erkennbar.

Weiterhin werden durch die *Prüfkategorie „Terminologie"* alle nicht erlaubten Synonyme, die in den Dokumentationen verwendet wurden, durch die Vorzugsbenennung ersetzt. Je nach Kontext liegt es im Ermessen des Redakteurs, ob der vorgeschlagene Terminus übernommen oder eine andere erlaubte Benennung verwendet werden muss.

Tab. 5.2: Beispiel Fehlerkategorie „Terminologie"[936]

Quelltext	Korrektur
Schraube für Halter	Befestigungsschraube
Altöl-Auffang-und Absauggerät	Altölauffang- und -absauggerät

Durch die *Prüfkategorie „Konsistenz"* werden Varianten in der Schreibweise (z. B. mit oder ohne Bindestrich) aufgezeigt, die dann im Rahmen der Korrekturen bereinigt werden, bzw. durch den Redakteur vereinheitlicht werden. Beispiel: TFSI-Motor, T-FSI-Motor, T-FSI Motor.

Auf syntaktischer Ebene werden durch die *Prüfkategorie „Grammatik"* Inkongruenzen zwischen Substantiven und Artikeln bzw. dazugehörige Adjektive korrigiert. Weiterhin werden Inkongruenzen zwischen Satzteilen (Prädikat und Substantiv aus mehreren Teilen) behoben. Ferner werden nicht gesetzte Kom-

---

935 Eigene Darstellung.
936 Eigene Darstellung.

mata und fehlerhafte Bindestrichsetzung korrigiert. Neben den markierten Fehlerstellen sind innerhalb der Sätze auch weitere Fehlerkategorien vertreten. Diese werden jedoch an dieser Stelle aus strukturellen Gründen ignoriert, damit ein Fokus auf die jeweilige Fehlerkategorie erfolgt.

Tab. 5.3: Beispiel Fehlerkategorie „Grammatik"[937]

Quelltext	Korrekturvorschlag CLAT	Korrektur
Um den Seilzug und/oder die Schaltbetätigung auszubauen, muss jetzt das Wärmeabschirmblech und gegebenenfalls Teile der Abgasanlage ausgebaut werden.	Grammatik 4122de: Übereinstimmung von Satzteilen überprüfen. Setzen Sie das Prädikat in den Plural. Das Subjekt besteht aus mehreren Teilen.	Um den Seilzug und/oder die Schaltbetätigung auszubauen, müssen jetzt das Wärmeabschirmblech und gegebenenfalls Teile der Abgasanlage ausgebaut werden.

Ferner werden Falschschreibungen und die konservative Rechtschreibung durch die progressive Rechtschreibung ersetzt. Ferner werden Groß- und Kleinschreibung, z. B. bei substantivierten Verben korrigiert.

Tab. 5.4: Beispiel Fehlerkategorie „Rechtschreibung"[938]

Quelltext	Korrekturvorschlag CLAT	Korrektur
Wählebelseilzug Leichtgängkeit	Rechtschreibung unknown: Schreibung überprüfen. Prüfen Sie die Schreibung dieses Wortes. Das Wort ist unbekannt. Möglicherweise handelt es sich um einen Eigennamen oder das Wort enthält einen Rechtschreibfehler. Korrekturvorschlag: Wählhebelseilzug Korrekturvorschlag: Leichtgängkeit	Wählhebelseilzug Leichtgängigkeit

Der verhältnismäßig größte Änderungsaufwand wird durch die *Prüfkategorie „Stil"* erzeugt. Hier werden Füllwörter eliminiert, direkte Anreden durch Infinitiv-Formulierungen ersetzt, Einschübe in Klammern entfernt und Genitiv -es- von Substantiven durch die Endung -s- ersetzt. Ferner werden Ausnahmeformulierungen (z. B. „möglichst"), die dem Satz Unverbindlichkeit vermitteln, entfernt. Lange Sätze mit einem Wortanteil von über 24 Wörtern werden gekürzt. Eigenständige Sätze werden in separate Sätze aufgeteilt, wenn die Aussa-

---
937 Eigene Darstellung.
938 Eigene Darstellung.

gen beider Sätze nicht in einem unmittelbaren inhaltlichen Zusammenhang stehen. Ferner werden doppelte Verneinungen, ungenaue Wortwahl (z. B. „grundsätzlich" oder „betätigen") entfernt. Kardinalzahlen werden als Ziffern geschrieben, um bei der nachfolgenden Übersetzung, die Unterscheidung von Zahlen und anderen Wörtern zu erleichtern. Durch die Korrektur der Stilfehler konnte insgesamt eine Reduzierung der Textumfänge erfolgen, die sich vor allem durch die prägnanten und knappen Formulierungen, das Auflösen von syntaktischen Verschachtelungen und das Entfernen von Füllwörtern erzielen ließ.

Tab. 5.5: Beispiel Fehlerkategorie „Stil"[939]

Quelltext	Korrekturvorschlag CLAT	Korrektur
Berühren Sie einen geerdeten Gegenstand – zum Beispiel eine Wasserleitung oder eine Hebebühne – bevor Sie an elektrischen Bauteilen arbeiten. (18 Wörter)	Stil 534de: Satzbau und Komplexität überprüfen. Verzichten Sie auf Einschübe in Klammern oder in Gedankenstrichen, die eine bestimmte Länge überschreiten. Formulieren Sie den Satz ohne Einschub oder verkürzen Sie den Einschub. Der Einschub unterbricht die Satzstruktur und den Lesefluss, was das Textverständnis beeinträchtigt	Vor der Arbeit an elektrischen Bauteilen, einen geerdeten Gegenstand berühren, zum Beispiel eine Wasserleitung oder Hebebühne. (16 Wörter)
Eine Reihe von allgemeingültigen Hinweisen für einzelne Reparaturvorgänge – sonst an vielen Stellen im Reparaturleitfaden mehrfach aufgeführt – sind hier zusammen gefasst. (21 Wörter)		Eine Reihe von allgemeingültigen Hinweisen für einzelne Reparaturvorgänge ist im Folgenden und an weiteren Stellen im Reparaturleitfaden zusammengefasst. (18 Wörter)

Die Ergebnisse der schriftlichen Befragung stehen partiell im Widerspruch zu den qualitativen Mängeln eines nicht mit CLAT geprüften Dokuments. Zum einen lässt diese Erkenntnis darauf schließen, dass den Befragten die Sensibilisierung und Relevanz für sprachliche Fehler fehlt. Zum anderen zeigt diese Feststellung, dass sich die Befragten bezogen auf ihre sprachliche Ausdruckfähigkeit falsch einschätzen und sie von einem Werkzeug mit objektiv bewertbaren Parametern zur Qualitätsoptimierung profitieren können. Die von den Befragten angenommene Sicherheit im Umgang mit sprachlichen Ausdrucksformen *(vgl. Kapitel 5.4.4)* ist daher inkongruent mit den Ergebnissen der Dokumentationsanalysen. Daraus lässt sich weiterhin ableiten, dass in Bezug auf das Qualifikationsprofil der Befragten hinsichtlich der Sicherheit im Umgang mit der deutschen Sprache und den tatsächlichen Ergebnissen der Dokumentationsqualität noch Verbesserungsbedarf besteht, der durch verschiedene weiterführende Maß-

---

939   Eigene Darstellung.

nahmen behoben werden muss *(vgl. Kapitel 6.2)*. Hieraus ergibt sich wiederum im Umkehrschluss, dass weitere Investitionen auf der Personenebene (z. B. Schreibworkshops, Schulungen und Weiterbildungen) notwendig sind, um die Qualität der Dokumentationsebene zu steigern.

In einer weiteren Untersuchung wurden aus allen Baugruppen und Themengebieten neun aktuelle Reparaturleitfäden einer CLAT-Prüfung unterzogen. Die Evaluation der Fehlerverteilung bzgl. der einzelnen Fehlerkategorien zeigt, dass die Kategorien „Terminologie" und „Grammatik" insgesamt das stärkste Fehlerpotenzial innerhalb der Dokumentationen aufweisen. Die hohe Anzahl der Fehler insgesamt verdeutlicht einerseits die Notwendigkeit der Maßnahmen zur qualitativen Optimierung der Dokumentationen, andererseits die daraus abzuleitende fehlende bis schwach ausgeprägte sprachliche Kompetenz der Redakteure. Allein in der Kategorie Terminologie beträgt die Summe der durch CLAT ermittelten Fehler: 2.975. Die Kategorie Grammatik beinhaltet 3.606 Fehler gefolgt von der Kategorie Stil mit insgesamt 1.526 Fehlern und der Kategorie Rechtschreibung mit insgesamt 1.420 Fehlern *(siehe Abb. 5.36)*.

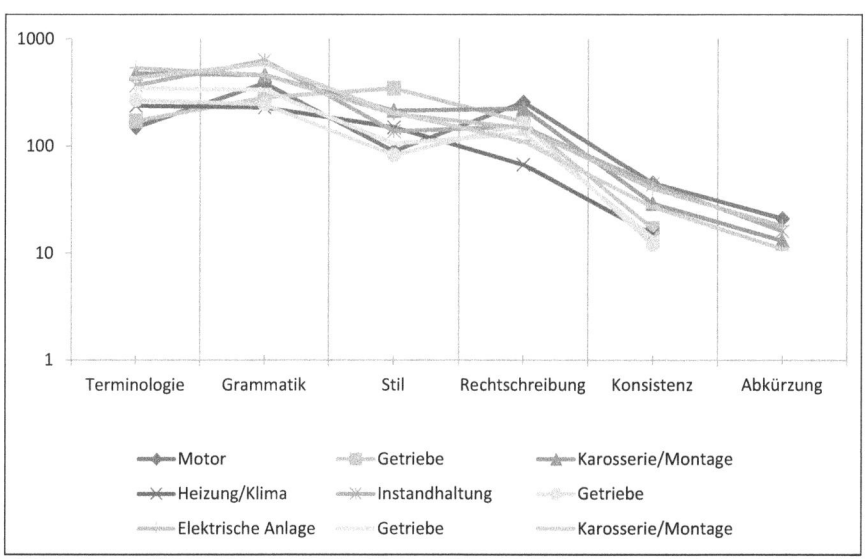

Abb. 5.36: Fehlerstatistik Dokumentationscluster Reparaturleitfaden[940]

---

940 Eigene Darstellung.

Service-Geschäft führen können *(vgl. Kapitel 5.2.5)*. Die damit zusammenhängenden Kosten durch Missverständnisse oder Fehlbestellungen von Originalteilen können durch den Einsatz von CLAT demnach reduziert werden. Vielmehr leistet CLAT auf inhaltlicher Ebene einen entscheidenden Beitrag zur Erhöhung der Textverständlichkeit und somit zur Optimierung der Kommunikationsqualität der Volkswagen AG über den Handel hin zum Kunden.

5.5.2 Nebeneffekte der CLAT-Prüfung auf Dokumentationsebene

Neben der sprachlichen Optimierung der Technischen Dokumentation durch den Einsatz des maschinellen Lektorats im Dokumentationserstellungsprozess waren Nebeneffekte zu beobachten, mit denen die Effektivität des Werkzeugs CLAT weiter verdeutlicht werden kann. Diese zusätzlichen Wertschöpfungsfaktoren werden im Folgenden zusammenfassend dargestellt.

Die Einführung des maschinellen Lektorats bewirkte eine Optimierung hinsichtlich der Kommunikationswege im Dokumentationserstellungsprozess. Dies machte sich in einem höheren Austausch innerhalb des Redaktionsteams der jeweiligen Fachgruppe bemerkbar. Durch CLAT wurde der interne Austausch angeregt, sodass Lösungen und Fragestellungen gemeinsam diskutiert und erörtert wurden. Ferner wurde durch dieses Verhalten ein gestärkter Wissenstransfer innerhalb der einzelnen Redaktionsteams festgestellt und damit einhergehend auch die verstärkte Wissensgenerierung im Rahmen der Sozialisationsphase, in der neues Wissen durch den persönlichen Austausch innerhalb von fachübergreifenden Teams erzeugt wird *(vgl. Kapitel 4.2)*.[941]

Durch die hohe Anzahl an Stilfehlermeldungen und das Fehlen von konkreten, automatisch generierten Korrekturvorschlägen, wurden die Redakteure aufgefordert, den fehlerhaften Satz nicht nur sprachlich, sondern auch inhaltlich zu überarbeiten. Dies führte zum einen zu einer grundlegenden Überarbeitung, Kürzung oder Teilung komplexer und langer Sätze. Zum anderen wurden redundante Informationen aus den Textpassagen entfernt, wenn der Redakteur der Ansicht war, dass die Zielgruppe das Allgemeinwissen besitzt, die gesendeten Informationen korrekt zu interpretieren. Auch bei der Durchführung dieser Maßnahmen wurden andere Arbeitskollegen involviert, sodass eine gesteigerte Rücksprache erfolgte, die zu nachvollziehbaren Entscheidungen für alle Beteiligte führte.

Durch die inhaltliche Überprüfung der Textpassagen erfolgte zwangsläufig die Berücksichtigung der formalen Seite der Dokumentationen. Durch die genauere Durchsicht konnten fehlerhafte Bildunterschriften, Tags oder Anweisun-

---

941   Vgl. Nonaka, Takeuchi 1997.

gen entfernt und korrigiert werden, die über Jahre hinweg in den Dokumentationen existierten und folglich immer wieder publiziert wurden. Letztlich erfolgte auf diese Weise eine komplette Überarbeitung, die sich auf die formale, inhaltliche und sprachliche Ebene erstreckte. Durch die Funktion „Suchen/Ersetzen" konnten alle identischen Fehlerstellen im Dokument behoben werden, sodass die Konsistenz innerhalb des gesamten Dokuments gesteigert werden konnte. Ferner wurden bei der Überarbeitung von Textpassagen auch Vorgängerversionen des Dokuments parallel geöffnet, um sprachlich saubere Formulierungen zu übernehmen und somit eine dokumentationsübergreifende Konsistenz zu gewährleisten.

5.5.3 Qualitätsanalyse und Bewertung durch ZertiFAKT

Zur Ermittlung von Kennzahlen und objektiven Bewertung von Dokumentationen über einen längeren Zeitraum hinweg erfolgte eine statistische Bewertung der Dokumentationen durch das Werkzeug ZertiFAKT. Als Basis der Untersuchungen wurde im Rahmen des Fallbeispiels ein Datenset aus repräsentativen Dokumentationen zusammengestellt. Hierbei wurden im Bereich der Werkstattinformationen aus den Reparaturleitfäden der Baugruppe „Antriebsaggregat" zehn Dokumentationen für das Modell Golf aus den Jahren 2004/2005 zu einem Datenset zusammengefügt. Dieses erste Datenset repräsentierte im Rahmen der Untersuchung die Qualitätsgüte der Dokumentationen vor dem Einsatz des maschinellen Lektorats CLAT. Im Vergleich hierzu wurden aus dem Jahr 2009/2010 die aktuellen Versionen der entsprechenden Reparaturleitfäden der Baugruppe „Antriebsaggregat" zu einem zweiten Datenset zusammengefügt. Dieses Datenset diente der Darstellung der Dokumentationsqualität und der Qualitätsoptimierungen durch den Einsatz des maschinellen Lektorats CLAT, das im Jahr 2008 produktiv im Werkstattinformationsbereich eingeführt wurde.

Im Vorfeld wurde das Gewichtungsschema den in dieser Arbeit herausgearbeiteten Ansprüchen und Qualitätskriterien angepasst *(vgl. Anhang für eine detaillierte Darstellung des Gewichtungsschemas)*. Dementsprechend wurde die Fehlerkategorie „Terminologie" im Vergleich zu „Grammatik", „Stil" und „Rechtschreibung" höher gewichtet, da die Textverständlichkeit vor allem durch die inkonsistente Terminologie beeinträchtigt wird. Weiterhin sind die Verwendung der standardisierten Terminologie im Rahmen der Euro-5-Abgasnorm und die einheitliche sprachliche Adressierung an den Handel relevant *(vgl. Kapitel 5.6.2)*. Für das erste Datenset 2004/2005 (Dokumentationen ohne CLAT-Prüfung und Korrektur) ergibt das Ergebnis der ZertiFAKT-Analyse die Note „mangelhaft" *(siehe Abb. 5.37)*. Die Werteskala veranschaulicht das Ergebnis im Detail. Die gewichteten Werte können im Vorfeld individuell angepasst werden.

In Bezug auf das verwendete Gewichtungsschema wird die Note „mangelhaft" bei einem Wert ab 0.200 Fehlerpunkten berechnet.

Anzahl	Einheit	Kontrolle	Wert	Gewicht	Gewichteter Wert
10	Dokumente	Rechtschreibung	3423.50	1.50	5135.25
25830	Absätze	Grammatik	1359.50	0.75	1019.63
28722	Sätze	Stil	8567.00	0.50	4283.50
166100	Wörter	Terminologie	17046.00	1.50	25569.00
1338201	Zeichen				36007.38

Gesamtbewertung: mangelhaft (0.216781)

Abb. 5.37: ZertiFAKT-Gesamtbewertung Datenset 2004/2005[942]

Die ZertiFAKT-Prüfung des zweiten Datensets der Reparaturleitfäden aus dem Jahr 2009/2010, die mit CLAT geprüft und anschließend korrigiert wurden, verdeutlichen hingegen die Optimierung der Dokumentationsqualität durch den Einsatz von CLAT. Die Bewertung dieses Datensets ergibt die Note „gut" mit einem Wert von 0.08 *(siehe Abb. 5.38)*.

Anzahl	Einheit	Kontrolle	Wert	Gewicht	Gewichteter Wert
10	Dokumente	Rechtschreibung	1487.00	1.50	2230.50
44551	Absätze	Grammatik	1160.50	0.75	870.38
49397	Sätze	Stil	12902.00	0.50	6451.00
306527	Wörter	Terminologie	10610.00	1.50	15915.00
2478726	Zeichen				25466.88

Gesamtbewertung: gut (0.083082)

Abb. 5.38: ZertiFAKT-Gesamtbewertung Datenset 2009/2010[943]

Die deutliche Verbesserung des Ergebnisses veranschaulicht die Qualitätsoptimierung der geprüften Dokumentationen. Demzufolge leistet der Einsatz des maschinellen Lektorats CLAT einen maßgeblichen Beitrag zur Optimierung der Dokumentationsqualität. Gerade im Bereich der Terminologie verdeutlicht das Ergebnis in der Fehlerkategorie „term>ok>kterm" eine prägnante Erhöhung in der Verwendung der korrekten Terminologie.[944] Auch bei der Gegenüberstellung des in Kapitel 5.5.1 untersuchten Reparaturleitfadens, ergibt die Analyse

---

942   Screenshot ZertiFAKT-Gesamtbewertung.
943   Screenshot ZertiFAKT-Gesamtbewertung.
944   In der Kategorie „term>ok>kterm" werden bei der ZertiFAKT-Analyse Bonuspunkte für die korrekte Verwendung von Terminologie vergeben.

mit ZertiFAKT bei der CLAT-geprüften Dokumentation eine deutliche Verbesserung zur Note „sehr gut" *(siehe Abb. 5.39)*.

Nr.	Absätze	Sätze	Wörter	Zeichen	Qualität (sehr gut)	Einzelnote	Dokument
1	1979	2233	14808	108369		sehr gut	C:\Programme\IAI\CLAT\client\Kopie2out.xml

Abb. 5.39: ZertiFAKT-Gesamtergebnis Datenset Reparaturleitfaden „automatisches Getriebe" mit CLAT[945]

Vor diesem Hintergrund wird die Implementierung eines Werkzeugs zur Kennzahlenermittlung und statistischen Qualitätsbewertung der Dokumentationen relevant *(vgl. Kapitel 4.3.4)*. Einsatzmöglichkeiten für ZertiFAKT sind in diesem Zusammenhang vielfältig. Für den konkreten Fall der Bewertung von Dokumentationen werden im Kapitel 5.7 geeignete Prozessstandards und Workflows vorgestellt *(vgl. Anhang)*.

5.5.4 Wiederverwendung von Inhalten in der Technischen Redaktion

Neben dem maschinellen Lektorat, das die Konsistenz auf den linguistischen Ebenen der Lexik und Syntaktik positiv beeinflussen kann, gibt es auf inhaltlicher Ebene noch weitere Möglichkeiten, Informationen und Sinneinheiten im Dokumentationserstellungsprozess wiederzuverwenden und folglich eine inhaltliche und sprachliche Konsistenz zu erzielen.

Die qualitativen Optimierungen auf Personen- und Dokumentationsebene können durch den Einsatz von Gleichtexten, die im Redaktionssystem zentral hinterlegt werden, erhöht werden. Das VW-Redaktionssystem LIVAS *(vgl. Kapitel 5.2)* bietet diese Möglichkeit durch den Einsatz von so genannten „Re-Use-Elementen". Re-Use-Elemente sind wiederverwendbare Textbausteine, die in einer speziellen Re-Use-Datenbank in LIVAS verwaltet werden. Als Re-Use-Elemente dienen die Module ACHTUNG, HINWEIS, FORMEL, TABELLE, TAB-BLOCK. Re-Use-Elemente werden als Kopie in das Dokument eingefügt und sind im Textverarbeitungsprogramm schreibgeschützt, d. h. sie können nicht einfach gelöscht oder geändert werden. Hierdurch wird gewährleistet, dass einmal festgelegte Re-Use-Elemente nicht verändert und in allen Dokumentationen identisch verwendet werden. Gibt es z. B. hinsichtlich eines als Re-Use-Element hinterlegten Achtungstexts eine Aktualisierung (z. B. durch ein neues Kühlmittel), so werden die Änderungen in einer neuen Re-Use-Version zentral abgelegt und stehen anschließend allen Redakteuren zur Verfügung. Ein Redakteur, der seinen Leitfaden überarbeitet, erhält dann mit dem Öffnen des Leitfadens eine

---

945 Screenshot ZertiFAKT-Gesamtergebnis.

Meldung über aktualisierte Re-Use-Elemente und kann diese per Mausklick in sein Dokument übernehmen. Bei der Erstellung eines Achtungstexts kann der Redakteur nach bereits hinterlegten Re-Use-Elementen suchen *(siehe Abb. 5.40)*, hierbei ist die strukturierte Suche nach Schlagwörtern und Konzernmarken möglich.

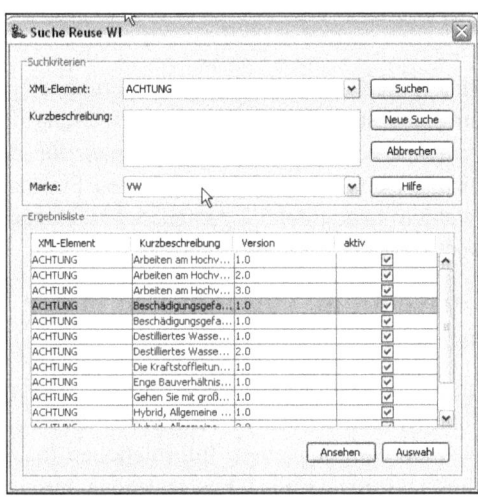

Abb. 5.40: Suche nach Re-Use-Elementen[946]

Im Rahmen der Untersuchungen wurden aus aktuellen Reparaturleitfäden der Baugruppe Motor und Getriebe alle Achtungs- und Hinweistexte gefiltert und gegenübergestellt. Das Ergebnis dieser Untersuchung war zum einen die hohe Anzahl an sprachlichen Varianten, die sich in inhaltlich identischen Achtungs- und Hinweistexten zeigten. Zum anderen ließen sich aus dieser Tatsache Erkenntnisse bzgl. der Arbeitsweise der Redakteure ableiten. Die fehlende Wiederverwendung über unterschiedliche Baugruppen hinweg führen in der Praxis zu Doppelarbeit, sodass jeder Redakteur seine eigenen Achtungs- und Hinweistexte erstellt und pflegt, ohne mit anderen Redakteuren Synergien zu bilden. Ein übergreifender Austausch der Inhalte findet somit nicht statt, auch wenn inhaltlich identische Achtungstexte in verschiedenen Baugruppen verwendet werden.

Für die Fachgruppe Motor und Getriebe wurden im ersten Schritt zehn Gleichtexte bzw. Re-Use-Elemente im Redaktionssystem hinterlegt, die mit den Redakteuren hinsichtlich inhaltlicher und sprachlicher Korrektheit abgestimmt und festgelegt wurden. Anschließend wurden die Gleichtexte vom „Re-Use-

---

946   Screenshot Re-Use-Suche, LIVAS 3.

Autor" im Redaktionssystem hinterlegt, wo sie von allen Redakteuren sowie von anderen Konzernmarken verwendet werden konnten.[947]

Vorteile, die sich durch den Einsatz und die Verwendung von Re-Use-Elementen ergeben, sind klar erkennbar: Die Redakteure gewinnen durch diese Arbeitsweise Zeit für andere Aufgaben und erstellen darüber hinaus konsistente Achtungs- und Hinweistexte über verschiedene Baugruppen hinweg *(vgl. Kapitel 5.7)*. Im Rahmen der Qualitätsoptimierungen wurde in dieser Arbeit ein Workflow für die Erstellung und Pflege von Re-Use-Elementen erarbeitet *(vgl. Anhang)*.

Für den Kundenliteraturbereich wurde im Zuge der Vereinheitlichung und Standardisierung von Inhalten das *„Baukastenprinzip"* eingeführt. Hierbei recherchiert und beschreibt jeder Redakteur ein für ihn zugeteiltes Themengebiet fahrzeugübergreifend. Beispielsweise beschreibt ein Redakteur alle Klimaanlagen für die Marke Volkswagen PKW. Jedes Themengebiet bildet im Kundenliteraturbereich einen so genannten Baukasten, der im Redaktionssystem LIVAS *(vgl. Kapitel 5.2)* als Themenordner hinterlegt wird und für alle anderen Redakteure zentral zur Verfügung steht. Vorteile dieser Systematik liegen zum einen in der engeren Zusammenarbeit mit dem Bereich „Technische Entwicklung" und dem damit einhergehenden zentralisierten Wissenstransfer von Technischen Entwicklern hin zu den themenverantwortlichen Redakteuren. Auf inhaltlicher Seite werden mit der Baukastensystematik identische Texte in der Kundenliteratur fahrzeugübergreifend produziert. Alle anderen Redakteure greifen bei der Dokumentationserstellung auf diesen Wissenspool und die integrierten Inhalte zu und können die Themenbereiche ohne weitere Recherchen bzw. Absprachen mit den Entwicklern übernehmen. Folglich entsteht insgesamt ein effizienter Arbeitsprozess, der im Ergebnis in einer sprachlichen und inhaltlichen Optimierung der Dokumentationen sichtbar wird.

5.6 Qualitätssicherung auf Systemebene

Neben der Personen- und der Dokumentationsebene ergeben sich ferner auf der Systemebene Qualitätspotenziale durch Synergien, die sich auf alle Ebenen des Vier-Ebenen-Modells auswirken. Insbesondere in Bezug auf die Performance und Qualität der übersetzungsbezogenen Systeme treten verschiedene Wertschöpfungsfaktoren auf, die sich auf die Dokumentationsebene sowie die Perso-

---

947 Im Redaktionssystem LIVAS werden Schreibrechte für das Erstellen und Ändern von Re-Use-Elementen an so genannte „Re-Use-Autoren" vergeben. Alle anderen Redakteure haben lediglich Leserechte und können die Re-Use-Elemente in ihre Dokumentationen einfügen, aber nicht verändern.

nen- und Prozessebene auswirken. Im Folgenden werden Interdependenzen und Synergiepotenziale eingesetzter Sprachtechnologien aufgezeigt und innerhalb des Vier-Ebenen-Modells in Beziehung zueinander gesetzt.

5.6.1 Reduzierung der Variantenvielfalt der Translation-Memorys

Im Zuge der Einführung des maschinellen Lektorats und aller damit einhergehenden Kosten, die durch Schulungsaufwand, Personal-, System- und Lizenzkosten erzeugt werden, sind weitere Argumentationsgrundlagen erforderlich, mit denen Investitionen in qualitätsfördernde Technologien begründet werden können. In diesem Zusammenhang ist die Betrachtung der Translation-Memory-Systeme relevant. Aus Übersetzungsperspektive spielt ein sauberes und kontinuierlich gepflegtes Translation-Memory eine wichtige Rolle, um bestmögliche Ergebnisse in der automatisch generierten Vorübersetzung zu erzielen und damit den Übersetzungsumfang zu reduzieren.

Der Einsatz des maschinellen Lektorats CLAT wirkte sich in der Einführungsphase deutlich auf die Übersetzungsprozesse aus. Jede Neuerung der ausgangssprachlichen Texte, ausgelöst durch Grammatik-, Rechtschreib-, Terminologie- und Stilkorrekturen, spiegelte sich in den Translation-Memorys und somit bei der Berechnung der Übersetzungskosten wider. In Anlehnung an die Zehnerregel der Fehlerkosten[948] *(vgl. Kapitel 3.2.3)* erfolgte mit CLAT jedoch die Bereinigung der Ausgangstexte zu einem frühen Zeitpunkt, wodurch spätere Kosten im Rahmen der Qualitätssicherung, d. h. im anschließenden Übersetzungsprozess reduziert werden können.

Die stichprobenartige Analyse der Translation-Memorys (Deutsch-Englisch) zeigte, dass durch den Einsatz von CLAT die Variantenvielfalt der Segmente, insbesondere im Bereich Terminologie, zurückgegangen ist.[949] So gibt es für das Beispiel „Trinkwasser" *(siehe Abb. 5.41)* im Zeitraum 2004-2009 vier unterschiedliche Varianten in den Translation-Memory-Segmenten, während seit 2009 (mit dem CLAT-Einsatz) keine weiteren Varianten mehr hinzugekommen sind. Weitere Stichproben aus den Translation-Memory-Segmenten bestätigen diese Entwicklung. Durch den Einsatz von CLAT und die Umsetzung einer kontrollierten Sprache können die Qualität der Translation-Memorys optimiert und die Segmentvarianten vermindert werden. Dennoch können die Korrekturen durch CLAT nicht zwangsläufig eine Konsistenz des Schreibstils bewirken, da jeder Redakteur Fehler individuell korrigiert und dabei Änderungen im Dokument vornimmt. Den größten Mehrwert in Bezug auf die stilistische und inhalt-

---

948   Vgl. Schwarze 2003, S. 67 in Anlehnung an Pfeifer 2001, S. 11; Masing 1999, S. 13.
949   Interne Auskunft, Fremdsprachenmanagement, 12.03.2009.

liche Konsistenz der Ausgangstexte kann nur der Einsatz eines Authoring-Memory-Systems bewirken.

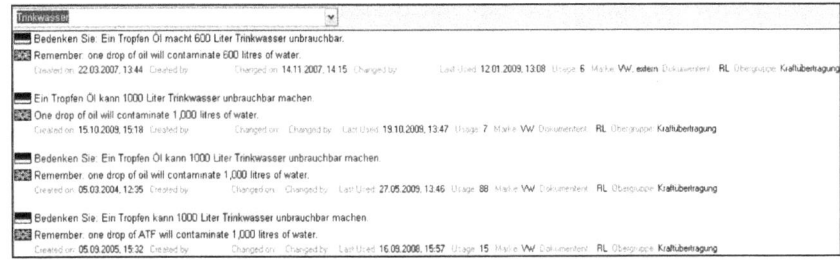

Abb. 5.41: Beispiel „Trinkwasser"[950]

5.6.2 Interdependenzen und Synergien innerhalb der Systemwelt

Über die Reduzierung der Segmentvarianten der Translation-Memorys hinaus ergeben sich durch den Einsatz verschiedener Sprachtechnologien Synergien und dadurch Qualitätsoptimierungen auf der Systemebene *(vgl. Kapitel 4.6.2)*. Erst durch den Einsatz des maschinellen Lektorats CLAT konnten die in der Terminologiedatenbank hinterlegten Sprachdaten halbautomatisiert Eingang in die ausgangssprachlichen Dokumentationen finden. Hierdurch ergaben sich Qualitätsoptimierungen auf Dokumentations- und Systemebene. Durch den alleinigen Einsatz der Terminologiedatenbank war keine direkte Schnittstelle zur Textproduktion eingerichtet. Erst mit dem maschinellen Lektorat konnte die Sensibilisierung für die Verwendung einer konsistenten Terminologie in den Dokumentationen realisiert werden. Die Befragungsergebnisse *(vgl. Kapitel 5.4.4)* verdeutlichen auch, dass erst mit CLAT der Bekanntheitsgrad der Terminologiedatenbank bei den Anwendern gestiegen ist. Weiterhin führte die automatische Terminologieextraktion als Funktionalität innerhalb des maschinellen Lektorats zum kontinuierlichen Aufbau der Terminologiedatenbank.

Eine weitere Systemschnittstelle, die zu Qualitätsoptimierungen und Synergien führt, ist die Rückkopplung der Translation-Memory-Ergebnisse an die Anpassung der CLAT-Regeln. Die Untersuchungen im Rahmen der CLAT-Einführungsphase zeigten, dass durch nähere Untersuchungen der Translation-Memorys Rückschlüsse auf redakteursseitige Fehlbedienungen des maschinellen Lektorats gezogen werden können. Die genaue Analyse der Translation-Memorys hat daher unentdecktes Fehlerpotenzial in der CLAT-Anwendung auf-

---

950 Screenshot und Auszug aus dem Translation-Memory (DE-EN).

gedeckt und zur adäquaten Anpassung der CLAT-Regeln beigesteuert. Hierbei können ebenfalls Schreibschwächen der Redakteure abgeleitet werden, die im Rahmen von weiteren Workshops und Schulungen gezielt thematisiert werden können. Durch das Informationsmedium „CLAT-Newsletter" werden beispielsweise unverständliche Fehlermeldungen aufgegriffen, die von Redakteuren falsch interpretiert werden.

Zur Ermittlung von Kennzahlen für die ausgangssprachliche Texterstellung wurde im Rahmen des Fallbeispiels die Kombination der Systeme CLAT und ZertiFAKT untersucht, um daraus Anwendungsszenarien sowie ein konkretes Kennzahlenmodell zu entwickeln. Auf Basis der automatisch durchführbaren CLAT-Prüfung und anschließenden Evaluation durch das Kennzahlenwerkzeug ZertiFAKT konnten Schwellenwerte für die Dokumentationsqualität festgelegt werden. Dieses Modell stellt gegenüber einer kaum umsetzbaren und kostenintensiven humanen Qualitätskontrolle verschiedene Vorteile dar, die sich auf die Faktoren Zeit und Kosten ausprägen *(vgl. Kapitel 5.7.2)*.

Auch für den zukünftigen Einsatz eines bilingualen oder monolingualen Authoring-Memory-Systems ist die Erarbeitung und Umsetzung der kontrollierten Sprache wichtig. Die Übernahme bereits geprüfter Satzvorschläge aus dem Authoring-Memory-System erfolgt nach zuvor definierten Qualitätsmaßstäben. Gleichsam wird bei der Erstellung neuer Sätze durch das maschinelle Lektorat gewährleistet, dass sprachlich korrekte Inhalte in das Authoring-Memory-System einfließen und übersetzt werden. Im Rahmen von wissenschaftlichen Untersuchungen wurde der Einsatz eines Authoring-Memory-Systems in der Technischen Redaktion bei Volkswagen im Bereich „After Sales Technik" getestet. Hierbei wurden die Vorteile der CLAT-Integration innerhalb des Authoring-Memory-Systems für eine fehlerfreie Wiederverwendung von Texten verdeutlicht.[951]

Die Auswirkung sicherer und standardisierter Prozesse ist auch für die Rechtssicherheit eines Unternehmens relevant. In diesem Zusammenhang war die Euro-5-Abgasnorm, mit der ab September 2009 die Kraftfahrzeuggrenzwerte für Abgaswerte festgelegt und Fahrzeuge in spezifische Schadstoffklassen gegliedert wurden, eine Herausforderung für den Volkswagen Konzern. Hintergrund der Euro-5-Abgasnorm war die Gewährleistung des Zugriffs von freien Werkstätten auf VW-Werkstattinformationen, wie es Vertragswerkstätten von Automobilherstellern zu dem Zeitpunkt bereits möglich war. Hierzu stellte die Europäische Union den Automobilherstellern eine Liste mit abgasrelevanten Benennungen in den Sprachen Englisch und Spanisch zur Verfügung, die mit den firmeninternen Benennungen verknüpft werden sollten. Die englische Liste,

---

951   Vgl. Ebert 2010.

bestehend aus ca. 400 Benennungen, wurde manuell mit den englischen Benennungen in der VST-Terminologiedatenbank abgeglichen und zugeordnet. Ohne die bereits existierende Terminologiedatenbank und die festgelegten und standardisierten Vorzugsbenennungen wäre die Umsetzung der Euro-5-Abgasnorm nicht zu bewältigen gewesen.

Abb. 5.42: Eintrag in der ISO-Datenbank[952]

Als nächster Schritt musste sichergestellt werden, dass die Redakteure die standardisierten Vorzugsbenennungen der Terminologiedatenbank in ihren Dokumentationen verwenden, da sonst die Reparaturleitfäden in den Werkstätten nicht über die Euro-5-Benennungen gefunden werden konnten. Hierzu wurde als Arbeitsschritt eine ISO-Datenbank als eine spezielle Teildatenbank in MultiTerm mit ISO-Codes für die Benennungen angelegt, da durch die Ungenauigkeit der Benennungen eine sprachunabhängige Abstimmung über die Codierung stattfinden musste *(siehe Abb. 5.42)*. Im Anschluss konnten die Redakteure mithilfe des maschinellen Lektorats alle festgelegten Vorzugsbenennungen verwenden, sodass die Reparaturleitfäden konform der Euro-5-Abgasnorm verfasst wurden. Die von der Volkswagen AG entwickelte Suchmaschine ermöglicht Mechanikern von unabhängigen Werkstätten den Zugriff auf alle Reparatur- und Wartungsinformationen gemäß der Euro-5-Abgasnorm über das System

---

952 Screenshot ISO-Terminologiedatenbankeintrag aus der VST-Terminologiedatenbank.

„erWin"[953] und die Eingabe von Euro-5-Benennungen.[954] Folglich konnte zeitnah über die Systemebene (Terminologiedatenbank und maschinelles Lektorat) eine effiziente und qualitätssichernde Lösung für die Umsetzung der Euro-5-Abgasnorm gewährleistet werden. Weitere Konzernmarken (z. B. Seat und Skoda) setzten diesen Standard im Anschluss im Rahmen ihrer eigenen Prozesse um. Abbildung 5.42 veranschaulicht einen Eintrag innerhalb der ISO-Datenbank.

5.7 Qualitätssicherung auf Prozessebene

Neben den bereits diskutierten Optimierungen auf den verschiedenen Ebenen der technischen Kommunikation spielt übergeordnet und aus organisatorischer Sicht die Prozessebene eine bedeutende Rolle. Prozesse steuern und sichern alle organisatorischen und technischen Abläufe in der unternehmerischen Praxis und ermöglichen die Realisierung von Unternehmenszielen. Der Erfolg einzelner Prozessphasen und die Qualität des Gesamtprozesses können mithilfe von Kennzahlenmodellen gemessen und bewertet werden *(vgl. Kapitel 5.3.5)*. Nach SCHUH et al. ist ein organisiertes und systematisches Prozessmanagement eine zentrale Voraussetzung zur Erfüllung der Kundenerwartungen.[955] In diesem Zusammenhang liegt die Aufgabe des Prozessmanagements darin begründet, Geschäftsprozesse effizient zu koordinieren, Kundenbedürfnisse zu erfüllen und hierdurch Wettbewerbsvorteile zu erzielen.[956] Diesem Ansatz liegt der herstellungsorientierte Qualitätsansatz zu Grunde, der die Einhaltung von prozessbezogenen Spezifikationen und Anforderungen im Fokus hat *(vgl. Kapitel 3.1)*.

In der Fachliteratur gibt es unterschiedliche Ansätze hinsichtlich der Optimierung der Geschäftsprozesse durch das Prozessmanagement.[957] Unterschieden wird zwischen bottum-up- und top-down-orientierten Ansätzen.[958] Während top-down-orientierte Ansätze eine radikale Veränderung der Unternehmensabläufe

---

953   Elektronische Reparatur und Werkstattinformation, Pendant der ELSA für freie Werkstätten.
954   Vgl. Volkswagen AG 2010a.
955   Vgl. Schuh et al. 2011, S. 362.
956   Ebenda.
957   Vgl. „St. Galler Management Modell", Rüegg-Stürm 2004; Davenport 1997; Gaitanides 1983, Hammer, Champy 2003; Hinterhuber et al. 1994 ; Mayer 1998.
958   Zu den bottum-up-orientierten Ansätzen zählen u. a. „Lean Management", „Kaizen", „Kontinuierlicher Verbesserungsprozess" und „Organisationsentwicklung". Zu den top-down-orientierten Ansätzen gehören „Business-Reengineering" nach Hammer, Champi 2003, „Business Process Reengineering" nach Johansson et al. und „Process Innovation" nach Davenport 1997, vgl. hierzu Schuh et al. 2011, S. 367.

fordern, bestreben bottom-up-orientierte Methoden eine kontinuierliche Verbesserung bestehender Prozesse mit verhältnismäßig langfristiger Orientierung.[959] SCHUH et al. folgert:

> „Die mangelnde Integration der Mitarbeiter unter Hierarchieebenen bei der Neugestaltung der Geschäftsprozesse ist ein wesentlicher Grund, warum ein Großteil der top-down orientierten Prozessverbesserungs- und -veränderungsprojekte nicht erfolgreich ist. Die bottom-up orientierten Vorgehensweisen bieten gerade in diesem Zusammenhang einen entscheidenden Vorteil, da sie nicht auf einem vorgegebenen Soll-Zustand, sondern auf dem bestehenden Ist-Zustand der Geschäftsprozesse aufbauen."[960]

Folglich besteht die Aufgabe des Prozessmanagements in der effizienten Gestaltung und Koordination der Geschäftsprozesse im Hinblick auf die Erfüllung der Kundenbedürfnisse. Das Ziel hierbei ist die Generierung von Wettbewerbsvorteilen.[961] Grundlegende Voraussetzung für die prozessseitige Optimierung ist das gemeinsame Prozessverständnis aller Beteiligten. Bezogen auf die Technische Redaktion sind hiermit verschiedene Prozessphasen der Dokumentationserstellung gemeint. Um die einzelnen Prozessphasen und Unternehmensbereiche in ihrer Zusammenarbeit optimal und erfolgsorientiert zu steuern, sind standardisierte und synchrone Prozesse sowie ein effizientes Prozessmanagement erforderlich.

Der gesamte Prozess der Dokumentationserstellung profitiert in unterschiedlich starkem Maß durch den Einflussbereich der eingesetzten Sprachtechnologien. Standardisierte Prozesse wirken sich in hohem Maß auf die Effizienz, Prozesssicherheit und nicht zuletzt auf die Qualität der Ergebnisse aus. Gleichzeitig ermöglichen Prozessstandards die Gewährleistung der Individualität: Innerhalb eines großen Konzerns wie der Volkswagen AG sichern Prozessstandards die organisatorischen und technischen Abläufe. Jede Konzernmarke behält hierbei jedoch ihre Individualität bei, richtet sich auf ihre Kundenwünsche aus, wird dabei durch die Vereinheitlichung auf prozessualer Ebene gesteuert und abgesichert. Im Folgenden werden die im Rahmen des Fallbeispiels gewonnenen Ergebnisse durch verschiedene Untersuchungen auf prozessualer Ebene vorgestellt. Hierbei wird ein Augenmerk auf die qualitativen Auswirkungen von Sprachtechnologie in Bezug auf die Prozessqualität gelegt.

---

959 Vgl. Schuh et al. 2011, S. 367.
960 Schuh et al. 2011, S. 367.
961 Vgl. Schuh et al. 2011, S. 361.

5.7.1 Standardisierte und effiziente Prozessabläufe durch Sprachtechnologie

Der gesamte Dokumentationserstellungs- und Übersetzungsprozess basiert auf definierten Prozessstandards und wird im Idealfall durch qualitätssichernde Maßnahmen unterstützt *(siehe Abb. 5.43)*. Die qualitative Optimierung kann jedoch manuell bzw. human aus Kosten- und Zeitgründen nicht gewährleistet werden. Sprachtechnologie stellt in diesem Zusammenhang halbautomatisierte Methoden dar, mit denen die Prozessziele innerhalb der Dokumentationserstellung und Übersetzung erreicht und gleichzeitig qualitativ hochwertige Ergebnisse generiert werden können. Im Redaktionsprozess sind derzeit in der Textproduktion (exklusive des Lektorats) keine Sprachtechnologien eingesetzt. Durch den Einsatz eines Authoring-Memory-Systems könnten jedoch beispielsweise Zeit und Kosten reduziert sowie die Redaktionsprozesse stabilisiert werden. Hier bedarf es einer sauberen augangssprachlichen Datenbasis und einer systematische Bereinigung der Translation-Memory-Segmente *(vgl. Kapitel 4.4.3)*.

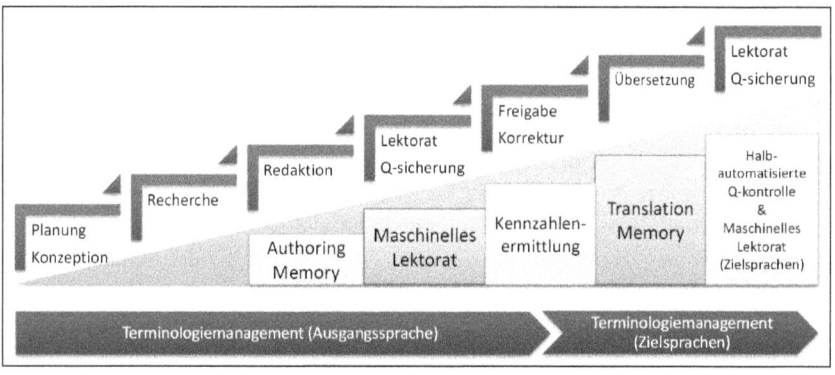

Abb. 5.43: Prozessphasen der Dokumentationserstellung und Übersetzung[962]

In der Lektorats- bzw. Qualitätssicherungsphase werden durch den Einsatz des maschinellen Lektorats CLAT bereits die Qualität der Ausgangstexte und damit verbunden auch die Erweiterung der Terminologiedatenbank durch Terminologieextraktion sowie die Einhaltung der standardisierten Terminologie gewährleistet. In der Freigabe- bzw. Korrekturphase fehlen derzeit die systematische Kennzahlenermittlung und die objektiven Qualitätskontrollen nach zuvor festgelegten Schwellenwerten. Hier ist der Einsatz von ZertiFAKT *(vgl. Kapitel 4.3.4 und Kapitel 5.3.5)* zur Stabilisierung des Gesamtprozesses und der Qualität

---

962 Eigene Darstellung.

der ausgangssprachlichen Dokumentationen relevant. Nachfolgende Übersetzungsprozesse können effizienter ablaufen und die durch qualitative Mängel in den ausgangssprachlichen Texten verursachten Übersetzungskosten reduziert werden. Im Übersetzungsprozess wird der Wiederverwendungsaspekt bereits durch den Einsatz von Translation-Memorys abgedeckt, wodurch nachhaltig Übersetzungskosten reduziert werden. Ein wichtiger Punkt in diesem Zusammenhang ist die kontinuierliche Bereinigung und Pflege der Translation-Memorys, um der Reproduktion von fehlerhaften Segmenten im Übersetzungsprozess entgegenzuwirken. Gleiches gilt für die Qualitätssicherung und das Lektorat nach erfolgter Übersetzung. Über die Kombination der linguistischen Intelligenz eines zielsprachigen maschinellen Lektorats und einer vergleichenden Qualitätskontrolle, die Ausgangs- und Zieltexte gegenüberstellt, können qualitative Mängel und Übersetzungsfehler aufgedeckt und behoben werden. Vor diesem Hintergrund kann durch den Einsatz von Sprachtechnologie die Basis für ein ganzheitliches und dem Total-Quality-Management-Ansatz nahekommendes Qualitätsmanagement erzielt werden, bei dem alle beteiligten Bereiche im Rahmen der Qualitätsoptimierung sowie in Bezug auf den kontinuierlichen Verbesserungsprozess involviert sind *(vgl. Kapitel 3.2.1).*

Welchen Einfluss standardisierte und effiziente Prozesse auf die Qualität der Dokumentationen haben, zeigt die Untersuchung der internen Prozessstandards innerhalb des Terminologiemanagements der Volkswagen AG. Der Prozess der Terminologieabstimmung im Bereich „After Sales" stellt die Voraussetzung für eine systematische Etablierung des Projekts dar und ermöglicht die effiziente Anbindung weiterer Unternehmensbereiche und Konzernmarken. Die festgelegte Vorgehensweise der Terminologieabstimmung sowie die Transparenz der Prozessphasen ermöglichte die beschleunigte Integration und Kooperation mit unterschiedlichen Bereichen. Zu den bereits involvierten Marken kamen durch die standardisierte und praktizierte Vorgehensweise weitere Marken und weitere Unternehmensbereiche hinzu *(vgl. Kapitel 5.3).* Die praktische Umsetzung der konkreten Prozessabläufe bilden dabei sprachtechnologische Anwendungen. Über die zusätzlich vorgenommene Attribuierung der Datenbankfelder im Terminologieverwaltungssystem konnte die zentrale Verwaltung der Terminologie für die neuen Marken und Unternehmensbereiche realisiert werden. Die eingesetzte Sprachtechnologie hat vor diesem Hintergrund die effiziente Integration mit neuen Bereichen und Marken ermöglicht. Eine weitere Effizienzsteigerung im Rahmen des Terminologiemanagementprozesses stellte die Terminologieextraktion im Rahmen des maschinellen Lektorats CLAT dar *(vgl. Kapitel 5.3.2).* Die Terminologieextraktion ermöglicht im Prozess des Terminologiemanagements eine effiziente Terminologiegewinnung und -abstimmung.

Ein Beispiel für die prozessorientierte Optimierung durch den Einsatz von Sprachtechnologie ist die fachübergreifende Terminologieabstimmung über das *System42*. Das System42 ist ein gemeinsames Konzernsystem zur Etablierung eines konzernweit abgestimmten Versionsmanagement-Prozesses für Steuergeräte und zur Vereinheitlichung von Datenstrukturen bzw. Teilenummern. Aufgabe des Systems ist die durchgängige Bereitstellung von Steuergeräte-Informationen. Steuergeräte sind innerhalb des Fahrzeugs stark vernetzt und werden teilweise fahrzeugübergreifend verbaut. Dies bedeutet bei jeder Änderung eines Steuergeräts die Informationsversorgung zahlreicher Mitarbeiter aus den Bereichen „Entwicklung", „Qualitätssicherung", „Logistik", „Produktion", „Originalteile-Vertrieb" und „After Sales". Zum anderen ist die bereichsübergreifende Prozessunterstützung, die für den Umgang mit Steuergeräten relevant ist, eine weitere Aufgabe des Systems42.[963] Innerhalb des Systems tragen Steuergeräte-Entwickler Steuergeräte-Informationen ein, um diese Informationen für alle Anwender der verschiedenen Bereiche bereitzustellen *(siehe Abb. 5.44)*.

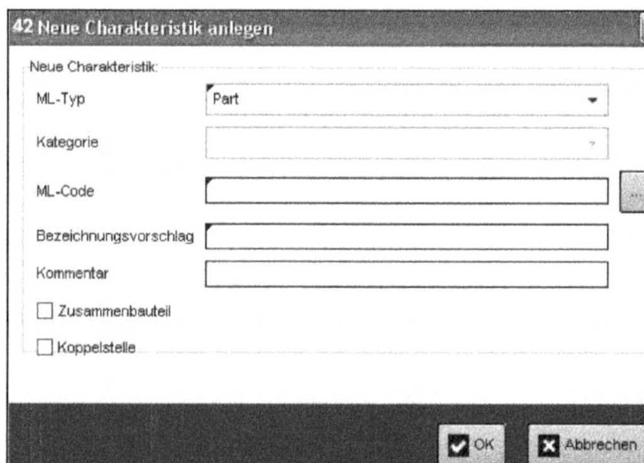

Abb. 5.44: Formular zum Anlegen eines neuen Steuergeräts und der zugehörigen Benennung im System42[964]

Das Terminologiemanagement nutzt das System42 zur Ermittlung neuer Steuergerätebenennungen und kann somit frühzeitig Einfluss auf die Benennungsbildung ausüben. Somit erfolgt eine Verbesserung der Terminologiearbeit durch die frühzeitige Terminologieabstimmung im Produktentwicklungsprozess. Als Ergebnis dieser Optimierung steht bei der Dokumentationserstellung im Bereich „After Sales" bereits standardisierte Terminologie zur Verfügung und kann bei der Textproduktion verwendet werden. Das Terminologiemanagement wird

---

963 Vgl. Volkswagen AG 2011d.
964 Screenshot System42, Volkswagen AG 2011c.

über das System42 informiert, sobald neue Steuergeräte bereitgestellt werden. Über verschiedene Kommentarfunktionen innerhalb des Systems kann die jeweilige Steuergeräte-Benennung mit den Steuergeräte-Entwicklern abgestimmt werden.

5.7.2 Prozessqualität durch sprachtechnologiebasierte Kennzahlenermittlung

Das im Kapitel 5.3.5 vorgestellte Werkzeug ZertiFAKT dient neben der Qualitätskontrolle der Dokumentationen in Kombination mit CLAT weiteren Zwecken und kann für die Stabilisierung und Qualitätssicherung der Redaktions- und Lektoratsprozesse genutzt werden. Die Evaluation des Werkzeugs verdeutlichte drei unterschiedliche Einsatzszenarien, anhand derer die Prozessqualität optimiert werden kann *(vgl. Anhang)*:

- Workflow zur Kontrolle der Dokumentationsqualität vor der Übersetzung,
- Workflow zur Evaluierung der CLAT-Performance in neuen Bereichen,
- Workflow zur Evaluierung neuer CLAT-Versionen (Abnahmetests).

Bei der Abnahme neuer Programmversionen können Tests zur Kontrolle der Regelqualität durchgeführt werden. Weiterhin können bei der CLAT-Anbindung neuer Bereiche und Dokumentationsarten, Evaluationen mithilfe von ZertiFAKT vorgenommen werden, die über notwendige Regel- oder DTD-Anpassungen Aufschluss geben.

In diesem Zusammenhang wurde die Notwendigkeit der Erstellung eines Fachkonzepts zur CLAT-Anbindung neuer Unternehmensbereiche deutlich. Ein Fachkonzept beinhaltet alle Informationen zu festgelegten Regeln und DTD-Elementen, die bei der CLAT-Prüfung berücksichtigt oder ignoriert werden. Der Vorteil dieser Maßnahme liegt in der zentralen Wissensverwaltung, die gerade bei der Anbindung neuer Bereiche mit individuellen Anforderungen und Rahmenbedingungen den Projekterfolg bestimmen und Doppelarbeit sowie redundante Rückfragen reduzieren.

In der Unternehmenspraxis verhält sich Qualität gegenüber den Faktoren Zeit und Kosten in einem besonderen Spannungsfeld *(vgl. Kapitel 3.2.3)*. Um die Investitionen in Sprachtechnologien und die damit erzielbaren Qualitätsoptimierungen auf allen vier Ebenen darzustellen, eignet sich die Einführung und Umsetzung eines Kennzahlensystems, mit dem vor allem das Optimierungspotenzial auf der prozessualen Ebene verdeutlicht wird. In der Unternehmenspraxis dient das Kennzahlensystem zur Überprüfung der Qualitätsmeilensteine und Teilprozesse der Dokumentationserstellung, wodurch Investitionen, Erfolge, aber auch Qualitätsmängel frühzeitig erkannt und verschiedenen Zielgruppen transparent dargestellt werden können. Folglich dienen Kennzahlen als Grundlage für die strategische und operative Steuerung der Technischen Redaktion und zur Identifikation und Umsetzung von Optimierungspotenzialen.[965]

In der praktischen Umsetzung können zwei Herangehensweisen umgesetzt werden. Zum einen kann die Verantwortung der Kennzahlen bei den entsprechenden Teilbereichen der Technischen Dokumentation liegen (z. B. Recherche, Lektorat, Übersetzung). Jeder Teilbereich ist hierbei für die Entwicklung und Erhebung der eigenen Kennzahlen verantwortlich. Zu einem festgelegten Datum sollten anschließend die Kennzahlen zusammengetragen und Optimierungspotenziale analysiert werden. Zum anderen kann alternativ eine objektive Stelle mit der Erhebung aller Kennzahlen und der Entwicklung eines übergreifenden Kennzahlensystems betraut sein. Diese Funktion kann beispielsweise je nach Unternehmensgröße durch eine Fachgruppe oder einen Kennzahlenbeauftragten ausgeübt werden, der alle benötigten Zahlen aus den jeweiligen Bereichen erhebt und zusammenträgt. Ganz gleich, welche der beiden Lösungen gewählt wird: Als erster Schritt steht die Entwicklung eines an die unternehmensspezifischen Anforderungen angepassten Kennzahlensystems für die Technische Dokumentation.

Bei der Entwicklung von Kennzahlen ist zu beachten, dass sich die Kennzahlen auf konkrete, greifbare Kriterien beziehen und auch diejenigen Faktoren erfassen sollten, die zu Abweichungen von Zielwerten führen können. Diese Faktoren sind in einer Messgröße abzubilden.[966] Im Folgenden wird im Rahmen der prozessualen Optimierungen durch den Einsatz von Sprachtechnologie, eine Kennzahlensystematik bestehend aus den für die Dokumentationserstellung relevanten Kennzahlen aufgestellt. Die relevanten Kennzahlen beziehen sich auf insgesamt vier Teilbereiche bei der Dokumentationserstellung: Terminologiearbeit, Redaktion/Wiederverwendung, Lektorat und Dokumentationsqualität

In der Praxis kann die Kennzahlensystematik mit Soll- und Ist-Werten sowie mit Abweichungen der Soll-Werte aufgestellt werden. Anzumerken ist ferner, dass die aufgestellten Kennzahlen je nach Unternehmenskontext variieren können und stets an die jeweiligen Rahmenbedingungen der Technischen Dokumentation angepasst werden müssen.

Die Kennzahl „*Terminologiearbeit*", als Basis für alle nachfolgenden sprachorientierten Aufgaben der Dokumentationserstellung, wird zum einen durch die Kennzahlen „zeitlicher Aufwand", „Terminologieumfang", „Terminologiezuwachs" und „Terminologiekonsistenz" berechnet. Diese Kennzahlen dienen der systematischen und strukturierten Darstellung von Ist-Werten gegenüber

---

965   Vgl. Straub 2009.
966   Vgl. Grosse et al. 1982, S. 228.

dem Management und können darüber hinaus für die Argumentation erforderlicher Investitionen in Form von Ressourcen oder beispielsweise in Form von zusätzlichen Systemen verwendet werden. Der zeitliche Aufwand für die Terminologiearbeit bezieht sich auf die Summe der Arbeitszeit für die Terminologiearbeit insgesamt. Während sich der Terminologieumfang aus der Summe der festgelegten Begriffe zusammensetzt, ist mit dem Terminologiezuwachs die Summe der neuen Begriffsfestlegungen gemeint. Die Bereinigung der Terminologie aus den Informationsmitteln (Altlasten) setzt sich aus der noch abzustimmenden Terminologie zusammen *(siehe Tab. 5.6)*.[967]

Tab. 5.6: Kennzahl „Terminologiearbeit"[968]

Kennzahlen	Berechnungen
Zeitlicher Aufwand für Terminologiearbeit pro Tag	$\sum$ Arbeitszeit Terminologiearbeit
Anteil Terminologiearbeit	$\dfrac{\sum \text{Arbeitszeit Terminologie}}{\sum \text{Gesamtarbeitszeit}} \times 100$
Terminologieumfang	$\sum$ Standardisierte Terminologie
Terminologiezuwachs von MM/YYYY bis MM/YYYY	$\sum$ Neue standardisierte Terminologie
Bereinigung der Terminologie (Altlasten)	$\sum$ Noch abzustimmende Terminologie

Die Standardisierung als Basis für eine effektive Wiederverwendung von Textbausteinen wird zum einen durch die Terminologiearbeit zum anderen jedoch auch durch die Erstellung und Bereitlegung von Gleichtexten bzw. Re-Use-Elementen gewährleistet. Die Kennzahl „*Redaktion/Wiederverwendung*" setzt sich aus dem zeitlichen Aufwand für redaktionelle Tätigkeiten, dem zeitlichen Aufwand für die Erstellung von Re-Use-Elementen sowie dem Anteil der Standardisierungsarbeit und dem Re-Use-Umfang zusammen *(siehe Tab. 5.7)*.[969]

Mit dem Lektoratsprozess werden alle Aufgaben zusammengefasst, die für die Einhaltung der firmeninternen Qualitäts- und Prozessstandards erforderlich sind. Vor diesem Hintergrund ist die maschinelle Dokumentationsprüfung durch CLAT ein entscheidender Aspekt, der zur Gewährleistung der Dokumentationsqualität beiträgt. Die Kennzahl für den Prozess „*Lektorat*" setzt sich u. a. aus

---

967 Vgl. Straub 2009, S. 149 ff; Schmitz 2010, S. 52 ff.
968 Eigene Darstellung in Anlehnung an Straub 2009.
969 Vgl. Straub 2009, S. 191 ff.

dem zeitlichen Lektoratsaufwand und der durchschnittlichen Fehlerzahl zusammen *(siehe Tab. 5.8).*[970]

Tab. 5.7: Kennzahl „Redaktion/Wiederverwendung"[971]

Kennzahlen	Berechnungen
Zeitlicher Aufwand Redaktion	$\sum$ Arbeitszeit Redaktion
Durchschnittlicher zeitlicher Aufwand Redaktion	$\dfrac{\sum \text{Zeitlicher Aufwand Redaktion}}{\sum \text{Dokumentationsprojekte}}$
Zeitlicher Aufwand pro Re-Use-Element	$\sum$ Arbeitszeit für Re-Use-Elemente
Anteil der Standardisierungsarbeit	$\dfrac{\sum \text{Arbeitszeit für Re-Use-Elemente}}{\sum \text{Gesamtarbeitszeit}} \times 100$
Re-Use-Umfang	$\sum$ Standardisierte Re-Use-Elemente

Mit den Kennzahlen für die Prüfung der „*Dokumentationsqualität*" und Dokumentationsverständlichkeit werden alle Aufgaben zusammengefasst, die vor der Dokumentationsfreigabe erfolgen. In diesem Zusammenhang ist der Einsatz von ZertiFAKT zur Ermittlung der Dokumentationsqualität nach vorher festgelegtem Gewichtungsschema von zentraler Bedeutung. Folglich setzen sich die Kennzahlen für diesen Prozessschritt aus der Fehleranzahl einzelner Prüfkategorien sowie aus der Anzahl korrekt verwendeter Terminologie zusammen. Die Gesamtbewertung durch ZertiFAKT verdeutlicht anschließend die Qualitätsgüte der Dokumentationen nach vorher definierten Schwellenwerten.[972]

---

970 Vgl. Straub 2009, S. 196 ff.
971 Eigene Darstellung in Anlehnung an Straub 2009.
972 Vgl. Straub 2009, S. 197 f.

Tab. 5.8: Kennzahl „Lektorat"[973]

Kennzahlen	Berechnungen
Lektoratsaufwand	$\sum$ = Arbeitszeit Lektorat
Durchschnittlicher zeitlicher Aufwand Lektorat	$\dfrac{\sum \text{Zeitlicher Aufwand Lektorat}}{\sum \text{Dokumentationsprojekte}}$
Anteil zeitlicher Aufwand Lektorat	$\dfrac{\sum \text{Arbeitszeit Lektorat}}{\sum \text{Gesamtarbeitszeit}} \times 100$
Lektoratsdauer pro Dokument	$\sum$ Stunden Lektorat (Datum Start - Datum Ende)
Durchschnittliche Lektoratsdauer	$\dfrac{\sum \text{Lektoratsdauer}}{\sum \text{Dokumentationsprojekte}}$
Fehlerzahl	$\sum$ Aufgedeckter Fehler
Durchschnittliche Fehlerzahl pro Dokument	$\dfrac{\sum \text{Fehleranzahl}}{\sum \text{Korrigierte Dokumente}}$

Tab. 5.9: Kennzahl „Dokumentationsqualität"[974]

Kennzahlen	Berechnungen
Anzahl der Terminologiefehler pro Dokument	$\dfrac{\sum \text{Terminologiefehler}}{\sum \text{Wörter im Text}}$
Anzahl der Stilfehler pro Dokument	$\dfrac{\sum \text{Stilfehler}}{\sum \text{Wörter im Text}}$
Anzahl der Grammatikfehler pro Dokument	$\dfrac{\sum \text{Grammatikfehler}}{\sum \text{Wörter im Text}}$
Anzahl der Rechtschreibfehler pro Dokument	$\dfrac{\sum \text{Rechtschreibfehler}}{\sum \text{Wörter im Text}}$
Anzahl korrekt verwendeter Terminologie pro Dokument	$\dfrac{\sum \text{Korrekte Terminologie}}{\sum \text{Wörter im Text}}$
Gesamtbewertung durch ZertiFAKT pro Dokument	$\dfrac{\sum \text{Fehlerkategorien insgesamt}}{\sum \text{Wörter im Text}}$

---

973 Eigene Darstellung in Anlehnung an Straub 2009.
974 Eigene Darstellung in Anlehnung an Straub 2009.

6 Schlussbetrachtung

6.1 Zusammenfassung und Fazit

Der thematische Fokus der vorliegenden Arbeit wurde auf das Produkt Technische Dokumentation, als wesentlicher Bestandteil des Produkts, gelegt. Technische Dokumentation als verkaufsfördernder Faktor, insbesondere in gesättigten Märkten, ging in diesem Zusammenhang als Zusatz- und Serviceleistung hervor, wodurch Nachkaufunsicherheiten bzw. kognitive Dissonanzen beim Kunden reduziert werden können. Die Relevanz von Technischer Dokumentation hinsichtlich der Kommunikations- und Wissenstransferprozesse wurde durch die Positionierung innerhalb des Produktlebenszyklusses dargestellt. Die frühzeitige Informationsanbindung Technischer Redakteure im Produktlebenszyklus, beispielsweise bereits bei der Erstellung von Lasten- und Pflichtenheften, ermöglicht vor diesem Hintergrund eine interdisziplinäre Vernetzung innerhalb des Unternehmens. Aus dieser Vernetzung können Synergien genutzt, Doppelarbeiten reduziert und effizientes Arbeiten unterstützt werden. Die Qualität Technischer Dokumentation wurde vor diesem Hintergrund als entscheidende Prämisse zur erfolgreichen Generierung der Faktoren Kundenzufriedenheit und Kundenbindung hervorgehoben *(vgl. Kapitel 2)*.

Die Kontrastierung verschiedener Qualitätsansätze und Qualitätsmanagementkonzepte bereitete die erforderliche Grundlage zur Qualitätsbeurteilung Technischer Dokumentation, wobei anstelle einer isolierten Betrachtung einzelner theoretischer Ansätze eine ganzheitliche Qualitätsbeurteilung vorgenommen wurde. Hierbei wurden die klassischen Wettbewerbsfaktoren Qualität, Zeit und Kosten in Beziehung zueinander gesetzt. Die Relevanz einer strategischen Qualitätsplanung innerhalb einer frühen Produktlebenszyklusphase wurde als Methode zur Reduzierung langfristiger Fehlerkosten, zeitintensiver Nacharbeiten sowie Reklamationen vorgestellt *(vgl. Kapitel 3.2.2)*. In diesem Zusammenhang kristallisierten sich sprachliche Faktoren als Qualitätskriterien für die Beurteilung Technischer Dokumentation heraus. Mithilfe kognitions- und instruktionspsychologischer Ansätze wurden Bedingungen identifiziert, die das Verstehen und Behalten von Texten und Informationen verstärken.[975] Aus den Zielen der Textverarbeitung wurden Anwendungskonsequenzen für die Textgestaltung sowie konkrete Techniken der Textoptimierung abgeleitet. Auf Basis der zusammengestellten Qualitätskriterien stellte sich die kontrollierte Sprache als geeignete Methode zur Erhöhung der Textverständlichkeit im Rahmen der Techni-

---

975 Vgl. Groeben, Christmann 1989; Ausubel 1967, S. 234; Christmann, Groeben 1996; Kintsch, van Dijk 1978, S. 364; Langer et al. 1993, S. 144.

schen Dokumentation heraus. Die damit einhergehende Konzipierung einer Corporate Language wurde folglich als Methode der Qualitätsplanung aufgefasst. Hierbei wurde die Standardisierung der Begriffsvielfalt auf terminologischer Ebene als notwendige Voraussetzung für die übersetzungsgerechte und somit effiziente Textproduktion dargelegt *(vgl. Kapitel 3.3 und Kapitel 3.4)*.

Sprachtechnologie wurde vor diesem Hintergrund zur Gewährleistung der Qualitätsstandards als Schlüsseltechnologie und Qualitätsmanagementinstrument im Rahmen der Dokumentationserstellung betrachtet. Als Basis für die Qualitätsplanung im Rahmen der Dokumentationserstellung wurde das Terminologiemanagement interdisziplinär diskutiert, woraus sich neue Synergien, u. a. die Optimierung des internen und externen Wissensmanagements sowie die Repräsentation des Unternehmenswissens innerhalb der Terminologiedatenbank, ergaben *(vgl. Kapitel 4.2)*. Im Rahmen der Qualitätslenkung stellten sich Controlled Language Checker als adäquate sprachtechnologische Anwendungen heraus, mit denen die kontrollierte Sprache in der Praxis umgesetzt und die Qualität der Technischen Dokumentationen gesichert werden können. Ferner wurden Authoring-Memory-Systeme sowie das Konzept von standardisierten Textbausteinen als Methode für die effiziente Dokumentationserstellung vorgestellt. Im Rahmen der Qualitätsbeurteilung wurde die Möglichkeit erörtert, auf Basis der eingesetzten Technologien, Kennzahlen für die Technische Dokumentation zu entwickeln *(vgl. Kapitel 4.3)*.

Das konzipierte Vier-Ebenen-Modell zur ganzheitlichen Qualitätssicherung in der Technischen Dokumentation verdeutlichte in diesem Zusammenhang Synergie- und Wertschöpfungspotenziale durch den Einsatz von Sprachtechnologie auf der Personen-, Dokumentations-, System- und Prozessebene. Einer isolierten Betrachtung einzelner Wertschöpfungsfaktoren wurde in diesem Modell vorgebeugt, sodass insgesamt wechselseitige Beziehungen und hieraus resultierende Synergien stärker hervorgehen konnten. Dadurch wurde die ganzheitliche Betrachtung der Qualitätsoptimierung unter Berücksichtigung verschiedener qualitätsgenerierender Faktoren forciert *(vgl. Kapitel 4.5.1)*. Einseitige Investitionen, beispielsweise in neue Systeme ohne Berücksichtigung der übergeordneten Prozesse oder Zielgruppen, wurden mit dem Vier-Ebenen-Modell kritisch bewertet. Auf allen vier Ebenen des Modells konnten qualitative Optimierungen durch den Einsatz von Sprachtechnologien dargelegt werden. Die aus diesem Modell abgeleiteten Prämissen wurden auf das Qualitäts-Kosten-Zeit-Beziehungsmodell übertragen und anschließend innerhalb eines ganzheitlich orientierten Prozessstandards für die Dokumentationserstellung angewandt *(vgl. Kapitel 4.5)*.

Die empirischen Untersuchungen wurden innerhalb der Volkswagen AG im Bereich „After Sales Technik" durchgeführt, wodurch praxisnahe Rahmenbedingungen und komplexe Herausforderungen gewährleistet wurden. Aus der

Triangulation verschiedener Untersuchungsmethoden wurden die Untersuchungsergebnisse basierend auf den Prämissen des Vier-Ebenen-Modells ausgewertet und hieraus neue Erkenntnisse für die Wissenschaft und Praxis abgeleitet. Vor dem Hintergrund der unternehmensspezifischen Rahmenbedingungen innerhalb des Fallbeispiels konnten die Untersuchungsergebnisse bzgl. ihrer Operationalisierung interpretiert werden, sodass lösungsorientierte Handlungsempfehlungen abgeleitet werden konnten.

Zusammenfassend wurden auf Personenebene persönliche Lerneffekte und die Kompensierung von Mängeln bzgl. der sprachlichen Kompetenz festgestellt. Die Relevanz von Kommunikationskanälen in Anlehnung an die Diffusionstheorie nach ROGERS[976] bestätigte sich im Fallbeispiel durch die Akzeptanz steigernde Wirkung von Feedback-Runden und dem CLAT-Newsletter als Informationsmedium. Die interdisziplinäre Herangehensweise und die Integration von Motivationstheorien konnten die Faktoren „intrinsische/extrinsische Motivation" und „Selbstbestimmtheit" bei der Nutzerakzeptanz von Sprachtechnologie belegen. Ferner wurden die Aspekte des arbeitsplatzintegrierten Lernens und der intuitiven Bedienbarkeit sprachtechnologischer Anwendungen als ausschlaggebende Faktoren für die Nutzerakzeptanz identifiziert. Anwendergruppen, die einen vermehrt technischen oder einen fachfremden Hintergrund (Quereinsteiger) besaßen, konnten ihre eigene Sprachkompetenz nur unzureichend bewerten. Dies verdeutlichte der Vergleich der Befragungsergebnisse mit den Ergebnissen der Dokumentationsanalyse. Eine Sensibilisierung in Bezug auf die kontrollierte Sprache wurde daher als dringend erforderliche Maßnahme empfohlen. In diesem Zusammenhang wurden Quereinsteiger und technikaffine Anwender als Innovatoren identifiziert,[977] mit deren Unterstützung die Akzeptanz einer neuen sprachtechnologischen Anwendung forciert werden kann *(vgl. Kapitel 5.4)*.

Auf Dokumentationsebene wurden anhand detaillierter Analysen mangelhafte Ergebnisse auf allen linguistischen Ebenen festgestellt, die erst durch den Einsatz von Sprachtechnologie im Rahmen der Dokumentationserstellung identifiziert und korrigiert wurden. Die Bewertung der Qualitätsgüte durch das eingesetzte Kennzahlensystem verdeutlichte die mangelhafte Dokumentationsqualität und im Vergleich dazu die messbare Qualitätsoptimierung durch den Einsatz von Sprachtechnologie. Darüber hinaus wurden durch den Einsatz des maschinellen Lektorats zum einen die Ziele des Terminologiemanagements konsolidiert und die Verwendung von konsistenter Terminologie bei den Anwendern forciert *(vgl. Kapitel 5.5)*.

---

976 Vgl. Rogers 2003.
977 Ebenda.

In Bezug auf die Systemebene wurde die Reduzierung der terminologischen Variantenvielfalt innerhalb der Translation-Memorys durch den Einsatz des maschinellen Lektorats belegt. Ferner konnten Synergien durch den Einsatz von Sprachtechnologie anhand von praktischen Beispielen aufgezeigt werden. Darüber hinaus wurden zur Standardisierung auf Textebene zum einen der Einsatz von Re-Use-Elementen bzw. Gleichtexten bei der Dokumentationserstellung vorgestellt. Zum anderen wurde die Konzipierung eines Baukastenprinzips sowie der Einsatz eines Authoring-Memory-Systems mit monolingualer oder bilingualer Ausrichtung zur Gewährleistung der Konsistenz und Wiederverwendung von Dokumentationsinhalten präsentiert *(vgl. Kapitel 5.6)*.

Gleichermaßen verdeutlichten die Untersuchungen auf prozessualer Ebene die Relevanz von Sprachtechnologie für die Gewährleistung von standardisierten und effizienten Prozessen. Hierzu wurde ein Prozessphasenmodell für die Dokumentationserstellung konzipiert, bei dem jeder einzelne Teilprozess optimal durch verfügbare Sprachtechnologien unterstützt wird. Die sich hieraus ergebende Prozessstabilität konnte ebenfalls mithilfe eines praxisnahen Beispiels im Rahmen der Terminologieabstimmung veranschaulicht werden *(vgl. Kapitel 5.7.1)*. Ferner wurden drei Workflows für den Einsatz des Evaluierungswerkzeugs ZertiFAKT konzipiert, mit dessen Hilfe Redaktions- und Lektoratsprozesse sowie die Einführung neuer Systemversionen optimal unterstützt werden können. Als zentraler Aspekt innerhalb der Prozessebene wurden die Erarbeitung von Kennzahlen und die Konzipierung eines Kennzahlensystems deklariert. Die Ergebnisse der Untersuchungen wurden abschließend in Form von konkreten Kennzahlen für die Terminologiearbeit, Redaktion/Wiederverwendung, das Lektorat sowie die Dokumentationsqualität zusammengestellt, die als Qualitätsprüfsteine verwendet werden können *(vgl. Kapitel 5.7)*.

In Anbetracht der transdisziplinären Herangehensweise und Untersuchungsergebnisse leistet die vorliegende Arbeit einen wertvollen und fassettenreichen Beitrag für die Wissenschaft, da neue Erkenntnisse aus der Unternehmenspraxis mit der Forschung verknüpft wurden und sich aus dieser Symbiose anwendbare Handlungsempfehlungen für die Praxis ableiten lassen. Sowohl Theorie als auch Praxis profitieren folglich gleichsam von den gewonnenen Untersuchungsergebnissen und den hieraus abgeleiteten Erkenntnissen. Die Untersuchungsergebnisse können ferner als Argumentationsgrundlage für die Darstellung der effizienten und qualitätsorientierten Dokumentationserstellung durch den Einsatz von Sprachtechnologie verwendet und forciert werden. Als Resultat der Untersuchungen können die aufgezeigten Workflows in der Unternehmenspraxis Einsatz finden und bestehende Prozesse innerhalb der Dokumentationserstellung zielgerichtet und langfristig optimieren.

6.2 Ableitung von Maßnahmen und Handlungskonsequenzen

Aus den Erkenntnissen der Forschungsarbeit können verschiedene Handlungskonsequenzen für die Theorie und Praxis abgeleitet werden. Hierzu zählen auf organisatorischer Ebene die Vernetzung verschiedener Unternehmensbereiche und die frühzeitige Involvierung der Technischen Redakteure und Terminologen im Produktlebenszyklus, z. B. in der Technischen Entwicklung bei der Erstellung von Lasten- und Pflichtenheften. Der hierdurch optimierte Informations- und Wissenstransfer führt zu Synergien und effizienten Arbeitsabläufen, reduziert Doppelarbeit und Wissenslücken, die andernfalls im Nachhinein durch zeit- und kostenintensive Nachfragen aufgearbeitet werden müssten. Vor diesem Hintergrund ist die Nutzung von kollaborativen Kommunikationstechnologien sinnvoll, um das bereichsübergreifende und kooperative Arbeiten an unterschiedlichen Orten zu gewährleisten.

Qualität als zentraler Maßstab bei der Dokumentationserstellung sollte top-down vorgelebt und als Zielvorgabe prozessübergreifend ausgerichtet werden. Hierbei ist von einer isolierten Betrachtung einzelner Qualitätsansätze, z. B. durch einen rein herstellungsorientierten Qualitätsansatz, abzuraten. Vielmehr sollte ein an die Unternehmensanforderungen adaptiertes Qualitätsmanagementmodell konzipiert werden, bei dem der Faktor Qualität neben den Faktoren Zeit und Kosten eine zentrale Rolle einnimmt und durch verschiedene Qualitätsmaßnahmen konsolidiert wird. Für die Einführung eines Qualitätsmanagements im Rahmen der Technischen Dokumentation ist zu beachten, dass aufgrund der kürzer werdenden Produktentwicklungszyklen und des allgemein steigenden Zeitdrucks nachgestellte Qualitätsprüfprozesse nicht sinnvoll sind. Stattdessen kann nur die Einführung iterativer und möglichst frühzeitig integrierter Qualitätsprüfprozesse den Anforderungen der herstellenden Unternehmen gerecht werden und einen frühzeitigen Fehlerabstellprozess ermöglichen. Investitionen müssen folglich in Bereich der Qualitätsplanung getätigt werden.

Ein wichtiger Aspekt bei der Optimierung der Dokumentationsqualität ist die intensivere Einbindung der Fachübersetzer in Form eines Feedback-Kanals im Rahmen der Dokumentationserstellung. Innerhalb des Übersetzungsprozesses steht die ausführliche inhaltliche und linguistische Auseinandersetzung mit dem Dokumentationsmaterial im Vordergrund. Der Übersetzer kann durch seine sprachliche und multilinguale Expertise bei der Konzipierung von Qualitätsoptimierungen berücksichtigt werden. Linguistische Schwachstellen der ausgangssprachlichen Dokumentation können durch die Fachübersetzer identifiziert und in konkrete Schulungsmaßnahmen für die Redakteure einfließen.

In Anlehnung an das Vier-Ebenen-Modell können ferner bei der Einführung von Sprachtechnologien Innovatoren stärker in neue Entwicklungen einbezogen werden. Vorteilhaft ist beispielsweise die Einplanung einer Pilotphase, innerhalb derer nur die als Innovatoren identifizierten Anwender eingebunden werden. Der hierdurch entstehende Neugier-Motivationseffekt bei nicht involvierten Anwendern kann die Nutzerakzeptanz und intrinsische Motivation fördern. Ferner ist die stärkere Unterstützung von Quereinsteigern bei der Einführung neuer Sprachtechnologien empfehlenswert.

Die Sensibilisierung in Bezug auf die Schriftsprache ist gerade bei Redakteuren mit stark technischem Hintergrund erforderlich. Abzuraten ist hier von der alleinigen Weitergabe eines Styleguides, der ohnehin aufgrund von Zeitdruck und Stress nicht konsequent befolgt werden kann. Vielmehr sind die kontinuierliche Schulung von Redakteuren und die Erklärung der Relevanz bestimmter Sprachregeln als effektive und nachhaltige Methoden zu betrachten. Hilfsmittel können zusätzlich u. a. Wikis, Newsletter und persönliche Feedback-Runden zwischen Technischen Redakteuren, Administratoren und Übersetzern sein.

In diesem Zusammenhang ist die rechtzeitige Einbindung der Zielgruppe und der jeweiligen Bedürfnisse und Anforderungen relevant. Die Erkenntnis, dass qualitative Mängel nicht lediglich durch ein neues System gelöst werden, muss stärker in der Unternehmensphilosophie verankert werden. Aus den Untersuchungsergebnissen wird deutlich, dass alle Qualitätsoptimierungen in erster Linie durch die Personenebene initiiert werden. Die Systemebene ist hierbei als Schlüsselebene und als technisches Hilfsmittel bei der Umsetzung zu begreifen, nicht jedoch als unikaler Lösungsweg. Dies geht einher mit der ganzheitlichen Qualitätssicht, bei der jeder Mitarbeiter verantwortlich für die Qualität der Dokumentationen und des Produkts ist. Qualitätssicherung ist folglich als Teamarbeit zu verstehen, bei der es auf die Leistung des Einzelnen ankommt. Prozesse und Systeme dienen lediglich als Unterstützung der Zielerreichung von qualitativen Anforderungen.

Ferner können Synergien durch eingesetzte Sprachtechnologien auf der Systemebene stärker genutzt werden. In diesem Zusammenhang wurde durch den Einsatz von Controlled Language Checker und ihrer integrierten Terminologieextraktion der Beitrag zum internen und externen Wissensmanagement deutlich. Die Optimierung der maschinellen Übersetzungsergebnisse kann beispielsweise durch die stärkere Verknüpfung mit vorhandenen Translation-Memorys erzielt werden *(vgl. Kapitel 5.3.4)*. Gleichzeitig kann die maschinelle Übersetzung bei der humanen Übersetzung für ausgangssprachliche Segmente verwendet werden, die noch nicht im Translation-Memory vorhanden sind. Eine halbautomatisierte Bereinigung der Translation-Memorys kann ferner durch Controlled Language Checker in Verbindung mit Quality Assurance Checker vorgenommen werden *(vgl. Kapitel 5.3.5 und Kapitel 5.5.2).* Denkbar ist der Einsatz der sprachpaarorientierten Konkordanzsuche innerhalb von Translation-Memorys in der ausgangssprachlichen Texterstellung. Dies kann z. B. für nichtmuttersprachliche Redakteure sinnvoll sein, die an unterschiedlichen Produktionsstandorten Dokumentationen in der Konzernsprache Deutsch erstellen müssen. Gleichermaßen sind Synergien zwischen Authoring-Memory-Systemen und Controlled Language Checker stärker zu entfalten. Darüber hinaus könnte die Funktion von Authoring-Memory-Systemen auch im Übersetzungsprozess integriert werden, sodass Übersetzer bei der Eingabe der Übersetzung bereits übersetzte Segmentvorschläge erhalten würden, anstelle vollständig übersetzter Sätze.

Darüber hinaus ist prozessseitig die frühzeitige Sprachstandardisierung als übergeordnetes Ziel im Rahmen der Qualitätsoptimierung von Technischer Dokumentation sinnvoll. Angefangen bei der Forschung und Entwicklung über das Produktmarketing hin zum Bereich After-Sales ist die Sensibilisierung für das Thema Corporate Language erforderlich. Arbeitsgremien und regelmäßige Teambesprechungen mit Vertretern aller Bereiche können hierbei erste Schritte sein. Die Aufbereitung, Pflege und Verwendung einer gemeinsamen Terminologiedatenbank als Basis für ein gemeinsames Fachvokabular ist das primäre Ziel, mit dem Synergien und weitere Wertschöpfungspotenziale innerhalb eines global agierenden Unternehmens gewonnen werden können. Darüber hinaus sind unternehmensübergreifende Arbeitsgruppen zu den Themen Technische Dokumentation, Terminologie und Sprachtechnologie fördernd, da Perspektiven und Lösungsmöglichkeiten anderer Unternehmen ausgetauscht und innerhalb eines Benchmarking-Prozesses zusammengeführt werden können.

6.3 Ausblick

Im Zuge der Darlegung der Relevanz von Sprachtechnologie für die Qualitätsoptimierung von Technischer Dokumentation wird deutlich, dass sprachtechnologische Anwendungen immer mehr Einzug in die Dokumentationserstellung nehmen. Kleine und mittelständische Unternehmen werden sich zukünftig immer mehr mit der Thematik auseinandersetzen und Lösungsmöglichkeiten, angepasst an ihre Anforderungen und unternehmensspezifischen Rahmenbedingungen, finden müssen, um sich neben der Konkurrenz behaupten zu können.

Ein wichtiges Thema innerhalb eingesetzter Sprachtechnologien wird die Bereinigung der über Jahre gesammelten und kaum überschaubaren Datenmengen sein. Dies bezieht sich auf Terminologieverwaltungssysteme, Translation-

Memory-Systeme sowie Authoring-Memory-Systeme. Im Rahmen der Qualitätsplanung ist hier die kontinuierliche Pflege der Datenmengen erforderlich, um optimale Ergebnisse und eine ideale Systemperformance zu erzielen. In diesem Zusammenhang müssen halb-automatisierte Verfahren zur Datenbereinigung quantitativ und qualitativ anhand von großen Datenmengen untersucht werden. Demzufolge werden zukünftig neue Aufgabengebiete im Rahmen von Redaktions- und Übersetzungsprozessen entstehen.

Auf Systemebene sind darüber hinaus qualitative und quantitative Untersuchungen in Bezug auf Synergien, z. B. Translation-Memory in Kombination mit maschineller Übersetzung oder die halbautomatisierte Bereinigung von Datenmengen, erforderlich. Gerade im Bereich der Übersetzung können weitere Forschungsergebnisse konkrete Prozessoptimierungen bewirken.

Forschungsdesiderate sind weiterhin zum einen das Thema Textverständlichkeit sowie motivationale Aspekte von Technischer Dokumentation in Bezug auf den Rezeptionsprozess der Leser. Qualitative Studien anhand unterschiedlicher Zielgruppen können konkrete Kriterien für das leserorientierte Schreiben erforschen, um eine kundenorientierte Dokumentationsgestaltung zu realisieren. In diesem Zusammenhang ist die Aufbereitung und Gestaltung von Technischer Dokumentation, adäquat jüngster technologischer Entwicklungen, relevant. Die Rolle von mobilen Endgeräten und die sich hieraus ergebenden Potenziale bei der Gewinnung von Kunden sowie der Erzeugung von Kundenzufriedenheit und Kundenbindung sind wichtige Themen, die in Zukunft gerade in gesättigten Märkten neue Wettbewerbsfaktoren erzeugen. Die stärkere Kundenorientierung im Rahmen der Technischen Dokumentation wird folglich vermehrt in die Redaktionsprozesse einfließen.

Ein zentraler Aspekt ist die Berücksichtigung unterschiedlicher Ziel- und Altersgruppen bei der Dokumentationserstellung. Wichtige Zielgruppen von kostenintensiven Produkten sind ältere Kunden bzw. Senioren, da diese Generationen eine stärkere Kaufkraft besitzen. Charakteristika dieser Zielgruppe, wie etwa abnehmende Sehstärke, abnehmende Technikaffinität und Verständnisschwierigkeiten bzgl. Anglizismen müssen bei der Dokumentationserstellung beachtet werden. Die Empfehlung ist daher, den Zielgruppen entsprechend eine Bandbreite unterschiedlich aufbereiteter Dokumentationen zusammenzustellen. Beispielsweise kann das Internet bei Zielgruppen jüngeren Alters stärker für Marketingzwecke genutzt werden. Auszüge oder vollständige Dokumentationen können Online zum Download bereitgestellt werden und für das erste Kennenlernen der Produktfunktionalitäten sind ebenfalls Apps[978] denkbar. Die Tendenz geht somit verstärkt in eine multimediale Aufbereitung von Informationen. In

---

978 App (engl.: application): Anwendung für Smartphones oder Tablet-Computer.

diesem Zusammenhang ist weitere Forschungsarbeit im Bereich der Text-Bild-Kombination innerhalb neuer Medien, unter Berücksichtigung der Informationsqualität und eines optimierten Rezeptionsprozesses, relevant.

Im Hinblick auf den Wandel Technischer Dokumentation und allen damit verbundenen Aufgaben und Prozessen werden sich zukünftig klassische Berufsbilder, z. B. Übersetzer und Technische Redakteure, durch neue Qualifikationsanforderungen weiterentwickeln. Neben der sprachlichen Qualifikation wird sich die Technikaffinität zunehmend als voraussetzende Eigenschaft herauskristallisieren, um den systemtechnischen Entwicklungen gewachsen zu sein. Demzufolge ist eine praxisorientierte Ausbildung vor dem Hintergrund der systemtechnischen Entwicklungen zukunftsweisend.

7 Literaturverzeichnis

Across Systems GmbH: Integration maschineller Übersetzung. Online verfügbar unter http://www.across.net/de/across-maschinelle-uebersetzung.aspx, zuletzt geprüft am 28.02.2011.

Alderfer, C. P. (1972): Existence, Relatedness and Growth. Human Needs in Organizational Settings. New York: Free Press.

Alexander, K. (2007): Kompendium der visuellen Information und Kommunikation. Berlin, Heidelberg: Springer.

Algedri, J. (1998): Integriertes Qualitätsmanagement. Konzept für die kontinuierliche Qualitätsverbesserung. Kassel: Institut für Arbeitswissenschaft.

Allen, J. (1995): Natural Language Understanding. The Benjamin/Cummings Series in Computer Science. Menlo Park, CA: Benjamin Cummings.

Allwood, C. M.; Wikstrom, T.; Reder, L. M. (1982): Effects of Presentation Format on Reading Retention: Superiority of Summaries in Free Recall. In: Poetics, H. 11, S. 145-153.

Anderson, J. R. (1982): Aquisition of Cognitive Skill. In: Psychological Review, H. 89, S. 369-406.

Anderson, J. R. (2007): Kognitive Psychologie. 6. Auflage. Berlin [u. a.]: Spektrum.

Arandan Yamchi, A. (2008): Terminologie als Instrument zur Explizierung impliziten Wissens in Kommunikationsprozessen am Beispiel der Volkswagen AG. Masterarbeit. Fachhochschule Köln.

Arandan Yamchi, Ana (2011): Ganzheitliche Qualitätssicherung in der Technischen Dokumentation: Qualität vs. Zeit vs. Kosten. Vortrag aus der Reihe "tekom Jahrestagung" vom 20.10.2011. Wiesbaden.

Arandan Yamchi, Ana (2012): Qualität planen und sichern in der Technischen Dokumentation. In: eDITion, H. 1/2012, im Druck.

Armbruster, B. B.; Anderson, T. H. (1980): The Effect of Mapping on the Free Recall of Expository Text. Center for the Study of Reading. Technical Report No. 160. Illinois University.

Arnold, D.; Balkan, L.; Humphreys, R. L.; Meijer, S.; Sadler, L. (1994): Machine Translation: An Introductory Guide. Manchester: NEC Blackwell.

Arntrup, J. W. (2010): Aspekte der Computerlinguistik. In: Carstensen, K.-U.; Ebert, Ch.; Jekat, S.; Klabunde, R.; Langer, H. (Hg.): Computerlinguistik und Sprachtechnologie. Eine Einführung. 3. Auflage. Heidelberg: Spektrum, S. 1-17.

Arntz, R.; Picht, H.; Mayer, F. (2004): Einführung in die Terminologiearbeit. 5. Auflage. Hildesheim, Zürich, New York: Olms.

Atteslander, P. (1995): Methoden der empirischen Sozialforschung. 8. Auflage. Berlin, New York: Walter de Gruyter.
Auer, Th. (2002): Reizwort Wissensmanagement. Wissensaustausch fördern. Hedingen. Online verfügbar unter http://www.community-of-knowledge.de/fileadmin/user_upload/attachments/ManuKMc-.pdf, zuletzt geprüft am 08.08.2011.
Aumayr, K. J. (2006): Erfolgreiches Produktmanagement: Tool-Box für das professionelle Produktmanagement und Produktmarketing. 1. Auflage. Wiesbaden: Gabler.
Ausubel, D. P. (1963): The Psychology of Meaningful Verbal Learning. New York: Grune/Stratton.
Ausubel, D. P. (1967): Educational Psychology: A Cognitive View. New York: Holt, Reinhart and Winston.
Ballstaedt, St.-P. (1996): Bildverstehen, Bildverständlichkeit – ein Forschungsüberblick unter Anwenderperspektive. In: Krings, H. P. (Hg.): Wissenschaftliche Grundlagen der technischen Kommunikation. Tübingen: Gunter Narr, S. 191-233.
Ballstaedt, St.-P. (1997): Wissensvermittlung. Die Gestaltung von Lernmaterial. Weinheim: Beltz, Psychologie Verlags Union.
Ballstaedt, St.-P. (2005): Visualisierung: Bilder in der technischen Kommunikation. Zertifikatslehrgang Technical Writing/Technische Dokumentation 2005/2006. Fachhochschule Gelsenkirchen.
Ballstaedt, St.-P.; Mandl, H.; Schnotz, W.; Tergan, S.-O. (1981): Texte verstehen – Texte gestalten. München: Urban & Schwarzenberg.
Bassin, C. B.; Martin, C. J. (1976): Effects of Three Types of Redundancy Instruction on Comprehension, Reading Rate and Reading Time of English Prose. In: Journal of Educational Psychology, H. 68, S. 649-652.
Bauer, C.-O. (1994): Anforderungen aus Rechtsnormen – Umfang, Inhalt und Zielgruppenbezug von Benutzerinformationen. In: Verein Deutscher Ingenieure (Hg.): Professionelle Benutzerinformation. Das Qualitätsmerkmal für Kundenorientierung. Tagung München, 17.-18.03.1994. Düsseldorf: VDI, S.11-24.
Baumann, K.-D. (1995): Die Verständlichkeit von Fachtexten. Ein komplexer Untersuchungsansatz. In: Fachsprache/International Journal of LSP, H. 17.3-4, S. 116-126.
Baurmann, J. (1989): Empirische Schreibforschung. In: Antos, G.; Krings, H. P. (Hg.): Textproduktion. Ein interdisziplinärer Forschungsüberblick. Tübingen: Max Niemeyer, S. 257-277.
Becher, M.; Villiger, C. (2007): Terminologiemanagement und Corporate Language. Abstract. DGI Online-Tagung 2007. Fachhochschule Hannover.

Berkowitz, M. (1972): The Effect of Nominalisation on Reading Comprehension. In: Dissertation Abstracts International, H. 33 (6-A), S. 2757.
Berlyne, D. E. (1954): An Experimental Study of Human Curiosity. In: British Journal of Psychology, H. 45, S. 256-265.
Berlyne, D. E. (1960): Conflict, Arousal and Curiosity. New York: McGraw Hill.
Bieger, G. R.; Glock, M. D. (1985): The Information Content of Picture-Text Instructions. In: Journal of Experimental Education, H. 53/1985, S. 68-76.
Bieger, G. R.; Glock, M. D. (1986): Comprehending Spatial and Contextual Information in Picture-Text Instructions. In: Journal of Experimental Education, H. 54/1986, S. 181-188.
Biere, B. U. (1989): Verständlich-Machen: hermeneutische Tradition – historische Praxis – sprachtheoretische Begründung. Tübingen: Max Niemeyer.
Biere, B. U. (1991): Textverstehen und Textverständlichkeit. Heidelberg: Gross.
Blaikie, N. W. H. (1991): A Critique of the Use of Triangulation in Social Research. In: Quality & Quantity, H. 2, S. 115-136. Online verfügbar unter http://www.springerlink.com/content/w773301211366072/, zuletzt geprüft am 07.06.2011.
Blatt, A.; Freigang, K.-H. (1985): Computer und Übersetzen. Eine Einführung. Hildesheim [u. a.]: Olms.
Blümer, H.; Pütz, E. (2007): Zahlen & Fakten 2006. Bonn: Wirtschaftsgesellschaft des Kraftfahrzeuggewerbes mbH.
Bock, G. (1990): Ansätze zur Verbesserung von Technikdokumentation. Eine Analyse von Hilfsmitteln für Technikautoren in der Bundesrepublik Deutschland. Dissertation. Technische Universität Berlin.
Bodrow, W.; Bergmann, Ph. (2003): Wissensbewertung in Unternehmen. Bilanzieren von intellektuellem Kapital. Berlin: ESV.
Böhler, K. (2002): Produktion und technische Abwicklung der Realisation. In: Pepels, W. (Hg.): Bedienungsanleitungen als Marketinginstrument. Von der Technischen Dokumentation zum Imageträger. Renningen: Expert, S. 92-110.
Bohn, H. (1999): Translator's Workbench: Funktionalität – Entwicklungen – Kundenanforderungen. In: LDV-Forum – Forum der Gesellschaft für Linguistische Datenverarbeitung, H. 1/2 Dezember 1999, S. 36-41.
Borg, I. (2003): Führungsinstrument Mitarbeiterbefragung. Theorien, Tools und Praxiserfahrungen. 3. Auflage. Göttingen: Hogrefe.
Borst, A. (1990): Computus. Zeit und Zahl in der Geschichte Europas. Berlin: Klaus Wagenbach.
Bortz, J. (1984): Lehrbuch der empirischen Forschung. für Sozialwissenschaftler. Unter Mitarbeit von D. Bongers. New York, Tokyo: Springer.

Bowker, L. (2002): Computer-aided Translation Technology: A Practical Introduction. Ottawa: University of Ottawa Press.
Bowker, L.; Pearson, J. (2002): Working with Specialized Language. A Practical Guide to Using Corpora. London, New York: Routledge.
Bransfod, J.; Johnson, M. K. (1972): Contextual Prerequisites for Understanding: Some Investigations of Comprehension and Recall. In: Journal of Verbal Learning and Behavior, H. 11, S. 717-726.
Braster, B. (2008): Controlled Language Spreads its Wings. Adapting Simplified English to the Needs of New Sectors. In: Communicator, S. 33-34.
Brem, A. (2008): The Boundaries of Innovation and Entrepreneurship. Conceptual Background and Essays on Selected Theoretical and Empirical Aspects. Wiesbaden: Gabler.
Bretzke, W. (2006): Gestaltung und Vermarktung von Dienstleistungen als Managementherausforderung. In: Barkawi, K.; Baader, A.; Montanus, S. (Hg.): Erfolgreich mit After Sales Services – Geschäftsstrategien für Servicemanagement und Ersatzteillogistik. Berlin: Springer, S. 115-133.
Britton, B. K.; Muth, D.; Penland, M. J. (1985): Instructional Objectives in Text. Managing the Reader's Attention. In: Journal of Reading Behavior, H. 17, S. 101-113.
Broh, R. A. (1982): Managing Quality for Higher Profits. New York: McGraw Hill.
Bruhn, M. (1995a): Integrierte Unternehmenskommunikation. 2. Auflage. Stuttgart: Schäffer-Poeschel.
Bruhn, M. (1995b): Qualitätsmanagement im Dienstleistungsmarketing. Eine Einführung in die theoretischen und praktischen Probleme. In: Bruhn, M.; Stauss, B. (Hg.): Dienstleistungsqualität. Wiesbaden: Gabler, S. 19-46.
Bruhn, M. (1998): Wirtschaftlichkeit des Qualitätsmanagements. Qualitätscontrolling für Dienstleistungen. Berlin, Heidelberg: Springer.
Bruhn, M.; Hennig, K. (1993): Selektion und Strukturierung von Qualitätsmerkmalen. Auf dem Weg zu einem umfassenden Qualitätsmanagement für Kreditinstitute. In: Jahrbuch der Absatz- und Verbrauchsforschung, 39. Jahrgang, H. 3, S. 214-238.
Budin, G. (1996): Wissensorganisation und Terminologie. Die Komplexität und Dynamik wissenschaftlicher Informations- und Kommunikationsprozesse. Tübingen: Gunter Narr.
Budin, G. (2006): Kommunikation in Netzwerken – Terminologiemanagement. In: Pellegrini, T.; Blumauer, A. (Hg.): Semantic Web – Wege zur vernetzten Wissenschaft. Berlin: Springer, S. 453-467.
Bullinger, H.-J. (1998): Erfolgsfaktor technische Dokumentation. Kurzfassung zur Studie »Technische Dokumentation – Ermittlung der Potentiale im

Produktlebenszyklus – ein Verfahren zur Ermittlung von Kennzahlen für den Einsatz und Nutzwert der technischen Dokumentation«. Unter Mitarbeit von A. Hitzges, M. Krieger und M. Rohrbach. Stuttgart: Fraunhofer Institut für Arbeitswirtschaft und Organisation.

Bülow-Schramm, M. (2006): Qualitätsmanagement in Bildungseinrichtungen. Münster [u. a.]: Waxmann.

Bungard, W. (1979): Methodische Probleme bei der Befragung älterer Menschen. In: Zeitschrift für experimentelle und angewandte Psychologie, H. 26, S. 211-237.

Bungarten, Th. (1985): Sprache und Information in Wirtschaft und Gesellschaft. Kurztexte der Referate eines internationalen Kongresses. Hamburg: Edition Akademion.

Bürgerliches Gesetzbuch BGB. Online verfügbar unter http://www.gesetze-im-internet.de/bundesrecht/bgb/gesamt.pdf, zuletzt geprüft am 17.08.2011.

Burstein, J.; Chodorow, M.; Leacock, C. (Hg.) (2003): CriterionSM Online Essay Evaluation: An Application for Automated Evaluation of Student Essays. Fifteenth annual conference on innovative applications of artificial intelligence, 08/2003. Acapulco, Mexico.

Cabré Castellví, M. T. R.; Bagot, E.; Palatresi, J. V.; J. (2001): Automatic term detection: A review of current systems. In: Bourigault, D.; Jacquemin; C. L'Homme, M.-C. (Hg.): Recent Advances in Computational Terminology. Amsterdam, Philadelphia: John Benjamins, S. 53-88.

Carstensen, K.-U. (2003): Rezension zu Willée, Gerd; Schröder, Bernhard; Schmitz, Hans-Christian (Hg.) (2002): Computerlinguistik. Was geht, was kommt? In: Linguistik online, H. 17, 5/03. Online verfügbar unter http://www.linguistik-online.de/17_03/rezension.html, zuletzt geprüft am 19.10.2010.

Carstensen, K.-U. (2005): Computerlinguistik – eine Einführung. Vorlesung „Grundlagen der Computerlinguistik", WS 2005/2006. Universität Freiburg.

Carstensen, K.-U. (2010): Anwendungen. In: Carstensen, K.-U.; Ebert, Ch.; Jekat, S.; Klabunde, R.; Langer, H. (Hg.): Computerlinguistik und Sprachtechnologie. Eine Einführung. 3. Auflage. Heidelberg: Spektrum, S. 553-658.

Carstensen, K.-U. (2011): Sprachtechnologie. Ein Überblick. Version 2.03. Online verfügbar unter https://files.ifi.uzh.ch/cl/carstens/Materialien/Sprachtechnologie.pdf, zuletzt geprüft am 23.05.2011.

Carstensen, K.-U.; Ebert, Ch.; Jekat, S., et al. (Hg.) (2010): Computerlinguistik und Sprachtechnologie. Eine Einführung. 3. Auflage. Heidelberg: Spektrum.

Chiesi, H. L.; Spilich, G. J.; Voss, J. F. (1979): Aquisition of Domain-related Information in Relation to High and Low Domain Knowledge. In: Journal of Verbal Learning and Behavior, H. 18, S. 257-274.

Childress, M. D. (2004): Terminologiemanagement und Wissensmanagement bei der SAP AG. In: Mayer, F.; Schmitz, K.-D.; Zeumer, J. (Hg.): Terminologie und Wissensmanagement. Akten des Symposions zum Deutschen Terminologie Tag e.V.; Köln, 26.-27.03.2004, S. 127-143.

Childress, M. D.; Massion, F.; Oehmig, P. (2006): Effektive Terminologiearbeit. Vortrag aus der Reihe "BDÜ-Seminar" vom 08.04.2006. Köln.

Chomsky, N. (1964): Syntactic Structures. Mouton: The Hague.

Christmann, U. (1989): Modelle der Textverarbeitung: Textbeschreibung als Textverstehen. Münster: Aschendorff.

Christmann, U.; Groeben, N. (1996): Textverstehen, Textverständlichkeit – ein Forschungsüberblick unter Anwenderperspektive. In: Krings, H. P. (Hg.): Wissenschaftliche Grundlagen der technischen Kommunikation. Tübingen: Gunter Narr, S. 129-189.

Claasen, U. (2006): Welche Rolle spielt Wissensmanagement für die Unternehmenskultur? In: Horváth, P. (Hg.): Wertschöpfung braucht Werte. Wie Sinngebung zur Leistung motiviert. Stuttgart: Schäfer-Poeschel, S. 201-215.

Closs, S. (2007): Single Source Publishing. Topicorientierte Strukturierung und DITA. Siegen: Entwickler.Press.

Closs, S. (2008): Authoring Memory – das elektronische Gedächtnis. Online verfügbar unter http://www.documanager.de/magazin/artikel_1807_authoring_memory.html, zuletzt geprüft am 24.11.2010.

Cole, R. A.; Mariani, J.; Uszkoreit, H., et al. (Hg.) (1997): Survey of the State of the Art in Human Language Technology. Unter Mitarbeit von G. Varile und A. Zampolli. Cambridge: Cambridge University Press.

Coleman, E. B. (1964): The Comprehensibility of Several Grammatical Transformations. In: Journal of Applied Psychology, H. 48, S. 131-134.

Collmann, O. (2008): Übersetzungsgerechtes Schreiben 2.0. Neue Konzepte aus Forschung und Praxis. Vortrag aus der Reihe "Anglophoner Tag 2008" vom 08.05.2008. Online verfügbar unter http://www.iim.fh-koeln.de/AT08/praesentationen/Collmann-AT08.pdf, zuletzt geprüft am 20.05.2011.

Congree (2010): Consistent Content, Corporate Style, Controlled Language. Autorenunterstützung für Profis. Online verfügbar unter http://www.congree.com/doc/congree_authoring_assistance_de.pdf, zuletzt geprüft am 09.08.2011.

Cranach, M.; Frenz, H. G. (1975): Systematische Beobachtung. In: Graumann, C. F. (Hg.): Handbuch der Psychologie. Sozialpsychologie. Göttingen: Hogrefe.
Crownson, R. A. (1970): Classification and Biology. London: Heinemann Educational Books Ltd.
Dale, R.; Moisl, H.; Somers, H. (Hg.) (2000): Handbook of Natural Language Processing. New York: Marcel Dekker Inc.
Dangelmaier, W.; Emmrich, A.; Gajewski, T. (2006): Referenzmodell zur Serviceproduktgestaltung in der Automobilzuliefererindustrie. In: Barkawi, K.; Baader, A.; Montanus, S. (Hg.): Erfolgreich mit After Sales Services – Geschäftsstrategien für Servicemanagement und Ersatzteillogistik. Berlin: Springer, S. 153-177.
Datamonitor: Datamonitor View – Car Aftermaret in Europe 2006. Online verfügbar unter http://about.datamonitor.com/sectors/automotive.htm, zuletzt geprüft am 19.08.2010.
DAT-Report (2007): DAT-Report 2007. Würzburg: Kfz-Betrieb/Vogel.
Davenport, T. H. (1997): Process Innovation: Reengineering Work through Information Technology. Boston: Harvard Business School Press.
Davenport, T. H.; Prusak, L. (1999): Wenn ihr Unternehmen wüsste, was es alles weiß. Landsberg, Lech: Verlag Moderne Industrie.
Deci, E. L. (1992): Interest and the Intrinsic Motivation of Behavior. In: Renninger, K. A.; Hidi, S.; Krapp, A. (Hg.): The Role of Interest in Learning and Development. Hillsdale, NJ: Erlbaum, S. 43-70.
Deci, E. L. (Hg.) (1975): Intrinsic Motivation. New York: Plenum.
Deci, E. L.; Ryan, R. M. (1985): Intrinsic Motivation and Self-Determination in Human Behavior. New York: Plenum.
Deci, E. L.; Ryan, R. M. (1987): The Support of Autonomy and the Control of Behaviour. In: Journal of Personality and Social Psychology, H. 53, S. 1024-1034.
Deci, E. L.; Ryan, R. M. (1993): Die Selbstbestimmungstheorie der Motivation und ihre Bedeutung für die Pädagogik. In: Zeitschrift für Pädagogik, 39. Jahrgang, H. 2, S. 223-238.
Deloitte (2004): Deloitte Automotive Market Watch – Wie loyal sind deutsche Autokäufer? Frankfurt: Deloitte Consulting.
Deming, W. E. (1982): Quality, Productivity and Competitive Position. Cambridge, Mass.: MIT center for Advanced Engineering Study.
Deutsche Gesellschaft für Qualität (1995): DQS-Zertifikate. Liste, Zertifizierungsleistungen und Preise. Frankfurt am Main.
Deutsches Terminologie-Portal (2010): Terminologie – wozu? Online verfügbar unter http://www.iim.fh-koeln.de/dtp/, zuletzt geprüft am 15.12.2010.

Diekhoff, G. M.; Brown, P. J.; Dansereau, D. F. (1981): A Prose Learning Strategy Training Program Based on Network and Depth-of-Processing Models. In: Journal of Experimental Education, H. 50, S. 180-184.

Diekmann, A. (2007): Empirische Sozialforschung. Grundlagen, Methoden, Anwendungen. Hamburg: Rowohlt-Taschenbuch-Verlag.

Diez, W. (2006): Automobilmarketing: Erfolgreiche Strategien, praxisorientierte Konzepte, effektive Instrumente. 5. Auflage. Landsberg, Lech: Verlag Moderne Industrie.

Diez, W. (2010): Zeitenwende im Automobilservice. Eine Studie im Auftrag der Automechanika, Messe Frankfurt Exhibition GmbH. Nürtingen-Geislingen.

DIN 2330, 1993-12: Begriffe und Benennungen – Allgemeine Grundsätze. Berlin: Beuth.

DIN 2331, 1980-04: Begriffssysteme und ihre Darstellung. Berlin: Beuth.

DIN 2342-1, 1992-10: Begriffe der Terminologielehre; Grundbegriffe. Berlin: Beuth.

DIN 6789-1:1990-09: Dokumentationssystematik; Aufbau Technischer Produktdokumentationen. Berlin: Beuth.

DIN EN ISO 9000:2005, 2005-12: Qualitätsmanagementsysteme – Grundlagen und Begriffe; Dreisprachige Fassung. Berlin: Beuth.

DIN ISO 15226, 1999-10: Technische Produktdokumentation – Lebenszyklusmodell und Zuordnung von Dokumenten. Berlin: Beuth.

Disch, W. K. A. (1990): Nach-Verkaufen. In: Marketing Journal, 23. Jahrgang, H. 6/1990, S. 58-594.

Ditté, M. (2004): Effizienzsteigerung des Einsatzes von Übersetzungsspeichern durch Verwendung einer kontrollierten Sprache in der Technischen Dokumentation. Diplomarbeit. Universität Hildesheim.

Dooling, D. J.; Lachmann, R. (1971): Effects of Comprehension on Retention of Prose. In: Journal of Experimental Psychology, H. 88, S. 216-222.

Doppler, D. (2009): Corporate Language zahlt sich für Unternehmen aus. Unternehmenskommunikation. Business-Wissen – Werkzeuge für Organisation und Management. Online verfügbar unter http://www.business-wissen.de/marketing/unternehmenskommunikation-corporate-language-zahlt-sich-fuer-unternehmen-aus/, zuletzt geprüft am 20.05.2011.

Dörhöfer, St. (2007): Wissensteilung braucht Kultur – Die soziokulturelle Wende im Wissensmanagement. Online verfügbar unter http://www.doku.info/doku_article_232.html, zuletzt aktualisiert am 16.11.2009.

Döttinger, K.; Klaiber, E. (1994): Realisierung eines wirksamen Qualitätsmanagementsystems im Sinne des Total Quality Managements. In: Strauss, B. (Hg.): Qualitätsmanagement und Zertifizierung. Wiesbaden, S. 255-273.

Dreikorn, J. (2010): Heiß begehrt und bitter nötig. Sprachliche Standardisierung von Lasten- und Pflichtenheften. In: technische kommunikation, 32. Jahrgang, H. 4/10, S. 22-26.

Drinkmann, A.; Groeben, N. (1981): Techniken der Textorganisation zur Verbesserung des Lernens aus Texten. Ein metaanalytischer Überblick. Bericht aus dem Psychologischen Institut der Universität Heidelberg, Diskussionspapier Nr. 27. Heidelberg.

Drumm, H. J. (2008): Personalwirtschaft. 6. Auflage. Berlin, Heidelberg: Springer.

Duden (2005): Fremdwörterbuch. Mannheim: Bibliographisches Institut.

Dunne, K. (2007): Terminology: Ignore it at Your Peril. In: MultiLingual, H. 6/2007.

Ebert, A. (2010): Evaluierung des Tools crossAuthor Linguistic anhand des Reparaturleitfadens Passat 2006, Karosserie-Montagearbeiten Außen, von VST-1 der Volkswagen AG: Diplomarbeit. Hochschule Magdeburg-Stendal.

Edelmann, W. (2000): Lernpsychologie. 6. Auflage. Kempten: Beltz, Psychologie Verlags Union.

Ellsworth, J. B. (2000): Surviving changes: A Survey of Educational Change Models. Syracuse, NY: ERIC Clearinghouse.

Engelkamp, J. (1973): Semantische Struktur und die Verarbeitung von Sätzen. Bern: Huber.

Engelkamp, J. (1976): Satz und Bedeutung. Stuttgart: Kohlhammer.

Erbslöh, E. (1972): Interview. Stuttgart: Teubner.

ETS: Criterion. Online Writing Evaluation Service. Online verfügbar unter http://www.ets.org/criterion, zuletzt geprüft am 29.04.2011.

Evans, R. V. (1973): The Effect of Transformational Simplification on the Reading Comprehension of Selected High School Students. In: Journal of Reading Behavior, H. 5, S. 273-281.

Fantapié Altobelli, C. (1991): Die Diffusion neuer Kommunikationstechniken in der Bundesrepublik Deutschland. Heidelberg: Physica.

Faßnacht, G. (1979): Systematische Verhaltensbeobachtung. München: Reinhardt.

Faw, H. F.; Waller, T. G. (1976): Mathemagenic Behaviors and Efficiency in Learning from Prose Materials. Review, Critique and Recommendations. In: Review of Educational Research, H. 46, S. 691-720.

Fawcett, H. (2007): Schreiben sie schon glokal? Global denken, lokal handeln – auch in der Technikredaktion. Vortrag aus der Reihe "tekom Jahrestagung" vom 09.11.2007. Wiesbaden. Online verfügbar unter http://www.

doku.info/attachments/239/0711_Fawcett_Schreiben-Sie-schonglokal.pdf, zuletzt geprüft am 20.05.2011.
Feigenbaum, A.V. (1991): Total Quality Control. New York: McGraw Hill.
Felber, H. (1994): Allgemeine Terminologielehre und Wissenstechnik. Theoretische Grundlagen. Wien: TermNet – International Network for Terminology.
Felber, H.; Budin, G. (1989): Terminologie in Theorie und Praxis. Tübingen: Gunter Narr.
Felder, E.; Müller, M. (2009): Wissen durch Sprache. Theorie, Praxis und Erkenntnisinteresse des Forschungsnetzwerkes "Sprache und Wissen". Berlin [u. a.]: de Gruyter.
Felser, G. (1999): Sozialkognitive Aspekte des Konsumentenverhaltens I. In: Pepels, W. (Hg.): Käuferverhalten. Köln: Fortis, S. 87-105.
Ferrari, D. (2006): Steuerung der Corporate Language als strategisches Element. Vortrag aus der Reihe "tekom Frühjahrstagung" vom 04.05.2006. Weimar.
Festinger, L. (1957): A Theory of Cognitive Dissonance. Paolo Alto: Standford University Press.
Fitts, P. M.; Posner, M. I. (1967): Human Performance. Basic Concepts in Psychology. Belmont: Brooks/Cole Pub. Co.
Flammer, A.; Kintsch, W. (Hg.) (1982): Discourse Processing. Amsterdam [u. a.]: North Holland.
Förster, H.-P. (1994): Corporate Wording. Konzepte für eine unternehmerische Schreibkultur. Frankfurt am Main, New York: Campus.
Foss, D. J. (1969): Decision Processes during Sentence Comprehension: Effects of Lexical Item Difficulty and Position upon Decision Times. In: Journal of Verbal Learning and Behavior, H. 8, S. 457-462.
Frederiksen, C. H. (1975): Representing Logical and Semantic Structure of Knowledge Aquired from Discourse. In: Cognitive Psychology, H. 7, S. 371-457.
Frehr, H.-U. (1994): Total-Quality-Management. In: Masing, W. (Hg.): Handbuch Qualitätsmanagement. München, S. 31-48.
Freigang, K.-H. (2001): Tools am Übersetzungsarbeitsplatz. In: Mayer, F. (Hg.): Dolmetschen & Übersetzen – Der Beruf im Europa des 21. Jahrhunderts. Freiburg: freigang, mauro+reinke.
Freisler, St. (2003): Nichts bleibt, wie es ist. In: Digital Engineering Magazin, H. 6/2003, S. 60-61.
Freitag, M. (2007): Gewinnwarnung – das lukrative Ersatzteilgeschäft der Hersteller gerät in Gefahr. Die Margen bröckeln. In: Manager Magazin, H. 10/2007, S. 22.

Frieling, E.; Reuther, U. (1993): Das lernende Unternehmen. Dokumentation einer Fachtagung am 06.05.1993 in München. Bochum: Neres.

Fritz, M.; Noack, C. (2007): Soziobiografische Entstehungsgeschichte und Weiterentwicklung der Kommunikationsstruktur eines Berufsverbandes. Das Beispiel der Gesellschaft für Technische Kommunikation e. V. (tekom). Dissertation. Technische Universität Berlin.

Gabler (2010): Wirtschaftslexikon. Wiesbaden: Gabler. Online verfügbar unter http://wirtschaftslexikon.gabler.de/, zuletzt geprüft am 14.11.2011.

Gabriel, C.-H. (2008): Der Produktlebenszyklus – Was verstehen wir unter Technischer Dokumentation?: WEKA MEDIA GmbH & Co. KG. Online verfügbar unter http://www.weka.de/modul/index.jsf, zuletzt geprüft am 08.08.2011.

Gabriel, C.-H. (2010): Intern und Extern verknüpfen. Die Grundlagen interner Dokumentation. In: technische kommunikation, 32. Jahrgang, H. 4/10, S. 14-21. Online verfügbar unter http://www.tekom.de/index_neu.jsp?url=/servlet/ControllerGUI?action=voll&id=3082, zuletzt geprüft am 07.11.2011.

Gagné, R. M.; Rothkopf, E. Z. (1975): Text Organisation and Learning Goals. In: Journal of Educational Psychology, H. 67, S. 445-450.

Gaitanides, M. (1983): Prozeßorganisation: Entwicklung, Ansätze und Programme prozeßorientierter Organisationsgestaltung. München: Vahlen.

Galbierz, M.; Riegel, M. (2000): Dokumentationserstellung: Prozessevaluierung und -optimierung. In: Henning, J.; Tjarks-Sobhani, M. (Hg.): Qualitätssicherung von technischer Dokumentation. Lübeck: Schmidt-Römhild.

Garvin, D. A. (1984): What Does "Product Quality" Really Mean? In: Sloan Management Review, Vol. 26, No. 1, S. 40 ff.

Geiger, W. (2001): QTK-Kreis. In: Zollondz, H.-D. (Hg.): Lexikon Qualitätsmanagement. Handbuch des modernen Managements auf der Basis des Qualitätsmanagements. München, Wien: Oldenbourg, S. 1036.

Geiger, W.; Kotte, W. (2008): Handbuch Qualität. Grundlagen und Elemente des Qualitätsmanagements: Systeme und Perspektiven. 5. Auflage. Wiesbaden: Vieweg.

Gentner, D.; Gentner, D. R. (1983): Flowing Waters or Teeming Crowds. Mental Models of Electricity. In: Gentner, D.; Stevens, A. L. (Hg.): Mental Models. Hillsdale, NJ: Erlbaum, S. 99-129.

Gentner, D.; Stevens, A. L. (Hg.) (1983): Mental Models. Hillsdale, NJ: Erlbaum.

Gesetz über Ordnungswidrigkeiten (OWiG). Online verfügbar unter http://www.gesetze-im-internet.de/bundesrecht/owig_1968/gesamt.pdf, zuletzt geprüft am 17.08.2011.

Gerst, M.; Hackl, H.; Liestmann, V.; Zimmermann, O. (2001): Wege zum Wissen. Branchenweite Studie zum Wissensmanagement im Produktlebenszyklus zeigt Defizite und Handlungsfelder auf. QM-Systeme. In: Qualität und Zuverlässigkeit, 46. Jahrgang, H. 2001/1, S. 51-56.
Geva, E. (1981): Facilitating Reading Comprehension through Flowcharting. In: Reading Research Quarterly, Vol. 18(4), S. 384-405.
Gnugesser, T. (2002): Technische Dokumentation im privaten Bereich. In: Pepels, W. (Hg.): Bedienungsanleitungen als Marketinginstrument. Von der Technischen Dokumentation zum Imageträger. Renningen: Expert, S. 187-201.
Golding, A. R.; Schabes, Y. (1996): Combining Trigram-based and Feature-based Methods for Context-Sensitive Spelling Correction. S. 71-78. Vortrag aus der Reihe "Proceedings of the 34th Annual Meeting of the ACL". Santa Cruz, CA.
Göpferich, S. (1995): Textsorten in Naturwissenschaften und Technik. Pragmatische Typologie – Kontrastierung – Translation. Tübingen: Gunter Narr.
Göpferich, S. (1998): Interkulturelles Technical Writing. Tübingen: Gunter Narr.
Göpferich, S. (2000): Der Technische Redakteur als Global Player: Berufspraxis und Anforderungen an die Ausbildung der Zukunft. In: Technische Dokumentation, H. 05/2000. Online verfügbar unter http://www.doku.net/artikel/dertechnis.htm, zuletzt geprüft am 17.02.2011.
Göpferich, S. (2001): Dokumentations- und übersetzungsrelevante Software – ein Überblick. Karlsruhe. Online verfügbar unter http://www.susanne-goepferich.de/itw_sw.html, zuletzt geprüft am 08.08.2011.
Göpferich, S. (2004): Wie man aus Eiern Marmelade macht: Von der Translationswissenschaft zur Transferwissenschaft. In: Göpferich, S.; Engberg, J. (Hg.): Qualität fachsprachlicher Kommunikation. Tübingen: Gunter Narr, S. 3-30.
Göpferich, S. (2006): Textproduktion im Zeitalter der Globalisierung. 2. Auflage. Tübingen: Stauffenburg.
Göpferich, S. (2007): Sprachstandard oder Kontrollmechanismus? Textqualität steuern mit kontrollierter Sprache. In: technische kommunikation, 29. Jahrgang, H. 4/2007. Online verfügbar unter http://www.tekom.de/index_neu.jsp?url=/servlet/ControllerGUI?action=voll&id=2162, zuletzt geprüft am 12.02.2009.
Göpferich, S.; Engberg, J. (Hg.) (2004): Qualität fachsprachlicher Kommunikation. Tübingen: Gunter Narr.
Gray, W. S.; Leary, B. (1935): What makes a Book Readable? Chicago: University of Chicago Press.

Greve, G.; Pfeiffer, I. (2002): Qualitätsmanagement in Unternehmen. In: Zeitschrift für Erziehungswissenschaft, 5. Jahrgang, H. 4/2002, S. 570-583.
Groeben, N. (1978): Die Verständlichkeit von Unterrichtstexten. Münster: Aschendorff.
Groeben, N. (1982): Leserpsychologie. Textverständnis – Textverständlichkeit. Münster: Aschendorff.
Groeben, N.; Christmann, U. (1989): Textoptimierung unter Verständlichkeitsperspektive. In: Antos, G.; Krings, H. P. (Hg.): Textproduktion. Ein interdisziplinärer Forschungsüberblick. Tübingen: Max Niemeyer, S. 165-196.
Grolnick, W. S.; Ryan, R. M. (1987): Autonomy in Children's Learning: An Experimental and Individual Difference Investigation. In: Journal of Personality and Social Psychology, H. 52, S. 890-898.
Grolnick, W. S.; Ryan, R. M.; Deci, Edward L. (1991): The Inner Resources for School Achievement: Motivational Mediators of Children's Perceptions of their Parents. In: Journal of Educational Psychology, H. 83, S. 508-517.
Grosse, S.; Metrup, W. (Hg.) (1982): Anweisungstexte. Forschungsberichte des Instituts für Deutsche Sprache Mannheim. Tübingen: Gunter Narr.
Grosz, B. J.; Sparck Jones, K.; Webber, B. L. (1986): Introduction. In: Grosz, B. J.; Sparck Jones, K.; Webber, B. L. (Hg.): Readings in Natural Language Processing. Los Altos, CA: Morgan Kaufmann, S. xi-xv.
Grupp, J. (2008): Handbuch Technische Dokumentation. München: Hanser.
Guillardeau, S. (2009): Freie Translation Memory Systeme für die Übersetzungspraxis: Ein kritischer Vergleich. Diplomarbeit. Universität Wien.
Günther, U.; Groeben, N. (1978): Abstraktheits-Suffix-Verfahren: Vorschlag einer objektiven, ökonomischen Messung der Abstraktheit/Konkretheit von Texten. In: Zeitschrift für angewandte Psychologie, H. XXV.1., S. 55-74.
Gust, D. (2006): Wirtschaftliche Terminologiearbeit in der Technischen Dokumentation: ...denn Verzicht auf Terminologie kommt Sie teuer zu stehen. In: eDITion, H. 2/2006, S. 16-20.
Guttman, L.; Suchman, E. A. (1947): Intensitiy and a Zero Point for Attitude Analysis. In: American Sociological Review, H. 12, S. 57-67.
Haist, F.; Fromm, H. (1989): Qualität im Unternehmen: Prinzipien – Methoden – Techniken. München, Wien: Hanser.
Hakes, D. T. (1971): Does Verb Structure Affect Sentence Comprehension? In: Perception and Psychophysics, H. 10, S. 229-232.
Haller, J. (1996): MULTILINT – A Technical Documentation System with Multilingual Intelligence, in ASLIB-Proceedings. Online verfügbar unter http://www.iai-sb.de/docs/aslib.pdf, zuletzt geprüft am 19.04.2011.

Haller, J. (2000): Sprachtechnologie für die Automobilindustrie. In: Haller, J.; Wilss, W. (Hg.): Weltgesellschaft – Weltverkehrssprache – Weltkultur. Tübingen: Stauffenburg, S. 250-263.

Haller, J. (2002): Sprachtechnologie im Einsatz. TETRIS Workshop: Terminologie – Workflow – Sprachkontrolle in der Technischen Dokumentation. Saarbrücken.

Haller, J.; Wilss, W. (Hg.) (2000): Weltgesellschaft – Weltverkehrssprache – Weltkultur. Tübingen: Stauffenburg.

Hamerich, St. W. (2009): Sprachbedienung im Automobil. Teilautomatisierte Entwicklung benutzerfreundlicher Dialogsysteme. Berlin, Heidelberg: Springer.

Hamilton, H. W.; Deese, J. (1971): Comprehensibility and Subject-Verb Relation in Complex Sentences. In: Journal of Verbal Learning and Behavior, H. 10, S. 163-170.

Hammer, M.; Champy, J. (2003): Business Reengineering: die Radikalkur für das Unternehmen. 7. Auflage. Frankfurt am Main: Campus.

Hänssler, A. M. (2008): Lebenszyklusorientiertes Produktmanagement in der Automobilzulieferindustrie. Entwicklung einer entscheidungs- und terminorientierten Strategiekonzeption im Serienproduktgeschäft. Hamburg: Dr. Kovac.

Harms, V. (2002): Kundendienst – Serviceleistungen für Kunden und Produkte. München: Carl-Hanser.

Hasler, J. (2001): Übersetzungsgerechtes Schreiben spart Zeit und Kosten. Online verfügbar unter http://www.doculine.com/news/2001/0401/uebersetzungsgerecht.htm, zuletzt geprüft am 14.09.2010.

Hättich, H. (2009): Markenloyalität im Aftersales-Marketing. Konzept zur Erhöhung der Markenloyalität in der deutschen Automobilbranche durch Optimierung eines herstellerinitiierten Aftersales-Markting. Unter Mitarbeit von M. Zerres. München, Mering: Rainer Hampp.

Hauer, M. (2000): Knowledge Management braucht Terminologie Management. AGI – Information Management Consultants. Online verfügbar unter http://www.agi-imc.de/internet.nsf/b0b8fb94b3104a47c12567c500477e86/503eb54b111a4a8ec1256988002afa55/$FILE/ICINDX.pdf, zuletzt geprüft am 08.08.2011.

Hausser, R. (2000): Grundlagen der Computerlinguistik. Mensch-Maschine-Kommunikation in natürlicher Sprache. Berlin [u. a.]: Springer.

Hausser, R. (2001): Foundations of Computational Linguistics. Human-Computer Communication in Natural Language. 2. Auflage. Berlin, New York: Springer.

Hays, W. L.; Winkler, R. L. (1970): Statistics. New York: Holt, Rinehart and Winston.
Hecht, Th. H.; Massion, F. (2006): Linguistische Qualitätssicherung. Knifflige Aufgabe. In: Produkt Global, H. 05/06, S. 102-103.
Heckhausen, H. (2003): Motivation und Handeln. Berlin [u. a.]: Springer.
Heinecke, V. H. (1994): Der Erstellungsprozess technischer Dokumentation und seine organisatorische Einbindung in den unternehmerischen Gesamtprozess. In: Verein Deutscher Ingenieure (Hg.): Professionelle Benutzerinformation. Das Qualitätsmerkmal für Kundenorientierung. Tagung München, 17.-18.03.1994. Düsseldorf: VDI, S. 75-90.
Helbig, H. (2008): Wissensverarbeitung und die Semantik der Natürlichen Sprache. Wissensrepräsentation mit MultiNet. 2. Auflage. Berlin [u. a.]: Springer.
Hellwig, A. (2008): Lernen in Standardisierungsprozessen – Eine Analyse der Etablierung technologischer Innovationen im Markt. Wiesbaden: Gabler.
Henning, J.; Tjarks-Sobhani, M. (1998): Wörterbuch zur technischen Kommunikation und Dokumentation. Lübeck: Schmidt-Römhild.
Heringer, H. J. (1979): Verständlichkeit – Ein genuiner Forschungsbereich der Linguistik? In: Zeitschrift für germanistische Linguistik, H. 7, S. 255-278.
Hernandez, M.; Oehmig, P. (2008): Hop oder Top? Ein Weg zur automatischen Dokumentenfreigabe. Vortrag aus der Reihe "tekom Jahrestagung" vom 05.-07.11.2008. Wiesbaden.
Hershberger, W.; Terry, D. F. (1965): Typographical Cueing in Conventional and Programmed Texts. In: Journal of Applied Psychology, H. 49, S. 55-60.
Herwartz, R.; Früh, B. (2008): Die Doku-Abteilung in der Qualität-Kosten-Zange. Vortrag aus der Reihe "tekom Jahrestagung" vom 05.-07.11.2008. Wiesbaden.
Herzberg, F.; Mausner, B.; Snyderman, B. B. (1959): The Motivation to Work. New York: Wiley.
Hesse, H.-W. (1987): Kommunikation und Diffusion von Produktinnovationen im Konsumgüterbereich. Berlin: Duncker & Humblot.
Heyn, M. (2010): Terminologie als strategische Komponente im Unternehmen. Vortrag aus der Reihe "DTT-Symposion". Heidelberg. Online verfügbar unter http://www.iim.fh-koeln.de/dtt/tutorialsundvortraege/Heyn.pdf, zuletzt geprüft am 08.11.2011.
Hidi, S.; Baird, W.; Hildyard, A. (1982): That's Important but is it Interesting? Two Factors in Text Processing. In: Flammer, A.; Kintsch, W. (Hg.): Discourse Processing. Amsterdam: North Holland, S. 63-75.

Hinterhuber, H. H.; Aichner, H.; Lobenwein, W. (1994): Unternehmenswert und Lean Management: Wie ein Unternehmen den Nutzen für alle Stakeholders erhöht. Wien: Manz.

Hochhaus, Th. (2002): Personalisierung und Kodifizierung: Zwei Strategien im Wissensmanagement. Hausarbeit. Ruhr-Universität Bochum.

Hofbauer, G.; Schweidler, A. (2006): Professionelles Produktmanagement. Der prozessorientierte Ansatz, Rahmenbedingungen und Strategien. Erlangen: Publicis Corporate Publishing.

Hofer, M. (1976): Textverständlichkeit: Zwischen Theorie und Praxeologie. In: Unterrichtswissenschaft 2, S. 143-150.

Hoffmann, W.; Hölscher, B. G.; Thiele, U. (2002): Handbuch für technische Autoren und Redakteure: Produktinformation und Dokumentation im Multimedia-Zeitalter. 1. Auflage. Erlangen: Publicis Corporate Publishing.

Holley, C. D.; Dansereau D. F. (1984): The Development of Spatial Learning Strategies. In: Holley, C. D.; Dansereau D. F. (Hg.): Spatial Learning Strategies. London: Academic Press, S. 3-20.

Holley, C. D.; Dansereau D. F. (Hg.) (1984): Spatial Learning Strategies. London: Academic Press.

Hoppe-Graff, S. (1984): Verstehen als kognitiver Prozess. Psychologische Ansätze und Beiträge zum Textverstehen. In: Zeitschrift für Literaturwissenschaft und Linguistik, S. 10-37.

Hörmann, H. (1976): Meinen und Verstehen. Frankfurt am Main: Suhrkamp.

Horn, R. E. (1989): Mapping Hypertext – Analysis, Linkage, and Display of Knowledge for the Next Generation of On-Line Text and Graphics. A Publication of the Lexington Institute. Lexington.

Hummel, T.; Malorny, C. (1997): Total Quality Management. Tipps für die Einführung. 2. Auflage. München, Wien: Carl-Hanser.

Hutchins, J. W.; Somers, H. L. (1992): An Introduction to Machine Translation. London: Academic Press.

IAI (2005): CLAT-Architecture Handbook. CLAT-API Version 3.x. Institut der Gesellschaft zur Förderung der Angewandten Informationsforschung e. V. an der Universität des Saarlandes. Saarbrücken.

IAI (2009): UMMT-Handbuch. Version 4.1. Institut der Gesellschaft zur Förderung der Angewandten Informationsforschung e. V. an der Universität des Saarlandes. Saarbrücken.

IAI (2010): Handbuch zu ZertiFAKT. ZertiFAKT 1.2. Institut der Gesellschaft zur Förderung der Angewandten Informationsforschung e. V. an der Universität des Saarlandes. Saarbrücken. Saarbrücken.

IAI (2011a): CLAT-Dokumentation. Version 5.0. Institut der Gesellschaft zur Förderung der Angewandten Informationsforschung e. V. an der Universität des Saarlandes. Saarbrücken.

IAI (2011b): Multilinguale Intelligenz für die technische Dokumentation. Institut der Gesellschaft zur Förderung der Angewandten Informationsforschung e. V. an der Universität des Saarlandes. Saarbrücken. Online verfügbar unter http://www.iai-sb.de/forschung/index.php?option=com_content&task=view&id=44&Itemid=70, zuletzt geprüft am 18.04.2011.

Institut für Informationsmanagement, Fachhochschule Köln (2011): elcat. Terminologiemanagement für die Automobilindustrie. Online verfügbar unter http://www.iim2.fh-koeln.de/elcat, zuletzt geprüft am 03.08.2011.

International Bank for Reconstruction and Development – The World Bank (2004): Translation Businesses Practices Report. Unter Mitarbeit von C. Pinto und A. Darheim. Online verfügbar unter http://www.lisa.org/Translation-Business-Practices-Report.578.0.html#c429, zuletzt geprüft am, 17.02.2011.

Irle, M. (1975): Lehrbuch der Sozialpsychologie. Göttingen: Hogrefe.

Ishikawa, K. (1985): How to Operate QC Circle Activities. Tokyo: QC Circle Headquarters, Union of Japanese Scientists and Engineers.

Johnson-Laird, Ph. (1983): Mental Models. Toward a Cognitive Sience of Language, Inference, and Consciousness. Camebridge: University Press.

Juhl, D. (2005): Technische Dokumentation. Praktische Anleitungen und Beispiele. 2. Auflage. Berlin [u. a.]: Springer.

Jurafsky, D.; Martin, J. H. (2009): Speech and Language Processing. 2. Auflage. Prentice Hall.

Juran, J. M. (1986): The Quality Trilogy. In: Quality Progress, Vol. 19, H. 8, S. 19-24.

Juran, J. M. (1990): Handbuch der Qualitätsplanung. Landsberg, Lech: Verlag Moderne Industrie.

Kamiske, G. F. (1994): Die Hohe Schule des Total Quality Management. Berlin: Springer.

Kamiske, G. F.; Umbreit, G. (2001): Qualitätsmanagement – eine multimediale Einführung. Leipzig: Carl-Hanser.

Kaplan, R. S.; Norton, D. P. (1992): The Balanced Scorecard – Measures that Drive Performance. In: Harvard Business Review, H. Januar-Februar, S. 71-79.

Kaplan, R. S.; Norton, D. P. (1996): Using the Balanced Scorecard as a Strategic Management System. In: Harvard Business Review, H. Vol. 74, S. 75-85.

Kasser, T. (2004): The Need for Safety/Security. Second International Conference on Self-Determination Theory. Ottawa, Canada.

Kawlath, A. (1969): Theoretische Grundlagen der Qualitätspolitik. Wiesbaden: Gabler.
Kay, D. S.; Black, J. B. (1986): Explanation-driven Processing in Summarization: The Interaction of Content and Process. In: Galambos, J. A.; Abelson, R. P.; Black, J. B. (Hg.): Knowledge Structures. Hillsdale, NJ: Erlbaum, S. 211-236.
Kintsch, W. (1974): The Representation of Meaning in Memory. Hillsdale, NJ: Erlbaum.
Kintsch, W.; van Dijk, T. A. (1978): Toward a Model of Text Comprehension and Production. In: Psychological Review, H. 85, S. 363-394.
Klare, G. R. (1963): The Measurement of Readability. Ames: Iowa State University Press.
Klemm, V. (2005): Verwendungssituation und Textgestalt. Analysen von Betriebsanleitungen für Personenkraftwagen. Dissertation. Lübeck: Schmidt-Römhild (tekom Hochschulschriften, 13).
Klix, F. (1971): Information und Verhalten. Kybernetische Aspekte der organismischen Informationsverarbeitung. Bern: Huber.
Kloster, A. M.; Winne, Ph. H. (1989): The Effects of Different Types of Organizers on Students' Learning From Text. In: Journal of Educational Psychology, H. 81, S. 9-15.
Königstorfer, J. (2008): Akzeptanz von technologischen Innovationen. Nutzungsentscheidungen von Konsumenten dargestellt am Beispiel von mobilen Internetdiensten. Wiesbaden: Gabler.
Koskenniemi, K. (1983): Two-level Model for Morphological Analysis, aus der Reihe "Proc. 8th International Joint Conference on Artificial Intelligence, IJCAI-1983". Karlsruhe, S. 683-685.
Kösler, B. (1992): Gebrauchsanleitungen richtig und sicher gestalten. 2. Auflage. Wiesbaden: Forkel.
Kotler, P.; Keller, K.; Bliemel, F. (2007): Marketing-Management – Strategien für wertschaffendes Handeln. 12. Auflage. München: Pearson.
Kraemer, W. (2009): Der Einsatz von Lerntechnologie unterstützt den systematischen Aufbau von Wissensbilanzen. In: Information Management und Consulting, H. 24 (2009) 1, S. 23-25.
Krapp, A.; Prenzel, M. (Hg.) (1992): Interesse, Lernen, Leistung. Münster: Aschendorff.
Krause, M.: Bemerkungen zur Beziehung zwischen dem Begriff technische Anleitung und Kriterien zur Beurteilung ihrer Qualität (Arbeitskreis Technische Dokumentation). Online verfügbar unter http://www.schwender.in-berlin.de/td/mkrause.html, zuletzt geprüft am 02.06.2010.

Kreuz, H.; Titscher, S. (1974): Die Konstruktion von Fragebögen. In: Koolwijk, J.; Wieken-Mayser, M. (Hg.): Techniken empirischer Sozialforschung. Erhebungsmethoden. Die Befragung. München: Oldenbourg, S. 24-82.

Krings, H. P. (1996): Wie viel Wissenschaft brauchen Technische Redakteure? Zum Verhältnis von Wissenschaft und Praxis in der Technischen Dokumentation. In: Krings, H. P. (Hg.): Wissenschaftliche Grundlagen der technischen Kommunikation. Tübingen: Gunter Narr, S. 5-128.

Kroeber-Riel, W.; Weinberg, P. (1996): Konsumentenverhalten. 6. Auflage. München: Vahlen.

Kukich, K. (1992): Techniques for Automatically Correcting Words in Text. In: ACM Computing Surveys, H. 24(4), S. 377-439.

Lagoudaki, E. (2006): Translation Memories Survey 2006. Translation Memory Systems: Enlightening Users' Perspective. Key Findings of the TM Survey 2006. Imperial College London.

Lagoudaki, E. (2008): Expanding the Possibilities of Translation Memory Systems. From the Translator's Wishlist to the Developer's Design. Dissertation. Imperial College London.

Langer, I.; Schulz von Thun, F.; Tausch, R. (1993): Sich verständlich ausdrücken. 5. Auflage. München, Basel: E. Reinhardt.

Lawlor, T. (2004): Is the Writing on the Wall for Inefficient Translation? Online verfügbar unter http://www.gdspublishing.com/ic_pdf/bmus/sdli.pdf, zuletzt geprüft am 04.03.2010.

Lehrndorfer, A. (1996a): Kontrollierte Sprache für die Technische Dokumentation – ein Ansatz für das Deutsche. In: Krings, H. P. (Hg.): Wissenschaftliche Grundlagen der technischen Kommunikation. Tübingen: Gunter Narr, S. 339-368.

Lehrndorfer, A. (1996b): Kontrolliertes Deutsch. Linguistische und sprachpsychologische Leitlinien für eine (maschinell) kontrollierte Sprache in der Technischen Dokumentation. Tübingen: Gunter Narr.

Leicht; J.; Sturz, W. (2008): Wissensmanagement bei dezentraler Dokumentationserstellung für multiple Märkte, Marken und Sprachen. Vortrag aus der Reihe "tekom Jahrestagung" vom 05.-07.11.2008. Wiesbaden.

Linde, F. (Hg.) (2005): Barrieren und Erfolgsfaktoren des Wissensmanagements. Kölner Arbeitspapiere zur Bibliotheks- und Informationswissenschaft. Ein Ergebnisbericht im Rahmen eines Praxisprojektes von Studenten der Fakultät Informations- und Kommunikationswissenschaften der Fachhochschule Köln. Online verfügbar unter http://www.fbi.fh-koeln.de/institut/papers/kabi/volltexte/band047.pdf, zuletzt geprüft am 09.08.2011.

Lindsay, P. H.; Norman, D. A. (1977): Human Information Processing. New York: Academic Press.
Lowrance, R.; Wagner, R. A. (1975): An Extension of the String-to-string Correction Problem. In: Journal of the ACM, H. 22 (2), S. 177–183.
Luckhardt, H. D.; Zimmermann, H. H. (1991): Computergeschützte und Maschinelle Übersetzung. Augsburg: AQ-Verlag.
Maas, H. D. (1996): MPRO – ein System zur Analyse und Synthese deutscher Wörter. In: Hausser, R. (Hg.): Linguistische Verifikation, Sprache und Information. Tübingen: Max Niemeyer.
Maccoby, E.; Maccoby, N. (1974): Das Interview. Ein Werkzeug der Sozialforschung. In: König, R. (Hg.): Praktische Sozialforschung I. Das Interview. Formen, Technik, Auswertung. 9. Auflage. Köln, Berlin: Kiepenheuer & Witsch.
Maier, E. (2008): Improving the ROI of Corporate Terminology Development. Vortrag aus der Reihe "tekom Jahrestagung" vom 06.11.2008. Wiesbaden.
Mandl, H.; Friedrich, H. F.; Hron, A. (1986): Psychologie des Wissenserwerbs. In: Weidenmann, B.; Krapp, A.; Hofer, M.; Huber, G. L.; Mandl, H. (Hg.): Pädagogische Psychologie. München, Weinheim: Urban & Schwarzenberg, S. 143-218.
Mandl, H.; Friedrich, H. F.; Hron, A. (1987): Theoretische Ansätze zum Wissenserwerb. Forschungsbericht Nr. 41. Tübingen: Deutsches Institut für Fernstudien.
Mandl, H.; Levin, J. R. (Hg.) (1989): Knowledge Acquisition from Text and Pictures. Amsterdam: Elsevier.
Mandl, H.; Reinmann-Rothmeier, G. (2000): Die Rolle des Wissensmanagements für die Zukunft. Von der Informations- zur Wissensgesellschaft. In: Mandl, H.; Reinmann-Rothmeier, G. (Hg.): Wissensmanagement. Informationszuwachs – Wissensschwund? Die strategische Bedeutung des Wissensmanagements. München: Oldenbourg, S. 1-17.
Marks, C. B.; Doctorow, M. J.; Wittrock, M. C. (1974): Word Frequency and Reading Comprehension. In: Journal of Educational Research, H. 67, S. 259-262.
Masing, W. (1999): Handbuch Qualitätsmanagement. 4. Auflage. München, Wien: Hanser.
Maslow, A. H. (1943): A Theory of Human Motivation. In: Psychological Review, 50. Jahrgang, S. 370-96.
Massion, F. (2008): Translation-Memory-Systeme im Vergleich. Integration durch Standards. In: Produkt Global, H. 2/2008, S. 22-25.
Massion, F.; Hecht, Th. H. (2007): Quality Assurance in Automated Processes. Vortrag aus der Reihe "tekom Jahrestagung" vom 07.11.2007. Wiesbaden.

Online verfügbar unter http://www.dog-gmbh.de/service/dokumentation/ praesentationen.html, zuletzt geprüft am 16.02.2011.
Mayer, R. (1998): Prozesskostenrechnung – State of the Art. 2. Auflage. München: Vahlen.
Mayer, R. E. (1980): Elaboration Techniques that Increase the Meaningfulness of Technical Text: An Experimental Test of the Learning Strategy Hypothesis. In: Journal of Educational Psychology, H. 72, S. 770-784.
Mays, E.; Demerau, F. J.; Mercer, R. L. (1991): Context Based Spelling Correction. In: Information Processing & Management, H. 27(5), S. 517–522.
McClelland, D. C. (1987): Human Motivation. Cambridge: Cambridge University Press.
Meffert, H.; Bruhn, M. (1997): Dienstleistungsmarketing. Grundlagen, Konzepte, Methoden. 2. Auflage. Wiesbaden: Gabler.
Mercedes-Benz (2011): Betriebsanleitungen. Interaktiv erleben. Online verfügbar unter http://www.mercedes-benz.de/content/germany/mpc/mpc_germany_website/de/home_mpc/passengercars/home/servicesandaccessories/services_online/interactive_manual.html, zuletzt geprüft am 09.08.2011.
Mertens, L. (1997): Die technische Dokumentation als Marketinginstrument. Neue Perspektiven für ein unterschätztes Kommunikationsmittel. In: technische kommunikation, 19. Jahrgang, H. 6/1997, S. 4-13. Online verfügbar unter http://www.tekom.de/index_neu.jsp?url=/servlet/Controller GUI?action=voll&id=913, zuletzt geprüft am 05.06.2009.
Meutsch, D. (1992): Text- und Bildoptimierung. Theoretische Voraussetzungen für die praktische Optimierung von Print- und AV-Medien: Verständlichkeitsforschung und Wissenstechnologie. In: Antos, G.; Augst, G. (Hg.): Textoptimierung. Das Verständlichermachen von Texten als linguistisches psychologisches und praktisches Problem. Frankfurt am Main [u. a.]: Lang, S. 8-37.
Meyer, B. J. F. (1975): The Organization of Prose and its Effects on Memory. Amsterdam: North Holland.
Miller, D. C. (1970): Handbook of Research Design and Social Measurement. New York: McKay.
Miller, J. R.; Kintsch, W. (1980): Readability and Recall of Short Prose Passages: A Theoretical Analysis. Human Learning and Memory. In: Journal of Experimental Psychology, H. 6, S. 335-354.
Mirande, M. J. A. (1984): Schematizing: Technique and Applications. In: Holley, C. D.; Dansereau D. F. (Hg.): Spatial Learning Strategies. London: Academic Press, S. 149-162.
Mitkov, R. (Hg.) (2003): The Oxford Handbook of Computational Linguistics. Oxford: Oxford University Press.

Möhle, D. (1997): Deklaratives und prozedurales Wissen in der Repräsentation des mentalen Lexikons. In: Börner, W.; Vogel, K. (Hg.): Kognitive Linguistik und Fremdsprachenerwerb. 2. Auflage. Tübingen: Gunter Narr, S. 39-50.

Möller, S. (2006): Sprachtechnologie – Stand der Forschung und Einsatzmöglichkeiten in der Medizin. Unveröffentlichtes Manuskript.

Moser, K. S.; Schaffner, D. (2004): Die Bedeutung der Wissenskooperation für ein nachhaltiges Wissensmanagement. In: Wyssusek, B. (Hg.): Wissensmanagement komplex. Perspektiven und soziale Praxis. Berlin, S. 227-242.

Mühlenthaler, B. (2005): Wissensmanagement. Stand der der Forschung und Diskussionsschwerpunkte. Eine Analyse deutsch- und englischsprachiger Literatur. Lizenziatsarbeit. Bern.

Multhaup, U. (2002): Das Gehirn, Gedächtnissysteme und Ordnungsprozesse. Deklaratives und prozedurales Wissen, explizites und implizites Wissen. Online verfügbar unter http://www2.uni-wuppertal.de/FB4/anglistik/multhaup/, zuletzt geprüft am 18.08.2010.

Murovec, F. (2006): Sprachtechnologie. Online verfügbar unter http://www.sprachtechnologie.net/, zuletzt geprüft am 15.10.2010.

Muthig, J. (2008): Standardisierungsmethoden für die Technische Dokumentation. Lübeck: Schmidt-Römhild.

Nestler, F. (2007): Die Bedeutung von Zeichen in Bedienungsanleitungen. Saarbrücken: VDM.

Neudörfer, A. (2006): Konstruieren sicherheitsgerechter Produkte. Methoden und systematische Lösungssammlungen zur EG-Maschinenrichtlinie. 3. Auflage. Berlin, Heidelberg: Springer.

Neuhäuser, M. (2007): Alles unter Kontrolle? Anleitungen für Osteuropa lokalisieren. In: technische kommunikation, 29. Jahrgang, H. 5, S. 14. Online verfügbar unter http://www.tekom.de/index_neu.jsp?url=/servlet/ControllerGUI?action=voll&id=2203, zuletzt geprüft am 11.10.2010.

Niebuer, A. (1996): Qualitätsmanagement für Logistikunternehmen. Wiesbaden: Deutscher Universitäts-Verlag.

Nonaka, I.; Takeuchi, H. (1997): Die Organisation des Wissens – Wie japanische Unternehmen eine brachliegende Ressource nutzbar machen. Aus dem Englischen von Friedrich Mader. Frankfurt am Main: Campus.

North, K. (1998): Wissensorientierte Unternehmensführung. Wertschöpfung durch Wissen. Wiesbaden: Gabler.

North, K. (2002): Wissensmanagement. In: Bundesministerium für Wirtschaft und Technologie (Hg.): e-facts. 10/2002, S. 1-13.

Norton, J. A.; Bass, F. M. (1987): A Diffusion Theory Model of Adoption and Substitution for Successive Generations of High-Technology Products. In: Management Science, Vol. 33, H. 9, S. 1069-1086.
Nübel, R.; Seewald-Heeg, U. (1999): Translation-Memory-Module automatischer Übersetzungssysteme. In: LDV-Forum – Forum der Gesellschaft für Linguistische Datenverarbeitung, H. 1/2, S.16-36.
Oehmig, P. (2000): Was darf es denn kosten? Rezepte und Faustregeln zur Kostenabschätzung. In: technische kommunikation, 22. Jahrgang, H. 3/2000, S. 15. Online verfügbar unter http://www.tekom.de/index_neu.jsp?url=/servlet/ControllerGUI?action=voll&id=671, zuletzt geprüft am 5.07.2009.
Oehmig, P. (2006): Effizienter im Unternehmen – Wirtschaftlichkeit der Terminologiearbeit. In: eDITion, H. 1/2006, S. 16-18.
Oess, A. (1993): Total Quality Management. Die ganzheitliche Qualitätsstrategie. 3. Auflage. Wiesbaden: Gabler.
Olins, W. (1990): Corporate Identity. Strategie und Gestaltung. Frankfurt am Main, New York: Campus.
Oppenheim, A. N. (1966): Questionnaire Design and Attitude Measurement. New York: Basic Books.
Ott, S. (1996): Technische Dokumentation im Unternehmen. Grundlagen und Fallbeispiele. Paderborn: IFB.
Ottmann, A. (2003): Chancen und Risiken beim Einsatz von Translation-Memory-Systemen. Vortrag aus der Reihe "tekom Jahrestagung" vom 19.-21.11.2003. Wiesbaden.
Ottmann, A. (2004): Translation-Memory-Systeme. Nutzen, Risiken, erfolgreiche Anwendung. Schenkenzell: GFT.
Paivio, A. (1971): Imagery and Verbal Processes. New York: Rinehart/Winston.
Paivio, A. (1983): The Empirical Case for Dual Coding. In: Yuille, J. (Hg.): Imagery, Memory and Cognition. Essays in Honor of Allen Paivio. Hillsdale, NJ: Erlbaum, S. 307-332.
Pascal, B. (1954): Pensées. Über die Religion und über einige andere Gegenstände. (frz. 1669) Übersetzung und herausgegeben Wasmuth, E. 5. Auflage. Heidelberg: Schneider.
Paul, Ch. (2007): Wissensmanagement und Technische Dokumentation. Esslingen: requisimus AG.
Pauli, B. A. (2008): Die Doku-Abteilung in der Qualität-Kosten-Zange. Vortrag aus der Reihe "tekom Jahrestagung" vom 05.-07.11.2008. Wiesbaden.
Pelz, W. (2004): Kompetent führen. Wiesbaden: Gabler.
Pepels, W. (2002): Zunehmende Marketingbedeutung von Nachkaufphase und Kundenwert. In: Pepels, W. (Hg.): Bedienungsanleitungen als Marke-

tinginstrument. Von der Technischen Dokumentation zum Imageträger. Renningen: Expert, S. 1-17.
Pepels, W. (Hg.) (2007): After-Sales Service – Geschäftsbeziehungen profitabel gestalten. Düsseldorf: Symposion-Publishing.
Pesch, A. (1999): Erfahrungen im Einsatz mit Translation-Memory-Systemen. In: LDV-Forum – Forum der Gesellschaft für Linguistische Datenverarbeitung, H. 1/2, S. 52-64.
Pfeifer, T. (2001): Qualitätsmanagement. Strategien, Methoden, Techniken. 3. Auflage. München, Wien: Carl-Hanser.
Pfister, B.; Kaufmann, T. (2008): Sprachverarbeitung. Grundlagen und Methoden der Sprachsynthese und Spracherkennung. Berlin, Heidelberg: Springer.
Pflugradt, N. (1985): Förderung des Verstehens und Behaltens von Textinformationen durch "Mapping". Forschungsbericht Nr. 34. Tübingen: Deutsches Institut für Fernstudien.
Pfund, A. (2010): Technische Dokumentation und Dokumentenmanagement-Systeme (DMS). Modell und Aufbau einer automatisierten Erstellung und Produktion von technischer Dokumentation. Online verfügbar unter http://www.andreas-pfund.de/dokumentenmanagement/technische_ dokumentation_dokumentenmanagement/technische_dokumentation_ dokumentenmanagement.php, zuletzt geprüft am 04.06.2009.
Philosophische Fakultät Universität Zürich (2010): Wegleitung für das Studium im Fach "Computerlinguistik und Sprachtechnologie". Version 1.323. Online verfügbar unter http://www.cl.uzh.ch/studies/wegleitung/Wegleitung _CL_SprT.pdf, zuletzt geprüft am 14.10.2011.
Piaget, J. (1926): The Language and Thought of the Child. New York: Harcourt, Brace & Company.
Piaget, J. (1971): Biology and Knowledge. Chicago: University of Chicago Press.
Pichert, J. W.; Anderson, R. C. (1977): Taking Different Perspectives on a Story. In: Journal of Educational Psychology, H. 69, S. 309-315.
Piontek, J. (2005): Controlling. 3. Auflage. München, Wien: Oldenbourg.
Polyani, M. (1958): Personal Knowledge. Towards a Post-Critical Philosophy. London: Routledge & Kegan Paul.
Porter, L. W.; Lawler, E. E. (1968): Managerial Attitudes and Performance. Irvin: Emerald Group Publishing.
Pötter, G. (1994): Die Anleitung zur Anleitung. Leitfaden zur Erstellung Technischer Dokumentation. Würzburg: Vogel.

Produkt-Haftungsgesetz: Gesetz über die Haftung für fehlerhafte Produkte (PrdHG). Online verfügbar unter http://www.gesetze-im-internet. de/bundesrecht/prodhaftg/gesamt.pdf, zuletzt geprüft am 17.08.2011.

Pütz, H. P.; Haller, J. (Hg.) (1993): Sprachtechnologie: Methoden, Werkzeuge, Perspektiven. Vorträge im Rahmen der Jahrestagung 1993 der Gesellschaft für Linguistische Datenverarbeitung (GLDV) e.V., Kiel, 03.-05.03.1993. Hildesheim: Olms.

Quah, Ch. K. (2006): Translation and Technology. Basingstoke, UK: Palgrave MacMillan.

R.O.M. Logicware Soft- & Hardware GmbH: Papyrus. Online verfügbar unter http://www.papyrus.de/papyrus.htm, zuletzt geprüft am 29.04.2011.

Ramme, I. (2002): Elemente der Käuferpsychologie in der Nachkaufphase. In: Pepels, W. (Hg.): Bedienungsanleitungen als Marketinginstrument. Von der Technischen Dokumentation zum Imageträger. Renningen: Expert, S. 18-29.

Reder, L. M.; Anderson, J. R. (1982): Effects of Spacing and Embellishment on Memory for the Main Points of a Text. In: Memory/Cognition, H. 10, S. 97-102.

Reder, L. M.; Charney, D. H.; Morgan, K. I. (1986): The Role of Elaborations in Learning a Skill from an Instructional Text. In: Memory/Cognition, H. 14.1, S. 64-78.

Regenthal, G. (2009): Ganzheitliche Corporate Identity. Profilierung von Identität und Image. 2. Auflage. Wiesbaden: Gabler.

Reindl, S. (2005): Mobilitätsdienstleistungen in der Automobilwirtschaft. In: Diez, W.; Reindl, S.; Brachat, H. (Hg.): Grundlagen der Automobilwirtschaft. München: Auto Business, S. 423-466.

Reinhardt, R.; Schweicker, U. (1995): Lernfähige Organisationen: Systeme ohne Grenzen? Theoretische Rahmenbedingungen und praktische Konsequenzen. In: Geißler, H. (Hg.): Organisationslernen und Weiterbildung: Die strategische Antwort auf die Herausforderung der Zukunft. Neuwied: Luchterhand.

Reinhart, G.; Lindemann, U.; Heinzl, J. (1996): Qualitätsmanagement: Ein Kurs für Studium und Praxis. Heidelberg: Springer.

Reinke, U. (1999): Evaluierung der linguistischen Leistungsfähigkeit von Translation Memory-Systemen – ein Erfahrungsbericht. In: LDV-Forum – Forum der Gesellschaft für Linguistische Datenverarbeitung, H. Nr. 1/2 Dezember 1999, S. 100-118.

Reinmann-Rothmeier, G.; Mandl, H. (2000): Individuelles Wissensmanagement. Bern [u. a.]: Huber.

Reins, A. (2006): Corporate Language. Wie Sprache über Erfolg oder Misserfolg von Marken und Unternehmen entscheidet. Mainz: Hermann Schmidt.
Renninger, K. A.; Hidi, S.; Krapp, A. (Hg.) (1992): The Role of Interest in Learning and Development. Hillsdale, NJ: Erlbaum.
Reuther, U. (2002): Controlled Language in an Industrial Application. IAI – Institut der Gesellschaft zur Förderung der Angewandten Informationsforschung e. V. an der Universität des Saarlandes. Saarbrücken.
Reuther, U. (2010): Automatische Messung von Sprachqualität. Fluch oder Segen? Podium: „Qualitätsniveaus und Qualitätsmessung". Vortrag aus der Reihe "tekom Frühjahrstagung" vom 30.04.2010. Schweinfurt.
Reuther, U.; Theofilidis, A. (2000): Sprache kontrollieren mit Kontrollierter Sprache. TETRIS Workshop. Vortrag vom 15.11.2000. Darmstadt.
Richardson, S. A.; Dohrenwend, B. S.; Klein, D. (1965): Interviewing. Its Forms and Functions. New York: Basic Books.
Richter, H. J. (1970): Die Strategie schriftlicher Massenbefragungen. Bad Harzburg: Verlag für Wissenschaft, Wirtschaft und Technik.
Rieger, H. (1962): Der Güterbegriff in der Theorie des Qualitätswettbewerbs: Ein Beitrag zur Reduktion der subjektiven Qualität auf ihre psychologischen Grundlagen. Berlin: Duncker & Humblot.
Roberts, R. E.; McCrory, O. F.; Forthofer, R. N. (1978): Further Evidence on Using a Deadline to Stimulate Response to a Mail Survey. In: Public Opinion Quarterly, H. 42, S. 407-410.
Robinson, J. P.; Rusk, J. G.; Head, K. B. (1968): Measures of Political Attitudes. Ann Arbor, Michigan: Institute for Social Research, University of Michigan.
Roelcke, Th. (1999): Fachsprachen. Berlin: Erich Schmidt.
Rogers, E. M. (2003): Diffusion of Innovations. 5. Auflage. Unter Mitarbeit von E. M. Rogers. New York, NY: Free Press.
Rögner, A. (2005): Untersuchungen zur Funktion von Benutzerinformationen für die Beeinflussung der menschlichen Zuverlässigkeit in soziotechnischen Systemen. Dissertation. Lehrstuhl für Arbeitswissenschaft, BTU Cottbus.
Rois, A. (1999): Kaizen. Verbesserungsprozesse in der Autoindustrie. Wien: Linde.
Rommel, G. (1995): Qualität gewinnt. Mit Hochleistungskultur und Kundennutzen an die Weltspitze. Stuttgart: Schäffer-Poeschel.
Rothkegel, A. (2002): Textliche Gestaltungselemente der Bedienungsanleitung. In: Pepels, W. (Hg.): Bedienungsanleitungen als Marketinginstrument.

Von der Technischen Dokumentation zum Imageträger. Renningen: Expert, S. 78-91.

Rüegg-Stürm, J. (2004): Das neue St. Galler Management-Modell. In: Dubs, R. (Hg.): Einführung in die Managementlehre. Bern: Haupt, S. 65-141.

Rumelhart, D. E. (1975): Notes on a Schema for Stories. In: Bobrow, D. G.; Collins, A. (Hg.): Representation and Understanding. New York: Academic Press, S. 237-272.

Rumelhart, D. E.; Norman, D. A. (1978): Accretion, Tuning, and Restructuring: Three Modes of Learning. In: Cotton, J. W.; Klatzkly, R. (Hg.): Semantic Factors in Cognition. Hillsdale, NJ: Erlbaum, S. 51-77.

Rumelhart, D. E.; Ortony, A. (1977): The Representation of Knowledge in Memory. In: Anderson, R. C.; Spiro, J. R.; Montague, W. E. (Hg.): Schooling and the Acquisition of Knowledge. Hillsdale, NJ: Erlbaum, S. 99-135.

Sachs, J. S. (1967): Recognition Memory for Syntactic and Semantic Aspects of Connected Discourse. In: Perception and Psychophysics, H. 2.9, S. 99-135.

Sandrini, P.; Mayer, F. (2008): Neue Formen der Fachkommunikation oder alter Wein in neuen Schläuchen? In: Mayer, F.; Schmitz, K.-D. (Hg.): Terminologie und Fachkommunikation. Akten des Symposions. Deutscher Terminologie Tag e.V., Mannheim, 18.-19.04.2008. München, Köln. S. 18-28.

Sanford, A. J.; Garrod, S. C. (1981): Understanding Written Language: Exploration of Comprehension beyond the Sentence. New York: Wiley.

Sauberer, G. (2006): Informationskompetenz und Schlüsselqualifikationen in der Wissensarbeit. Wien: TermNet – International Network for Terminology.

Saussure, F. de (1967): Grundfragen der allgemeinen Sprachwissenschaft. 2. Auflage. Unter Mitarbeit von Ch. Bally und A. Sechehaye. Berlin: de Gruyter.

Sauter, R.; Sauter, W.; Zollondz, H.-D. (Hg.) (2010): Organisation und Technologiemanagement. Berlin: Teia Lehrbuch.

Schäflein-Armbruster, R. (2004): Planen, Strukturieren, Standardisieren mit Funktionsdesign. Tübingen (DokuNord-Workshop): Fachhochschule Furtwangen.

Schallert, D. L. (1976): Improving Memory for Prose: The Relationship between Depth of Processing and Context. In: Journal of Verbal Learning and Behavior, H. 15, S. 621-632.

Scheuch, E. (1973): Das Interview in der Sozialforschung. In: König, R. (Hg.): Handbuch der empirischen Sozialforschung. Grundlegende Methoden und Techniken. Stuttgart: -tb- Verlag.

Schildknecht, R. (1992): Total Quality Management: Konzeption und State of the Art. Frankfurt am Main [u. a.]: Campus.

Schmidt-Wigger, A. (1998): Style and Grammar Checking for German. Aus der Reihe "Proceedings of the Second International Workshop on Controlled Language Applications CLAW 98". Online verfügbar unter http://iai.iai-sb.de/docs/claw_asw.pdf, zuletzt geprüft am 09.08.2011.

Schmitt, P. A. (1999): Translation und Technik. Tübingen: Stauffenburg.

Schmitz, K.-D.; Straub, D. (2010): Erfolgreiches Terminologiemanagement im Unternehmen. Praxishilfe und Leitfaden: Grundlagen, Umsetzung, Kosten-Nutzen-Analyse, Systemübersicht. Stuttgart: TC and more GmbH.

Schmitz, K.-D. (2008): Was ein Wort bedeutet, kann ein Satz nicht sagen. zur Bedeutung der Terminologiearbeit für die Technische Kommunikation und das Fachübersetzen. In: Íkala, revista de lenguaje y cultura, H. 15 (25), S. 189-197.

Schmitz, K.-D. (2004a): Die neuen Terminologiedatenbanken: online statt offline. In: Mayer, F.; Schmitz, K.-D.; Zeumer, J. (Hg.): Terminologie und Wissensmanagement. Akten des Symposions zum Deutschen Terminologie Tag e.V.; Köln, 26.-27.03.2004. Köln, S. 179-189.

Schmitz, K.-D. (2004b): Terminologiearbeit und Terminographie. In: Knapp, K.; Antos, G.; Becker-Mrotzek, M.; Deppermann, A.; Göpferich, S.; Grabowski, J.; Klemm, M.; Villiger, C. (Hg.): Angewandte Linguistik. Tübingen, Basel: Francke, S. 435-456.

Schmitz, U. (1992): Computerlinguistik. Eine Einführung. Opladen: Westdeutscher Verlag.

Schneider, St. (2009): Die Verantwortung wahrnehmen. Redaktionelle Voraussetzungen und Prozesse. In: technische kommunikation, 31. Jahrgang, H. 1/2009, S. 27-34. Online verfügbar unter http://www.tekom.de/index_neu.jsp;jsessionid=3A6C9C6DE555C60EF161F3ADFA92D088?url=/servlet/ControllerGUI?action=voll&id=2661, zuletzt geprüft am 11.06.2009.

Schneider, W.; Henning, A. (2008): Lexikon. Kennzahlen für Marketing und Vertrieb. Das Marketing-Cockpit von A-Z. Berlin, Heidelberg: Springer.

Schnell, R.; Esser, E.; Hill, P. B. (1988): Methoden der empirischen Sozialforschung. München: Oldenbourg.

Schnotz, W. (1990): Aufbau von Wissensstrukturen. Untersuchungen zur mentalen Kohärenzbildung beim Wissenserwerb mit Texten. Tübingen: Beltz, Psychologie Verlags Union.

Schubert, K. (1987): METATAXIS. Contrastive Dependency Syntax for Machine Translation. Dordrecht, Holland: Foris Publications.

Schuh, G.; Kampker, A.; Stich, V.; Kuhlmann, K. (2011): Prozessmanagement. In: Schuh, G.; Kampker, A. (Hg.): Strategie und Management produzierender Unternehmen. Handbuch Produktion und Management I. 2. Auflage. Berlin, Heidelberg: Springer, S. 372-382.

Schulz von Thun, F. (1974): Verständlichkeit von Informationstexten: Messung, Verbesserung und Validierung. In: Zeitschrift für Sozialpsychologie, H. 5, S. 124-132.

Schwanke, M. (1991): Maschinelle Übersetzung. Berlin [u. a.]: Springer.

Schwarze, J. (2003): Kundenorientiertes Qualitätsmanagement in der Automobilindustrie. Wiesbaden: Deutscher Universitäts-Verlag.

Schwender, C. (2003): Warum unser Gehirn offenbar Probleme mit Gebrauchsanleitungen hat. Technische Universität Berlin: ADOLPH Verlag GmbH.

Schwender, C.; Bühring, U. (2007): Lust auf Lesen. Lübeck: Schmidt-Römhild.

Schwitter, R. (1998): Kontrolliertes Englisch für Anforderungsspezifikationen. Dissertation. Zürich.

Searle, J. R. (1986): Geist, Hirn und Wissenschaft. Frankfurt am Main: Suhrkamp.

Secord, P. F.; Backmann, C. W. (1974): Social Psychology. New York: McGraw Hill.

Seel, N. M. (1991): Weltwissen und mentale Modelle. Göttingen: Hogrefe.

Seewald-Heeg, U. (2005): Der Einsatz von Translation-Memory-Systemen am Übersetzerarbeitsplatz. Aufbau, Funktionsweise und allgemeine Kaufkriterien. In: Mitteilungen für Dolmetscher und Übersetzer (MDÜ), H. 5/2005, S. 8-38.

Seghezzi, H. D. (1994): Integriertes Qualitätsmanagement: Ansatz eines St. Gallener Konzepts. Stuttgart: Carl-Hanser.

Seibicke, W. (1968): Technik. Ein Versuch einer Geschichte der Wortfamilie techne in Deutschland vom 16. Jahrhundert bis etwa 1832. Düsseldorf: VDI.

Selz, O. (1913): Über die Gesetze des geordneten Denkverlaufs. Stuttgart: Spemann.

Senge, P. M. (2008): Die fünfte Disziplin. Kunst und Praxis der lernenden Organisation. Stuttgart: Schäffer-Poeschel.

Shaw, M. E.; Wright, J. M. (1967): Scales for Measurement of Attitudes. New York: McGraw Hill.

Shubert, S. K.; Spyridakis, J. H.; Holmback, H. K.; Coney, M. B. (1995): The Comprehensibility of Simplified English in Procedures. In: Journal of Technical Writing and Communication, H. 25.4, S. 347-369.

Siderkeviciute, V. (2004): Übersetzungsunterstützende Systeme. Seminar Computerlinguistik. Philosophisch-Historische Fakultät, Geisteswissenschaftliche Informatik, Universität Basel.

Simard, M.; Pierre, I. (2009): Phrase-based Machine Translation in a Computer-assisted Translation Environment. National Research Council Canada. XII. MT Summit Ottawa.

Skinner, B. F. (1973): Wissenschaft und menschliches Verhalten. Science and Human Behavior. München: Kindler.

Somers, H. L. (2003): Computers and Translation: A Translator's Guide. Amsterdam, Philadelphia: John Benjamins.

Sozialgesetzbuch SGB VII: Gesetzliche Unfallversicherung. Online verfügbar unter http://www.gesetze-im-internet.de/bundesrecht/sgb_7/gesamt.pdf, zuletzt geprüft am 17.08.2011.

Specia, L.; Saunders, C.; Turchi, M.; Wang, Z.; Shawe-Taylor, J. (2009): Improving the Confidence of Machine Translation Quality Estimates. XII. MT Summit Ottawa.

Stadtfeld, P. (1999): Didaktische Kriterien zur Strukturierung von Bedienungsanleitungen. Eine exemplarische Analyse von Software-Bedienungsanleitungen. Dissertation. Lübeck: Schmidt-Römhild.

Staehle, W. H. (1969): Kennzahlen und Kennzahlensysteme als Mittel der Organisation und Führung von Unternehmen. Wiesbaden: Gabler.

Steehouder, M. (1994): Quality of technical documentation. Amsterdam [u. a.]: Rodopi.

Stelling, J. N. (2005): Kostenmanagement und Controlling. 2. Auflage. München: Oldenbourg.

Stephan, J. (2006): Finanzielle Kennzahlen für Industrie- und Handelsunternehmen. Eine wert- und risikoorientierte Perspektive. Wiesbaden: Deutscher Universitäts-Verlag.

Steurs, F. (2009): Economic Aspects of Terminology Management. Vortrag aus der Reihe "International Terminology Summer School" vom 06.-10.07.2009. Köln.

Strafgesetzbuch StGB. Online verfügbar unter http://www.gesetze-im-internet.de/bundesrecht/stgb/gesamt.pdf, zuletzt geprüft am 17.08.2011.

Straub, D. (2006): Informationen über Produkte und Dienstleistungen und Produktinformationsmanagement in Unternehmen. Studie. Herausgegeben von cognitas Gesellschaft für Technik-Dokumentation mbH.

Straub, D. (2009): Ergebnisse tekom-Frühjahrstagung. Branchenkennzahlen für die Technische Dokumentation 2009. Stuttgart: TC and more GmbH.

Straub, D.; Grau, M.; Fritz, M. (2008): 101 Kennzahlen für die Technische Kommunikation. Praktische Grundlagen, Vorgehensmodell, tekom-

Kennzahlensystem mit Kennzahlenbeschreibung und Scorecard. Stuttgart: TC and more GmbH.

Straub, D.; Schmitz, K.-D. (2010): Studie über Terminologiearbeit in Unternehmen. An Bedeutung gewonnen. In: technische kommunikation, 32. Jahrgang, H. 6/10, S. 12-17.

Strauss, M. A. (1969): Family Measurement Techniques. Abstracts of Published Instruments, 1935-1965. Minneapolis: University of Minnesota Press.

Sturz, W. (2004): Terminologie und Wissensmanagement: Äpfel und Birnen oder Obst? In: Mayer, F.; Schmitz, K.-D.; Zeumer, J. (Hg.): Terminologie und Wissensmanagement. Akten des Symposions zum Deutschen Terminologie Tag e.V.; Köln, 26.-27.03.2004. Köln, S. 1-6.

Sturz, W. (2010): Halbautomatisierte Bereinigung von Translation Memories. Prozessbeschreibung. Vortrag aus der Reihe "tekom Jahrestagung" vom 03.11.2010. Wiesbaden.

Sturz, W. (2009a): Translation Memory. Transline. Online verfügbar unter http://www.transline.de/Uebersetzung-Dokumentation/translation-memory, zuletzt geprüft am 16.09.2009.

Sturz, W. (2009b): Kostensenkung durch bessere Dokumentation? Online verfügbar unter http://www.transline.es/transline/transline-tecNews/Autoren/W-Sturz, zuletzt geprüft am 16.09.2009

Sturz, W. (2009c): Übersetzungskosten senken – aber nicht auf Kosten der Qualität. Transline. Online verfügbar unter http://www.transline.de/Uebersetzung-Dokumentation/uebersetzung-kosten-senken, zuletzt geprüft am 16.09.2009.

Syska, A. (2006): Produktionsmanagement. Das A-Z wichtiger Methoden und Konzepte für die Produktion von heute. Online verfügbar unter http://dx.doi.org/10.1007/978-3-8349-9091-4, zuletzt geprüft am 16.09.2009.

tekom, Gesellschaft für Technische Kommunikation e. V. (2007a): Leitlinie für die Aus- und Weiterbildung Technischer Redakteure. Online verfügbar unter http://www.tekom.de/upload/alg/Leitlinie_TR.pdf, zuletzt geprüft am 09.08.2011.

tekom, Gesellschaft für Technische Kommunikation e. V. (2007b): Qualifizierungsbausteine für Technische Redakteure. Online verfügbar unter http://www.tekom.de/upload/alg/Quali-Bausteine_V2.2.1.pdf, zuletzt geprüft am 08.11.2011.

Tergan, S.-O. (1986): Modelle der Wissensrepräsentation als Grundlage qualitativer Wissensdiagnostik. Opladen: Westdeutscher Verlag.

Thobe, W. (2003): Externalisierung impliziten Wissens. In: Schanz, G. (Hg.): Schriften des Instituts für Unternehmensführung der Georg-August-Universität Göttingen. Frankfurt am Main.
Thorndyke, P. W.; Yekovich, F. R. (1980): A Critique of Schema-based Theories of Human Memory. In: Poetics 9, S. 23-50.
Tjarks-Sobhani, M. (1994): Kommunikationsmuster – das i-Tüpfelchen der sprachlichen Gestaltung. In: Verein Deutscher Ingenieure (Hg.): Professionelle Benutzerinformation. Das Qualitätsmerkmal für Kundenorientierung. Tagung München, 17.-18.03.1994. Düsseldorf: VDI, S. 55-66.
Trabasso, T.; Sperry, L. L. (1985): Casual Relatedness and Importance of Story Events. In: Journal of Memory and Language, H. 24, S. 595-611.
Tränkle, U. (1983): Fragebogenkonstruktion. In: Feger, H.; Bredenkamp, J. (Hg.): Enzyklopädie der Psychologie. Göttingen: Hogrefe.
Treasurer's Department E.I. Du Pont de Nemours and Company (1959): Executive Control Charts. deutsche Übersetzung von Volkmar Botta, 1985. 4. Auflage. Wilmington, Delaware.
Trujillo, A. (1999): Translation Engines, Techniques for Machine Translation. Berlin: Springer.
Ukkonen, E. (1992): Approximate String-matching with q-grams and Maximal Matches. In: Theoretical Computer Science, H. 92, S. 191-211.
van Dijk, T. A. (1980): Macrostructures: An Interdisciplinary Study of Global Structures in Discourse Interaction and Cognition. Hillsdale, NJ: Erlbaum.
van Dijk, T. A.; Kintsch, W. (1983): Strategies of Discourse Comprehension. Orlando: Academic Press.
Varela, F. J. (1990): Kognitionswissenschaft – Kognitionstechnik. Frankfurt am Main: Suhrkamp.
VDI-Richtlinie, VDI 4500 Blatt 1, 06/2006: Technische Dokumentation – Begriffsdefinitionen und rechtliche Grundlagen. Beuth.
VDI-Richtlinie, VDI 4500 Blatt 4 (Entwurf), 12/2009: Technische Dokumentation – Dokumentationsprozess: Planen – Gestalten – Erstellen. Beuth.
Verein Deutscher Ingenieure (1994a): Viele Ingenieure können sich nicht ausdrücken. In: VDI-Nachrichten, H. 14.1.
Verein Deutscher Ingenieure (Hg.) (1994b): Professionelle Benutzerinformation. Das Qualitätsmerkmal für Kundenorientierung. Tagung München, 17.-18.03.1994. Düsseldorf: VDI.
Vollert, K. (2004): Grundlagen des strategischen Marketing. Bayreuth: P.C.O.-Verlag.
Vollmar, G. (2001a): Damit die Qualität nicht in der Übersetzungsflut untergeht: ein Modell für eine pragmatische Qualitätssicherung bei Übersetzungspro-

jekten. In: Lebende Sprachen – Zeitschrift für fremde Sprachen in Wissenschaft und Praxis, H. 1, S. 2-6.
Vollmar, G. (2001b): Qualität – ein Schattenprozess. In: Mitteilungen für Dolmetscher und Übersetzer (MDÜ), H. 06/2001, S. 14-18.
Wagener, M. (2008): Wissensvermittlung mit dem Utility-Film. Vortrag aus der Reihe "tekom Jahrestagung" vom 05.-07.11.2008. Wiesbaden.
Wagner, R. A.; Fischer, J. (1974): The String-to-string Correction Problem. In: Journal of the ACM, H. 21 (1), S. 168-173.
Wahlster, W. (1999): Sprachtechnologie im Alltag. Der Computer als Dialogpartner. Deutsches Forschungszentrum für Künstliche Intelligenz GmbH. In: HNF – Heinz Nixdorf MuseumsForum (Hg.): Alltag der Zukunft. Paderborner Podium 3. Paderborn: Schöningh, S. 18-37.
Walter, W. (2006): Erfolgsfaktor Unternehmenssteuerung. Kennzahlen, Instrumente, Praxistipps. Berlin, Heidelberg: Springer.
Webb, L. E. (2000): Advantages and Disadvantages of Translation Memory: A Cost/Benefit Analysis. Masterthesis: Monterey Institute of International Studies
Weinstein, C. E. (1978): Elaboration Skills as a Learning Strategy. In: O'Neil, H. F. (Hg.): Learning Strategies. New York: Academic Press, S. 31-55.
Weissgerber, M. (2006): Technische Dokumentation I. Skript zur Lehrveranstaltung. Studienschwerpunkt "Technische Redaktion". Unveröffentlichtes Manuskript, 2006, Hochschule Aalen.
Wellenreuther, M. (1982): Grundkurs: Empirische Forschungsmethoden. Königstein, Ts.: Athenäum.
Westendorp, P. (2002): Presentation Media for Product Interaction. Promotionsschrift. Delft.
Wetzchewald, M. (2002): Textverstehen und Textverständlichkeit. Theorie und Praxis. ESEL – Essener Studienenzyklopädie Linguistik. Online verfügbar unter http://projekte.linse.uni-due.de/verstaendlichkeit/index.htm, zuletzt geprüft am 31.08.2010.
White, R. W. (1959): Motivation Reconsidered: The Concept of Competence. In: Psychological Review, 66. Jahrgang, S. 297-333.
Wieczerkowski, W.; Alzmann, O.; Charlton, M. (1970): Die Auswirkung verbesserter Textgestaltung auf Lesbarkeitswerte, Verständlichkeit und Behalten. In: Zeitschrift für Entwicklungspsychologie und Pädagogische Psychologie, H. 2, S. 257-268.
Wieden, W. (2011): Wissensmanagement und Terminologie. In: eDITion, 7. Jahrgang, H. 1/2011, S. 8-15.
Wieden, W.; Weiss, A. (2004): Modelle und Anwendungen. In: Mayer, F.; Schmitz, K.-D.; Zeumer, J. (Hg.): Terminologie und Wissensmanage-

ment. Akten des Symposions zum Deutschen Terminologie Tag e.V.; Köln, 26.-27.03.2004. Köln, S. 7-27.

Wieken, K. (1974): Die schriftliche Befragung. In: Koolwijk, J.; Wieken-Mayser, M. (Hg.): Techniken der empirischen Sozialforschung. Erhebungsmethoden: Die Befragung. München: Oldenbourg.

Wilken, C. (1993): Strategische Qualitätsplanung und Qualitätskostenanalysen im Rahmen eines Total Quality Management. Dissertation. Heidelberg: Physica.

Willée, G.; Schröder, B.; Schmitz, H.-Ch. (Hg.) (2003): Computerlinguistik. Festschrift für Winfried Lenders. Sankt Augustin: Gardez!.

Winograd, T.; Flores, F. (1989): Erkenntnis, Maschinen, Verstehen. Zur Neugestaltung von Computersystemen. Berlin: Rotbuch.

Wonigeit, J. (1996): Total Quality Management. Grundzüge und Effizienzanalyse. 2. Auflage. Wiesbaden: Deutscher Universitäts-Verlag.

Wright, S. E. (2001): Terminology and Quality Management. In: Wright, S. E.; Budin, G. (Hg.): Handbook of Terminology Management. Volume 2. Application-Oriented Terminology Management. Amsterdam, Philadelphia: John Benjamins, S. 488-502.

Wright, S. E.; Budin, G. (Hg.) (2001): Handbook of Terminology Management. Volume 2. Application-Oriented Terminology Management. Amsterdam, Philadelphia: John Benjamins.

Wüster, E. (1991): Einführung in die allgemeine Terminologielehre und terminologische Lexikographie. 3. Auflage. Bonn: Romanistischer Verlag.

Zahn, E.; Foschiani, St.; Tilebein, M. (2000): Nachhaltige Wettbewerbsvorteile durch Wissensmanagement. In: Krallmann, H. (Hg.): Wettbewerbsvorteile durch Wissensmanagement. Methodik und Anwendungen des Knowledge Managements. HAB-Forschungsbericht 11. Stuttgart: Schäfer-Poeschel, S. 239-270.

Zerfaß, A. (2005): Translation Memory – eine Einführung. transline tecNews. Online verfügbar unter http://www.transline.de/transline-tecNews/Translation-Memory-eine-Einfuehrung, zuletzt geprüft am 16.06.2009.

Ziegler, W. (2005): Anforderungen an Content Management Systeme: Definition nach Bedarf. Projektpartner der CMS-Studie stellen sich vor: Neutrale Fachkompetenz. Newsletter Print, H. 2/2005. Online verfügbar unter http://www.tekom.de/index_neu.jsp?url=/servlet/ControllerGUI?action=voll&id=1435, zuletzt geprüft am 17.12.2010.

Zilling, M. P. (2006): Effizienztreiber innovativer Prozesse für den Automotive Aftermarket. Implikationen aus der Anwendung von kollaborativen und integrativen Methoden des Supply Chain Managements. Göttingen: Cuvillier.

Zima, St. (2002): Kommunikation in der Technik – Motortechnik und Sprache. Lübeck: Schmidt-Römhild.
Zimmermann, H. H. (1992): Wissenstransfer durch verbesserte Kommunikation zwischen Mensch und Maschine. Internationales Symposium für Informationswissenschaft. Saarbrücken, 05.-07.11.1992. Reden zur Eröffnung. Bericht 22-93, Informationswissenschaft, Universität Konstanz.
Zimmermann, H. H. (2003): Stand und Perspektiven der Sprachtechnologie mit dem Beispiel der Maschinellen Übersetzung. In: Willée, G.; Schröder, B.; Schmitz, H.-Ch. (Hg.): Computerlinguistik. Festschrift für Winfried Lenders. Sankt Augustin: Gardez!, S. 287-294.
Zimmermann, H. H. (2004): Maschinelle und computergestützte Übersetzung. In: Kuhlen, R.; Seeger, Th.; Strauch, D. (Hg.): Grundlagen der praktischen Information und Dokumentation. München, S. 475-480.
Zollondz, H.-D. (2002): Grundlagen Qualitätsmanagement. Einführung in Geschichte, Begriffe, Systeme und Konzepte. München, Wien: Oldenbourg.

Interne Quellen:

Volkswagen AG (2001): LIVAS3/MOVE Präsentation. Interne Quelle, 21.06.2001.
Volkswagen AG (2006a): Handbuch für den Geschäftsprozess Produktentstehung. PEP-Handbuch.
Volkswagen AG (2006b): Technische Dokumentation Ergebnisbericht. Reparaturleitfäden, Stromlaufpläne, geführte Fehlersuche. Kompetenzfeld Technische Dokumentation. Interne Quelle, Stand: 03/2006.
Volkswagen AG (2007): Service-Kernprozess. Interne Quelle, Stand: 09/2007.
Volkswagen AG, After Sales Technik (2008): Fragebogen zur Händlerzufriedenheit. Interne Quelle.
Volkswagen AG (2010a): Infopaket VST-1. Interne Quelle. Stand: 2010
Volkswagen AG (2010b): Zwischenbericht Januar bis September 2010. Interne Quelle.
Volkswagen AG (2011a): Konzernpräsentation. Interne Quelle. Stand: 2011.
Volkswagen AG (2011b): Markenwerte und Strategieziele mach 18. Eine starke Marke ist Basis für unseren finanziellen Erfolg. Interne Quelle.
Volkswagen AG (2011c): System42. Interne Quelle, 18.04.2011.
Volkswagen AG (2011d): System42 Kurzanleitung. Mutterliste in electric42 – Rollenübersicht. Version 0.10. Interne Quelle, 10.02.2011.
Volkswagen AG, After Sales Technik (2011e): Auswertung der Händlerbesuche. Interne Quelle, Stand 01/2011.

Sabest
Saarbrücker Beiträge zur Sprach- und Translationswissenschaft

Fachrichtung Angewandte Sprachwissenschaft
sowie Übersetzen und Dolmetschen
der Universität des Saarlandes

Alberto Gil – Johann Haller – Erich Steiner – Elke Teich
(Hrsg.)

Band 1 Alberto Gil / Johann Haller / Erich Steiner / Heidrun Gerzymisch-Arbogast (Hrsg.): Modelle der Translation. Grundlagen für Methodik, Bewertung, Computermodellierung. 1999.

Band 2 Uwe Reinke: Translation Memories. Systeme – Konzepte – Linguistische Optimierung. 2004.

Band 3 Stella Neumann: Textsorten und Übersetzen. Eine Korpusanalyse englischer und deutscher Reiseführer. 2003.

Band 4 Erich Steiner: Translated Texts: Properties, Variants, Evaluations. 2004.

Band 5 Sisay Fissaha Adafre: Adding Amharic to a Unification-Based Machine Translation System. An Experiment. 2004.

Band 6 Tinka Reichmann: Satzspaltung und Informationsstruktur im Portugiesischen und im Deutschen. Ein Beitrag zur Kontrastiven Linguistik und Übersetzungswissenschaft. 2005.

Band 7 María Jesús Barsanti Vigo: Análisis paremiológico de *El Quijote* de Cervantes en la versión de Ludwig Tieck. 2005.

Band 8 Christoph Rösener: Die Stecknadel im Heuhaufen. Natürlichsprachlicher Zugang zu Volltextdatenbanken. 2005.

Band 9 Fadia Sami Sauerwein: Dolmetschen bei polizeilichen Vernehmungen und grenzpolizeilichen Einreisebefragungen. Eine explorative translationswissenschaftliche Untersuchung zum Community Interpreting. 2006.

Band 10 Rosario Herrero: La metáfora: revisión histórica y descripción lingüística. 2006.

Band 11 Ursula Wienen: Zur Übersetzbarkeit markierter Kohäsionsformen. Eine funktionale Studie zum Kontinuum von Spaltadverbialen und Spaltkonnektoren im Spanischen, Französischen und Deutschen. 2006.

Band 12 María José Corvo Sánchez: Los libros de lenguas de Juan Ángel de Zumaran. La obra de un maestro e intérprete de lenguas español entre los alemanes del siglo XVII. 2007.

Band 13 Vahram Atayan: Makrostrukturen der Argumentation im Deutschen, Französischen und Italienischen. Mit einem Vorwort von Oswald Ducrot. 2006.

Band 14 Alberto Gil / Ursula Wienen (Hrsg.): Multiperspektivische Fragestellungen der Translation in der Romania. Hommage an Wolfram Wilss zu seinem 80. Geburtstag. 2007.

Band 15 Anja Rütten: Informations- und Wissensmanagement im Konferenzdolmetschen. 2007.

Band 16 Valerio Allegranza: The Signs of Determination. Constraint-Based Modelling Across Languages. 2007.

Band 17 Andrea Wurm: Translatorische Wirkung. Ein Beitrag zum Verständnis von Übersetzungsgeschichte als Kulturgeschichte am Beispiel deutscher Übersetzungen französischer Kochbücher in der Frühen Neuzeit. 2008.

Band 18 Ramona Schröpf: Translatorische Dimensionen von Konnektorensequenzen im Spanischen und Französischen. Ein Beitrag zur linguistisch orientierten Übersetzungswissenschaft Romanisch – Deutsch. 2009.

Band 19 Windyam Fidèle Yameogo: Translatorische Fragen der Ambivalenz und Implizitheit bei Mephistopheles. Dargestellt an französischen Übersetzungen von Goethes Faust I. 2010.

Band 20 Manuela Caterina Moroni: Modalpartikeln zwischen Syntax, Prosodie und Informationsstruktur. 2010.

Band 21 Kerstin Anna Kunz: Variation in English and German Nominal Coreference. A Study of Political Essays. 2010.

Band 22 Sandra Strohbach: Die Übersetzungen der chemischen Werke von Stanislao Cannizzaro. Ein Beitrag zur Geschichte der Fachübersetzung im 19. Jahrhundert. 2010.

Band 23 Cornelia Zelinsky-Wibbelt (ed.): Relations between Language and Memory. Organization, Representation, and Processing. 2011.

Band 24 Ana Hoffmeister: Qualitätssicherung in der Technischen Dokumentation. Am Beispiel der Volkswagen AG "After Sales Technik". 2012.

www.peterlang.de

www.ingramcontent.com/pod-product-compliance
Ingram Content Group UK Ltd.
Pitfield, Milton Keynes, MK11 3LW, UK
UKHW021830210426
5322IPUK00004B/109